Impressum

© Gärtner Pötschke
   Verlag GmbH
Beuthener Straße 4,
41564 Kaarst
www.poetschke.de

ISBN
978-3-920362-10-6

Printed in China.
II. Auflage 10´–60´

Links: Dahlien zählen mit zu den beliebtesten Gartenblumen.
Mitte: Die zarten Blüten der Steinbrechgewächse sitzen auf filigranen Stängeln.

Gärtnerische Grundlagen

Band I

Rosen sind zweifellos die Königinnen unter den Gartenblumen.

Gegenüberliegende Seite:
Narzissen sind bei mir in zahlreichen Farben und Formen erhältlich, hier die Sorte 'Salome'.
Unten: Lavendel bringt nicht nur mediterranes Flair in den Garten, auch Schmetterlinge schätzen ihn.

Liebe Gartenfreundin, lieber Gartenfreund,

schon immer war es der Wunsch meines Vaters, sein „Großes Gartenbuch" um die fehlenden Themen zu erweitern und ihm gleichzeitig auch „mehr Schwung" zu geben. So habe ich es anhand von Aufzeichnungen, die über Jahrzehnte in unserer Familie gesammelt wurden, überarbeitet und ergänzt, um sie einem großen Publikum von Gartenfreunden in moderner Form zu präsentieren. Die Grundlagen hierfür legte mein Großvater, der bereits 1912 das „Unternehmen Pötschke" gründete.

Besonders am Herzen lag es mir, die vielen, bisher noch unveröffentlichten Ideen meines Vaters umzusetzen und zu Papier zu bringen.

Feierliche Taufe der neuen Edelrosen-Sorte auf den Namen »Cornelia Pötschke® Rose«. Im Bild: Rosen-züchter Gerhard Karwecki mit Tochter Katharina, Cornelia Pötschke und ihr Ehemann Dr. Peter Kirchhartz (v.l.n.r.)

Schon als junger Mann reiste er durch die Welt und lernte viel Interessantes und Erstaunliches über Gemüseanbau, Samen- und Blumenzucht sowie Garten- und Obstbau. Es ist mir wichtig, dass all dieses Wissen eines ganzen Lebens mit und für den Garten nicht verloren geht, denn es stellt einen wertvollen Erfahrungsschatz dar, der in unserer Familie immer der nächsten Generation überliefert wird. Bereits in frühen Jahren verstand es mein Vater, mir auf unnachahmliche Weise die Liebe zum Garten zu vermitteln. Diese Begeisterung möchte auch ich weitergeben, an meine Kinder ebenso wie an Menschen, die ihre Freizeit mit viel Freude in der Natur und im Garten verbringen.

Dabei sollte trotz notwendiger Überarbeitungen und Modernisierungen der Charakter des Großen Gartenbuches erhalten bleiben, schließlich ist es doch gerade die etwas altmodisch anmutende Art, die es so liebenswert und unverwechselbar macht. Die bekannten humorvollen Zeichnungen sind dabei ebenso ein Markenzeichen wie die praktischen und nützlichen Gartentipps, die viele Gartenfreunde in aller Welt nicht mehr missen möchten. Daher nimmt dich, lieber Gartenfreund, das Buch, das du gerade in den Händen hältst, an die Hand und führt dich von der Planung deines Gartens bis zu seiner Verwirklichung Schritt für Schritt bis ans Ziel – deinem Traumgarten!

Mit ihren extrem großen, fruchtig duftenden Blüten ist die »Cornelia Pötschke® Rose« eine echte Bereicherung. Die Blüten färben sich wunderschön von Apricot nach Rosa und beinhalten bis zu 80 Blütenblätter. Du erhältst sie exklusiv über meinen Gartenkatalog.

Die folgenden 280 Seiten enthalten all das gärtnerische Grundwissen, das du hierzu brauchst – unentbehrlich für den Anfänger, aber auch „alte Gartenhasen" werden hier Anregungen finden. Über die Gartenplanung und Gestaltung bis hin zu Düngung und Pflanzenschutz findest du alle notwendigen Informationen und darüber hinaus viele Ideen und Ratschläge. Der praktische Gartenkalender am Schluss des Buches informiert in leicht verständlicher und übersichtlicher Form über die wichtigsten Gartenarbeiten im Jahresverlauf.

Ich wünsche dir nun viel Vergnügen bei der Lektüre sowie viel Spaß und Erfolg bei der Planung und Umsetzung deines neuen Gartens!

Cornelia Pötschke

Gartenplanung und Gartengestaltung

Ein Garten muss viele Aufgaben erfüllen: Er soll uns ein Ort der Entspannung und Erholung sein und auch den Kindern Platz zum unbeschwerten Spiel bieten. Einen Teil des Gartens reservieren wir für den Anbau von gesundem Obst und Gemüse. Einige kleine Beete mit Salat, Küchenkräutern und Tomaten finden überall Platz und machen den Sommer im Garten auch zu einem kulinarischen Erlebnis. Du, lieber Gartenfreund, setzt dabei deine eigenen Schwerpunkte. Um den Garten richtig zu planen und zu gestalten musst du auf deine persönlichen Bedürfnisse eingehen und ihn dir sozusagen „passgenau" einrichten.

Weil es immer besser ist, aus einer Vielzahl von Tipps und Vorschlägen auswählen zu können, beginne ich dieses Buch mit vielen praktischen Hinweisen, die dir bei der Planung und Gestaltung helfen sollen.

Die Grundlagen der Gartenplanung

Du, lieber Gartenfreund, bist der Herr in deinem eigenen Garten – und möchtest von Anfang an alles richtig machen. Selbstredend willst du so viele Ideen wie möglich verwirklichen: eine Terrasse zum Sonnenbaden, zum geselligen Beisammensein mit der Familie und mit Freunden, ein Gartenteich, ein Rosenbeet, natürlich auch Kräuter und selbst gezogene, knackig frische Salate. Für die Kinder wünschst du dir eine Sandkiste und eine Schaukel und, und, und ...

Jeder hat seine Vorstellung vom Traumgarten, doch ganz ohne Vorüberlegungen und gute Planung geht nichts.

Wie überall im Leben können nicht alle Wünsche sofort erfüllt werden. Damit die anfängliche Begeisterung nicht durch ausbleibende Erfolge gleich in Enttäuschung umschlägt, steht am Anfang die sorgfältige Planung. Mit einigen grundsätzlichen Betrachtungen kannst du herausfinden, was wirklich wichtig ist und ob du es im eigenen Garten in die Tat umsetzen kannst.

Welcher Gartentyp soll es sein?

Jeder Gärtner hat seine eigenen Vorlieben. Du möchtest vielleicht einen Bauerngarten mit Gemüse und Obst oder einen Wassergarten mit Bachlauf anlegen. Dein Nachbar liebt stattdessen ausgefallene Gewächse oder entspannende Mußestunden in einem Garten, der im japanischen Stil angelegt ist. Wenn der Garten von der ganzen Familie genutzt wird, dann legst du sicher Wert auf Spielmöglichkeiten und einen Garten, in dem auch Platz für Hunde, Katzen, Kaninchen und Meerschweinchen ist. Auch der Gesundheit zuliebe solltest du auf ein Gemüsebeet und ein paar frische Kräuter nicht verzichten.

Denke bei allem, was du planst, vor allem daran, wie viel Arbeit es später einmal machen wird. Ein Rosenparadies oder ein Garten im japanischen Stil braucht viel Pflege, damit er immer ordentlich aussieht. Am wenigsten Arbeit bereitet ein naturnaher Garten mit einheimischen Sträuchern und Stauden. Hier arbeitet die Natur für dich. Du merkst schon: Es hängt von deinen Vorlieben und Fähigkeiten ab, wie dein Garten später einmal aussehen wird, aber auch von der Zeit, die du für den Garten erübrigen kannst. Deshalb sollte als Allererstes die Frage geklärt werden: Welcher Gartentyp passt zu mir und wie viel Arbeit kann ich investieren? Auf Dauer wirst du nur dann ein glücklicher Gärtner sein, wenn dein Garten wirklich deinen Bedürfnissen und Fähigkeiten entspricht. Bist du nicht bereit, Zeit und Arbeit zu investieren, wirst du an einem aufwändigen Rosengarten genauso wenig Freude haben, wie an einem reichhaltigen Nutzgarten. Für manchen Gartenfreund sind deshalb eine robuste Rasen-

Ein Garten wächst mit der Zeit und spiegelt die Bedürfnisse des Besitzers wider.

fläche und ein paar pflegeleichte Sträucher die ideale Lösung für den Garten. Warum auch nicht – ich kann behaupten, dass die Menschen eben verschieden sind, und genauso verschieden sind ihre Gärten!

Auf Ideensuche gehen

Wenn du ein Gartenneuling bist, wird dir nicht auf Anhieb einfallen, was man alles im Garten realisieren kann und welche Möglichkeiten es hier gibt. Da ist guter Rat oft teuer und Hilfe bei der Suche nach Ideen gefragt. Eine Möglichkeit ist ein Spaziergang durch die Nachbarschaft. Wenn ich mit offenen Augen durch die Straßen gehe und mir die Gärten anschaue, sehe ich immer etwas, das mir Anregungen gibt: sei es die Farbstimmung eines Blumenbeetes, die Anordnung der Bäume und Sträucher auf dem Grundstück oder interessante Pflanzen, die durch ihren Wuchs, ihre Blüten oder ihr ungewöhnliches Laub auffallen. Mein Blick fällt dabei auch auf andere Dinge, wie zum Beispiel ein schönes Gartenmöbel, die Art der Außenbeleuchtung oder einen geschickt in den Garten integrierten Teich. Der große

Vorteil dieser Art von Ideensuche besteht darin, dass du dir sicher sein kannst: Das Gesehene wird sich auch in deinem Garten umsetzen lassen. Die Standortbedingungen und das Klima sind in deiner unmittelbaren Nachbarschaft nahezu die gleichen wie bei dir zu Hause.

Anders sieht das dann schon bei der Ideensuche in Gartenzeitschriften und Gartenbüchern aus. Dort findet man zwar perfekte Traumgärten auf Hochglanzpapier gedruckt, wo sich diese Gärten befinden und wie viel Arbeit in ihnen steckt, damit sie so makellos aussehen, ist aber nirgendwo zu lesen. Manche der abgebildeten Pflanzen sind zwar wunderschön, aber nicht für unser Klima geeignet. Andere verlangen besonders kundige Pflege, für die einfach die Zeit und die Erfahrung fehlen. Einige der abgebildeten Gärten

Plan' deinen Garten ohne Hast, und sieh, ob's zueinander passt.

zeigen eine Welt, mit der kaum jemand mithalten kann. Dennoch sind Gartenmagazine eine wertvolle Informationsquelle. Sie geben Anregungen, die in etwas veränderter Form vielleicht auch im eigenen Garten umgesetzt werden können. Mir genügt es oft schon, die Stimmung oder einzelne Motive aufzugreifen. Heutzutage bietet auch das Internet eine Quelle für Anregungen zu Gestaltungen aller Art. Hier finden sich zudem Informationen über neue Gartengeräte, Möbel und Accessoires. Letztendlich findet der Garten-

> **Willst du den Garten neu gestalten, trenn' dich von so manchem Alten.**

besitzer dort auch Adressen von professionellen Gartengestaltern in seiner Nähe und Literaturhinweise. Ich dagegen halte es mit dem sprichwörtlichen Schwätzchen über den Zaun. Oft staune ich, wie viel Wissen und Erfahrung so mancher Hobbygärtner im Lauf eines Gartenlebens angesammelt hat, das er gern zu teilen bereit ist.

Alte Gärten neu gestalten

Als Erstes betrachte dein Grundstück mit kritischen Augen und frage dich: Will ich den Garten wirklich komplett umgestalten oder genügt es auch, nur einzelne Bereiche neu zu planen und etwas zu verändern? Neuanlagen haben den großen Vorteil, dass wir völlig freie Hand haben und uns nicht an Vorgaben orientieren müssen. Aber auch die Umgestaltung bereits angelegter Gärten hat Vorteile, denn Vorhandenes kann mit in die Planung einbezogen werden – und das spart Kosten und Zeit! Ich halte alte Bäume auf dem Grundstück für ein unschätzbares Kapital, wenn man bedenkt, wie lange ein neu gepflanzter Baum braucht, bis er zu einem stattlichen Exemplar herangewachsen ist. Willst du alte Bäume verjüngen statt sie zu fällen, dann hilft ein Rückschnitt, sie zu bewahren. Einen verfilzten Rasen muss man einer Kur unterziehen oder für Licht sorgen, dann wird er wieder schön. Pflasterflächen bearbeitest du mit einem Hochdruckreiniger und verfugst sie dann neu, damit sie wieder strahlen und die alten Staudenbeete müssen vielleicht nur mal entrümpelt werden, damit sie wieder üppig blühen. Wenn dann die ursprünglichen Strukturen des Gartens wieder hervortreten, lässt sich besser abschätzen, wo wirklich etwas verändert werden muss

Ein gepflasterter Sitzplatz für den Sommer unter einem alten Baum, so kannst du auch den „Schattenseiten" des Gartens etwas abgewinnen.

oder wo nur die Vernachlässigung und der Zahn der Zeit die wahre Schönheit des Gartens zugedeckt haben. Wenn allerdings Wunsch und Wirklichkeit zu weit auseinanderklaffen, dann bleibt keine andere Möglichkeit, als den Garten von Grund auf neu anzulegen.

Bestandsaufnahme machen: Was ist schon da?

Egal was du planst, der erste Schritt ist immer eine Bestandsaufnahme. Betrachte deinen Garten zu verschiedenen Tages- und Jahreszeiten, denn die Lichtverhältnisse ändern sich von morgens bis abends und vom Frühling bis zum Winter. Wenn dies nicht möglich ist, dann muss wenigstens Zeit für eine Bodenprobe sein (siehe Seite 85), auch die Hauptwindrichtung spielt eine wichtige Rolle, da viele Pflanzen am besten an windgeschützten Standorten gedeihen. Wichtig ist zudem, Gebäude oder große Bäume der Umgebung mit in die Planung einzubeziehen, da diese vielleicht Schatten auf dein Grundstück werfen. An manchen Umständen wird sich nichts ändern lassen. Dann gilt es, mit viel gärtnerischem Geschick die passenden Pflanzen oder die richtige Nutzungsmöglichkeit für den betroffenen Bereich zu finden.

Stelle dir die folgenden Fragen:

- ≫ Von wo fällt wann das Licht ein?
- ≫ Welche Bereiche sind besonders schattig oder besonders sonnig?
- ≫ Welches ist die Hauptwindrichtung?
- ≫ Wie ist die Bodenbeschaffenheit?
- ≫ Wo ist der Boden besonders feucht oder besonders trocken?
- ≫ Wo ist ein idealer Platz für einen Sitzplatz?
- ≫ Ist ein Sichtschutz notwendig?
- ≫ Ist eine Terrasse vorhanden? Wenn ja, findest du den Belag oder das Pflaster ansprechend?
- ≫ Brauchst du einen Windschutz?
- ≫ Gibt es bereits angelegte Wege? Ist ihr Verlauf sinnvoll und praktisch?
- ≫ Wo brauchst du Zugänge oder Zufahrten?
- ≫ Welche Gebäude in der Umgebung beeinflussen das Aussehen des Gartens?
- ≫ Weißt du, ob demnächst in der Nachbarschaft gebaut wird?
- ≫ Gibt es bereits Sträucher, Bäume oder einen Rasen? Wenn es große Bäume gibt, wie groß ist ihr Stammdurchmesser und sind sie ausgewachsen?
- ≫ Sind die vorhandenen Pflanzen gesund?
- ≫ Was vom Bestand möchtest du für deinen zukünftigen Garten übernehmen, was muss zugunsten sonniger Stauden- oder Gemüsebeete entfernt werden?

Anhand dieser Liste kannst du bereits die wichtigsten Fragen abklären und die Grundlage für alle weiteren Planungen schaffen. Folge meinem Rat und wirf bei allen anstehenden Entscheidungen immer wieder einen Blick auf diese Liste. Nur so kannst du Fehler schon im Vorfeld vermeiden.

Der grüne Tipp®

Achte immer besonders auf die Bedürfnisse der Pflanzen, wie Licht- und Bodenverhältnisse. Je besser diese erfüllt werden, umso prächtiger gedeihen die Pflanzen.

Wenn alles stimmt, entstehen kleine Gartenparadiese.

Was kommt wohin?

Gehen wir nun einen Schritt weiter: Nachdem du mehr über die Qualität des Bodens, den Lichteinfall und andere Faktoren weißt, kannst du mit der Gliederung des Grundstücks beginnen. Die gesammelten Informationen helfen, richtige Entscheidungen zu treffen. Zum Beispiel kannst du jetzt leichter bestimmen, wo der sonnigste Platz für den Nutzgarten ist und wo ein Sitzplatz angelegt werden soll, um die letzten Sonnenstrahlen des Tages auszukosten, wenn das Tagewerk vollbracht ist. Ich rate, zunächst nur grob zu planen, die Einzelheiten lege erst später fest! Allen Anfängern, die sich mit der Gartenplanung überfordert fühlen, empfehle ich übrigens, einen professionellen Planer mit den Arbeiten zu beauftragen. In gemeinsamen Gesprächen kommt es meistens zu einer Lösung, die alle Wünsche berücksichtigt und zu einem gelungenen Entwurf führt, sofern du deine eigenen Bedürfnisse klar formulierst.

Rechts: Eine Beleuchtung muss sein, hier schön kombiniert mit einem Blumenbeet.
Unten: Ein echtes Schmuckstück ist dieser Briefkasten-Klassiker.

Schritt für Schritt zum eigenen Garten

Alle wünschen sich gesundes Gemüse und würzige Kräuter aus dem eigenen Garten, die Hausfrau ein Rosenbeet und viele bunte Sommerblumen, die Kinder melden Anspruch auf einen Baum zum Klettern an

und Vati wünscht sich einen großen Grill im Garten – viele Wünsche warten auf ihre Erfüllung. Damit wirklich alle auf ihre Kosten kommen und zufrieden sind, setzt man sich am besten mit der ganzen Familie zusammen und schreibt erst einmal einen Wunschzettel. Natürlich findet nicht immer alles Platz, was man sich vorgestellt hat. Selbst im größten Garten muss man manchmal Kompromisse machen.

Was unbedingt sein muss!

Lieber Gartenfreund, vergiss nicht: Auf manche Dinge kannst du nicht verzichten, auch wenn sie nicht an erster Stelle auf der Wunschliste stehen. Dazu gehören zum Beispiel ein Wasser- und Stromanschluss sowie eine sichere Beleuchtung des Eingangsbereiches. Auch ein Unterstand für die Mülltonnen ist wichtig. Lege ihn so an, dass du die Tonnen nicht immer erst über das gesamte Grundstück schleppen musst, wenn der Tag der Müllabfuhr naht.

Im Garten darf auch eine halbschattige Ecke für den Kompost nicht fehlen. Hier werden Gartenabfälle umweltfreundlich entsorgt und in wertvollen Dünger umgewandelt. Jeder frage sich selbst, ob er ein

Gartenhaus oder einen Schuppen zur Unterbringung von Rasenmäher, Gartenwerkzeugen und anderen Gerätschaften braucht. Ich möchte jedenfalls nicht darauf verzichten. Praktisch ist auch ein Auffangbehälter für Regenwasser. Dieser senkt die Wasserkosten spürbar!

Die eigenen Grenzen erkennen

Vieles von dem, was wir uns für unseren Garten wünschen, lässt sich nicht so umsetzen wie gedacht. Manches ist zu teuer, anderes verlangt einen viel zu hohen Aufwand an Zeit und Arbeitskraft. Auch wenn das Ziel immer ein perfekter Garten sein sollte – manchmal muss man einsehen, dass die Mittel nun einmal beschränkt sind. Du darfst dich aber nicht davon entmutigen lassen und musst einfach das Beste aus der Situation machen. Wer die eigenen Grenzen erkennt, kann realistischer planen und ist zum Schluss zufriedener mit dem Erreichten. Was nutzt es schließlich, eine Grube für den Teich auszuheben, und dann irgendwann zu merken, dass weder Kraft und Zeit noch Geld ausreichen, das Projekt zu Ende zu führen. Ein hässliches Loch im Garten gemahnt dich dann jeden Tag daran. Glaube mir, lieber Gartenfreund: Manchmal ist es eben klüger, sich mehr Zeit für ein Projekt zu nehmen, denn schließlich wurde Rom ja auch nicht an einem Tag erbaut!

Pflegeaufwand einplanen

Vergiss bei der Planung des Gartens nicht, dass er auch gepflegt werden will! Da geht es nicht nur um regelmäßiges Rasenmähen, Gießen an heißen Sommertagen, das Jäten lästiger Wildkräuter oder das Hacken der Beete. Hecken und Obstbäume wollen geschnitten, Stauden geteilt und Gehölze umgepflanzt werden; Wege und Sitzplätze müssen gefegt und im Herbst das Falllaub entsorgt werden. Deshalb mein Rat: Sorge gleich dafür, dass die Aufgaben von Anfang an richtig verteilt werden, und kläre, wer die Pflege für welchen Bereich übernimmt! Viel

Plane gut und mit Bedacht, damit der Garten Freude macht.

Streit wird vermieden, wenn man sich die Arbeiten aufteilt und jedes Familienmitglied die Verantwortung für einen Teil des Gartens übernimmt. Dabei können auch die Kleinen mit eingebunden werden, ob mit einem eigenen Beet oder einer eigenen Pflanze. So lernen sie früh den Umgang mit der Natur und die Freude am Garten. Ich weiß natürlich, dass nicht immer alles reibungslos verläuft. Deshalb rate ich, auf besonders pflegeaufwändige Projekte zunächst zu verzichten. Nach und nach wird sich Routine einstellen und anfangs gescheute Arbeiten gehen leicht von der Hand. Dann besteht immer noch die Möglichkeit, Ergänzungen

Oben: Ein solcher Garten benötigt auch Pflege. Plane von Anfang an den Zeitaufwand mit ein und übernimm dich nicht!

Zehn wertvolle Grüne Tipps, die viel Arbeit ersparen:

Wildpflanzen und -stauden sind robust und ersparen dir viel Arbeit.

Versetz dich einmal in deine Pflanzen: Wo würdest du dich wohl fühlen? Nur wenn der Standort und der Boden zur Pflanze passen, wächst diese und bleibt gesund.

Mit Sträuchern und Bäumen bepflanzte Flächen sind pflegeleichter als Blumenbeete.

Setze die Pflanzen nicht zu eng. Du musst bequem mit der Hacke durchkommen. Falsch ist es, wenn du dich ständig bücken musst.

Einfache Bretter auf dem nackten Boden erleichtern die Fahrt mit der Schubkarre im Gemüsegarten.

Das Mähen fällt leichter, wenn die Kantensteine und gepflasterte oder befestigte Flächen auf gleicher Höhe mit dem Rasen liegen. So kannst du bequem mit dem Mäher darüber fahren.

Mehrere im Garten verteilte Wasserzapfstellen und Regentonnen ersparen lange Wege mit schweren Gießkannen. Noch besser ist eine automatische Bewässerungsanlage.

Schmuckränder aus Kieselsteinen um die Beete sind schwer unkrautfrei zu halten. Verzichte einfach darauf oder verwende zur Hälfte eingegrabene Ziegelsteine als Abgrenzung.

Schone deinen Rücken und schaffe leichte, transportable Gartenmöbel statt schwerer Holzungetüme an. So bist du auch flexibler, wenn du der Sonne folgen willst.

Es ist einfacher, lasiertes Holz alle zwei Jahre zu überstreichen, als lackiertes Holz alle paar Jahre abzuschleifen und neu zu lackieren. Am pflegeleichtesten sind rostfreier Edelstahl oder mit Kunststoff ummanteltes Metall.

Grundriss zeichnen, in dem alles grob festgehalten wird, was später im Garten in die Praxis umgesetzt werden soll. Dies gelingt am einfachsten auf Millimeterpapier. Im Idealfall liegt ein Plan vom Architekten des Wohnhauses vor, der als Vorlage dienen kann. Ohne einen solchen Plan musst du das Gelände selbst abmessen und am besten im Verhältnis 1:50 oder 1:100 auf das Papier übertragen. Das heißt, ein Zentimeter auf dem Plan entspricht 50 bzw. 100 cm in der Wirklichkeit. Die Aufsicht ist die beste Form, einen Garten abzubilden. Vergiss dabei nicht die Himmelsrichtungen zu markieren und mehrere Kopien des Plans zu machen. Dann können verschiedene Entwürfe gemacht und miteinander verglichen werden.

Wenn du das Grundstück und die Gebäude eingezeichnet hast, werden die vorhandenen Gehölze ergänzt, damit bei allen weiteren Planungen die Licht- und Schattenzonen berücksichtigt werden können. Trage dann die vorhandenen Bestandteile des Gartens wie Mauern, Terrassen, Pergolen, Wege, Teiche, das Frühbeet, den Kinderspielplatz und so weiter ein. Wenn der Garten auf diese Weise „eingerichtet" ist, wird er „bepflanzt". Am besten beginnst du mit den Bäumen,

Rechts: Was gibt es Schöneres, als seine eigenen Ideen und Wünsche im Garten zu realisieren?

vorzunehmen und anspruchsvollere Pflanzen zu setzen, die mehr Pflege brauchen. Wenn du dich von schwierigen Aufgaben überfordert fühlst, wie zum Beispiel dem Obstbaumschnitt oder dem Verjüngen einer in die Jahre gekommenen Hecke, empfehle ich, einen Profi damit zu beauftragen.

Einen Gartenplan zeichnen

Der erste konkrete Schritt zum Traumgarten ist das Zeichnen eines Gartenplans. Keine Angst, lieber Gartenfreund – auch wenn das Zeichnen noch nie deine Stärke war, wird es gelingen. Es kommt hier nicht darauf an, besonders schöne Zeichnungen anzufertigen. Du musst nur einen maßstabsgetreuen

Auch Kinder brauchen ihren Raum im Garten.

Sträuchern und Hecken. Bedenke dabei, dass die Pflanzen dank guter Pflege noch wachsen und zeichne deshalb einen entsprechend großen Kreis für jede Baumkrone (siehe auch Tabelle Seite 65). Sträucher kannst du einzeln oder in Gruppen einzeichnen. Die Blumenbeete markiere zunächst als Fläche, ohne sie im Einzelnen zu „bepflanzen". Rosenstöcke und einzeln für sich stehende Stauden werden ebenfalls eingezeichnet. Rasenflächen sind als solche zu markieren und die Standorte von größeren Schmuckobjekten oder Kübelpflanzen kannst du jetzt auch schon festlegen. Profis arbeiten mit Pauspapier, so lassen sich verschiedene Varianten bequem miteinander vergleichen. Ganz einfach ist auf diese Weise nun ein Plan entstanden, der als wertvolle Grundlage bei der weiteren Planung des Gartens hilft.

Wenn die Kinder größer werden

Wenn jemand so lange gärtnert wie ich, dann weiß er, dass kein Garten auf Dauer in dem Zustand bleibt, in dem er einst eingerichtet wurde. Nicht nur die Pflanzen entwickeln sich und werden im Laufe der Jahren immer größer. Auch wir reifen und

unsere Ansprüche ändern sich. Mit uns werden auch unsere Kinder älter. Eines Tages kommt der Zeitpunkt, wo die Kleinen nicht mehr im Sandkasten spielen wollen und die Schaukel unbenutzt am Baum hängt. Spätestens dann wird es Zeit, sich Gedanken über Veränderungen im Garten zu machen. Vielleicht kommst du auf die Idee, statt des Sandkastens ein kleines Foliengewächshaus aufzustellen oder ein Hochbeet anzulegen, damit du dich bei der Gartenarbeit nicht mehr so viel bücken musst. Vielleicht baust du auch endlich den Teich, auf den du aus Sicherheitsgründen verzichtet hast, solange die Kinder zu klein waren. Wo lange Jahre über ein Klettergerüst für die Kinder stand, möchtest du jetzt vielleicht einen romantischen Rosenbogen. Du wirst sehen: Veränderungen ergeben sich ganz automatisch, wenn man die eigenen Bedürfnisse kennt und offen ist für neue Anregungen!

Wenn draußen heiß die Sonne lacht, ist solch ein Bad 'ne wahre Pracht.

Gärten gestalten, heißt Räume schaffen. Hier ein schönes Beispiel mit einer Skulptur als Blickfang.

Grundlagen der Gestaltung

Es ist lange nicht damit getan, ein Beet anlegen zu wollen oder ein paar blühende Ziersträucher nach Lust und Laune für den Garten auszuwählen und einzupflanzen. Du musst dir auch gründlich den Kopf zerbrechen, wie du verschiedene Gewächse miteinander kombinieren möchtest, damit die Gestaltung stimmig ist. Manchen Gärtnern ist es in die Wiege gelegt, schöne Gartenentwürfe aus dem Handgelenk zu schütteln. Für alle anderen gibt es einige Grundregeln, die es ermöglichen, einen schönen, harmonischen und interessanten Garten anzulegen. Ideen findest du auch in Gartenmagazinen. Die nachfolgenden Tipps habe ich selbst in der Praxis getestet und sie sind durchaus einer Beachtung würdig.

Praktisch und schön

Ein gelungener Garten wird nicht nur nach praktischen Gesichtspunkten geplant, auch die Ästhetik darf nicht zu kurz kommen. Natürlich ist es wichtig, dass die Führung

der Wege deinen Bedürfnissen entspricht und nötige Einrichtungen wie Frühbeet, Regentonne und Geräteschuppen den ihnen gemäßen Standort finden. Aber leider allzu oft wird der Garten mit einem Zwischenlager für nicht mehr Gebrauchtes verwechselt. Allerhand altes Gerümpel stapelt sich in den Ecken, weil es ja eines Tages doch noch zu etwas nützlich sein könnte. Doch mal ehrlich: Wie viel von den alten Plastiktonnen, Blecheimern, Holzresten oder Planen brauchen wir wirklich? Und ist ein stabiles, schönes Frühbeet aus dem Fachhandel tatsächlich so teuer, dass wir es uns nicht leisten können und stattdessen ein unschönes Konstrukt bauen müssen? Im Übrigen erfüllt ein speziell für diesen Zweck produziertes Frühbeet oder Gewächshaus seine Aufgabe zuverlässiger als manches selbst gebastelte Provisorium. Wenn wir mehr auf Qualität und solide Ware achten, sieht unser geliebter Garten nicht aus wie eine Sammelstelle für Sperrmüll. Mit viel Liebe zum Detail kannst du dir dein privates kleines Paradies einrichten, das praktisch und schön zugleich ist. Selbst im Nutzgarten können Blumen blühen und die Beete von hübschen Begrenzungen eingefasst werden.

Räume gliedern und Strukturen schaffen

Wenn in einem Garten alles auf den ersten Blick zu erfassen ist, bleibt für Neugierde nichts mehr übrig. Gliedere deinen Garten daher so, dass Räume entstehen und so abwechslungsreiche Strukturen dem Blick immer wieder neue Anregungen bieten. Statt gerade verlaufender Wege oder rechteckiger Beete, in denen die Pflanzen in Reih und Glied stehen, kannst du mit geschwungenen Linien und runden Formen experimentieren. Das gilt übrigens nicht nur für den Ziergarten – im Nutzgarten sieht ein Kräuterrondell zwischen den Gemüsebeeten sehr hübsch aus und ist obendrein praktisch, weil du zur Ernte von allen Seiten an die Pflanzen herankommst. Im Hausgarten können Hecken, Sichtschutzwände, Spaliere und Pergolen, aber auch Gehölzgruppen und schöne Solitäre die Blicke lenken, Sichtachsen betonen und den Garten neu

So machen es die Profis:

Teile einen langen, schmalen Garten mehrmals quer zur Längsrichtung mit Hecken, Spalierbäumen oder Lamellenzäunen. Das lockert auf und macht neugierig.

Schaffe interessante Perspektiven mit Blickachsen und Durchblicken.

Einen Garten gestalten heißt Räume schaffen, die ineinander übergehen. Räume zum Zurückziehen, Gärtnern und Genießen.

Rasenkanten, das Ende des Gartens oder das Teichufer dürfen nie ganz sichtbar sein, das macht neugierig.

Gegensätze bringen Spannung: hoch und niedrig, groß und klein, geschlossen und offen, bunt und einfarbig.

Ein erhöhter Sitzplatz oder ein abgesenkter Gartenbereich vergrößern kleine Gartenflächen optisch.

In der Höhe gestaffelte Bäume oder Sträucher erzeugen räumliche Tiefe.

Baue Kulissen, vor denen spektakuläre Pflanzen besonders gut zur Geltung kommen. Auch Blickfänge bieten dem Auge immer etwas Interessantes. Übertreibe aber nicht, ein bis zwei Blickfänge reichen aus.

Wegbeläge und Steinmaterial sollten im Charakter zum Haus und zur Umgebung passen. Verwende nicht mehr als drei verschiedene harmonierende Materialien.

Weniger ist mehr! Zu viele bauliche Elemente oder Bäume lassen deinen Garten unausgewogen erscheinen.

Dunkle Ecken kannst du durch kräftige, leuchtende Farben aus ihrem Schattendasein erwecken, mit weißbuntem Laub zieht Licht in den hintersten Winkel ein. Für viele Gartenfreunde ist die Farbenlehre ein Buch mit sieben Siegeln. Viele trauen sich nicht, mit Farben zu spielen. Dabei ist es ganz einfach. Wenn du Farbverläufe von dunklen zu hellen Tönen wählst, die alle miteinander verwandt sind, entsteht wie von selbst ein harmonisches Ganzes. Halte dich an die Regel, dass warme Farben wie Rot, Gelb und Orange immer gut zusammenpassen und kühle Farben wie Blau, Violett und die vielfältigen Grüntöne sich wunderbar ergänzen. Weiß hat immer eine harmonisierende Wirkung, die vom grünen Laub der Gewächse bestens unterstützt wird.

Auch eine Kombination von Weiß, Rosa, Blau und kühlem Violett sieht immer gut aus. Eine feurige Mischung entsteht, wenn Rot, Gelb und Orange aufeinandertreffen. Mischfarben wie Violett und Blau tendieren entweder zu der einen oder zu der anderen Gruppe – da heißt es: Augen auf und sehen, ob dir die Verbindung gefällt.

Wenn die Blütenfarben strahlen, möcht' ich gerne alle malen.

Es sind besonders die Blütenfarben, die unser Herz erfreuen.

gliedern. Auf diese Weise kann sogar ein langweiliger „Handtuchgarten" zu einem abwechslungsreichen Erlebnisgarten werden. Gleichzeitig wird die vertikale Dimension in den Garten eingeführt. Besonders junge, frisch angelegte Gärten wirken oft flach und uninspiriert, weil es den jungen Pflanzen noch an Höhe fehlt. Mein Tipp: Eiserne Zaunelemente als Rankspaliere, mit Kletterpflanzen berankte Obelisken oder auch ein romantischer Rosenbogen aus Eisen leisten Soforthilfe; sie setzen Akzente und leiten den Blick in die Höhe.

Farbe im Garten

Ganz gleich, ob es sich um ein Blumenbeet, eine Staudenrabatte oder eine Gruppe von blühenden Ziersträuchern handelt: Die Farbe spielt immer eine Rolle im Garten. Farben erzeugen Stimmungen und setzen Akzente.

Harmonien und Kontraste

Wer Ruhe und Entspannung im Garten sucht, wird eine harmonische Farbgestaltung zu schätzen wissen. Ideal sind hierfür Pastelltöne und abgerundete, geschwungene Formen. Alles Spitze, Zackige und Schrille würde ich vermeiden, wenn du auf Harmonie im Garten bedacht bist. Kräftige Farben, starke Kontraste und abrupte Wechsel sind wenig geeignet, um eine ruhige, harmonische Stimmung zu erzeugen.

Kräftige Farbkontraste wirken aufregend und spannend, wie der zwischen Blau und Orange. Eines meiner Lieblingsbeispiele ist die Kombination von Steppensalbei *(Salvia nemorosa* 'Ostfriesland'*)* mit den leuchtend orangegelben Studentenblumen *(Tagetes lucida)* oder Ringelblumen *(Calendula officinalis)*. Interessant sieht auch eine Kombination von Pflanzen aus, deren Formen sich grundlegend voneinander unterscheiden. Zum Beispiel wirken Pflanzen mit großen runden Blättern toll neben filigranen Gräsern und fiedrigen Farnwedeln. Verschiedene Blattstrukturen können sich ebenfalls stark voneinander abheben, wie etwa das graufilzig behaarte Laub von Wollziest *(Stachys byzantina)*, das einen schönen Gegensatz zum glatten, braun-roten Laub des Purpurglöckchens *(Heuchera* 'Palace Purple'*)* bildet.

Unten: Dieses Beet in Blau- und Grautönen strahlt eine kühle Eleganz aus.
Unten rechts: Kunterbunt präsentiert sich dieser Garten im ländlichen Stil.

Wenn du es allerdings etwas dramatischer liebst, dann setze auf Kontraste, um deinen Garten spannender zu machen. Das können Hell-Dunkel-Kontraste sein, die zum Beispiel durch verschiedene Laubfarben ausgedrückt werden. Ideal eignen sich Pflanzen mit dunkel glänzendem Laub wie die Lorbeerkirsche *(Prunus laurocerasus)* oder mit rötlichen Laubtönen wie der Perückenstrauch *(Cotinus coggygria* 'Royal Purple'*)*, aber auch solche mit panaschierten Blättern.

Der grüne Tipp®

Mit Pflanzen, die weiß-buntes (panaschiertes), z.B. Fetthenne, oder purpurfarbenes Laub, z.B. Purpurglöckchen, haben, kannst du besonders tolle Effekte im Blumenbeet erzielen!

Beete komponieren

Bunte Blumenbeete sind die Zierde eines jeden Gartens. Damit alle Pflanzen gut zur Geltung kommen, gilt es, ein paar Grundregeln zu beachten. Die wichtigste: Setze alle Pflanzen an den ihnen gemäßen Standort. Das heißt, dass sonnenhungrige Pflanzen nicht in den Schatten gepflanzt werden dürfen und solche, die viel Feuchtigkeit brauchen, ausreichend davon zur Verfügung haben. Die Pflanzen dürfen nicht zu dicht gesetzt werden, damit sie sich nicht schon nach kurzer Zeit gegenseitig bedrängen.

Dann ist es auch wichtig, dass du auf die Höhenstaffelung im Beet achtest. Niedrige, Polster bildende und schwach wachsende Pflanzen gehören in den Vordergrund. Etwas höhere finden in der Mitte ihren Platz, und die hoch aufragenden stehen natürlich im Hintergrund. Bei runden oder inselförmigen Beeten pflanzt du die höchsten Pflanzen in die Mitte, niedrigere Gewächse werden herumgruppiert, und Polsterpflanzen bilden den Saum. Nach einem ähnlichen Prinzip verfährst du auch bei Ziersträuchern, die in Gruppen zusammenstehen oder an der Gartengrenze eine Strauchrabatte bilden. So kommt jede Pflanze wunderbar zur Geltung und keine geht im kunterbunten Beet unter.

Auch mit Sträuchern kannst du farbige Gartenbilder komponieren.

Ganzjährig schön

Im Juni sind fast alle Gärten schön, dafür sorgen schon die vielen Blüten und die frischen Grüntöne der jungen Blätter. Wenn du ausdauernd blühende Sommerblumen gepflanzt hast und diese regelmäßig düngst und wässerst, kannst du dich den ganzen Sommer über an ihrem wunderschönen Blütenschmuck erfreuen. Im Herbst reizt das Farbenspiel des Laubes. Spätestens Ende Oktober präsentiert sich der Garten aber im tristen Wintergrau, und das bleibt dann so bis zum nächsten Frühjahr, wenn nicht rechtzeitig Vorsorge getroffen wird.

Was ist zum Beispiel mit all den wintergrünen Gewächsen? Die darfst du bei der Planung deines Gartens auf keinen Fall vergessen, denn sie bringen in den kalten Monaten Leben in den Garten und sorgen dafür, dass die Beete nicht allzu verwaist

aussehen. Das müssen nicht immer nur Nadelgehölze sein, denke auch an immergrüne Laubgehölze wie etwa Buchsbaum (*Buxus sempervirens*), Lorbeerkirsche (*Prunus laurocerasus*), Lavendelheide (*Pieris japonica*), Zwergmispeln (*Cotoneaster*) und die vielen Rhododendron-Sorten.

In milden Regionen sind manche Kamelien (*Camellia japonica*) nicht nur wintergrün, sondern blühen schon im zeitigen Frühjahr. Begleitet werden sie dabei von Frühaufstehern wie Lenzrosen (*Helleborus orientalis*-Hybriden) oder Schneeheide (*Erica carnea*), Seidelbast (*Daphne mezereum*), Zaubernuss (*Hamamelis mollis*) und Duftschneeball (*Viburnum* x *bodnantense* 'Dawn'). Wenn du daran gedacht hast, im Frühherbst des Vorjahres rechtzeitig die Zwiebeln und Knollen von Tulpen, Narzissen, Krokussen, Schneeglöckchen, Winterlingen und Anemonen einzugraben, dann beginnt das Gartenjahr für dich schon im Januar mit Blüten und endet erst im Dezember, wenn der Frost die letzten Rosen pflückt.

> Schöne Stauden, selbst gezogen, haben uns noch nie betrogen.

Nutzungsbeispiele für einen kleinen Garten

Der erste eigene Garten muss nicht immer gleich ein großes Grundstück umfassen. In der Praxis ist dies oft ein schmaler Reihenhausgarten, ein kleines Grundstück mit Hinterhofcharakter oder ein Doppelhausgarten mit kaum mehr als 150 oder 200 m² Fläche. Dass der Gartenfreund dennoch voller Freude über das „grüne Wohnzimmer" einen langen Wunschzettel schreibt, mit allem, was er im Garten verwirklicht wissen will, das verwundert kaum. Es gibt ja auch so vieles, was selbst auf geringem Raum leicht umzusetzen ist – sei es nun ein sonniger Sitzplatz, ein Rosenbogen oder ein kleines Kräuterbeet. Jedoch musst du besonders in kleinen Gärten Schwerpunkte setzen und zugunsten einer praktischen und sinn-

Der grüne Tipp®

Ein bewusst eingerichteter Garten sieht nicht nur schöner aus als ein mit Pflanzen, Accessoires und Mobiliar voll gestopftes Grundstück, er ist meistens auch pflegeleichter.

vollen Gestaltung auf das eine oder andere verzichten. Auch wenn im Prinzip (fast) alles möglich ist, gewinnt dein Garten durch die goldene Regel „Weniger ist mehr". Genaues Nachdenken darüber, was wirklich sinnvoll ist, zahlt sich im Endeffekt aus.

Gartenwege

Ganz gleich, wie groß dein Garten ist – er muss durch eine Zufahrt und Wege erschlossen werden. Wenn der Abstellplatz für das Auto außerhalb des Grundstücks liegt, gewinnst du schon eine Menge Platz. Bei der Planung der Wege vom Haus in den Garten und zu den einzelnen Bereichen kannst du ebenfalls viel Raum gewinnen, wenn du genau überlegst, wo wirklich ein befestigter Weg benötigt wird und wo vielleicht ein paar Trittplatten ausreichen. Bei kleinen Gärten ist es manchmal am schönsten, wenn ein einziger Weg ringförmig einmal rund um das Zentrum des Gartens führt, zum Beispiel um eine kleine Rasenfläche oder um eine schöne Staudenrabatte. Von diesem Weg aus sind alle Gartenteile gut zu erreichen, ohne dass das Grundstück zergliedert wird. Ein Garten, bei dem der

Naturstein ist ein unverzichtbares Gestaltungselement im Garten.

nur etwa 50 cm breit sind, sondern in der Regel auch noch mit einem von deiner Gemeinde vorgeschriebenen Abstand zur Grundstücksgrenze gepflanzt werden müssen. Bei kleinen Gärten kann es da schon eng werden. Besser eignen sich in diesem Fall flache Sichtschutzwände aus Holz. Sie lassen sich wunderbar begrünen, indem man immergrüne Kletterpflanzen wie Efeu *(Hedera helix)*, blühende Schlingpflanzen wie Waldreben *(Clematis)* oder einjährige Blütenschönheiten wie die Glockenrebe *(Cobaea scandens)* oder Trichterwinden *(Ipomoea tricolor)* an ihnen emporwachsen lässt. Besonders praktisch ist es, Sichtschutzwände mit schmackhaftem Obst zum Naschen zu begrünen – zum Beispiel mit aromatischen Kiwipflanzen, Tafeltrauben oder leckeren Klettererdbeeren!

Der grüne Tipp®

Auch Feuer- oder Prunkbohnen wachsen schnell, haben hübsche Blüten und liefern auch noch leckere Bohnen.

Links: Ob unregelmäßig geformte Pflastersteine oder verschiedenfarbige Platten – der Wegbelag muss zur Umgebung passen.

Gern' unterhalt' ich mich am Zaune, geb' guten Rat – bei froher Laune.

Betrachter auf den ersten Blick alles überschauen kann, wirkt oft eng. Deshalb lohnt es sich, wenn du den Weg so planst, dass er ein paar überraschende Schlenker macht oder auch mal hinter einer kleinen Strauchgruppe verschwindet (siehe auch Seite 51).

Hecken und Zäune

Die Einfriedung deines Gartens ist dann besonders wichtig, wenn die Nachbarn dicht an dicht leben. Zäune bieten da recht wenig Schutz vor Lärm und neugierigen Blicken. Besser geeignet sind hier Schnitthecken, die einen Teil der Geräusche absorbieren, einen guten Sichtschutz bieten und darüber hinaus auch noch schön anzusehen sind. Leider beanspruchen die üblichen Formschnitthecken relativ viel Platz, da sie nicht

Auch der Zaun kann ein Blickfang im Garten sein.

Nirgendwo lässt es sich besser erholen als auf der eigenen Terrasse. Im Sommer ist sie das grüne Wohnzimmer.

Terrasse und Sitzplatz

Genug Raum für einen Sitzplatz sollte auch im kleinsten Garten sein. Du wirst den Aufenthalt dort aber nur genießen, wenn er geschützt vor kaltem Wind, Straßenlärm und fremden Blicken liegt. Der Platz sollte darüber hinaus auch zu den Zeiten Sonne abbekommen, an denen wir ihn am meisten nutzen. Das ist in einem kleinen Garten nicht immer leicht. Meist gelingt es jedoch, direkt am Haus eine kleine Terrasse anzulegen, die notfalls auch mit einer Sichtschutzwand vom Nachbar abgegrenzt werden kann. Wenn es nicht möglich ist, die Terrasse ans Haus anzubinden, dann kann auch ein

Ein Zierrasen hat Raum im kleinsten Garten, will aber gepflegt werden.

kleiner Sitzplatz in einer weiter entfernten Ecke deines Grundstücks zum Refugium werden. Eine Befestigung mit Pflastermaterialien ist natürlich selbstverständlich – wobei kleine Sitzplätze eher größer wirken, wenn du statt großer Platten ein eher kleinteiliges Pflaster verlegst. Plane den Sitzplatz groß genug für deine Bedürfnisse, aber nicht zu groß. Achte darauf: Schmale, rechteckige Sitzplätze beanspruchen mehr Raum als runde und lassen sich auch schwieriger in die Gesamtplanung integrieren.

Rasen – ja oder nein?

Die Zierde jeden Gartens ist ein gepflegter Rasen. Er bietet eine Bühne für Spiel und Spaß, ist zwischen den Beeten ein Ruhepol fürs Auge und ganzjährig hübsch anzusehen. In kleinen Gärten ist jeder Quadratmeter Raum kostbar, und manchmal ist es schade, wenn die Rasenfläche auf Kosten anderer Gestaltungsmotive angelegt wird.

Wir können leichter auf einen Rasen verzichten, wenn andere Freiflächen zur Nutzung geschaffen werden. Das kann zum Beispiel eine Holzplattform am Ufer eines kleinen Gartenteiches sein, die zum Treffpunkt und zentralen Sitzplatz wird. Denn wer vermisst schon das edle Grün, wenn man vom Holzdeck aus voller Neugierde in die geheimnisvolle Welt eines Gartenteichs blicken kann! Die Pflege eines kleinen Rasenstücks bereitet übrigens nicht viel weniger Arbeit als die eines größeren Zierrasens: Das Hervorholen der Mähmaschine, die Reinigung und das Aufräumen machen einen großen Teil der Rasenpflegearbeiten aus. Wenn du nur wenige Quadratmeter begrünen willst, lohnt sich manchmal eher die Pflanzung trittfester, immergrüner Bodendecker wie zum Beispiel Summer Pearls *(Phyla nodiflora)*, Günsel *(Ajuga reptans)*, Stachelnüsschen *(Acaena)* oder Kriechthymian *(Thymus)*, Dickmännchen *(Pachysandra terminalis)*, Heidekraut *(Erica* und *Calluna)*, Bärenfellgras *(Festuca scoparia)* oder Japansegge *(Carex morrowii)*. Bevor du dich also in einem kleinen Garten für die Anlage eines Zierrasens entscheidest, solltest du diese Alternativen in Erwägung gezogen haben.

Rasentypen und –mischungen

Jede Gartensituation ist anders. Sowohl Bodenbedingungen als auch die Rasennutzung machen es daher erforderlich, bei der Rasenanlage auf diese Faktoren Rücksicht zu nehmen. Damit wir einen dichten, schönen Rasen bekommen und auch auf Dauer erhalten, müssen wir auf die richtige Saatgutmischung achten.

Allzweck- und Universalrasen

Dieser robuste Rasentyp entspricht dem Park- und Landschaftsrasen, den man von öffentlichen Grünanlagen her kennt. Es handelt sich um einen universalen Rasentyp, der sich schon bei mäßiger Pflege durch Anpassungsfähigkeit und eine gewisse Beständigkeit auszeichnet. Im Handel findest du Universalrasenmischungen für normale Verhältnisse (magere und fette Böden, sonnige bis leicht schattige Lagen). Mit diesen meist preiswerten Saatgutmischungen kann eine Freifläche ohne viel Aufwand begrünt werden.

Zierrasen

Hierbei handelt es sich um einen gleichmäßigen, dichten, grünen Teppich. Ein echter Zierrasen dient vor allem als Schmuck zwischen bepflanzten Flächen, etwa im Rosengarten, und sollte nicht zu intensiv genutzt werden, da er kaum strapazierfähig ist. Die Saatgutmischung besteht aus Grassorten mit besonders feinen Halmen („feinborstige Gräser"), vor allem Rotschwingel- und Straußgrassorten (*Festuca* und *Agrostis*). Zierrasen verlangt nach regelmäßiger Pflege und muss frei von Rasenunkräutern gehalten werden.

Spielrasen

Wenn Kinder im Garten toben, Erwachsene Boccia-, Kricket- und Badmintonturniere spielen oder ein Fest auf dem Rasen feiern möchten, sollte dieser etwas robuster sein. Damit die empfindliche Grasnarbe nicht zu sehr leidet, greifen wir deshalb zu sogenanntem Spielrasen. Die Saatgutmischung enthält vor allem robuste Grassorten wie das nahezu unverwüstliche Weidelgras (*Lolium perenne*). Regelmäßiges Mähen und gelegentliches Düngen, bei Trockenheit wässern und im Bedarfsfall vertikutieren erhält den Rasen gesund. Kahlstellen solltest du im Frühjahr durch Nachsaat reparieren.

Schattenrasen

Normale Grassorten benötigen viel Sonnenlicht. Nur wenige Gräser begnügen sich mit schlechten Lichtverhältnissen, wie sie zum Beispiel unter großen Bäumen oder im Schatten von Gebäuden herrschen. Wenn dort dennoch ein Rasen angelegt werden soll, empfiehlt sich die Aussaat von Schattenrasen. Dazu muss ich jedoch gleich anmerken, dass es „Schattenrasen" eigentlich nicht gibt. Die handelsüblichen Schattenrasenmischungen enthalten lediglich einige schattentolerante Grassorten. Wichtig ist die richtige Pflege: Mähe nicht zu tief ab, betrete ihn nicht zu oft und sorge für ausreichend Wasser und Dünger während der Wachstumsphasen.

Sportrasen

Eigentlich ist der so genannte Sportrasen ein Spielrasen, deshalb finden wir im Handel meist Saatgutmischungen, die als „Spiel- und Sportrasen" angepriesen werden. Echter Sportrasen, zum Beispiel für Golf- oder Fußballplätze, ist mit einem natürlichen Rasen nicht vergleichbar. Um Sportrasen kümmern sich Fachleute, denn außer regelmäßigem Mähen, Wässern und Düngen kommt es hier auch auf den entsprechenden Unterbau an. Als Bolzplatz für unsere Jugend genügt daher durchaus ein anspruchsloser Spielrasen.

Blumenwiese

Das Anlegen einer Blumenwiese lohnt sich für den Gartenfreund nur, wenn große Freiflächen zur Verfügung stehen. Eine echte Blumenwiese muss nur zweimal im Jahr gemäht werden, im Juni und im August/September. Das lässt viele Wildblumen zur Blüte kommen. Damit die Artenvielfalt gewährleistet ist, darf der Boden nicht zu nährstoffreich sein und die ausgesäten Arten müssen den Standortbedingungen entsprechen. Deshalb sieht auch jede Blumenwiese anders aus. Durch den hohen Bewuchs eignet sich eine Blumenwiese weder als Kinderspielplatz noch für andere Freizeitaktivitäten. Muss sie häufiger begangen oder durchquert werden, lohnt sich die Anlage von „Wegen", auf denen der Bewuchs durch häufigeres Mähen kürzer gehalten wird.

Wasserpflanzen lieben's nass, hier treibt und blüht's im Wasserfass.

Wasser im Garten

Wasser hat in jedem Garten seinen Platz. Es fasziniert nicht nur Groß und Klein; sein Anblick wirkt beruhigend und harmonisierend. Wie aber kann man selbst in kleine Gärten Wasser integrieren, wo doch der Platz so beschränkt ist, dass schon ein kleiner Folienteich die Grenzen des

Die wichtigsten Giftpflanzen

Deutscher Name	Botanischer Name	Giftige Pflanzenteile
Adonisröschen	*Adonis vernalis*	Alle Pflanzenteile
Akelei	*Aquilegia vulgaris*	Kontaktallergien möglich
Amaryllis, Ritterstern	*Hippeastrum*-Hybriden	Alle Pflanzenteile rufen bei Verzehr Übelkeit hervor
Anemone	*Anemone spec.*	Alle Pflanzenteile
Aronstab	*Arum italicum*	Blüte, Beeren und Wurzel
Bärenklau, Herkulespflanze	*Heracleum mantegazzianum*	Alle Pflanzenteile, gefährliches Kontaktgift
Blauregen, Glyzine	*Wisteria sinensis, W. floribunda*	Frucht und Holz
Buchsbaum	*Buxus sempervirens*	Laub
Christrose	*Helleborus niger*	Alle Pflanzenteile
Dachwurz, Hauswurz	*Sempervivum tectorum*	Alle Pflanzenteile
Eberesche	*Sorbus aucuparia*	Rohe Beeren
Efeu	*Hedera helix*	Alle Pflanzenteile
Eibe	*Taxus baccata*	Alle Pflanzenteile außer dem roten Samenmantel
Eisenhut	*Aconitum napellus*	Alle Pflanzenteile sind, selbst bei Hautkontakt, hochgiftig
Engelstrompete	*Brugmanisa*-Hybriden	Alle Pflanzenteile
Echte Feige	*Ficus carica*	Kontaktallergien durch Pflanzensaft
Feuerdorn	*Pyracantha coccinea*	Beeren
Fingerhut	*Digitalis purpurea*	Alle Pflanzenteile
Geißblatt, Jelängerjelieber	*Lonicera xylosteum*	Beeren
Ginster, Geißklee	*Cytisus scopariu*	Alle Pflanzenteile
Goldregen	*Laburnum anagyroides*	Alle Pflanzenteile
Herbst-Zeitlose	*Colchicum autumnale*	Alle Pflanzenteile
Holunder, Hollerbusch	*Sambucus nigra*	Alle Pflanzenteile; Blütendolden und Beeren sind gekocht genießbar
Hyazinthe	*Hyacinthus orientalis*	Alle Pflanzenteile
Immergrün	*Vinca minor, V. major*	Alle Pflanzenteile
Kirschlorbeer, Lorbeerkirsche	*Prunus laurocerasus*	Laub und Früchte
Küchenschelle	*Pulsatilla vulgaris*	Alle Pflanzenteile
Lampionblume	*Physalis alkekengi* var. *franchetii*	Kontakt mit Laub führt zu Hautreizungen
Lebensbaum	*Thuja occidentalis*	Triebspitzen und Zapfen
Leberblümchen	*Hepatica nobilis*	Alle Pflanzenteile
Lupine	*Lupinus polyphyllos*	Frucht
Mahonie	*Mahonia aquifolium*	Beeren, Wurzeln
Maiglöckchen	*Convallaria majalis*	Alle Pflanzenteile
Nachtschatten, Kartoffelstrauch	*Solanum rantonnetii*	Alle Pflanzenteile
Narzisse, Osterglocke	*Narcissus pseudonarcissus*	Alle Pflanzenteile; Saft ruft Hautreizungen hervor
Oleander	*Nerium oleander*	Alle Pflanzenteile; Kontaktgift, das auch über die Haut aufgenommen wird
Pelargonie, Geranie	*Pelargonium*-Arten und Sorten	Laub kann Allergien auslösen oder verschlimmern
Pfaffenhütchen	*Euonymus europaeus*	Frucht
Pfingstrose	*Paeonia lutea*	Alle Pflanzenteile
Rhododendron, Azalee	*Rhododendron*	Laub und Blüten
Rittersporn	*Delphinium*-Hybriden	Alle Pflanzenteile; Laub enthält Kontaktgift
Rizinus, Wunderbaum	*Rizinus communis*	Früchte
Schneeglöckchen	*Galanthus nivalis*	Alle Pflanzenteile
Seidelbast	*Daphne mezereum*	Alle Pflanzenteile
Stechpalme	*Ilex aquifolium*	Beeren
Tränendes Herz	*Dicentra spectabilis*	Laub erzeugt Kontaktallergien, bei Verzehr Übelkeit
Wacholder	*Juniperus communis*	Alle Pflanzenteile
Wolfsmilchgewächse	*Euphorbiaceae*	Milchsaft
Wurmfarn	*Dryopteris filix-mas*	Alle Pflanzenteile
Zwergholunder	*Sambucus ebulus*	Beeren

Möglichen sprengen würde? Ganz einfach: Ein kleiner Sprudelstein, ein selbst gebauter Kiesbrunnen oder ein Miniteich aus einem halbierten Holzfass können ein vollwertiger Ersatz für einen Teich sein. Viele Wasserpflanzen gedeihen auch in geringer Wassertiefe und es gibt sogar Miniatur-Seerosen, die selbst in einem kleinen, mit Wasser gefüllten Holzfass ihre wunderschönen Blüten zeigen. Wandbrunnen sind eine andere Möglichkeit, das Plätschern von Wasser im eigenen Garten zu genießen.

Wer auf einen Zierrasen, breite Blumenbeete oder eine Strauchrabatte verzichten kann, hat selbst auf einem kleinen Grundstück die Möglichkeit, einen Wassergarten anzulegen. Das Herzstück des Gartens ist dann eben nicht mehr der Rasen, sondern die Wasserfläche des Gartenteichs, die eingerahmt wird von schmalen Kieswegen, einem Holzdeck und üppig bepflanzten Uferstreifen. Wunderschöne Sumpf- und Wasserpflanzen findest du in meinem Gartenkatalog und im Fachhandel.

Raum für Kinder

Wenn Kinder im Garten spielen, brauchen sie Platz. Ein Sandkasten für die Kleineren ist unverzichtbar, und eine Schaukel lässt sich fast überall noch unterbringen. Eine strapazierfähige Rasenfläche wird garantiert zum Fußballspiel genutzt, und wenn die Kinder älter werden, dann muss natürlich auch ein Zelt aufgebaut werden. Wirklich abenteuerlich wird es, wenn unsere Kinder in einer Ecke des Grundstücks, halb im Verborgenen unter Sträuchern und Büschen, ein Spielhaus bauen dürfen.

Kleine Gärten können für Kinder viel größer erscheinen, wenn du sie vielfältig eingerichtet hast und die Kleinen nicht von Anfang an überall ausgeschlossen werden. Wie spannend ist es zum Beispiel, ein eigenes kleines Beet pflegen zu dürfen und den selbst eingepflanzten Tomaten oder Erdbeeren beim Wachsen und Reifen zuzusehen! Es versteht sich von selbst, dass wir bei der Bepflanzung des Gartens ebenfalls auf die Kinder Rücksicht nehmen: Dornige, stachelige Pflanzen haben genauso wenig im kinderfreundlichen Garten etwas verloren wie Pflanzen mit giftigen Blüten, Früchten oder Blättern. Hier möchte ich darauf hinweisen, dass es auch stachellose Himbeeren, Brombeeren und Stachelbeeren gibt: entsprechende Sorten findest du in meinem Katalog. Und wenn du bei der Dekoration des Gartens auf wertvolle Keramiken, gläserne Rosenkugeln und spitze Metallobjekte verzichtest, gibt es auch keine Verletzungen oder Tränen, wenn ein geliebtes Stück in Scherben geht.

Giftige Pflanzen

Neben vielen nützlichen Pflanzen im Obst- und Gemüsegarten pflanzen wir auch eine Vielzahl hübscher Ziergewächse, um uns an den Blüten zu erfreuen. Einige, wie Ringelblumen oder Kapuzinerkresse, haben sogar essbare Blüten. Andere rächen ihren Verzehr mit Substanzen, die Übelkeit, Allergien oder sogar tödliche Vergiftungen hervorrufen können. Daher rate ich zur Vorsicht. Besonders dann, wenn kleine Kinder im Garten spielen, solltest du die giftigen Zierpflanzen meiden. Links in der Tabelle findest du einige der wichtigsten Giftpflanzen. Wenn einzelne Pflanzen hier fehlen, heißt das nicht, dass sie ungiftig sind. Hat dein Kind von einer unbekannten Pflanze genascht, rufe am besten umgehend eine Giftnotrufzentrale oder den Hausarzt an.

Das Plätschern des Wandbrunnens lässt dich allen Stress vergessen.

Den Kindern bringe früh schon bei, dass nicht alles essbar sei!

Giftige Pflanzen im Porträt

Unten: Der Fingerhut *(Digitalis)* hat zwei Gesichter: In der richtigen Dosierung wirken seine Inhaltsstoffe heilend bei Herzbeschwerden, in zu hoher Dosierung tödlich.

Oben: Das Gift der Christrose *(Helleborus niger)* ähnelt dem von Digitalis, in hoher Dosierung kann es zu Atemlähmung führen
Unten: Das Gift der Tollkirsche *(Atropa belladonna)* kann über die Haut aufgenommen werden, die Beeren sind besonders für Kinder hochgiftig.

Rechts unten: Viele Pflanzen aus der Familie der Nachtschattengewächse sind giftig oder haben giftige Pflanzenteile. Hier der Bittersüße Nachtschatten *(Solanum dulcamara)*.

Wunderschön, aber unter Umständen tödlich giftig ist der Eisenhut *(Aconitum napellus)*.

Alle Pflanzenteile der Engelstrompete *(Brugmansia)* sind giftig.

Die Herbstzeitlose *(Colchicum autumnale)* enthält das giftige Alkaloid Colchicin.

Oben: Maiglöckchen *(Convallaria majalis)* enthalten herzwirksame Cardenolide, die als Medikament verwendet werden. Das Maiglöckchen wird leicht mit Bärlauch verwechselt.

Oben: Bäume und Sträucher wollen überlegt gepflanzt werden, sonst wachsen sie dir über den Kopf.
Unten: In Form geschnittener Buchs als Willkommensgruß.

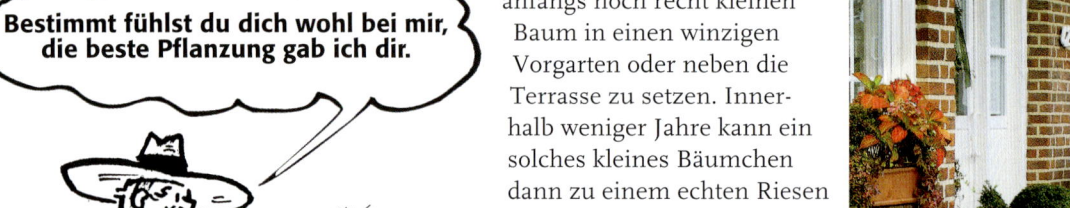

Bestimmt fühlst du dich wohl bei mir, die beste Pflanzung gab ich dir.

Gehölze

Bäume und Sträucher bilden das Rückgrat eines Gartens. Sie setzen vertikale Akzente und erweitern dadurch die Gartenlandschaft um eine weitere Dimension. In großen Gärten bilden sie einen Blickfang und strahlen eine gewisse Würde aus. Schwierig wird es allerdings, wenn in kleinen Gärten der Platz fehlt, um echte Bäume oder auch ansehnliche Gruppen blühender Sträucher zu pflanzen. Zu oft machen enthusiastische Gartenfreunde den Fehler, einen anfangs noch recht kleinen Baum in einen winzigen Vorgarten oder neben die Terrasse zu setzen. Innerhalb weniger Jahre kann ein solches kleines Bäumchen dann zu einem echten Riesen werden, der das ganze Licht für sich beansprucht und gierig sämtliche Nährstoffe aus dem Boden aufsaugt. Als Folge davon kümmern alle anderen Pflanzen, der Rasen wird schütter oder vermoost, und

der einst sonnige Sitzplatz liegt dann dauerhaft beschattet in einem düsteren Winkel. Weil aber große Bäume laut Gesetzgeber nicht mehr so ohne Weiteres gefällt werden dürfen, muss man sich zu allem Übel auch längerfristig mit diesen wenig erfreulichen Zuständen abfinden. Besser, wenn du es gar nicht erst so weit kommen lässt und von Anfang an richtig planst. Mein Rat: In kleine Gärten gehören nur Gehölzarten, die von Natur aus schwach wachsen und auch im Alter nicht zu groß werden (siehe auch Tabelle).

Blätter, Blüten, Duft und Früchte

Besonders in kleinen Gärten ist es wichtig, dass die Gehölze besondere Akzente durch hübsches Laub, Blüten, Duft oder Früchte setzen. Dadurch, dass hier alles nah beieinander wächst, nimmt das Auge solche kleinen Sensationen viel intensiver wahr als in großen Anlagen. Halte daher Ausschau nach Arten und Sorten, die diese Anforderungen erfüllen: schwacher Wuchs, mäßige Endgröße, dafür aber hübsches Laub, schöne Blüten, ein angenehmer Duft und vielleicht sogar essbare oder wenigstens dekorative Früchte. Mein Katalog bietet eine große Auswahl interessanter Gehölze für kleine Gärten an. Aber auch in Baumschulen findest du kompetente Beratung, wenn du unschlüssig sein solltest. Besonders gut eignen sich zum Beispiel von Natur aus

Grüne Zwerge für Kübel, Kästen und kleine Vorgärten

Deutscher Name, Botan. Name	Höhe x Breite	Standort	Bemerkungen
Zwerg-Balsamtanne (*Abies balsamea* 'Nana')	1 x 1 m	Sonnig, in humoser, leicht saurer Erde	Kurznadelig, kompakter Wuchs
Buchsbaum (*Buxus sempervirum* 'Suffruticosa')	1 x 1,5 m	Sonnig, halbschattig bis schattig, nicht zu trocken	Ideal für Formschnitt; langsam wachsend
Faden-Scheinzypresse (*Chamaecyparis pisifera* 'Filifera Nana Aurea')	1 x 1,5 m	Sonnig, in feuchter, neutraler bis leicht saurer Erde	Gelbgrüne, fadenförmige Triebe
Kugel-Scheinzypresse (*Chamaecyparis obtusa* 'Pygmaea')	1 x 1,5 m	Sonnig, in feuchter, neutraler bis leicht saurer Erde	Rundlicher Wuchs, grüne Schuppenblätter, die sich bei Kälte rotbraun verfärben
Strauchveronika (*Hebe pinguifolia*)	0,5 x 0,7 m	Sonnig bis halbschattig, in feuchter, neutraler bis leicht alkalischer Erde	Aparter Zwergstrauch mit ovalen, blaugrünen Blättern; leichter Winterschutz nötig
Zwergwacholder (*Juniperus communis* 'Echiniformis')	0,5 x 0,5 m	Sonnig bis halbschattig, in gut durchlässiger, sandiger Erde	Kugelförmige Gestalt, dunkelgrüne Nadeln, sehr langsam wachsend
Zwergwacholder (*Juniperus chinesis* 'Old Gold')	1 x 1 m	Sonnig bis halbschattig, in gut durchlässiger Erde	Goldgelbe Nadeln im Neuaustrieb
Zwerg-Säulenwacholder (*Juniperus communis* 'Compressa')	0,8 x 0,45 m	Sonnig bis halbschattig, in gut durchlässiger, sandiger Erde	Graugrüne Nadeln, säulenförmiger Wuchs, leichter Winterschutz nötig
Kriechwacholder (*Juniperus horizontalis* 'Glauca')	0,3 x 1 m	Sonnig bis halbschattig, in gut durchlässiger, sandiger Erde	Intensiv blaugraue Nadeln, flach bleibend, schwach wachsend
Igelfichte (*Picea abies* 'Echiniformis')	0,6 x 0,6 m	Sonnig, in feuchter, neutraler bis leicht saurer Erde	Dichtwüchsig, dunkelgrüne Nadeln
Lavendelheide (*Pieris japonica* 'Debutante')	1 x 1 m	Sonnig bis schattig, in feuchter, saurer Erde	Kompakt wachsende Sorte mit weißen Blütentrauben
Lavendelheide (*Pieris japonica* 'Little Heath')	0,6 x 0,6 m	Sonnig bis schattig, in feuchter, saurer Erde	zwergige Sorte mit weiß gerandeten Blättern
Nestfichte (*Picea abies* 'Nidiformis')	0,6 x 0,6 m	Sonnig, humusreiche Böden	Kugelförmiger Wuchs, kompakt
Zwerg-Drehkiefer (*Pinus contorta* 'Spaan's Dwarf')	0,75 x 0,75 m	Sonnig, in humoser Erde	Gewundener Stamm, offener Wuchs
Zwerg-Bergkiefer (*Pinus mugo* 'Pumilo')	0,5 x 1 m	Sonnig, in humoser Erde	Dicht verzweigt, gedrungener Wuchs
Zwerg-Kugelkiefer (*Pinus densiflora* 'Alice Verkade')	0,75 x 1 m	Sonnig, in humoser Erde	Kugelig mit hellgrünen Nadeln
Japanische Azalee (*Rhododendron obtusum*-Hybriden)	0,5 bis 1 m	Schattig, halbschattig bis sonnig, in feuchter, saurer Erde	Kompakte, kleinblättrige, im Frühjahr mit Blüten übersäte, immergrüne Azaleen
Zwerg-Rhododendron (*Rhododendron-Yakushimanum*-Hybriden)	0,8 x 1,5 m	Sonnig bis halbschattig, in feuchter, saurer Erde	Sehr schöne Blütenpflanzen in vielen Sorten
Skimmie (*Skimmia-Japonica*-Hybriden)	0,75 x 0,75 m	Halbschattig bis schattig, in feuchter, humoser Erde	Sehr langsam wachsend; die meisten Sorten sind zweihäusig
Zwerg-Kugellebensbaum (*Thuja occidentalis* 'Golden Globe')	1 x 1 m	Sonnig bis halbschattig, in feuchter, humoser Erde	Kugeliger Wuchs, goldgelbe Nadeln
Zwerg-Lebensbaum (*Thuja occidentalis* 'Smaragd')	1 x 0,8 m	Sonnig bis halbschattig, in feuchter, humoser Erde	Konischer Wuchs, hellgrünes Laub
Zwerg-Lebensbaum (*Thuja occidentalis* 'Caespitosa')	0,3 x 0,4 m	Sonnig bis halbschattig, in feuchter, humoser Erde	Kissenartiger Wuchs, feingliedriges Laub
Zwerg-Lebensbaum (*Thuja orientalis* 'Aurea Nana')	0,6 x 0,6 m	Sonnig bis halbschattig, in feuchter, humoser Erde	Rundlicher Wuchs, gelbgrünes Laub, das sich im Winter bronze färbt

klein bis mittelhoch bleibende Gehölze wie der Fünffingerstrauch (*Potentilla fruticosa*), Sternmagnolien (*Magnolia stellata*), der Liebesperlenstrauch (*Callicarpa bodinierii*), der Duftschneeball (*Viburnum* x *bodnantense* 'Dawn'), Zwergspieren (z. B. *Spiraea japonica* 'Manon'), die immergrünen Skimmien (*Skimmia reevesiana*) oder die vielen Sorten des Echten Flieders (*Syringa vulgaris*) und die kleinwüchsigen Rhododendron-Arten.

Ein Platz für den Kompost im Garten ist ein Muss; hier kannst du Garten- und Küchenabfälle entsorgen.

wie Radieschen und Gartenkresse, man kann dort auch Sommerblumen aussäen und vorziehen, bis es Zeit für das Auspflanzen ist. Für manchen Besitzer eines kleinen Gartens kann es allerdings zum Problem werden, wenn das Frühbeet an einer besonders sonnigen Stelle im Garten aufgebaut werden soll. Oft bleibt da nur die Terrasse oder der sonnige Sitzplatz, die man aber nicht unbedingt mit dem Frühbeet teilen möchte. Einen Ausweg aus diesem Dilemma bieten Frühbeete aus Kunststoff, die sich leicht auf- und auch wieder abbauen lassen. Du kannst den zerlegbaren Kasten im zeitigen Frühjahr auf der Terrasse aufstellen, und einige Wochen später, wenn es warm genug ist, baust du ihn wieder ab und lagerst ihn bis zum nächsten Einsatz im Schuppen oder Keller (siehe auch Seite 77).

Unter den Nadelgehölzen ist die Auswahl klein bleibender Sorten in den vergangenen Jahren derart reichhaltig geworden, dass bestimmt jeder den passenden „Grünen Zwerg" für seinen Garten findet.

Nutzgarten

Der Platz für ein Frühbeet und ein paar Küchenkräuter darf in keinem Garten fehlen, und sei er noch so klein. Die Vorzüge eines Frühbeetes kann man nicht genug preisen, denn hier gelingt nicht nur die Anzucht schmackhafter und gesunder Frühgemüse

Kompost

In jedem Garten fallen Abfälle an, die kompostiert werden können. Leider nimmt ein Komposthaufen immer einigen Platz ein. Dennoch müssen wir auch in einem kleinen Garten nicht auf diese praktische Abfallverwertung durch Kompostierung verzichten. In Kompostsilos aus Kunststoff kann man ebenfalls Gartenabfälle sammeln. In den Behältern verrotten die Pflanzenabfälle

Gemüse aus dem eigenen Garten ist gesund, schmackhaft und bietet auch etwas für das Auge!

schneller als auf einer Kompostmiete; zudem hält sich auch lästiger Geruch in Grenzen. Das ist besonders wichtig, wenn der Kompostsilo nahe am Wohnhaus oder an der Grenze zum Nachbarn steht. Solche Schnellkomposter kannst du gut unter Sträuchern oder hinter einer Sichtschutzwand verbergen, wo sie dann nicht weiter auffallen. Denke aber daran, dass der Weg zum Kompostsilo bei jedem Wetter bequem begehbar ist! Zum Thema Kompost findest du auf den Seiten 100 bis 105 noch viele nützliche Tipps.

Kräuterspirale

Viel Platz im Garten spart eine praktische Kräuterspirale. Statt die gesunden, würzigen Kräuter in geordneten Reihen auf Beeten anzubauen, kann man sie auf einem solchen spiralförmig angelegten Hügel ziehen. Das hat den Vorteil, dass jedes Kraut den ihm gemäßen Standort erhält – die „Hungerkünstler" wie Thymian und Bohnenkraut finden oben auf der Spirale in trockenerem Substrat ihren Platz, andere wie Schnittlauch, Petersilie und Pfefferminze weiter unten, wo die Erde feuchter ist. Die Spirale selbst wird aus Steinen, die schneckenhausartig aufgeschichtet und mit Erde verfüllt werden, an einer sonnigen Stelle des Gartens errichtet.

Ist dein Gärtchen weit entlegen, kannst du Kräuter auch so pflegen.

Töpfe und Kübel

Wo Raum zum Pflanzen knapp ist, helfen Topf- und Kübelpflanzen. Pflanzgefäße bieten zahlreichen Blütenschönheiten, aber auch Blattschmuckpflanzen und sogar Nutzpflanzen eine Heimstatt. Kübel und Töpfe finden in jeder Ecke noch ein Plätzchen. Sogar auf Fensterbänken, Müllboxen, Garagendächern und der Mauer zum Kellerabgang kannst du mit ihnen einen kleinen Garten Eden zaubern.

Viele würzige Kräuter fühlen sich oftmals in Töpfen sogar wohler, weil sie dort keine Konkurrenz von anderen Pflanzen fürchten müssen. Doch bedenke: Manch eine empfindliche Pflanze muss im Herbst rechtzeitig vor gefährlichen Nachtfrösten in Sicherheit gebracht werden. Und denke ebenfalls daran, dass Töpfe und Kübel im Sommer reichlich Wasser brauchen und an heißen Tagen sogar zweimal gegossen werden wollen! Wer dafür keine Zeit hat, sollte entweder eine automatische Bewässerung installieren oder möglichst große Pflanzgefäße wählen, die weniger schnell austrocknen!

Pflanzgefäße aus Terracotta fügen sich optisch in jede Gartensituation ein. Achte beim Kauf lediglich auf frostfeste Ware.

Der grüne Tipp®

In der Kräuterspirale pflanzt man die kräftiger wachsenden, höheren Kräuter immer unten, damit die oberen, schwach wachsenden Kräuter nicht von ihnen überwuchert werden.

Nutzungsbeispiele für einen mittel- großen Garten

Gartengrundstücke von Einfamilienhäusern sind üblicherweise etwa 400 bis 700 m² groß. Solche mittelgroßen Gärten erlauben eine sehr vielfältige Nutzung, bei der jedes Mitglied der Familie voll auf seine Kosten kommt. Es steht ausreichend Platz zur Verfügung, um neben dem Ziergarten noch einen kleinen Nutzgarten anzulegen. Auch wenn man inzwischen alle Gemüse praktisch ganzjährig im Supermarkt kaufen kann, steht gesundes, von Pflanzenschutzmitteln verschont gebliebenes aus eigenem Anbau oft ganz oben auf der Wunschliste.

Hast du übrigens schon einmal daran gedacht, dass bei der Gartengestaltung der Nutzgarten nicht unbedingt streng vom Ziergarten abgetrennt werden muss?

Rechts: Zufahrten, die auf das Haus zulaufen, sollten nicht schnurgerade verlaufen, sondern in einem Bogen.
Unten: Der Carport ist eine Alternative zur Garage und lässt sich wesentlich besser in die Gesamtgestaltung einbeziehen.

Mein Garten blüht, ein solches Glück, gibt all die Mühe reich zurück.

Manche Gemüse wie zum Beispiel Artischocken, der buntblättrige Mangold 'Bright Lights' und der purpurfarbene Grünkohl 'Redbor' sind so dekorativ, dass sie auch im Blumenbeet eine gute Figur machen. Und ein blühender Saum aus Fleißigen Lieschen, Ringel- oder auch Studentenblumen um das Gemüsebeet sorgt wie von selbst für gute Laune bei der Gartenarbeit!

Zufahrten und Wege

In einem mittelgroßen Garten dürfen die Zufahrt und die Wege etwas großzügiger ausfallen. Dennoch: Jeder Quadratmeter, der mit Beton versiegelt oder mit Steinen gepflastert wird, fällt für die Bepflanzung aus. Deshalb muss bei der Einteilung des Grundstücks genau bedacht werden, welche Bereiche im Garten rasch und ohne Umwege erreichbar sein müssen und wo sich geschlungene Wege spielerisch durchs Gelände ziehen dürfen.

Ich rate, den Weg vom Autostellplatz oder Carport zum Haus so kurz wie möglich zu halten und am besten zu überdachen, damit man bei jedem Wetter geschützt zum Fahrzeug gelangt.

Da wir im Sommer immer wieder rasch etwas Frisches aus dem Garten benötigen, sollte ein gerader, gut befestigter Weg direkt vom Haus in den Gemüsegarten und zum Kompostplatz führen. Kulturen, die wir selten oder nur für die kurze Zeit der Ernte aufsuchen müssen, können dabei in abgelegenen Ecken einen Platz finden. Küchenkräuter ziehst du besser nah am Haus.

Alle untergeordneten Wege können in mittelgroßen Gärten etwas fantasievoller angelegt werden. Auf keinen Fall sollten sie das Grundstück schnurgerade in zwei Hälften oder vier Viertel teilen. Das wirkt unnatürlich und wenig inspirierend (siehe auch Seite 51), außer natürlich, eine formale Gartenanlage ist beabsichtigt.

Terrassen und Sitzplätze

Ausreichend Platz zum Sitzen, Sonnenbaden und Entspannen ist für uns stressgeplagte Menschen ganz wichtig. Deshalb solltest du die Terrasse immer groß planen, damit man dort auch in geselliger Runde beisammensitzen kann. Wie schon bei kleinen Gärten kommt es auch hier darauf an, dass die Sitzplätze möglichst sonnig, geschützt vor Wind, Straßenlärm und neugierigen Blicken aus der Nachbarschaft angelegt werden.

Im Sommer kann es mittags auf der Terrasse sehr heiß werden. Es ist daher ratsam, einen zweiten Sitzplatz etwas entfernt vom Haus im Schatten von Gehölzen anzulegen, der in den sommerlichen Mittagsstunden zur Siesta einlädt. Überhaupt solltest du dein Grundstück darauf prüfen, wo sich weitere Sitzplätze anlegen lassen, die zu unterschiedlichen Tageszeiten und je nach Stimmung genutzt werden können. Immer lohnend ist die Anlage eines kleinen Sitzplatzes am Teich, im Rosengarten oder zwischen bunt blühenden Sommerblumen. Solche kleinen Rückzugsorte müssen nicht einmal pflastert werden, oft genügt eine gestampfte Kiesfläche oder eine Schüttung aus Rindenmulch.

Der Vorgarten

Im Vorgarten kann ein Gartenzaun oder eine niedrig gehaltene Schnitthecke, zum Beispiel aus Berberitzen, dafür sorgen, dass unerwünschte Eindringlinge ferngehalten werden. So bleibt dir genügend Platz für eine hübsche Bepflanzung oder ein kleines Stück Rasen. Aber ich weise noch einmal darauf hin: Die Pflege kleiner Rasenflächen steht oft in keinem Verhältnis zum Nutzen und zur Wirkung. Günstiger ist daher eine

Oben: Glasierte Klinker bilden eine schöne Kulisse für dieses farbenfrohe Ensemble.
Links: Zur Gestaltung eines Vorgartens empfehle ich pflegeleichte Immergüne oder Koniferen, die langsam wachsen.

Der grüne Tipp

Einige mit Sommerblumen schön bepflanzte Töpfe, Kübel oder Schalen und dezente Schmuckobjekte vor der Haustüre zeigen, wer hinter der Tür wohnt und dass Besucher herzlich willkommen sind.

Bepflanzung deines Vorgartens mit pflegeleichten Gewächsen, die das ganze Jahr einen ordentlichen Eindruck machen. Im Frühjahr ergänze ich diese mit Blumenzwiebeln, im Sommer mit einjährigen Sommerblumen und im Herbst durch blühende Chrysanthemenbüsche im Topf. Deinem Eingangsbereich kommt nun einmal eine besondere Bedeutung zu, denn schließlich ist dieser die Visitenkarte des Hauses.

Zäune und Hecken

Für mittelgroße Gärten rate ich auch, diese mit einem Zaun einzufassen. Zusätzlich können Hecken für Sichtschutz sorgen und Geborgenheit vermitteln. Schnitthecken brauchen dabei weit weniger Platz als frei wachsende Hecken. Durch ihren dichten Wuchs schirmen sie das Grundstück zuverlässig gegen Blicke und Lärm ab und können sogar Autoabgase filtern. Immergrüne Formschnitthecken sehen ganzjährig schön aus, vorausgesetzt du trimmst sie regelmäßig in Form. Es kann aber auch besonders schön aussehen, wenn man mehrere verschiedene Ziergehölze mit interessanter Laubfärbung,

schönen Blüten und Früchten als lockere Strauchrabatte an der Grundstücksgrenze pflanzt. Allerdings gewährleistet nur ein regelmäßiger Verjüngungs- und Pflegeschnitt, dass eine frei wachsende Hecke nicht zu raumgreifend wird. Schnell verdrängt sie ansonsten alle anderen Pflanzen in der Nachbarschaft und lässt den Garten nach einiger Zeit klein und dunkel erscheinen.

Rasen muss sein

Ein Rasen schafft Freifläche im Garten, die zum Beispiel dafür nötig ist, dass du Blumenbeete aus einer gewissen Entfernung betrachten kannst. Außerdem stellt eine Rasenfläche einen Ruhepunkt im vielfältig bepflanzten Garten dar.

Besonders im Familiengarten kommt der zentralen Rasenfläche eine wichtige Bedeutung als Spiel- und Freizeitgelände zu. So lieben es unsere Kinder, auf dem Rasen herumzutollen, und auch wir Großen schätzen es, wenn wir unseren Liegestuhl im Sommer auf dem grünen Teppich aufstellen können. Damit es nicht immer wieder Ärger mit kahlen Stellen im Rasen gibt, solltest du eine robuste Rasenmischung wählen (siehe auch Seite 27). Ein feiner englischer Zierrasen ist nur dann angebracht, wenn die Grasfläche nicht oft betreten werden muss und du entsprechend viel Zeit für die Pflege aufwenden möchtest. Im Familiengarten ist er aber eher ein ständiger Anlass für Ärger als ein Quell der Freude.

Rechts: Zur Pflege einer solchen Rasenfläche lohnt sich die Anschaffung eines Selbstfahrers.
Unten: Eine grüne Wand aus Kletterpflanzen schützt vor neugierigen Blicken.

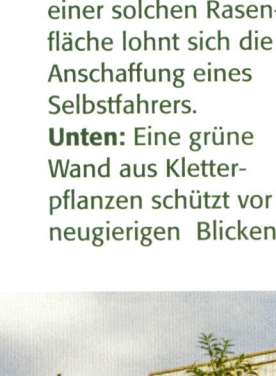

Auch hier: Platz für Kinder

Plane ausreichend Platz für deine Kinder ein – sie werden nur kurze Zeit so jung und unbeschwert im Garten spielen können und da wäre es doch schade, wenn sie die Gelegenheit nicht nutzen könnten! Gartenland ist Abenteuerland, der Rasen wird zur Prärie und die Sträucher zum Urwald, in dem man Tiger und Elefanten treffen kann. Wenn ein großer Baum im Garten steht, dann ist es für die Kleinen am schönsten, wenn Vati ihnen ein Baumhaus hineinbaut. Über allem Spiel sollten wir aber nicht vergessen, in unseren Kindern das Interesse für die Natur zu wecken. Du wirst staunen, wie faszinierend es für Kinder sein kann, wenn wir ihnen anhand von keimenden Bohnen oder Kürbiskernen das Wunder des Lebens zeigen. Ein eigenes kleines Beet, wo sie einfache Gemüsesorten und Sommerblumen selbst pflegen dürfen, bringt ihnen den Garten näher und weckt vielleicht den zukünftigen Hobbygärtner in ihnen. Und ich kann es nicht oft genug sagen: Da wir in einem mittelgroßen Garten nicht alle Gefahren in Form von giftigen, stechenden oder nesselnden Pflanzen von den Kindern fernhalten können, ist es besonders wichtig, sie von Anfang an mit den Gefahren bekannt zu machen. Extrem giftige Gewächse wie zum Beispiel Seidelbast *(Daphne mazereum)*, Engelstrompete *(Brugmansia* früher *Datura)* und der Goldregen *(Laburnum anayyroides)* gehören natürlich auf keinen Fall in einen Garten, in dem kleine Kinder spielen (siehe auch Übersicht Seite 28).

Wasser im Garten

Der Teich im Garten muss nicht groß sein. Wie auch beim Rasen gilt aber: Je größer, desto effektiver und einfacher ist er auch zu pflegen, und das biologische Gleichgewicht wird sich schneller einstellen. Die Auswahl ist groß. Du kannst zwischen Fertigteichen aus Kunststoff, einem individuell gestalteten Folienteich oder einem gemauerten Becken wählen. Das stille Gewässer lässt sich dann vielleicht noch zusätzlich durch einen

Schutz ist hier dem Kind gegeben, das ist's, wonach wir Eltern streben!

Oben: Täuschend echt – dieser künstliche Bachlauf ist kaum von einem natürlichen zu unterscheiden.
Unten: Ein schönes Beispiel für einen Teich mit üppiger Randbepflanzung.

kleinen künstlichen Bachlauf, Kaskaden oder eine Fontäne beleben. Wasserspiele wirken auf uns beruhigend und ausgleichend, regen aber gleichzeitig die Sinne an. Darüber hinaus haben Gartenteiche eine wichtige ökologische Funktion, denn sie locken zahlreiche nützliche Tiere in unseren Garten: Libellen zeigen artistische Flugmanöver, Vögel kommen zum Trinken und Baden an die Ufer und mit etwas Glück kannst du im Frühjahr Frösche und Molche beim Laichen beobachten. Wenn kleine Kinder Zugang zum Teich haben, solltest du allerdings aufpassen. Das Wasser übt eine magische Anziehungskraft auf Kinder aus. Ein Zaun oder Gitter hält die Kinder vom Teich fern.

Besonders in ländlichen Gebieten findet man beeindruckende, alte Hausbäume.

Lass das Maiglöckchen bitte stehn, wir wollen es doch wiedersehn.

Der Hausbaum

Seit alters her ist es Sitte, in ausreichend großen Gärten einen Hausbaum zu pflanzen. Oft steht solch ein, als Solitär gepflanzter Baum für die Lebenskraft und den Fortbestand der Familie und nicht selten wird er deshalb anlässlich der Geburt eines Kindes gesetzt. Natürlich soll dieser Baum dann über möglichst lange Zeit an seinem Standort wachsen. Deshalb lohnt es sich auch, einen gesunden, für den Standort geeigneten Baum sorgfältig auszuwählen. Nur wenn die Licht- und Bodenverhältnisse stimmen und Wasser und Wurzelraum ausreichend zur Verfügung stehen, kann sich der Baum auch wirklich zu voller Schönheit entfalten. Denk auch daran, dass der Baum vielleicht in zwanzig Jahren ein Vielfaches der jetzigen Größe erreicht. Pflanze deshalb nur solche Arten und Sorten, deren Endgröße den Rahmen deines Grundstücks nicht sprengen, und bedenke auch, dass Bereiche, die jetzt noch sonnig und mit hübschen Blumen bepflanzt sind, später im Schatten des Baumes verschwinden können. Wenn nur wenig Platz zur Verfügung steht, sind Kugelrobinien (*Robiuna pseudoacacia* 'Umbraculifera') oder auch ein Kugelahorn (*Acer platanoides* 'Globosum') als Hausbaum gut geeignet. Sie entwickeln von Natur aus kugelförmige Kronen und werden auch im Alter nicht zu mächtig.

Sträucher in Gruppen

Ziergehölze helfen, den Garten zu gliedern, und sorgen gestaffelt gepflanzt für eine Tiefenwirkung. Du kannst sie, wie zum Beispiel Magnolien, einzeln setzen, damit sie sich in voller Pracht entfalten können. Das gilt aber nur für solche Arten, die gern ein Leben als Solitär führen. Die meisten Sträucher wirken schöner und natürlicher, wenn du sie in kleinen lockeren Gruppen setzt. Wähle Arten und Sorten, die entweder attraktiv gefärbtes Laub, schöne Blüten oder interessante Früchte haben, wie buntlaubige Spiersträucher, Perückenstrauch oder Feuerdorn. Ein alle paar Jahre durchgeführter, beherzter Rückschnitt sorgt nicht nur für neue Lebenskraft und Blühfreude, sondern hält sie auch in ihrer gewünschten Größe.

Egal ob Sträucher oder Staudenbeet: Im Sommer blüht es üppig und das Gärtnerherz schlägt höher.

Blühendes für den Sommer

Sommerblumen, Stauden und Kübelpflanzen bringen Farbe in den Garten. Deshalb dürfen bunte Blumen in keinem Garten fehlen. Am schönsten sieht es dann aus, wenn die Beete den Rasen begleiten und sich an die Terrasse und die Sitzplätze anschließen. Dann haben wir auch am meisten von den Blüten und können den Duft von Rosen und anderen wohlriechenden Blumen am besten genießen. Plane die Beete nicht zu groß, um die Pflege zu erleichtern. Geschickt ist eine Höhenstaffelung, bei der die niedrigen Pflanzen in den Vordergrund gesetzt werden und die höheren Pflanzen den Hintergrund bilden. Du kannst der Komposition entweder ein Farbschema zugrunde legen oder eine bunte Vielfalt pflanzen. In jedem Fall sollten die Ansprüche der Pflanzen an Licht, Boden und Nährstoffe berücksichtigt werden, denn nur dann gedeihen die Gewächse üppig und kommen auch ohne Pflanzenschutzmittel und Pflegearbeiten aus.

Sommerblumen kaufe ich als Topfpflanze oder ziehe sie im Frühbeet selbst heran. Letzteres macht zwar etwas mehr Arbeit, lohnt aber wegen der geringen Kosten und der Freude, die das Aussäen und Heranziehen macht (siehe auch Seite 155).

Nutzgarten

**Gegenüber-
liegende Seite:
Links:** Hügelbeete
bringen selbst auf
kleinstem Raum
reichen Ertrag –
und das über viele
Jahre hintereinander.
Rechts: Spalierobst
zu ziehen, ist,
besonders mit
meinen bereits
vorgezogenen
Spalierbäumen,
ganz einfach.

Du wirst nicht gleich als Selbstversorger den
täglichen Bedarf an Gemüse und Obst aus
dem eigenen Garten stillen können, aber so
mancher hat schon gestaunt, welche Erträge
selbst ein kleiner Nutzgarten hinter dem
Haus liefern kann. Deshalb sollte jeder,
der die Zeit für die Pflege hat, einen Teil
des Gartens zum Anbau von gesunden
Früchten reservieren. Am besten wählst du
dafür einen Bereich aus, der wenigstens
einige Stunden täglich in der Sonne liegt.
Einige Gemüsebeete, ein Kräuterbeet oder
eine Kräuterspirale, ein sonniger Platz fürs
Frühbeet und eine halbschattige Ecke für
den Kompost können ausreichen, um den
Speisezettel zu bereichern. Beerensträucher
zum Naschen als „grüne Grenze" zwischen
Nutz- und Ziergarten verbinden dabei das
Praktische mit dem Nützlichen.

Rechts: Nicht nur
unsere Kinder
wissen Himbeeren
aus dem eigenen
Garten zu schätzen.

Fruchtbare Hügelbeete

Wer die knapp bemessene Fläche des Nutz-
gartens möglichst gut ausschöpfen möchte,
sollte über die Anlage eines Hügelbeets
nachdenken. Diese Form der Nutzpflanzen-
kultur garantiert höchste Ernteerträge auf
kleinstem Raum, da hier die Wachstums-
bedingungen für die Pflanzen ideal sind
und auch die Nährstoffe in reichlichem Maß
zur Verfügung stehen. Besonders Tomaten,
Gurken und Kürbisse finden hier optimale
Bedingungen vor, aber auch Salate, Mangold,

Ein Hügelbeet bauen

Der Bau eines Hügelbeetes lohnt sich schon
im ersten Anbaujahr, denn auf relativ kleinem
Raum reift eine schier unglaubliche Menge
köstliches, knackiges und gesundes Gemüse.
Bedenke aber, dass mit jedem weiteren Jahr
die Fruchtbarkeit des Hügelbeetes etwas
abnimmt; die pro Quadratmeter erzielten
Erträge übertreffen aber noch immer die einer
normalen Kultur. So wird's nun gemacht:

1. Stecke die Grundfläche zur Anlage eines
Hügelbeetes mit einer Gärtnerschnur ab. Die
Breite beträgt etwa 180 cm, die Länge ist
beliebig. Am günstigsten ist eine Nord-Süd-
Ausrichtung. So bekommen beide Beetseiten
ausreichend Sonne.

2. Nun hebe eine etwa 25 cm tiefe Grube aus.
Die Erde wird auf einer Seite gelagert, denn
später brauchen wir sie zum Abdecken des
Hügelbeetes. Wird das Hügelbeet auf Rasen-
gelände angelegt, dann lege die abgestochenen
Grassoden ebenfalls zur späteren Wieder-
verwendung beiseite.

3. Als unterste Schicht füllen wir zerkleinertes
Astwerk, holzige Zweige und Stängel und
anderes grobes Material bis auf eine Höhe von
etwa 50 cm ein. Diese Lage soll nicht bis an
die seitlichen Ränder reichen, sondern etwa
50 cm schmaler als die ausgehobene Grube
sein. Schon diese unterste Lage wird leicht
gewölbt eingeschichtet.

4. Wenn Rasensoden zur Verfügung stehen,
legen wir diese mit der Rasenseite nach unten
auf die Grobschicht. Statt Rasensoden kannst du
auch eine etwa 15 cm dicke Schicht aus Grün-
schnitt, Stroh und gemischten weichen Gartenabfällen nehmen und diese gut festklopfen.

5. Als Nächstes bringst du eine etwa 10 cm
dicke, aus dem Aushub der Grube stammende
Schicht Erde auf und klopfst sie gut fest.
Die Hügelform sollte jetzt schon deutlich
erkennbar sein.

6. Es folgt eine etwa 25 cm dicke Schicht aus
feuchtem, mit etwas Erde vermischtem Herbstlaub, die anschließend mit einer etwa 5 cm
dicken Schicht humoser Erde abgedeckt wird.
Ideal geeignet ist durchgesiebte, mit reifem
Kompost vermischte Gartenerde.

7. Für besondere Fruchtbarkeit sorgt eine anschließend etwa 5 cm dick aufgebrachte Schicht
aus reifem Mistkompost mit möglichst vielen
Regenwürmern. Wer keinen Mistkompost hat,
lässt diese Schicht einfach weg.

8. Als vorletzte Schicht bringst du nun etwa
15 cm hoch gut verrotteten Grobkompost aus.
Der Kompost darf nicht mehr gären, weil die
Pflanzen in dieser Schicht später wurzeln sollen.

9. Zum Schluss deckst du das Hügelbeet mit einer etwa 15 cm dicken Schicht guter Gartenerde
ab, die du gründlich festklopfst, damit sie nicht
vom ersten Regenguss fortgeschwemmt wird.
Anschließend kann sofort gepflanzt werden.

obst verzichten. Die meisten Obstgehölze können nämlich als Spalier gezogen werden und nehmen nur wenig Platz in Anspruch. Ideal wäre es, wenn du die Obstbaumspaliere als lebendige Trennwände zwischen Nutz- und Ziergarten pflanzt oder auch an einer sonnigen Garagen- oder Schuppenwand zum Beispiel ein Birnen- oder Apfelspalier anlegst. Für einen reichen Ertrag musst du allerdings jährlich einmal einen Erziehungs- und Pflegeschnitt durchführen.

Und ist das Gärtchen noch so klein, Spalierobst passt noch immer rein.

Kohlrabi, Sellerie und andere Gemüsearten gedeihen auf dem Hügelbeet prächtig und liefern beste Erträge. Kartoffeln, Kopfkohlsorten und Dauergemüse wie Rhabarber pflanzt man dagegen besser in konventionell bewirtschaftete Beete.

Ich empfehle, in den ersten zwei Jahren vor allem Starkzehrer wie Tomaten, Kohl, Sellerie, Lauch und Zucchini auf das Hügelbeet zu pflanzen; Schwachzehrer wie Salat und Spinat sowie Blattgemüse werden erst im dritten Jahr angebaut, da sie sonst zu viel Nitrat in den Zellen anreichern können.

Spalierobst spart Platz

Für eine Obstwiese ist natürlich kein Platz in einem mittelgroßen Garten. Wir müssen dennoch nicht auf Äpfel und anderes Baum-

Empfehlenswerte Obstsorten für Spaliere

Sorte	Eigenschaften	Pflückreife/Genussreife
Apfel 'James Grieve'	Süß-säuerlich, reicher Ertrag	Ab Mitte September/Oktober bis März
Apfel 'Berlepsch'	Feinsäuerlich, hocharomatisch	Anfang Oktober/November bis März
Apfel 'Roter Boskop'	Hoher Säuregehalt, würzig-frisch	Ab Oktober/Oktober bis März
Apfel 'Ontario'	Lange haltbar, wenig Aroma	Ende Oktober/Januar bis Mai
Birne 'Gute Luise'	Süß-saftig, reich tragend	Mitte September/Oktober
Birne 'Williams Christ'	Früher Ertrag, saftig-würzig	August/September bis Oktober
Birne 'Alexander Lucas'	Saftig, süß-säuerlich	September/November

Eine schöne Alternative sind sogenannte Säulenobstbäumchen. Diese als Säulen gezogenen Äpfel, Birnen, Kirschen oder Pflaumen werden maximal 3 bis 4 m hoch, aber nur 30 cm breit. Sie entwickeln die typische Säulenform fast ohne Schnittmaßnahmen und bringen uns dennoch reiche Ernten.

Eine nützliche Gartenlaube

Zur Aufbewahrung des im Garten benötigten Werkzeugs, des Rasenmähers sowie von Spezialerden und Dünger dient eine kleine Gartenlaube. Du kannst dir selbst ein kleines Häuschen zimmern oder dich in meinem Katalog, im Gartencenter oder im Baumarkt nach einem geeigneten Modell umsehen. Für einen Garten mittlerer Größe genügt die kleinste Ausführung meistens schon, denn man wird kaum in Versuchung geraten, das Gartenhaus für andere Zwecke als die Geräteaufbewahrung zu nutzen. Wichtig ist vor allem ein wasserdichtes Dach. Eine Dachrinne kann das Regenwasser auffangen und in eine Regentonne weiterleiten. Aufgefangenes Regenwasser hilft nicht nur bei der Wasserrechnung zu sparen, es ist auch weicher (kalkärmer) als das Leitungswasser. Ich verwende es insbesondere zum Wässern aller kalkempfindlichen Pflanzen wie Rhododendren, Azaleen, Kamelien und Heidelbeeren. Wenn Kinder Zugang zum Garten haben, muss das Gartenhaus sicher verschlossen werden können!

Eine Regentonne darf in keinem Garten fehlen.

Nutzungsbeispiele für einen großen Garten

Gärten mit einer Größe von über 700 m² darf man getrost als große Gärten bezeichnen. Sie sind heutzutage innerhalb von Städten und dicht bebauten Siedlungen eher selten. Am häufigsten findet man sie auf dem Land. Dort dienen sie in den meisten Fällen nicht nur als Ziergärten, sondern erfüllen auch eine wichtige Aufgabe bei der Versorgung der Familie mit frischem Obst und Gemüse. Dennoch kann man in einem großen Garten vieles von dem in die Tat umsetzen, was in kleinen oder mittelgroßen Gärten entweder gar nicht oder höchstens im Ansatz zu verwirklichen ist. Trotz aller Begeisterung über die mannigfaltigen Möglichkeiten dürfen wir dabei nicht außer Acht lassen, dass so ein Garten auch seine Pflege braucht. Wer die Zeit dafür aufbringt, wird mit einem grünen Paradies voller lebendiger Überraschungen reich belohnt, aber wer sich nicht viel aus Gartenarbeit macht, sollte den Garten von Anfang an möglichst pflegeleicht planen. Das heißt ja nicht, dass dies auf Kosten der Attraktivität geschehen muss.

Große Grundstücke gliedern

Damit ein großer Garten nicht langweilig wirkt, muss er durch Wege, verschiedene Sitzplätze und natürlich durch eine schöne Bepflanzung gegliedert werden. Hanglagen kann man nutzen, um durch Terrassierung oder mit Trockenmauern vielfältige Gartenbereiche zu schaffen. Ebene Grundstücke gewinnen durch locker eingestreute Gehölzgruppen, aber auch durch Hecken, die den Garten in verschiedene „Räume" aufteilen. Bei sehr großen Gärten kannst du sogar innerhalb des Grundstücks Einzelbereiche durch Zäune abgrenzen, um unterschiedliche Nutzungsmöglichkeiten zu unterstreichen. Ein gepflegter Rosengarten darf zum Beispiel eine deutliche Abgrenzung zum lässiger gepflegten Rest des Geländes haben, und den Nutzgarten kannst du durch hölzerne Sichtschutzelemente oder einen einfachen Lattenzaun vom Ziergarten abtrennen.

Pergola mit Blütenschmuck

Als Raumteiler zwischen zwei Gartenteilen, aber auch als Schattenspender über einem gemütlichen Sitzplatz sind Spaliere oder Pergolen einfach unersetzlich. Gerade in großen Gärten helfen sie uns, das Gelände zu gliedern und einen vertikalen Akzent zu setzen. Für Terrassen und Sitzplätze in Südlage ist es oft die beste Lösung, zumindest einen Teil des Sitzplatzes mit einer Schatten spendenden Pergola zu überwölben, ganz so, wie es auch im Süden Tradition ist. Als rankende Begleiter eignen sich Kletterrosen (*Rosa*-Sorten), Trompetenblume (*Campsis tagliabuana*) oder Waldreben (*Clematis*), vielleicht auch eine Kiwipflanze (*Actinidia deliciosa*) oder eine echte Weinrebe (*Vitis vinifera*), von denen wir im Herbst köstliche Früchte ernten können. Aber auch eine Pergola hat immer eine Sonnen- und eine Schattenseite. Das bedeutet, dass die Pflanzen auf jeder Seite unterschiedliche

Bedingungen für ihr Gedeihen vorfinden. Wichtig ist in jedem Fall, dass du sowohl die Stützpfosten als auch die Querbalken (Pfetten) stabil konstruierst und die Holzteile gegen Witterungseinflüsse mit einer Imprägnierung schützt.

Das ist das Glück, an das ich glaube: Erholung in der Gartenlaube.

Oben: Pergolen in allen Größen sind als Bausatz erhältlich.
Links: Eine Pergola in Kombination mit einer Gartenlaube schafft hier einen romantischen Rückzugswinkel für erholsame Stunden im Garten.

45

Rasen oder Blumenwiese?

Eine große, von Gehölzgruppen und Blumen-
rabatten gesäumte Rasenfläche ist etwas
Wunderschönes. Nur muss diese auch
regelmäßig, am besten einmal wöchentlich,
gemäht werden. Wer dafür keine Zeit hat,
sollte sich überlegen, statt des Zierrasens
einen Blumenrasen oder eine Blumenwiese
anzulegen. Ein Blumenrasen besteht zwar
auch zum großen Teil aus Rasengräsern,
aber Wildblumen wie Löwenzahn *(Taraxa-
cum officinale)*, Gänseblümchen *(Bellis perennis)*, Kornblumen *(Centaurea cyanus)*, Mohn
(Papaver roeas), Klee *(Trifolium pratense)*
und Ehrenpreis *(Veronica spicata)* sind aus-
drücklich geduldet (siehe auch Seite 206).
Was sonst im Rasen mit Unkrautstecher
und Herbiziden vernichtet würde, erhält
hier eine Chance. Während der Saison muss
nur etwa alle zwei bis vier Wochen gemäht
werden. In der Folge ist der Blumenrasen
nicht nur pflegeleichter, weil außer Mähen
keine weiteren Arbeiten anfallen. Er ist
auch belastbarer, da die Wildkräuter nicht
so empfindlich auf das Betreten reagieren
wie die Rasengräser. Eine schöne Ergänzung
des Blumenrasens sind Krokusse, Schnee-

*Ob grüne Rasen-
fläche (rechts) oder
bunte Blütenvielfalt
(unten) ist nicht
nur eine Frage des
Geschmacks und
des Pflegeaufwands.
Damit es so prächtig
wachsen kann,
muss der Boden
erst einmal richtig
vorbereitet werden.*

glöckchen und andere reizende Frühlingsboten, deren Zwiebeln man nach einem
Zufallsprinzip im Rasen vergraben kann
(siehe auch Seite 176).

Eine echte Blumenwiese wird nur zwei
Mal im Jahr gemäht und wächst deshalb
kniehoch oder höher. Der erste Schnitt
erfolgt im Juni, der zweite in der Regel im
Spätsommer. Der ökologische Wert einer
Blumenwiese ist hoch, aber auch in großen
Gärten leidet die Wiese unter dem Betreten.
Mit jeder Durchquerung hinterlässt man
eine Schneise umgeknickter Halme und
Stängel, die sich nur langsam oder gar nicht
mehr aufrichten. Als Kinderspielplatz oder
Freizeitparadies ist eine Blumenwiese daher
nur wenig geeignet. Eine Kompromisslösung
besteht darin, wenn du öfter genutzte Wege
und vielleicht auch einen Platz für den Liegestuhl durch häufigeres Abmähen kürzer
hältst als den Rest der Wiese.

Kinderparadies

Kinder, die die Möglichkeit haben, in einem
großen Garten aufzuwachsen, finden oftmals
auch ganz ohne vorgefertigte Spielgeräte
etwas, um sich zu beschäftigen. Natürlich
freuen sich die Kleinsten über eine Sandkiste,
in der sie Burgen bauen und Sandkuchen
backen können. Damit unsere Kinder einen
Garten wirklich genießen können, sollte
nicht alles zu perfekt sein. Wo nichts an-
gefasst werden darf, nirgendwo getobt und
herumgehüpft werden soll, da fühlen sich

Kinder nicht wohl. In großen Gärten kann man viel eher als in kleinen oder mittelgroßen Hausgärten einen Bereich finden, der für wilde Kinderspiele reserviert bleibt, wo der Rasen nicht so häufig gemäht wird, Bäume auch zum Klettern benutzt werden dürfen und im Gebüsch eine versteckte Hütte gebaut werden kann.

Lad' doch den Nachbarn auch mit ein, dann lässt er alles Meckern sein.

einräuchern. Deshalb ist es klug, einen Ort weit genug entfernt vom Wohnhaus zu wählen. Der Rauch soll weder ins eigene Wohnhaus noch in das der Nachbarn ziehen. Bewährt hat sich ein gemauerter Grill mit abnehmbarem Rost. In meinem Katalog und im Fachhandel findest du zahlreiche robuste Grillmodelle, vom einfachen Rundgrill über Schwenkgrills bis hin zu komfortablen Gas- und Elektrogrills mit allen erdenklichen Extras. Ein rustikaler Tisch und Bänke oder Stühle, die möglichst den ganzen Sommer über draußen bleiben können, runden die Einrichtung des Grillplatzes ab.

Der grüne Tipp®

Nach meiner Erfahrung wirkt eine den Grillplatz einrahmende Bepflanzung mit Laubgehölzen wie ein Luftfilter, der die Rauchbelästigung für Nachbarn auf ein Minimum reduziert!

Freizeitspaß und Grillvergnügen

Verteile deine verschiedartigen Freizeitaktivitäten auf unterschiedliche Gartenbereiche. So kannst du den Garten wirklich sinnvoll und intensiv nutzen. Ein Grillplatz ist etwas Herrliches, aber er muss ja nicht gleich bei jedem Grillfest das Schlafzimmer

Wasser im Garten

Wassermotive dürfen in einem großen Garten auf keinen Fall fehlen. Statt des kleinen Biotops oder Fassteichs darf es hier schon ein richtiger großer Folienteich oder vorgeformte Teichwannen von einigen Metern Durchmesser und mit einer Tiefe von mehr als einem Meter sein. Schließlich

Oben: Solch ein eingewachsener Teich ist von einem natürlichen kaum zu unterscheiden.
Links: Sommerzeit ist Grillzeit.

Bei einem größeren Teich lohnt sich die Anlage einer Holzterrasse direkt am Wasser.

funktioniert die biologische Selbstreinigung in so einem Teich umso besser, je größer er ist. Verbunden mit einem künstlichen Bachlauf kannst du so eine ganze Wasserlandschaft planen. Dabei kommt es darauf an, auch die Umgebung mitzugestalten. Ein einfach zusammenhanglos in den Rasen gegrabener Teich wirkt wie ein Fremdkörper und bereitet uns gewiss nicht lange Freude. Bepflanze die Ufer mit Sumpfschwertlilien (*Iris pseidacoris*), Sumpfdotterblumen (*Caltha palustris*), Rohrkolben (*Typha latifolia*) und anderen Feuchtbodenpflanzen. Vergiss auch

Ein solcher Platz an heißen Tagen lässt mich die Hitze gut ertragen.

nicht, Schwimmblatt- und Unterwasserpflanzen und die hübschen Seerosen zu setzen. Ein Steg oder ein Holzdeck, die vom Ufer aus ins Wasser ragen, machen das Erleben der Wasserwelt erst richtig schön! Auch hier weise ich wieder darauf hin: Denke daran, die Gewässer für kleine Kinder unzugänglich zu machen.

Wunderbarer Schwimmteich

Seit einigen Jahren ist er in aller Munde: der Schwimmteich. Dabei handelt es sich um eine Kombination einer Schwimmzone mit

naturnahem Bereich. Die seichte Uferzone und der mit zahlreichen Wasserpflanzen besetzte, biologisch besonders aktive Teil des Teiches sorgt für die natürliche Klärung des Wassers im Badebereich. Neben dem Verzicht auf die chemischen Präparate zur Wasseraufbereitung hat so ein Schwimmteich den Vorteil, sich wunderbar in die Umgebung einzufügen. Und das nicht nur im Sommer, denn durch die bewachsenen Uferzonen wirkt ein Schwimmteich auch im Winter nicht so fremdartig wie ein konventioneller Swimmingpool. Die etwa zwei Meter tiefe Schwimmzone des biologisch geklärten Badegewässers ist in der Regel mit Teichfolie ausgelegt und frei von störendem Pflanzenbewuchs. Besonders Allergiker und Personen mit empfindlicher Haut wissen das weiche Wasser im Schwimmteich zu schätzen. Wer einen großen Garten besitzt und sich mit dem Gedanken trägt, einen Swimmingpool zu bauen, der sollte überlegen, ob so ein natürliches Badegewässer nicht eine schöne Alternative sein könnte. Damit sich die Investition wirklich lohnt, musst du genug Platz für solch ein Projekt einplanen.

Gemischte Rabatten

Von Wildwuchs frei gehaltene, gepflegte Blumenbeete bereiten uns viel Arbeit. Ich rate daher, in einem großen Garten solche Beete in Hausnähe anzulegen, wo wir den Anblick auch genießen können. In weiter entfernten Gartenteilen lohnt sich die Mühe des ständigen Jätens und Zupfens kaum. Hier sind wir mit sogenannten gemischten Rabatten besser beraten. In der Regel besteht eine solche aus einer harmonischen Mischbepflanzung mit Ziergehölzen, Stauden, Zwiebelblumen und einjährigen Sommerblumen. Die Gehölze bilden dabei das Rückgrat der Bepflanzung, die Stauden sorgen für die Grundstruktur, die jahrelang bestehen bleibt und durch Blumenzwiebeln wie Zierlauch, Tulpen, Narzissen und andere jedes Jahr neu herangezogene Sommerblumen ergänzt wird. Durch die dichte, vielseitige Bepflanzung wirkt das Beet auch aus der Ferne schön, und außerdem kommen nicht so viele Wildpflanzen hoch.

Schatten durch Bäume

Während wir in kleinen Gärten dankbar für jeden Sonnenstrahl sind, können wir es in großen Gärten durchaus wagen, richtige Bäume zu pflanzen. Sie können einen Blickfang darstellen und an heißen Sommertagen kühlenden Schatten spenden. Bevor wir uns für einen Standort entscheiden, sollten wir aber bedenken, wie rasch sich der Baum entwickeln wird und welche Bereiche er dann beschattet. Steht der Baum zu nah am Wohnhaus, kann Laub die Dachrinnen verstopfen und Wurzeln wachsen in Fundamente oder Abflussrohre hinein. Gut beraten ist jeder, der rasch wachsende und später groß werdende Bäume an den Rand des Grundstücks setzt. Ich rate auch hier, in jedem Fall die vorgeschriebenen Mindestabstände zur Grundstücksgrenze zu beachten.

Ein Pavillon für Mußestunden

Statt unter Bäumen Schatten und Schutz zu suchen, bietet ein entsprechend großes Grundstück auch Raum für eine Laube oder einen Pavillon, um darin Freunde zum Tee zu empfangen oder auch mal vor einem sommerlichen Regenschauer Zuflucht zu suchen. Solch ein Bauwerk sollte nicht nur praktisch, sondern auch dekorativ sein und an einer geeigneten Stelle aufgebaut werden. Geeignet bedeutet in diesem Fall, dass du

vom Pavillon aus eine schöne Aussicht hast, zum Beispiel auf den Rosengarten. Solch ein hübsches Gebäude soll aber auch den Garten schmücken und nicht einfach irgendwo abgestellt werden. Eine begleitende Bepflanzung oder die Platzierung am Rand einer Gehölzgruppe bindet eine Laube oder einen Pavillon gut in den Garten ein.

Der große Nutzgarten

Endlich ist genug Platz, um neben Salat, Kräutern und traditionellen Gemüsesorten auch Erdbeerbeete anzulegen und Kartoffeln anzubauen. Auch die Platz beanspruchenden Artischocken sind es durchaus wert, dass du sie in einem großen Nutzgarten anpflanzt. Vielleicht lässt der Boden es auch zu, ein Spargelbeet anzulegen, von dem du jahrelang das köstliche Edelgemüse ernten kannst. Plane deinen Nutzgarten jedes Jahr neu und berücksichtige dabei, dass viele einjährige Gemüsepflanzen wie zum Beispiel Kohl-

Oben: Ein Gartenpavillon kann auch ohne Bepflanzung durchaus dekorativ sein.
Links: Gepflegte Beete machen viel Arbeit, doch die Mühe lohnt sich!

Rechts: Egal, ob selbst gebaut oder als fertiger Bausatz aus dem Katalog: Mit Frühbeeten lässt sich die Gartensaison auf einfache Art verlängern.

gewächse alljährlich den Standort wechseln müssen, damit der Boden und die Pflanzen gesund bleiben. Durch dieses System des Fruchtwechsels haben schon unsere Vorfahren verhindert, dass sich Krankheiten ausbreiten und der Boden einseitig ausgelaugt wird. Nur Tomaten stehen gern immer wieder an derselben Stelle. Weil sich die gefürchtete Krautfäule aber über den Boden ausbreitet, ist auch bei den Paradiesäpfeln ein jährlicher Umzug nicht von Schaden.

Oben: Ein Gewächshaus kannst du auf vielerlei Art nutzen. Bei mir gibt es sie in allen Größen mit der passenden Ausstattung.

Achte darauf, die Beete so einzuteilen und auszurichten, dass alle Pflanzen ausreichend Licht bekommen und vor kalten Winden geschützt sind. In sehr windigen Regionen kann eine Brombeerhecke als Windbrecher dienen. Im Halbschatten ist der ideale Platz für einen großzügig bemessenen Kompostplatz, denn hier wird nicht nur der im Nutzgarten anfallende Abfall verwertet, sondern auch Rasenschnitt, Herbstlaub und andere Gartenabfälle aus dem Ziergarten verkompostiert (siehe auch Seite 101).

Frühbeet und Gewächshaus

Sowohl für den Nutz- wie auch für den Ziergarten lohnt sich die Aussaat und die Anzucht von Jungpflanzen, wenn du alljährlich große Beete mit Sommer-

blumen füllen willst und im Gemüsegarten auf eine gute Ernte hoffst. Ein ausreichend großes Frühbeet ist dafür unverzichtbar. Das Gewächshaus ersetzt zwar kein Frühbeet, ist aber vor allem eine praktische Ergänzung. In einem Treibhaus kannst du die Sämlinge bis zum Auspflanzen weiter kultivieren. Außerdem ermöglicht das Gewächshaus, empfindliche Pflanzen wie Tomaten, Paprika und Schlangengurken im Sommer geschützt heranzuziehen bzw. zum Fruchtansatz zu bringen (siehe auch Seite 74). Im Winter kannst du dort außerdem frostempfindliche Kübelpflanzen unterstellen. Sowohl Frühbeet als auch Gewächshaus erhalten einen sonnigen Standort. Am besten bringst du sie im Nutzgarten unter oder stellst sie in dessen unmittelbarer Nähe auf.

Denk auch ans Lüften und Schattieren, dann kann den Pflänzchen nichts passieren.

Wege erschließen den Garten

Niemand möchte durch Schmutz und Nässe laufen, wenn er Entspannung und Erholung im Garten sucht. Deshalb sind Wege die Lebensadern im grünen Reich. Sie ermöglichen die bequeme Pflege der Kulturen und gliedern sowohl den Nutz- wie auch den Ziergarten. Damit sie sinnvoll begangen werden können, musst du sie jedoch richtig planen und gut befestigen. Ebenso wichtig sind Terrassen und Sitzplätze im Gesamtgefüge des gestalteten Geländes. Sie bilden Ruhezonen und steigern den Erholungswert unseres Gartens um ein Vielfaches. In jedem Fall lohnt es sich, auch diese Flächen mit Pflastermaterial zu befestigen, damit unsere Gartenmöbel kippsicher stehen und einem entspannten Miteinander mit der Familie, Freunden und Bekannten nichts mehr im Wege steht.

Der richtige Weg im Garten

Schon bei den Vorüberlegungen für die Planung des Gartens ist sicher jedem aufgefallen, dass erst Wege den Garten erschließen

Meine grünen Tipps zum Wegebau

Jeder Weg braucht ein Ziel und sollte nicht im Nichts enden.

Eine Neigung von zwei Prozent lässt Regenwasser abfließen.

Wege an der Hauswand entlang sind pflegeintensiv. Halte Abstand zum Haus mit einem dazwischen liegenden Beet.

Wege sollten nie schnurgerade, sondern immer geschwungen oder zickzackförmig angelegt werden. So wirkt alles größer und beim Begehen bieten sich immer neue Blicke auf den Garten.

Ein Weg kann den Nutzgarten vom Ziergarten trennen.

Spiele ruhig mit der Wegbreite: Erweiterte Bereiche bieten Raum für einen schattigen Sitzplatz oder einen Rosenbogen.

Ein Pfad aus Trittsteinen kann als optische Leitlinie den Blick auf einen besonderen Punkt lenken.

Kombiniere verschiedene Materialien und z. B. Steinformen.

und einer sinnvollen Nutzung zugänglich machen. Doch Wege sind nicht nur eine Verbindung zwischen zwei Punkten, sie stellen das nötige und nützliche „Verkehrsnetz" zwischen den einzelnen Gartenteilen her. Besonders im Bereich von Eingängen und Zufahrten haben sie besonders wichtige Aufgaben zu erfüllen. Durch Einzelstufen oder Treppenläufe erschließen sie Hanggrundstücke, und nach einem Regen erlauben sie es uns, trotz tropfnasser Rasenflächen und

Beete trockenen Fußes durch das grüne Reich zu schreiten. Aber Wege leisten noch mehr: Sie gliedern den Garten auch optisch, verleihen ihm Charakter und Struktur und bilden Blickachsen. Für die Wirkung deines Gartens ist es deshalb ganz wichtig, die Farbe, Form, Oberfläche und Struktur des Wegebelages bewusst auszuwählen. Genauso wichtig sind die Streckenführung eines Weges und die Randgestaltung.

Ein Weg, der zum Verweilen und zum Betrachten der Blütenvielfalt einlädt.

Steine bieten viele Möglichkeiten für die Gestaltung von Wegoberflächen. Für aufwändigere Arbeiten sollte ein Fachbetrieb hinzugezogen werden.

Haupt- und Nebenwege

Eine entscheidende Rolle spielt, ob Wege als sogenannte „Hauptwege" häufig und von vielen Personen genutzt werden, oder ob es sich um „Nebenwege" handelt, die man selten begeht oder die allein zur Pflege der Kulturen dienen. Im Nutzgarten wird man eher gerade Wege anlegen, die sich rechtwinklig kreuzen, weil dies bei der Arbeit praktischer ist. Im Ziergarten wirkt es in den meisten Fällen harmonischer, wenn die Wege nicht schnurgerade auf ihr Ziel zusteuern, sondern etwas geschwungen angelegt werden. Das bedeutet nicht, dass man absichtlich große Umwege einplanen sollte – eine unlogische Wegeführung verleitet nur dazu, Abkürzungen quer durchs

Gelände zu nehmen. Mein Rat: Bevor du einen Weg anlegst, zum Beispiel zum Kompost, lasse erst einmal deine Lieben ein paar Wochen durch den Garten laufen. Schon schnell wird sich ein Trampelpfad abzeichnen, den du nur noch befestigen musst. Aber ganz gleich, um welche Wegarten es sich handelt, egal ob sie gerade oder geschwungen angelegt werden: Jedem Gartenfreund sollte klar sein, dass ein Weg irgendwohin führen muss. Einfach aus ästhetischen Gründen angelegte Wege, die sich ziellos irgendwo im Gelände verlieren, haben im Garten nichts zu suchen.

Wege selbst anlegen

Das Anlegen von Wegen, Sitzplätzen und Terrassen, aber auch von Einfahrten und Autoabstellplätzen ist mit großer Sorgfalt zu planen. Denn Wege im Garten sollen nicht nur schön aussehen, sondern sie erfüllen auch einen praktischen Zweck. Und dazu müssen sie solide konstruiert sein. Sowohl der Verlauf der Wege und die Ausrichtung der Sitzplätze als auch die Konstruktion müssen stimmen, damit sie praktisch und sicher sind und eine möglichst lange Lebensdauer haben. Ich will deshalb nun einige Hinweise für den Eigenbau von Wegen, befestigten Sitzplätzen und Terrassen geben.

Abstecken der Grenzen

Zuerst steckst du die Grenzen des geplanten Weges mit Pfählen ab. So legst du die Breite und Linienführung fest. Von Pfahl zu Pfahl spannst du nun längs des Wegverlaufes eine Schnur, um die Wegkanten zu markieren. Entlang dieser Schnur stichst du die Kanten mit dem Spaten ab, stets mit etwas Neigung nach innen. Dann hebst du das Erdreich dazwischen aus. Im Nutzgarten kann die Erde verteilt werden, im Ziergarten, wo meist schon Beete angelegt sind, ist es besser, das ausgehobene Erdreich abzutransportieren. Du kannst es lagern und später eventuell zum Modellieren des Geländes verwenden. Abgestochene Rasensoden dienen zum Flicken von Fehlstellen im Zierrasen oder wandern auf den Kompost.

Wichtig vor der Anlage des Weges ist ein festgestampfter, stabiler Untergrund. Darauf kommt eine Schicht Sand oder Split, auf der die Platten oder Steine eben verlegt werden.

Wegebeläge

Das Aussehen und die Nutzung von Terrassen, Wegen und Sitzplätzen ist abhängig von der Art des Befestigungsmaterials. Wir können heutzutage zwischen zahlreichen Alternativen wählen, von der einfachen Rindenmulchdecke bis hin zu edlen Steinplatten. Nachfolgend eine Auswahl der beliebtesten Materialien zur Terrassen- und Wegbefestigung:

Natursteinplatten	Klinkerpflaster
sind besonders elegant. Man kann sie im sogenannten Polygonalverband, also mit unregelmäßigen Bruchkanten, oder als genormte Platten verlegen. Ungeschliffene Oberflächen haben den Vorteil, nicht rutschig zu werden. Häufig verwendete Sorten sind Granit, Sandstein-Arten und Porphyr.	besitzt eine rustikale, warme Ausstrahlung. Nachteil: Bei feuchter Witterung siedeln sich gerne Algen auf der porösen Oberfläche an und sie wird rutschig. Es gibt auch Klinkersteine mit glasierter Oberfläche.
Natursteinpflaster	**Holzpflaster**
besitzt eine ländliche Ausstrahlung und ist sowohl in der Farbe als auch in der Form sehr vielseitig. Die kleinteilige Pflasterung kann unter Umständen zu etwas unebenen Oberflächen führen. Gern werden Granit, Basalt oder Porphyr verwendet. Manchmal kann man auch gebrauchtes Katzenkopfpflaster bekommen, das einen ganz besonderen Charme hat.	ist ein natürlicher Werkstoff, der sich gut für die Befestigung von zwanglosen Sitzplätzen und untergeordneten Wegen eignet. Besonders schön wirkt es, mit Kies kombiniert, an Teichufern.
Kunststeinpflaster	**Rasenpflaster**
ist sehr vielseitig, leicht zu verlegen und pflegeleicht. Wir alle kennen die praktischen Verbundsteine mit genormten Kanten, die in jedem Baustoffhandel erhältlich sind. Inzwischen gibt es sogar Kunststeinpflaster, das durch unregelmäßige Kanten und farbliche Variationen den Charakter von Natursteinpflaster überzeugend nachahmt.	für Garageneinfahrten und andere oft begangene und befahrene Bereiche, die nicht ganz versiegelt werden sollen. In den offenen Aussparungen des meist raster- oder gitterförmigen Rasenpflasters kann entweder Gras ausgesät werden oder man pflanzt niedrige Bodendecker und kleine Zwiebelpflanzen wie Krokusse und Schneeglöckchen hinein.
Kombinationen aus Natur- und Kunststeinpflaster	**„Weiche Materialien"** **wie Kies, Sand, Splitt oder Rindenmulch**
können sehr attraktiv wirken. Sogar die etwas aus der Mode gekommenen Waschbetonplatten lassen sich gemeinsam mit Natur- oder Kunststeinpflaster verlegen und sehen dann zeitlos schön aus. Die Kombination gebrauchter Pflastermaterialien ist eine Möglichkeit, Sitzplätze und Terrassen preiswert und dennoch attraktiv zu befestigen.	eignen sich besonders für zwanglose Sitzplätze am Teich, die etwas weiter entfernt vom Haus angelegt werden. Das lockere Material drückt Naturnähe aus und hat den Vorteil, relativ preiswert zu sein. Darüber hinaus entfällt die aufwändige Arbeit des Verlegens.

Die Mitte des so ausgehobenen Wegbettes bleibt etwas erhöht und gewölbt, denn sie wird später am meisten belastet. Außerdem fließt das Regenwasser bei einer Neigung von etwa zwei Prozent gut zur Seite ab. Der Muldengrund sollte etwa 15 bis 18 cm tiefer als die spätere Wegoberfläche liegen. Stampfe ihn gut fest, bevor du die Unterbau- und Deckschichten aufbringst.

Unterbau und Kieswege

Hast du den Untergrund gut festgestampft, kommt darauf die Unterbauschicht. Sie kann aus kleinkörnigem Schotter, Schlacke oder Ziegelsteinschotter bestehen, für einen einfachen Gartenweg reichen auch Kiessande.

Die Unterbauschicht wird 12 bis 15 cm dick aufgebracht und fest gestampft. Beachte dabei das Wegeprofil, also die Wölbung in der Wegmitte. Auf die Unterbauschicht bringst du schließlich eine 1 bis 3 cm dicke Bindeschicht als Wegdecke auf, die aus feinem Sand, Splitt oder Kies

fest gestampfte Wegplatte

Sand-Kies Gemisch

Solches Rohmaterial – finde ich phänomenal.

Rechts: Kantsteine, besonders entlang einer Rasenfläche, müssen auf gleicher Höhe mit der Umgebung abschließen, damit man mit dem Mäher darüber fahren kann.

bestehen kann. Diese wird mit Wasser gründlich eingeschwemmt und verfestigt sich so, dass der Weg gut trittfest ist. Bei Kieswegen kann es sinnvoll sein, eine spezielle, wasserdurchlässige Kunststoffmatte zwischen den Unterbau und die Wegdecke zu legen. Sie lässt das Wasser versickern und verhindert, dass sich Wildkräuter ansiedeln, die tief in der Unterbauschicht wurzeln.

Für diesen Weg wurden große Trittsteine verwendet, die durch breite, mit Kies gefüllte Fugen und eine Begleitpflanzung schön zur Geltung kommen.

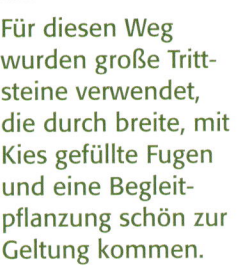

Sie brauchen wirklich nicht viel Pflege, Polsterstauden – so am Wege.

Kantsteine setzen

Die Kantsteine zur Abgrenzung von Rasenflächen oder Beeten musst du genau in der Flucht verlegen. Abgerundete Flächen von Fertigkanten-Bausteinen zeigen dabei immer zur Weginnenseite. Kantsteine, die zu hoch herausragen, sehen dabei nicht nur unschön aus, sie stören ebenfalls beim Rasenmähen und können zur Stolperfalle werden. Alle

Wegeinfassungen müssen mit ihrer Oberkante auf dem gleichen Niveau wie der Weg abschließen. So hindern sie auch das Regenwasser nicht am Abfließen. Damit sie nicht wackeln oder abrutschen, kannst du sie in ein Mörtelbett verlegen. Im Nutzgarten wird dies kaum nötig sein, zumal du hier den Wegeverlauf später vielleicht wieder verändern möchtest, und dann bereiten eingemörtelte Wegeinfassungen nur unnötig viel Arbeit.

Platten- und Steinpflasterwege

Platten und Ziegelsteinwege werden in ähnlicher Weise angelegt, wie ich es bereits oben beschrieben habe. Wir beginnen mit dem Aushub und Unterbau. Als Ausgleichsschicht, in welcher die Steine oder Platten verlegt werden, dient eine etwa 5 cm dicke Sandschicht auf der Unterbauschicht. Spült man Sand in die Zwischenräume der Unterbauschicht ein, verhindert das ein Verrieseln nach dem Legen des Belags. Die Folge wäre eine geringere Stabilität der Pflasterdecke. Als letzte Vorarbeit vor dem eigentlichen Verlegen der Platten oder des Pflasters musst du die Sandschicht sorgfältig einebnen und mit einem Brett abziehen. Auf der Sandschicht kannst du dann Platten, Natur- oder Ziegelsteine (Klinker), aber auch Verbundsteine aus Kunststeinmaterial verlegen.

Klein- und Natursteinpflaster verlegt man „rückwärts". Das bedeutet, dass du dich beim Pflastern auf der sandigen Ausgleichsschicht und nicht auf der bereits gepflasterten Fläche bewegst. Verbundsteine und Platten dagegen verlegt man „vorwärts", das heißt, du bewegst dich auf dem bereits verlegten Weg. Das hat den Vorteil, dass du beim Arbeiten die sorgfältig abgezogene, ebene Ausgleichsschicht nicht zerstörst.

Bei Naturstein und Kleinpflaster, wo jeder der unregelmäßig geformten Steine zunächst einmal in das Sandbett eingepasst werden muss, wird die Sandschicht ohnehin etwas aufgewühlt, da macht es auch nichts, wenn du beim Arbeiten etwas Unordnung verursachst. Außerdem kannst du, wenn du sie vor Augen hast, besser beurteilen, ob die Pflasterung, besonders beim Verlegen von Mustern, eben verlegt wurde.

Die richtige Pflastertechnik

Beim Pflastern arbeitet man mit der Maurerkelle und gleicht damit Unebenheiten in der Ausgleichsschicht aus. Jeder Stein und jede Platte wird dabei mit dem Gummihammer festgeklopft und so auf das richtige Niveau gebracht. Bei Natursteinplatten legst du zum Festklopfen ein Brett oben auf, dann brechen die Platten nicht so leicht. Hohlräume unter Platten sind unbedingt zu vermeiden. Eine Richtschnur und eine Wasserwaage helfen dir bei deiner Arbeit. Die Richtschnur hilft dabei, dass der Verbund oder das Muster gerade verlaufen, mit der Wasserwaage kannst du Fehlneigungen und das leichte Gefälle zur Seite hin kontrollieren.

Schlussarbeiten

Ist das Pflaster einmal fertig verlegt, kannst du die Außenseiten des Weges wieder mit Erde auffüllen und dann mit einem Hand- oder Rüttelstampfer die gesamte Fläche noch einmal verdichten und einebnen. Das verleiht dem Pflaster zusätzlich Stabilität. Dabei dürfen die Pflastersteine aber nicht tiefer in den Unterbau geraten als die in ein Mörtelbett verlegten Randsteine. Auch auf das seitliche Gefälle musst du achten.

Beim Abrütteln verhindert eine Gummimatte Beschädigungen der empfindlichen Steinoberflächen. Abschließend werden die Pflasterflächen, wie auch einfache, mit Splitt oder Kies bedeckte Wege, mit Feinsand eingeschlämmt. Dies geschieht am besten mit einem sanften Strahl aus dem Gartenschlauch, damit der Sand nicht fortgespült wird, bevor er in die Fugen kriechen kann.

Der grüne Tipp®

Aus Verbundsteinen lassen sich die unterschiedlichsten Muster verlegen. Achte darauf, dass so wenig Kreuzfugen wie möglich entstehen, diese sacken später am leichtesten ab.

Mit kleinen Pflastersteinen kann man anspruchsvolle und einfache Muster legen.

Kurze Holzpflöcke eignen sich hervorragend zur Abgrenzung von Beeten und Wegen.

Diesen Vorgang musst du unter Umständen im Abstand von einigen Tagen mehrfach wiederholen, bis alle Fugen geschlossen sind. Erst dann ist der Weg stabil, belastbar und nichts kann sich mehr verschieben. Im Baumarkt ist auch künstliche Fugenmasse erhältlich, die Unkrautwuchs in den Fugen verhindert.

Wegränder gestalten

Wege werden erst richtig schön, wenn sie beidseitig von einer Rabatte aus niedrigen Pflanzen begleitet werden. Selbstverständlich sollten die Pflanzen so weit vom Weg entfernt stehen, dass sie in ihrer Vollentwicklung diesen nicht überdecken, wobei es jedoch sehr charmant wirkt, wenn niedrige Polsterpflanzen die Wegränder etwas überspielen. Im Nutzgarten empfehle ich niedrige, in Form geschnittene Buchsbaum- oder auch Kräuterhecken als Wegbegleiter. In einem Ziergarten können neben allerlei blühenden Polsterstauden wie Blaukissen *(Aubrieta-*Hybriden)*, Polsterphlox *(Phlox subulata)* oder Schleifenblumen *(Iberis sempervirens)* auch niedrige Bodendeckerrosen, Lavendel *(Lavandula angustifolia)* und andere Blütenschönheiten die

Wege rahmen. Bei Rosen und Lavendel ist daran zu denken, sie durch regelmäßigen Rückschnitt im Zaum zu halten.

Beleuchtung

Damit Wege auch in der Dunkelheit sicher begehbar sind, empfehle ich zumindest im Eingangsbereich und in der unmittelbaren Nähe zum Haus eine Beleuchtung. Besonders in Hanglagen oder wenn Stufen oder Treppen in die Wegeführung integriert sind, kann auf Lampen nicht verzichtet werden. Oftmals genügt schon eine einzige Lampe, um eine Stolperfalle zu entschärfen oder das Gefühl von Sicherheit in der Dunkelheit zu vermitteln.

Gartenlampen zur Wegbeleuchtung dürfen nicht blenden. Deshalb wählt man am besten Modelle, die nach unten strahlen. In meinem Katalog und im Fachhandel gibt es eine große Auswahl an sowohl romantisch verschnörkelten als auch modernen Formen, die in jeden Garten passen. Neu sind stromsparende LED-Leuchten. Bei mit Pflaster oder Steinplatten dauerhaft befestigten Wegen können die Elektrokabel für die Stromversorgung gleichzeitig mit dem Bau des Weges verlegt werden. Wie bei allen elektrischen Installationen im Außenbereich müssen auch hier die Leitungen gegen Feuchtigkeit und mechanische Beschädigungen geschützt werden. Die Installation überlässt man daher am besten einem Fachmann.

Der grüne Tipp®

In manchen Laubenkolonien und auch in weit vom Haus entfernten Gartenteilen ist oft kein Strom verfügbar. Hier stellen Solarlampen eine sinnvolle Alternative dar.

Die Garten-Party wird erst schön bei Kerzenlicht, wie wir hier seh'n.

Terrassen und Sitzplätze

Einfach unersetzlich sind Terrassen und Sitzplätze. Jeder Garten, und sei er auch noch so klein, sollte mindestens ein solches „Wohnzimmer im Freien" haben. Sogar im Nutzgarten einer Kleingartenkolonie ist es nicht verkehrt, wenn man in den Arbeitspausen an einem gemütlichen Ort mit Tisch, Bank und Stühlen ausruhen kann. Im Hausgarten laden Terrassen und Sitzplätze zum Entspannen und Sonnenbaden ein. An heißen Sommertagen freuen wir uns, wenn wir einen schattigen, versteckten Sitzplatz haben, an dem man die Mittagsstunden verdösen kann. Sitzplätze und Terrassen am Haus bieten bei gutem Wetter die Möglichkeit, Gäste draußen im Grünen zu empfangen. Damit sie wirklich genutzt werden können, muss der Untergrund eben und gut befestigt sein. Auch die Größe soll stimmen. Für einen intimen Sitzplatz genügt es, wenn ein kleines Tischchen und ein oder zwei Stühle dort ihren Platz finden. Wollen wir aber mit der ganzen Familie oder mit Freunden zusammen an einem Tisch sitzen, dann muss der Sitzplatz schon etwas größer ausfallen. Mindestens ein Tisch und drei bis vier Stühle sollten Platz haben. Besser noch ist etwas zusätzlicher Spielraum, wenn du zum Beispiel einen Grill aufstellen möchtest. Rechne bei der Anlage von Sitzplatzen besser noch einen Meter Grundfläche extra, damit auch ein paar Kübelpflanzen Platz finden oder die seitlichen Bepflanzungen in die Sitzfläche hineinragen können. Das bindet den Sitzplatz oder die Terrasse besser in den übrigen Garten ein.

Der richtige Stil

Der Stil des Sitzplatzes oder der Terrasse wird sich jeweils dem Stil des Hauses und des Gartens anpassen. Terrassen wirken besonders harmonisch, wenn sie in Material und Farbe mit dem Haus etwas gemeinsam haben. Bei der Gestaltung von Sitzplätzen, die im Garten verteilt liegen, hast du dagegen mehr Freiheit. Grundsätzlich gilt: Je weiter der Sitzplatz vom Haus entfernt liegt, desto rustikaler darf der Bodenbelag ausfallen. Ausreichend komfortabel ist ein Belag mit Splitt oder Kies, besonders naturnah wirkt eine Schüttung aus Rindenmulch. Rasen ist weniger geeignet, da er nach einem Regenguss lange nass bleibt und durch die starke Beanspruchung rasch schütter wird. Auf keinen Fall soll ein Sonnenschutz in Form

Elegante Möbel für sonnige Tage im Garten.

einer Markise oder eines ausreichend großen Sonnenschirms fehlen. Notfalls kannst du ein altes Laken als Sonnensegel aufspannen. Wesentlich eleganter und schöner sind natürlich eigens für diesen Zweck gefertigte Sonnensegel, die mit Seilen stabil befestigt werden. Denke auch an einen Sichtschutz zu den Nachbarn, wenn der Sitzplatz oder die Terrasse an der Grundstücksgrenze liegt. Niemals sollen Sitzplätze in Windschneisen angelegt werden. Dort mag niemand sitzen, auch nicht für kurze Zeit. Es wäre schade um die Arbeit, die man sich mit der Gestaltung gemacht hat!

Unten: Holzmöbel sind meist schwerer und ideal für einen geschützten Sitzplatz. **Rechts:** Leichte Klappstühle aus Metall können flexibel eingesetzt werden.

Die passende Möblierung

Damit Sitzplätze und Terrassen richtig genutzt werden können, müssen sie mit Möbeln ausgestattet werden. Ein Tisch und Stühle, eventuell mit Armlehnen, sowie bequeme Liegestühle sind unverzichtbar. Die einfachsten Modelle bestehen aus Kunststoff. Sie haben den Vorteil, preiswert und leicht zu sein, halten aber in der Regel nicht sehr lange.

Gartenmöbel aus Holz oder Metall brauchen eine wetterfeste Imprägnierung oder Lackierung, damit sie nicht verrosten oder verrotten. Je nach Geschmack findet man romantische, verspielte Modelle, aber auch ganz schlichte, sachliche, die gut zu moderner Architektur und formalen Gartenentwürfen passen. Möbel aus tropischen Edelhölzern wie Teak sind auch ohne weitere Imprägnierung dauerhaft solide und schön. Diese kannst du bei jedem Wetter draußen lassen und sie altern mit einer attraktiven Patina. Achte aber darauf, dass es sich um Plantagen-Hölzer handelt.

Ob die Gartenmöbel klappbar oder massiv sein sollen, muss jeder für sich entscheiden. Bedenke aber, dass die meisten im Winter irgendwo untergestellt werden müssen und entsprechend Platz brauchen. Und hier noch ein Tipp von mir: Wird der Sitzplatz eher selten genutzt, dann sollten die Gartenmöbel ein geringes Gewicht besitzen und leicht transportierbar sein. So bleiben sie mobil und du kannst sie immer dort aufstellen, wo sie gerade benötigt werden.

Das Mäuschen wollte sicher nicht, dass du verlierst das Gleichgewicht.

draht- oder Lattenzaun oder um Gehölzhecken handelt, müssen die gesetzlichen Richtlinien eingehalten werden. Zäune und Mauern dürfen zwar direkt an der Grundstücksgrenze errichtet werden, die Fundamente bzw. Sockel für die Zaunpfosten und manchmal auch das Baumaterial oder die Materialien, Formen und Proportionen eines Zaunes müssen aber den örtlichen Bauvorschriften entsprechen und von der Baubehörde genehmigt sein.

Der grüne Tipp®

Hecken darfst du ohne Genehmigung pflanzen, allerdings muss ein Mindestabstand zum Nachbargrundstück eingehalten werden. Informationen hierzu erhältst du bei deiner Gemeinde oder Stadtverwaltung.

Mauern

Aus dem ländlichen Raum kennen wir alle die wunderschönen alten Pfarrhäuser und Gutshöfe, die von altehrwürdigen Mauern umgeben sind. In modernen Siedlungen fehlt häufig leider der Platz, um solch eine Mauer zu errichten, die zugleich schützt und trennt. Dennoch gibt es immer noch Gründe, Mauern als Einfriedung zu wählen.

Links: Ein Schmuckstück im Garten ist dieser Zaun.
Unten: Mauern aus Naturstein verleihen dem Garten einen ländlichen Charme.

Mauern, Zäune und Hecken

Einfriedungen wie Mauern, Zäune und Hecken grenzen das Grundstück ein und schützen den Garten gegen unliebsame Gäste und Eindringlinge, wie zum Beispiel streunende Hunde und andere Tiere. Sind die Abgrenzungen hoch genug, können sie darüber hinaus auch einen passablen Sichtschutz abgeben und für die gewünschte Privatsphäre im eigenen Garten sorgen. Nicht zuletzt halten vor allem Hecken kalte Winde ab und sorgen für ein mildes Kleinklima im eingefriedeten Bereich.

Mauern halten kalte Winde nicht ab, sondern verursachen vielmehr eine Wirbelbildung auf der windabgewandten Seite. Windböen werden durch massive Mauern erst nach oben abgelenkt, auf der Rückseite der Mauer bilden sich dann Turbulenzen.

Lattenzäune halten zwar nicht sehr viel Wind ab, können aber heftige Böen etwas bremsen. Bei allen Einfriedungen, egal ob es sich um feste Mauern, einen Maschen-

Sie sind zum Beispiel dann angebracht, wenn Hanglagen abgefangen werden müssen. Der Bau einer Mauer ist genehmigungspflichtig. Man wird sie auch kaum selbst errichten, sondern die Arbeiten von Fachleuten durchführen lassen. Mauern brauchen in jedem Fall ein frostsicheres Fundament mit einer

Rechts: Kunstvoll gearbeitete Metallzäune wirken zart und leicht, bieten aber trotzdem Schutz vor unerwünschten Besuchern.

Unten: Ein schmiedeeisernes Tor, gerahmt von einer Natursteinmauer – attraktiv und einladend.

Mindesttiefe unter der Oberkante des Mauerfußes von 80 cm. Als Fundament dient in der Regel lagenweise eingebauter, verdichteter Frostschutzkies. Die Mauer selbst kann aus Ziegel-, Klinker-, Natur- oder Betonsteinen bestehen. Bei der Entscheidung für ein Material ist es vorteilhaft, wenn du dich an den regionalen Gepflogenheiten und an der Architektur des Wohnhauses orientierst.

Je nach Bauweise wird die Mauer schließlich verputzt oder, im Fall von Klinker- und Natursteinmauern, bleibt sie unverputzt. Eine Tür als Einlass kann massiv oder ein Eisengitter sein.

Zu einem naturnahen Garten passen aus Naturstein aufgeschichtete Trockenmauern, die ohne Mörtel errichtet werden. Sie sollten nie höher als einen Meter sein und eignen sich auch für kleine Abgrenzungen innerhalb des Gartens und als Sonderstandort für bestimmte Pflanzenarten wie zum Beispiel Polsterstauden oder zur Einfassung abgesenkter Sitzplätze. Damit nichts ins Rutschen kommt, überlässt du die Errichtung einer Trockenmauer am besten einem Fachbetrieb.

Die Funktion von Zäunen

Ursprünglich dienten die Zäune dazu, den eingefriedeten Bereich vor unliebsamen Gästen zu schützen. Heute können wir eine Wandlung in ihrer Bedeutung erkennen. Natürlich soll ein Zaun die Grenze zum Nachbarn markieren und auch zur Straße deutlich machen, wo das eigene Territorium beginnt. Aber besonders zur Straße hin hat ein Zaun inzwischen auch einen repräsentativen Charakter. Es geht nicht mehr nur darum, eine Grenze zu markieren, sie soll auch ein Stück Persönlichkeit ausdrücken. Im Vorgarten ist der Zaun quasi die Visitenkarte des Gartenbesitzers. Er bindet Garten und Wohnhaus in die Umgebung ein, betont durch eine Gartenpforte den Eingang und sollte im Hinblick auf mögliche Gäste einladend und nicht abweisend wirken. Zäune im hinteren Teil des Hausgartens, die das eigene Grundstück von denen der Nachbarn abgrenzen, dürfen schlichter ausfallen. Die meisten Gartenbesitzer werden sich sogar auf einen einfachen, praktischen Maschendrahtzaun beschränken. Ist ein Sichtschutz erwünscht, muss der Zaun höher ausfallen und blickdicht sein. Zur Not kannst du auch einen Maschendrahtzaun mit Schilfmatten verblenden. Wird der Zaun ausschließlich auf dem eigenen Grund errichtet, bist du allein dafür verantwortlich. Befindet er sich aber direkt auf der Grundstücksgrenze, ist er auch vom Nachbarn zu unterhalten und zu benutzen. Im Nachbarrecht der einzelnen Bundesländer finden sich Regelungen, die Streitfragen klären können. Bevor du einen Zaun errichtest, solltest du dich bei deiner

sollte seine Höhe ein Viertel des Zaunes nicht überschreiten. Hierfür ist ein frostsicheres Fundament unverzichtbar. Einfache Zäune brauchen dagegen keinen Sockel, gegen ein Durchwachsen von Wildkräutern helfen hier auch eingegrabene Fichten- oder Eichenholzbretter, die einige Jahre lang halten.

Wohl jeder Zaun braucht, damit er stabil und gerade steht, stützende Pfosten. Ein Abstand von zwei bis drei Metern zwischen den Pfosten gliedert den Längsverlauf des Zaunes und gewährleistet seine Standsicherheit. Die Eckpfosten und jene, die das Gartentor halten, müssen etwas stärker dimensioniert bzw. mit einem seitlichen Stützpfosten gestärkt sein als die einfachen Stützpfosten. Sowohl zur Standsicherheit als auch zum Schutz vor dem Verrotten setzt du die Pfosten in ein Betonfundament oder in Pfostenschuhe aus verzinktem Metall, die in den Boden eingeschlagen werden. Bedenke bei der Planung,

Ihr war der blanke Zaun verpönt – mit Blumen hat sie ihn verschönt.

Gemeinde über diese Bestimmungen genau informieren. Oft gibt es Richtlinien, wie hoch ein Zaun und wie dauerhaft eine Installation sein darf. Nicht überall ist ein massiver Unterbau gestattet, von gemauerten Pfosten ganz zu schweigen. Du könntest auch mit deinem Nachbarn gemeinsam einen Zaun planen.

Das Errichten eines Zaunes

Wenn ein Sockel nötig ist, zum Beispiel um das Durchwachsen von Wildkräutern aus benachbarten Grundstücken zu verhindern,

Links: Holz ist das klassische Material zur Errichtung von Zäunen, der Phantasie sind dabei keine Grenzen gesetzt.

dass die Pfosten etwa 50 bis 60 cm länger sein müssen als die Höhe des geplanten Zauns. Bei Holzzäunen dürfen die Latten nicht bis zum Erdboden reichen, damit sie nicht dauerhaft der Nässe und damit der Gefahr von Fäulnis ausgesetzt sind. Wenn Kaninchen oder andere Tiere ferngehalten werden sollen, hilft ein Maschendrahtgeflecht, das an den unteren Zaunbereich anschließt und zum Teil im Boden vergraben wird.

Unten: Der Weidenflechtzaun blickt auf eine lange Tradition in unseren Gärten zurück. Besonders gut kommt er als Umzäunung eines Gemüsegartens zur Geltung.

Die Wahl des Materials

Welcher Zaun soll es sein? Die Auswahl fertiger Zaunelemente im Fachhandel ist riesig groß. Besonders Holzzäune gibt es in den mannigfaltigsten Formen, so zum Teil aus rohem, aber auch schon aus fertig lackiertem Holz. In jedem Fall musst du darauf achten, dass eine Imprägnierung vorhanden ist, die dem Zaun eine längere Lebensdauer schenkt. Die Beschichtung durch Öle oder Lacke kann farblos oder bunt sein. Entscheiden wir uns für eine Farbe, dann sollte sie zum Stil von Wohnhaus und Garten passen. Der einfachste Holzzaun ist wohl der Staketenzaun aus senk-

Verwendet man frische Weidenäste als Zaunpfosten, schlagen diese nicht selten Wurzeln und begrünen sich dann von selbst.

rechten, gespaltenen Holzstaketen, die an zwei waagerechten Bandstangen angebracht werden. Eine in naturnahen Gärten beliebte Variante ist der Weidengeflechtzaun, bei dem frische, biegsame Weidenruten zwischen eingeschlagene Pfosten geflochten werden.

Ist dagegen Metall das Material deiner Wahl, kannst du ebenfalls aus verschiedenen Modellen wählen. Neben dem schlichten Maschendrahtzaun gibt es von einfachen, modernen Formen bis hin zu romantisch verzierten Modellen für jeden Geschmack etwas. Stahlgitterzäune sind dabei besonders stabil und belastbar. Sie sollten eine feuerverzinkte, lackierte Oberfläche haben. Das gilt auch für geschmiedete Zäune, die von Hand aus Eisen gefertigt werden. Sie sind zweifellos die teuerste, aber auch attraktivste Form und wirken besonders harmonisch in Kombination mit Natursteinpfosten.

Sichtschutzelemente

Wo viele Menschen eng aufeinanderleben, wird es den Wunsch nach Abgrenzung und Privatsphäre geben. Neben Hecken und berankten Zäunen bieten hier transportable Sichtschutzelemente eine schnelle und preiswerte Alternative. Sie lassen sich problemlos aufbauen. In der Regel bestehen sie aus fest installierten Pfosten, mit eingehängten geflochtenen Holzlamellen. Eine derartige Konstruktion hält etwa zehn Jahre, bis sie erneuert werden muss.

Sehr schön sehen Sichtschutzwände aus, wenn Kletterpflanzen daran emporranken. Sie nehmen ihnen den Festungscharakter und verbessern das Mikroklima. Wähle hierfür schwachwüchsige Arten wie z. B. die Schwarzäugige Susanne *(Thunbergia alata)*.

Das Gartentor

Das Erste, was jeden Besucher im Garten empfängt, sind der Zaun und das Gartentor. Deshalb ist es wichtig, ein besonderes Augenmerk auf die Gestaltung des Tores zu legen. Die Mindestbreite einer Gartentür sollte nicht unter 75 cm liegen, damit man sich nicht hindurchquetschen muss. Betrittst du den Vorgarten und schiebst dabei ein

Fahrrad, ist sogar eine Breite von mindestens 115 cm einzuplanen. Für Kraftfahrzeuge muss das Gartentor zweiflügelig sein und eine lichte Weite von mindestens 2,5 m aufweisen.

Türschloss und Klinke sollten sich stilistisch nicht zu sehr von der Gestaltung des übrigen Zaunes und der unmittelbaren Umgebung unterscheiden. Natürlich müssen sie trotz allem voll funktionsfähig sein. Ein elektrischer Türöffner ist dann praktisch, wenn die Pforte fest schließt und die Klingel außerhalb angebracht ist. Vergiss nicht, dass auch der Briefkasten und die Zeitungsbox ein Gestaltungsmotiv sind und sowohl für Boten als auch für dich selbst gut erreichbar sein müssen.

Ich wär' so gern, damit du's weißt, im Garten stets dein guter Geist.

Berankte Zäune

Pflanzen verwandeln sogar unspektakuläre Maschendrahtzäune in einen wahren Blickfang. Aber auch andere Zäune gewinnen durch das Beranken mit Kletterpflanzen an Attraktivität. Zugleich bieten Laub und die Blüten des Pflanzenkleides einen Sichtschutz, wo dies gewünscht wird. Sie ist die Königin der Blumen, die Rose – in ihrer kletternden Form der ideale Kandidat, um alle Zäune zu veredeln. Aber es gibt auch noch unzählige andere schöne Kletter- und Rankpflanzen, die Grundstücksgrenzen zum Blühen bringen und ergrünen lassen. Unter den einjährigen Kletterpflanzen eignen sich hierfür Duftwicken (*Lathyrus odoratus*),

Prachtwinden *(Ipomea purpurea* und *tricolor)* und sogar die essbare Feuerb (*Phaseolus coccineus*). Bei den mehrjährigen Kletterpflanzen musst du auch darauf achten, dass sie die bauliche Struktur des Zauns nicht beschädigen. Blauregen *(Wisteria sinensisa)*, Efeu *(Hedera helix)* und Trompetenblume *(Campsis radicans)* sehen sehr hübsch aus, bilden aber mit den Jahren kräftige Triebe und so viel Blattmasse, dass sie den Zaun verbiegen oder aus der Verankerung lösen können. Besser eignen sich Waldreben *(Clematis*-Sorten), Geißblatt („Jelängerjelieber", *Lonicera*-Arten) und die schon erwähnten Kletterrosen, die durch ihre Dornen zusätzlich einen Schutz vor ungebetenen Gästen bieten.

Grüne Grenzen

Vom berankten Zaun ist es nur noch ein kleiner Schritt zur „Grünen Grenze" in Form einer Hecke. Du kannst eine solche grundsätzlich ohne Genehmigung pflanzen, wenn du die vorgeschriebenen Abstände zum Nachbargrundstück einhältst. Die sind je

Oben: Ein Rosenbogen begrüßt den Gast und bildet den richtigen Rahmen für den Eingang ins Gartenparadies.
Links: Der Zaun als Kletterhilfe, so lässt sich die Grenze zum Nachbarn schnell begrünen.

nach Bundesland unterschiedlich und unter anderem abhängig von der Endhöhe der Hecken. Am besten erkundigst du dich vor dem Pflanzen bei den lokalen Behörden und verständigst dich auch mit den Nachbarn, denen die Hecke eventuell Licht und Luft im Garten streitig macht. Hecken sind die umweltfreundlichste Art, den Garten nach außen abzuschirmen. Du kannst entweder verschiedene Blüten- und Obstgehölze als frei wachsende Hecken pflanzen oder sie als Formschnitthecken anlegen. Letztere haben den großen Vorteil, dass unsere Singvögel sie als bevorzugten Brutplatz wählen. Für alle Hecken gilt: Wenn geschnitten werden muss, sollte dies außerhalb der Brutzeit erfolgen, damit unsere Vögel nicht gestört werden. Die Zeit zwischen Mitte März und Mitte August ist daher für alle Schnittmaßnahmen tabu!

Schnitthecken

In Form geschnittene Hecken haben viele Vorteile: Sie schirmen das Grundstück nach außen hin ab, können Verkehrslärm mindern, den Gestank von Autoabgasen absorbieren und brauchen relativ wenig Platz. Je nach Gehölzart haben Formschnitthecken bei einer Höhe von 2 m an der Basis eine Breite zwischen 50 und 70 cm. Höhere Hecken können im Alter auch eine Breite von über 1 m erreichen.

Die Form der Hecke ist variabel. Meistens lässt man beim Schnitt die Heckenbasis etwas breiter als die Krone, damit auch die unteren Partien ausreichend viel Licht abbekommen und nicht verkahlen. Die Krone kann einen runden oder eckigen Abschluss erhalten. Du kannst zwischen Laub abwerfenden Heckengehölzen und immergrünen Heckenpflanzen wählen. Diese haben den Vorteil, ganzjährig einen Sichtschutz zu bieten. Dagegen können Laub abwerfende Hecken mit bunten Blüten und attraktiven Früchten für Abwechslung sorgen. Beliebte sommergrüne Formschnittgehölze für Hecken sind Liguster (*Ligustrum vulgare*), Feuerdorn (*Pyracantha coccinea*), Berberitze (*Berberis thunbergii*), Feldahorn (*Acer campestre*), Buche (*Fagus sylvatica*) und Hainbuche (*Carpinus betulus*). Unter den immergrünen Gehölzen zählen Lebensbaum (*Thuja*), Buchsbaum (*Buxus sempervirens*), Scheinzypresse (*Chamaecyparis*), Eibe (*Taxus*) und die Lorbeerkirsche (*Prunus laurocerasus*) zu den beliebtesten.

Frei wachsende Hecken

Wir kennen frei wachsende Hecken von unseren Spaziergängen durch Felder und Weiden: Frei wachsend bedeutet, dass sich die Gehölze gemäß ihrem natürlichen Wuchs entwickeln dürfen, ohne dass sie strengen Schnittmaßnahmen unterworfen sind. Solch eine Hecke unterscheidet sich durch ihren naturnahen Charakter grundsätzlich von Formschnitthecken. Statt durch strenge Konturen zeichnet sie sich durch attraktives Laub, Blüten, Früchte und ihre ökologische Bedeutung als Vogelschutzgehölz aus.

Frei wachsende Hecken benötigen in der Regel mehr Platz als Schnitthecken. Die meisten Ziergehölze, die für solch eine Hecke verwendet werden, erreichen eine Wuchshöhe von etwa drei Metern und eine Mindestbreite von etwa eineinhalb Metern. Selbst kleine Ziersträucher und Zwergrosen beanspruchen auch noch zirka einen Meter Breite bei einer Wuchshöhe von ebenfalls etwa einem Meter. Es stimmt aber nicht,

Unten: Mehr als nur eine „grüne Grenze" ist dieses Ensemble von Schnitthecke und in Form geschnittenen Gehölzen.

Ein regelmäßiger Schnitt im Sommer hält die Hecken in Form und verhindert, dass die Pflanzen von unten her verkahlen.

dass eine solche frei wachsende Hecke ganz ohne Schnitt auskommt. Durch regelmäßige Verjüngungs- und Pflegeschnitte wird die Wuchskraft der Heckengehölze im Zaum gehalten. Gleichzeitig regt man damit die Neubildung junger, blühfreudiger Triebe an. Der erste Pflegeschnitt wird etwa fünf Jahre nach der Pflanzung fällig. Dabei werden die stärksten Triebe an der Basis knapp über dem Boden ausgeschnitten.

Einzelne störende Triebe können jederzeit eingekürzt werden. Das Kappen aller nach außen abstehenden Triebe solltest du aber auf jeden Fall vermeiden.

Wenn dich des Nachbars Blicke stören, wirst du auf eine Hecke schwören.

Ziergehölze für frei wachsende Hecken

Name	Blütezeit	Blütenfarbe	Wuchshöhe	Besonderes
Felsenbirne (*Amelanchier laevis*)	April/Mai	Cremeweiß bis Rosa	3 bis 5 m	Lockerer Wuchs, essbare Früchte
Apfelbeere (*Aronia melanocarpa*)	Mai	Weiß	1,5 m	Essbare, schwarze Beeren, schöne Herbstfärbung
Immergrüne Berberitze (*Berberis* x *stenophylla*)	Mai	Orangegelb	1,5 bis 2 m	Immergrün, überhängender Wuchs
Sauerdorn (*Berberis vulgaris*)	Mai	Gelb	1 bis 3 m	Immergrün, schwarze, ungenießbare Beeren
Sommerflieder (*Buddleja davidii*)	Juli bis September	Violett, auch Weiß	1,5 bis 2, 5 m	Blüten locken Schmetterlinge an
Zierquitte (*Chaenomeles japonica*)	April/Mai	Rosa, auch Weiß	0,8 bis 1, 5 m	Dekorative, gelbe Früchte
Kornelkirsche (*Cornus mas*)	März/April	Gelb	3 bis 5 m	Lockerer Wuchs, essbare, rote Früchte
Deutzie (*Deutzia*-Arten)	Juni/Juli	Weiß, auch Zartrosa	0,8 bis 3 m	Viele schöne Arten und Sorten
Goldglöckchen (*Forsythia intermedia*)	März/April	Gelb	1 bis 4 m	Blütenreicher, auffälliger Zierstrauch
Kolkwitzie (*Kolkwitzia amabilis*)	Juni	Rosa	2 bis 4 m	Überhängender Wuchs
Liguster (*Ligustrum vulgare*)	Mai	Weiß	2 bis 3 m	In milden Wintern immergrün
Mispel (*Mespilus germanica*)	Mai/Juni	Weiß	3 bis 5 m	Im Herbst essbare Früchte
Pfeifenstrauch (*Philadelphus*-Hybriden)	Juni	Weiß	2 bis 3 m	Viele schöne Sorten, von denen manche duften („Falscher Jasmin")
Feuerdorn (*Pyracantha coccinea*)	Juni	Cremeweiß	2 bis 3 m	Stachelbewehrter Strauch mit hübschen, orangeroten, ungenießbaren Beeren
Heckenrose (*Rosa*-Arten)	Mai/Juni	Weiß, Rosa	1,5 bis 3 m	Viele schöne Arten, z. B. Hechtrose (*R. glauca*), Büschelrose (*R. multiflora*) oder Hundsrose (*R. canina*)
Spierstrauch (*Spiraea*-Arten)	April/Mai	Weiß	1,5 bis 4 m	Viele hübsche Arten und Sorten
Echter Flieder (*Syringa vulgaris*)	Mai	Violett, auch Weiß	3 bis 5 m	Duftende Blüten; jährlicher Rückschnitt fördert Blütenbildung
Winter-Duftschneeball (*Viburnum* x *bodnantense* 'Dawn')	November bis April	Rosa	2 bis 3 m	Im Winter am kahlen Strauch duftende Blüten
Runzelblättriger Schneeball (*Viburnum rhytidophyllum*)	Mai/Juni	Cremeweiß	3 bis 5 m	Immergrüner Großstrauch
Weigelie (*Weigela florida* und *W. –*Hybriden)	Mai/Juni	Rot, auch Rosa	1,5 bis 3 m	Auffällige Blüten

Drahtballierung erst, nachdem die Gehölze in die Pflanzgrube gesetzt wurden. Achte beim Setzen darauf, dass die Pflanzen die richtige Pflanztiefe haben und gerade im Pflanzgraben stehen. Das Auffüllen der Erde geschieht dann in einem Arbeitsgang. Dabei muss die ausgehobene Erde in der gleichen Schichtung zurück in die Pflanzgrube gefüllt werden, wie sie ausgehoben wurde, also zunächst die unteren Bodenschichten und anschließend der humusreiche Oberboden. Organische Dünger wie Hornspäne oder organischen Mischdünger mit einbringen! Beim Festtreten der Erde kannst du die Pflanzen noch einmal ausrichten, damit sie in Reih und Glied stehen. Zum Schluss musst du nun gründlich gießen. Auch in den folgenden Wochen dürfen die Heckenpflanzen nicht austrocknen. Eine Mulchschicht hilft dabei, die Feuchtigkeit im Boden zu halten. Bis die Hecke sich nach ein bis zwei Jahren dicht schließt, musst du regelmäßig aufkommendes Unkraut jäten und bei Trockenheit reichlich wässern.

Der grüne Tipp®

Alle an diesjährigen Trieben blühende Gehölze, wie zum Beispiel der Sommerflieder, können im Frühjahr geschnitten werden.

Heckenschnitt

Schnitthecken müssen einmal jährlich getrimmt werden, damit sie einen dichten, regelmäßigen Wuchs bekommen. Immergrüne Koniferenhecken wie Lebensbaum oder die Scheinzypresse schneidest du am besten im zeitigen Frühjahr, bevor die Vögel ihre Nester bauen. Ein weiterer günstiger Zeitpunkt für den Schnitt ist nach dem Abschluss des Triebwachstums im Spätsommer. Buchsbaumhecken solltest du bis Anfang August schneiden. Hecken aus sommergrünen Laubgehölzen wie Hainbuchen, Rotbuchen oder Ahorn werden nur in der Ruhephase zwischen Anfang November und Ende Februar geschnitten. Ein Sommerschnitt nach Ende des Triebwachstums ist im August möglich. Bei frei wachsenden Hecken gilt: Alle an vorjährigen Trieben blühenden Gehölze – das sind vor allem die im Frühjahr oder Frühsommer blühenden Arten – werden erst nach der Blüte zurückgeschnitten.

Bauten im Garten

Das vom naturliebenden Gärtner bevorzugte Material für alle Bauten im Garten ist Holz in allen Variationen. Es lässt sich leicht verarbeiten, schafft eine behagliche Atmosphäre und passt in jeden Garten. Wichtig ist ein wetterfester Anstrich, damit das Holz nicht schon in wenigen Jahren verrottet oder von Pilzen zerstört wird.

Dauerhafter sind Konstruktionen aus Metall. Inzwischen werden im Handel nicht nur Rankhilfen wie Spaliere und Rosenbögen angeboten, sondern auch ganze Pavillons. Mit einer Beschichtung in ansprechenden Farben stellen sie keinen Fremdkörper im Garten dar, sondern werden zu einer echten Bereicherung.

Für den Bau eines Gewächshauses hat sich Leichtmetall, wie Aluminium, als das dauerhafteste Material in der Praxis bewährt. Auch hierbei findest du in meinem Katalog eine umfangreiche Auswahl an Modellen als Bausatz in allen Größen und Preisklassen. Mehr Informationen findest du auf Seite 74.

Ein Gerüst aus Dachlatten hilft beim Schnitt hoher Hecken. Nach unten hin soll die Hecke sich verbreitern, damit auch die unteren Partien genügend Licht erhalten.

dass eine solche frei wachsende Hecke ganz ohne Schnitt auskommt. Durch regelmäßige Verjüngungs- und Pflegeschnitte wird die Wuchskraft der Heckengehölze im Zaum gehalten. Gleichzeitig regt man damit die Neubildung junger, blühfreudiger Triebe an. Der erste Pflegeschnitt wird etwa fünf Jahre nach der Pflanzung fällig. Dabei werden die stärksten Triebe an der Basis knapp über dem Boden ausgeschnitten.

Einzelne störende Triebe können jederzeit eingekürzt werden. Das Kappen aller nach außen abstehenden Triebe solltest du aber auf jeden Fall vermeiden.

Wenn dich des Nachbars Blicke stören, wirst du auf eine Hecke schwören.

Ziergehölze für frei wachsende Hecken

Name	Blütezeit	Blütenfarbe	Wuchshöhe	Besonderes
Felsenbirne (*Amelanchier laevis*)	April/Mai	Cremeweiß bis Rosa	3 bis 5 m	Lockerer Wuchs, essbare Früchte
Apfelbeere (*Aronia melanocarpa*)	Mai	Weiß	1,5 m	Essbare, schwarze Beeren, schöne Herbstfärbung
Immergrüne Berberitze (*Berberis x stenophylla*)	Mai	Orangegelb	1,5 bis 2 m	Immergrün, überhängender Wuchs
Sauerdorn (*Berberis vulgaris*)	Mai	Gelb	1 bis 3 m	Immergrün, schwarze, ungenießbare Beeren
Sommerflieder (*Buddleja davidii*)	Juli bis September	Violett, auch Weiß	1,5 bis 2, 5 m	Blüten locken Schmetterlinge an
Zierquitte (*Chaenomeles japonica*)	April/Mai	Rosa, auch Weiß	0,8 bis 1, 5 m	Dekorative, gelbe Früchte
Kornelkirsche (*Cornus mas*)	März/April	Gelb	3 bis 5 m	Lockerer Wuchs, essbare, rote Früchte
Deutzie (*Deutzia*-Arten)	Juni/Juli	Weiß, auch Zartrosa	0,8 bis 3 m	Viele schöne Arten und Sorten
Goldglöckchen (*Forsythia intermedia*)	März/April	Gelb	1 bis 4 m	Blütenreicher, auffälliger Zierstrauch
Kolkwitzie (*Kolkwitzia amabilis*)	Juni	Rosa	2 bis 4 m	Überhängender Wuchs
Liguster (*Ligustrum vulgare*)	Mai	Weiß	2 bis 3 m	In milden Wintern immergrün
Mispel (*Mespilus germanica*)	Mai/Juni	Weiß	3 bis 5 m	Im Herbst essbare Früchte
Pfeifenstrauch (*Philadelphus*-Hybriden)	Juni	Weiß	2 bis 3 m	Viele schöne Sorten, von denen manche duften („Falscher Jasmin")
Feuerdorn (*Pyracantha coccinea*)	Juni	Cremeweiß	2 bis 3 m	Stachelbewehrter Strauch mit hübschen, orangeroten, ungenießbaren Beeren
Heckenrose (*Rosa*-Arten)	Mai/Juni	Weiß, Rosa	1,5 bis 3 m	Viele schöne Arten, z. B. Hechtrose (*R. glauca*), Büschelrose (*R. multiflora*) oder Hundsrose (*R. canina*)
Spierstrauch (*Spiraea*-Arten)	April/Mai	Weiß	1,5 bis 4 m	Viele hübsche Arten und Sorten
Echter Flieder (*Syringa vulgaris*)	Mai	Violett, auch Weiß	3 bis 5 m	Duftende Blüten; jährlicher Rückschnitt fördert Blütenbildung
Winter-Duftschneeball (*Viburnum x bodnantense* 'Dawn')	November bis April	Rosa	2 bis 3 m	Im Winter am kahlen Strauch duftende Blüten
Runzelblättriger Schneeball (*Viburnum rhytidophyllum*)	Mai/Juni	Cremeweiß	3 bis 5 m	Immergrüner Großstrauch
Weigelie (*Weigela florida* und W. –Hybriden)	Mai/Juni	Rot, auch Rosa	1,5 bis 3 m	Auffällige Blüten

Frei wachsende Hecken musst du gut planen, da besonders Wildrosen sehr starkwüchsig sind und langsam wachsendere Sträucher ersticken können.

Dies hätte einen besenartigen Neuaustrieb und am Ende eine struppige, unnatürliche Wuchsform der Hecke zur Folge.

Geeignete Sträucher für freiwachsende Hecken sind der Duftschneeball *(Viburnum-*Arten und -Sorten), Flieder *(Syringa vulgaris)*, Forsythie *(Forsythia intermedia)*, Felsenmispel *(Cotoneaster praecox)*, Zierkirsche *(Prunus-*Arten und -Sorten) und Kornelkirsche *(Cornus mas)*.

der Regel besser aus und bietet dem Auge mehr Abwechslung übers Jahr als eine monotone Abfolge ein und derselben Art. Pflanze aber nur Gehölze mit etwa gleichen Wuchseigenschaften nebeneinander, damit sie sich nicht gegenseitig verdrängen. Für einen lockeren Gesamteindruck kann man einzelne, höher wachsende Gehölze einfügen.

Beliebte heimische Gehölze für Wildhecken sind Eberesche *(Sorbus aucuparia)*, Wolliger Schneeball *(Viburnum lantana)*, Holunder *(Sambucus nigra)* oder Schlehdorn *(Prunus spinosa)*.

Gehölze für Wildhecken

Besonders Biogärtner unter uns schwärmen von frei wachsenden Hecken aus heimischen Gehölzarten. Aber auch für konventionelle Gärten stellen sie eine Bereicherung dar. Sie müssen auch nicht ausschließlich aus einheimischen Gehölzen bestehen, denn viele der schönsten Ziergehölze stammen aus fremden Ländern und sind dennoch bei Vögeln und anderen Tieren beliebt. Achte bei der Auswahl der Heckengehölze vor allem auf die Blütenfarbe, den Duft und den Zeitpunkt der Blüte. Auch der Fruchtbesatz, eine schöne Herbstfärbung und die Robustheit gegenüber Frost und Krankheiten sind wichtige Kriterien. Eine bunte Mischung verschiedener Ziergehölze sieht in

Die Hecke braucht zwar sehr viel Pflege, doch mich als Rentner hält das rege.

Hecken gliedern Gartenräume

Nicht nur an der Grundstücksgrenze, auch innerhalb des Gartens können Hecken gepflanzt werden. Sie dienen hier zum Beispiel als Hintergrund für eine Staudenrabatte oder ein Rosenbeet und können auch als Sicht- und Windschutz hinter Sitzplätze gepflanzt werden. Mit mannshohen Hecken lassen sich einzelne Bereiche des Gartens, wie zum Beispiel der Nutzgarten vom Ziergarten, abtrennen. In großen Gärten ist dies ein beliebtes Mittel, einzelne Themengärten sowie separate, grüne „Zimmer" zu schaffen. Hübsch sieht es übrigens aus, wenn zum Beispiel in eine Hainbuchenhecke ein rundes „Fenster" geschnitten wird, durch das man von einem in ein anderes Gartenzimmer blicken kann. Kleine Gärten sollten wir nicht durch zu viele Untergliederungen aufteilen, denn allzu schnell wirkt der Garten dann vollgestellt und unübersichtlich.

Hecken zur Beeteinfassung

Schon seit alters her wurden Beete mit niedrigen Hecken eingefasst. Wir kennen das besonders von den mittelalterlichen Klostergärten und aus ländlichen Bauerngärten. Seit einiger Zeit ist diese schöne Tradition wieder in Mode gekommen.

Im Nutzgarten kannst du die Beete zum Beispiel mit immergrünem Buchsbaum einfassen, der durch regelmäßigen Schnitt auf Kniehöhe gehalten wird. Auch eine Beeteinfassung mit duftenden Kräutern, wie zum Beispiel Eberraute, Lavendel,

Rosmarin oder Weinraute passt zum Nutzgarten, Gleiches gilt für einjährige Sommerblumen wie etwa Studentenblumen *(Tagetes)*. Im Ziergarten können ebenfalls niedrige Buchshecken die Beete und Rabatten säumen. Besonders schön sieht das bei Rosenbeeten aus. Hier eignen sich aber genauso gut auch Lavendel oder das graulaubige Heiligenkraut *(Santolina)* als Beeteinfassung.

Obsthecken

Leckere Früchte wachsen an unseren Obsthecken. Himbeeren, Klettererdbeeren und Brombeeren brauchen eine Stütze in Form von frei stehenden Spalieren. Rote, Weiße und Schwarze Johannisbeeren, Stachelbeeren und Heidelbeeren pflanzen wir in Reihen. Auch schwach wachsende Apfel- und Birnensorten sowie Quitten kannst du als umfangreichere Obsthecken erziehen. Weinreben gedeihen sogar in nördlichen Regionen, wenn du die richtigen Sorten und einen geschützten Standort wählst. Haselnüsse, Sanddorn und Kornelkirschen kannst du ebenfalls in eine frei wachsende Hecke pflanzen. Bei allen Obsthecken erzielst du einen reichen Ertrag, wenn du die Gehölze richtig pflegst und sie möglichst in unterschiedlichen Sorten pflanzt.

Das Pflanzen einer Hecke

Die beste Zeit zum Pflanzen von Hecken sind die Monate von Oktober bis März. Hecken aus immergrünen Nadelgehölzen solltest du möglichst schon im September pflanzen, damit sie vorm Winter genügend Zeit haben, Wurzeln zu bilden.

Hecken sollte man im Winter nur in frostfreien Perioden setzen. Der Pflanzenbedarf pro laufendem Meter beträgt bei niedrigen Hecken bis zwei Metern Höhe vier bis fünf Exemplare, bei höheren Hecken genügen hierfür meist schon zwei Pflanzen.

Frei wachsende Hecken können lockerer gepflanzt werden als Schnitthecken. Um ein gutes Anwachsen zu garantieren, musst du vor dem Setzen der Pflanzen den Boden gut vorbereiten. Mit einer gespannten Schnur legst du den Verlauf der Hecke fest. Statt die

Pflanzen einzeln zu setzen, hebst du einen Pflanzgraben aus. Er muss um mindestens die Hälfte breiter und tiefer sein als die Wurzelballen der Pflanzen. Die Sohle des Pflanzgrabens wird nun gut spatentief aufgelockert. Anschließend legst du die Heckenpflanzen entlang des Pflanzgrabens aus, um eine möglichst regelmäßige Verteilung zu erzielen. Beim Setzen kannst du die Erde mit organischem Dünger wie Hornspänen oder Kompost anreichern. Die Pflanzen werden anschließend aus ihren Töpfen befreit und die Wurzelballen etwas aufgelockert. Bei Ballenware löst du das Ballentuch oder die

Oben: Niedrige Hecken bilden einen schönen Rahmen für Beete und bringen die Pflanzen erst richtig zur Geltung.
Unten: Eine gespannte Schnur und das Einhalten der Pflanzabstände garantieren den gewünschten Erfolg.

Drahtballierung erst, nachdem die Gehölze in die Pflanzgrube gesetzt wurden. Achte beim Setzen darauf, dass die Pflanzen die richtige Pflanztiefe haben und gerade im Pflanzgraben stehen. Das Auffüllen der Erde geschieht dann in einem Arbeitsgang. Dabei muss die ausgehobene Erde in der gleichen Schichtung zurück in die Pflanzgrube gefüllt werden, wie sie ausgehoben wurde, also zunächst die unteren Bodenschichten und anschließend der humusreiche Oberboden. Organische Dünger wie Hornspäne oder organischen Mischdünger mit einbringen! Beim Festtreten der Erde kannst du die Pflanzen noch einmal ausrichten, damit sie in Reih und Glied stehen. Zum Schluss musst du nun gründlich gießen. Auch in den folgenden Wochen dürfen die Heckenpflanzen nicht austrocknen. Eine Mulchschicht hilft dabei, die Feuchtigkeit im Boden zu halten. Bis die Hecke sich nach ein bis zwei Jahren dicht schließt, musst du regelmäßig aufkommendes Unkraut jäten und bei Trockenheit reichlich wässern.

Der grüne Tipp®

Alle an diesjährigen Trieben blühende Gehölze, wie zum Beispiel der Sommerflieder, können im Frühjahr geschnitten werden.

Ein Gerüst aus Dachlatten hilft beim Schnitt hoher Hecken. Nach unten hin soll die Hecke sich verbreitern, damit auch die unteren Partien genügend Licht erhalten.

Heckenschnitt

Schnitthecken müssen einmal jährlich getrimmt werden, damit sie einen dichten, regelmäßigen Wuchs bekommen. Immergrüne Koniferenhecken wie Lebensbaum oder die Scheinzypresse schneidest du am besten im zeitigen Frühjahr, bevor die Vögel ihre Nester bauen. Ein weiterer günstiger Zeitpunkt für den Schnitt ist nach dem Abschluss des Triebwachstums im Spätsommer. Buchsbaumhecken solltest du bis Anfang August schneiden. Hecken aus sommergrünen Laubgehölzen wie Hainbuchen, Rotbuchen oder Ahorn werden nur in der Ruhephase zwischen Anfang November und Ende Februar geschnitten. Ein Sommerschnitt nach Ende des Triebwachstums ist im August möglich. Bei frei wachsenden Hecken gilt: Alle an vorjährigen Trieben blühenden Gehölze – das sind vor allem die im Frühjahr oder Frühsommer blühenden Arten – werden erst nach der Blüte zurückgeschnitten.

Bauten im Garten

Das vom naturliebenden Gärtner bevorzugte Material für alle Bauten im Garten ist Holz in allen Variationen. Es lässt sich leicht verarbeiten, schafft eine behagliche Atmosphäre und passt in jeden Garten. Wichtig ist ein wetterfester Anstrich, damit das Holz nicht schon in wenigen Jahren verrottet oder von Pilzen zerstört wird.

Dauerhafter sind Konstruktionen aus Metall. Inzwischen werden im Handel nicht nur Rankhilfen wie Spaliere und Rosenbögen angeboten, sondern auch ganze Pavillons. Mit einer Beschichtung in ansprechenden Farben stellen sie keinen Fremdkörper im Garten dar, sondern werden zu einer echten Bereicherung.

Für den Bau eines Gewächshauses hat sich Leichtmetall, wie Aluminium, als das dauerhafteste Material in der Praxis bewährt. Auch hierbei findest du in meinem Katalog eine umfangreiche Auswahl an Modellen als Bausatz in allen Größen und Preisklassen. Mehr Informationen findest du auf Seite 74.

Kletterhilfen

Allzu oft vergessen wir beim Planen eines Gartens die Senkrechte. So hübsch eine Bepflanzung der Beete mit Sommerblumen und Stauden auch aussehen mag – wenn berankte Obelisken, Spaliere und andere Kletterhilfen für die Himmelsstürmer unter den Zierpflanzen fehlen, dann wirkt die Anlage flach und ohne echte Höhepunkte. Erst durch Bögen, Pergolen und Spaliere, an denen sich Rosen und andere zauberhafte Kletterpflanzen emporranken, bekommt der eigene Garten eine individuelle und romantische Note. Mit Rosenbögen und Pergolen lassen sich Gartenräume gliedern und Sichtachsen betonen.

Spaliere dienen in erster Linie dazu, die Wände zu verschönern. Solche praktischen Rankgitter können aber auch vor Sonne, Wind und allzu neugierigen Blicken aus der Nachbarschaft schützen. Und auch im Nutzgarten brauchen wir Kletterhilfen: Für Stangenbohnen, Kürbisse oder auch Schlangengurken bieten sie eine ideale Stütze, damit die Pflanzen sich der Sonne entgegenranken können.

errichtet und individuell den Bedürfnissen der Besitzer angepasst. Wer ein geschickter Hobbyhandwerker ist, kann sich auch selbst am Bau einer Pergola versuchen. Wichtig ist, dass die verwendeten Hölzer gegen Fäulnis und Pilzbefall imprägniert werden.

Nicht nur Sichtschutz – diese Pergola gliedert Gartenbereiche und schafft Räume.

Pergolen

Pergolen sind zweifellos die massivsten unter den stützenden Bauwerken im Garten. Traditionell besteht die klassische Pergola aus zwei sich gegenüberliegenden Reihen steinerner Pfosten oder Säulen und darauf aufgelegten Holzbalken. Eine Pergola bildet eine Art Laubengang. Es gibt jedoch zahllose Variationen. Der Übergang von einer Pergola zu einer Laube kann dabei fließend sein. Für Hausgärten ist eine solche Konstruktion jedoch meist zu groß und zu massiv. Wir können bei Pergolen auch ganz auf Steinpfosten verzichten und stattdessen Stützen aus Vierkanthölzern in Pfostenschuhen oder anderen Verankerungen aufstellen. Die aufliegenden Querbalken, auch Pfetten genannt, werden sicher verschraubt, damit niemandem ein Balken auf den Kopf fällt. Solch eine Pergola dient, mit Kletterpflanzen berankt, im Sommer als schattiges Refugium. Es gibt Pergolen als Bausatz, oft werden sie jedoch direkt vor Ort von einem Schreiner

Rosenbögen

Romantik pur versprechen Rosenbögen. Sie stellen die beste Möglichkeit dar, Kletterrosen richtig zur Geltung zu bringen. Meistens wird man auf ein fertiges Modell aus dem Fachhandel zurückgreifen. Es gibt viele schöne Entwürfe, die sowohl als Bausatz wie auch fast fertig vormontiert zum Aufstellen geliefert werden. Die meisten bestehen aus gebogenem Eisen. Ein Rosenbogen ganz aus Holz würde weniger anmutig wirken, ist aber auch möglich. Damit man lange Freude daran hat, müssen alle Holzteile

Achte drauf, dass das Gerüst stabil und gut verankert ist.

> **Nostalgie mit Rosenbogen ist in die Gärten eingezogen.**

imprägniert oder wetterfest lackiert sein. Metallteile sollten entweder mit einem Kunststoffüberzug oder durch Pulverbeschichtung vor dem Verrosten geschützt werden. Achte nur darauf, dass der Bogen so breit ist, dass du mit der Schubkarre bequem durchfahren kannst. Auch in der Höhe solltest du keine Kompromisse machen: Der schönste Rosenbogen ist nichts wert, wenn du ihn nur in gebückter Haltung durchschreiten kannst!

Rechts: Rosenbögen bringen Kletterrosen erst richtig zur Geltung, hier können sie sich schön entfalten.

Kletterrosen für Spaliere, Rosenbögen und Pergolen

Bei Kletterrosen unterscheiden wir zwischen Climbern, die einen mäßig starken Wuchs haben, meist öfter im Sommer blühen und mindestens einmal im Jahr zurückgeschnitten werden sollten, und den sogenannten Ramblern, die sehr viel wuchskräftiger sind, meist nur einmal im Frühsommer blühen, aber deutlich weniger Pflege brauchen. Es gibt auch öfter blühende Rambler-Rosen, etwa die Sorte 'Super Dorothy'.

Sorte	Blüte	Wuchshöhe	Wuchstyp	Eigenschaften
'Albéric Barbier'	Cremeweiß, gefüllt	3 bis 7,5 m	Rambler	Einmal blühend
'Alchymist'	Orangegelb, stark gefüllt	2 bis 3 m	Climber	Einmal blühend
'Aloha'	Apricot, gefüllt	2,5 m	Climber	Öfter blühend
'American Pillar'				
'Bobbie James'	Weiß, einfach, in Büscheln	6 bis 9 m	Rambler	Einmal blühend
'Compassion'	Rosa, gefüllt	2 bis 3 m	Climber	Einmal blühend
'Dortmund'	Rot, einfach	2 bis 3 m	Climber	Öfter blühend
'Flammentanz'	Rot, gefüllt	3 bis 5 m	Rambler	Einmal blühend
'Gloire de Dijon'	Braungelb, gefüllt	4,5 m	Climber	Öfter blühend
'Golden Showers'	Gelb, gefüllt	2 bis 3 m	Climber	Öfter blühend
'Goldfinch'	Dottergelb, in Büscheln	3 m	Rambler	Einmal blühend
'Ilse Krohn Superior'	Weiß, gefüllt	2 bis 3 m	Climber	Öfter blühend
'Kiftsgate (Rosa filipes 'Kiftsgate'	Weiß, einfach, in Büscheln	8 bis 10 m	Rambler	Einmal blühend
'Kir Royal'	Seidenrosa, stark gefüllt	2 bis 3 m	Climber	Einmal blühend
'Mme Alfred Carrière'	Cremeweiß, gefüllt	6 m	Climber	Öfter blühend
'Morgensonne 88'	Gelb, gefüllt	2 bis 3 m	Climber	Öfter blühend
'New Dawn'	Zartrosa, halbgefüllt	2 bis 3 m	Climber	Öfter blühend
'Parkdirektor Riggers'	Dunkel karmesinrot, einfach	3,5 m	Climber	Öfter blühend
'Paul's Himalayan Musk'	Rosa, gefüllt, in Büscheln	8 bis 10 m	Rambler	Einmal blühend
'Rambling Rector'	Cremeweiß, halbgefüllt, in Büscheln	6 m	Rambler	Einmal blühend
'Raubritter'	Rosa, dicht gefüllt	2 bis 3 m	Rambler	Einmal blühend
'Rosarium Uetersen'	Rosa, gefüllt	2 bis 3 m	Climber	Öfter blühend
'Santana'	Rot, gefüllt	2 bis 3 m	Climber	Öfter blühend
'Schneewittchen (Climbing)'	Weiß, halbgefüllt	2 bis 3 m	Climber	Öfter blühend
'Super Dorothy'	Rosa, gefüllt	3 bis 5 m	Rambler	Öfter blühend
'Super Excelsa'	Karminrosa, gefüllt	4 m	Rambler	Einmal blühend
'Sympathie'	Rot, gefüllt	4 m	Climber	Öfter blühend
'Veilchenblau'	Violett, halbgefüllt	3 bis 5 m	Rambler	Einmal blühend
'Venusta Pendula'	Rosa, halb gefüllt	6 m	Rambler	Einmal blühend
'Zéphirine Drouhin'	Rosarot, gefüllt	3,5 m	Climber	Öfter blühend

Spaliere

Für vielseitige Einsatzgebiete und praktisch jede Form von Kletterpflanzen eignen sich Spaliere im Garten. Sie können entweder frei stehend verwendet werden oder eine Wand verblenden, um mit ihrer Hilfe Gebäude zu begrünen und zu schmücken. Nicht zuletzt können mit Kletterpflanzen berankte Spaliere auch dazu dienen, unschöne Ecken, wie den Komposthaufen oder die Mülltonnen, dem Blick zu entziehen.

Die Grundform des Spaliers besteht aus einer Kletterhilfe in Form einer senkrechten Stütze, die aus mehr als zwei Profilen mit einigen waagerechten Querstreben gebildet wird. Diese einfache Form lässt sich beliebig zu einer Gitterform erweitern. In jedem Fall aber ist ein Spalier zweidimensional. Spalierfertigteile in quadratischer, rechteckiger oder runder Form sind in großer Auswahl erhältlich. Als Material steht Holz an erster Stelle, weil es am leichtesten zu verarbeiten ist und in fast jeden Garten passt. Metallspaliere sind in der Regel langlebiger und stabiler, wirken aber etwas filigraner. Wer eine ganz individuelle Lösung anstrebt, kann auch selbst ein Spalier bauen. In der Regel wird man dafür Holz verwenden, aber auch ein Spalier aus Bambusrohren kann sehr reizvoll sein.

Alle Klettergerüste müssen mit einem Abstand von 5 bis 15 cm vor der Wand montiert werden, damit die Luft hinter den Pflanzen zirkulieren kann. Achte bei der Montage darauf, dass alle Verbindungen witterungsbeständig und nicht rostend sind.

Lauben und Pavillons

Lauben dienen als Aufbewahrungsort für Gartengeräte, können aber ebenso ein Schutz gegen ein plötzlich aufziehendes Unwetter sein oder einer kleinen Teegesellschaft Platz bieten. Berliner verstehen unter einer Laube ein massives Gartenhaus, meist mit Küchenzeile und offenem Kamin. Im Grunde ist eine Laube aber eine offene Konstruktion, die den

Ein idealer Platz für erholsame Stunden.

direkten Kontakt zur Natur nicht verloren hat. Traditionelle Lauben bestehen aus einfachen Gerüsten, die oft mit Kletterpflanzen berankt werden und dadurch einen guten Sichtschutz bieten. Die Grundgerüste können auch mit Brettern, Schindeln oder mit einem Gitterwerk aus Latten verkleidet sein. Man kann sie als Fertigbausatz erwerben oder, vorausgesetzt man verfügt über das nötige handwerkliche Geschick, selber bauen.

Pavillons sind stabiler konstruiert als Lauben. Sie besitzen in jedem Fall ein festes Dach, vielleicht sogar verglaste Fenster und eine abschließbare Tür. Sie dürfen gern etwas verspielter wirken, weil sie nur der

Links: Viele kälteempfindliche Kletterpflanzen gedeihen gut an Spalieren, die mit einem gewissen Abstand vor einer Wand montiert sind.

Unten: Die Rambler-Rose 'Raubritter' hat kleine, ballförmige Blüten, die zur Blütezeit massenhaft auftreten.

Die herrlichsten Kletterrosen

Oben: Die überreich blühende Rambler-Rose 'Veilchenblau' besticht mit locker gefüllten Einzelblüten, denen ein angenehmer Duft entströmt.

Rechts: Blüten von barocker Pracht hat 'Sympathie'. Sie verströmen einen kräftigen, angenehm rosigen Duft. Eine früh- und reichblühende, Kletterrose mit starkem und dichtem Wuchs.

Die robuste, starkwachsende und gut schnittverträgliche 'Bobby James' erreicht schnell schwindelerregende Höhen. Sie blüht einmal im Jahr.

Die herrlichsten Kletterrosen

Unten: Die reich- und öfterblühende Kletterrose 'Golden Showers' hat große und duftende Blüten. Sie ist widerstandsfähig gegen Krankheiten.

Die Kletterrose 'Flammentanz' ist eine wüchsige gesunde Rose, die weitgehend resistent gegen Pilzinfektionen ist. Sie begrünt auch große Rosenbögen und Pergolen.

Links: 'Rosarium Uetersen' ist eine öfterblühende, leicht duftende Sorte mit robustem und buschigem Wuchs. Das tiefe Rosa der Blüten färbt sich später schimmernd silbrig.

Oben: Für Rosenbögen besonders gut geeignet ist die üppig blühende Rambler-Rose 'Raubritter' .

Muße, nicht aber der Aufbewahrung von Gartengerätschaften dienen sollen. Man findet kleine Pavillons aus Holz oder Metall heutzutage in reicher Auswahl in Gartencentern und Baumärkten. Sie werden meist als Bausatz geliefert und sollten auf einer festen und ebenen Grundfläche aufgestellt werden. Größere Pavillons bis hin zu kleinen „Palästen" mit allem Komfort findest du bei mir, im Fachhandel und über die Kataloge der Hersteller. In jedem Fall müssen beim Aufstellen die gesetzlich vorgeschriebenen Abstände zum Nachbargrundstück und, bei Pavillons aus Stein oder mit Fundamenten, auch die örtlich geltenden Bauvorschriften beachtet werden.

Versenkte Gewächshäuser helfen Heizkosten sparen und lassen sich unauffällig in den Garten integrieren.

und Folie nötig. Hier kannst du im Frühjahr zeitiger aussäen und die Jungpflanzen für das Auspflanzen nach den Eisheiligen selbst vorziehen. Auch Radieschen, Kohlrabi, Treibsalat, Gartenkresse und anderes Frühgemüse kannst du unter Glas oder Folie schon um Wochen eher säen oder pflanzen. Gewächshäuser und Frühbeetkästen sind auch im Frühjahr und Sommer einsetzbar. Wenn die Temperaturen steigen, werden die Glasscheiben oder Folien einfach abgenommen, so dass du es als ganz normales Gartenbeet verwenden kannst. Im Sommer dienen uns Gewächshäuser der Kultur von empfindlichen Pflanzen wie Schlangengurken, Melonen oder Paprika. Tomaten, die im Gewächshaus wachsen, bleiben meist von der gefürchteten Braunfäule verschont. Dies sind aber lange nicht alle Möglichkeiten, die Gewächshäuser, Frühbeete und Folientunnel uns bieten.

Überlegungen vor dem Kauf

Da der Kauf eines Gewächshauses eine größere Investition darstellt und auch die Konstruktion viel Arbeit bereitet, solltest du vor der endgültigen Entscheidung für eine bestimmte Lösung Spezialkataloge oder Fachleute zurate ziehen. Nur dann ist gewährleistet, dass das ausgewählte Modell den Ansprüchen gerecht wird und sinnvoll genutzt werden kann. Es ist unmöglich, an dieser Stelle alle im Handel angebotenen Gewächshaustypen zu beschreiben. Jeder Anbieter hat wieder andere Modelle und Systeme im Angebot, von denen jedes seine eigenen Vor- und Nachteile hat. Außerdem werden die Konstruktionen beständig verbessert, so dass ein heute viel gepriesenes Modell vielleicht morgen schon durch ein besseres ersetzt werden könnte.

Wer die Aussaat richtig macht, wird nicht um den Erfolg gebracht.

Gewächshäuser und Frühbeete

Früher, schneller, besser – so lautet der Wahlspruch inzwischen auch schon beim Gärtnern im eigenen grünen Revier. Früher anfangen und früher ernten, also dem Wetter des Spätwinters eins auswischen: Wer täte das nicht gerne? Dafür sind Frühbeete oder Gewächshäuser aus Glas

Gewächshäuser zum Selbstbau

Viele Gewächshäuser werden heute als Bausatz geliefert und lassen sich auf mehr oder weniger einfache Art selbst aufbauen. Nicht immer ist hierfür eine Bodenplatte nötig. Wird das Gewächshaus ohne feste

Bodenplatte errichtet, muss die Grundfläche durch einen eingegrabenen, feinmaschigen Draht vor der Zuwanderung von Mäusen geschützt werden. Gerade in Zeiten rapide steigender Energiepreise kommt eine alte Methode wieder in Mode, bei der man die Gewächshäuser zur Hälfte in der Erde versenkt hat. Das spart nicht nur Heizkosten, sondern ermöglicht auch, die oft als „kühl" und „technisch" empfundene Gewächshausarchitektur unauffällig in den Garten zu integrieren. Wähle den Standort für dein Gewächshaus so, dass es vor allem im ersten Jahresdrittel ausreichend besonnt ist. Für die heißen Sommermonate gehört eine Schattiermöglichkeit wie zum Beispiel einfache Stoffrollos oder Bambusmatten zur Grundausstattung.

Vielfältige Nutzungsmöglichkeiten

Die Erntezeit von Gemüse im Herbst kannst du durch die Kultur im Gewächshaus oder Frühbeet deutlich verlängern. Die Pflanzen wachsen selbst dann noch, wenn im Freiland schon nichts mehr geht. Und nicht zuletzt ist ein Gewächshaus, das mit einer Notheizung über der Frostgrenze gehalten werden kann, eine ideale Unterstellmöglichkeit für die Überwinterung deiner frostempfindlichen Balkon- und Kübelpflanzen.

Ein passendes Gewächshaus gibt es für fast alle Geldbeutel und Ansprüche. Vor dem Kauf sind Größe und Ausstattung für die spätere Nutzung zu bedenken. Auch musst du dir überlegen, ob das Gewächshaus beheizbar sein soll und damit auch im Winter zur Anzucht und dem Anbau dienen kann, oder ob es nur für die Frühjahrs- und Herbstnutzung gedacht ist. Anfangs genügt es oft, ein kleines, aber erweiterungsfähiges Gewächshaus zu bauen, das du zunächst als Kalthaus nutzt. Später kann es dann noch vergrößert und mit einer Heizung versehen werden, um es auch im Winter entsprechend zu nutzen.

Für größere Gewächshäuser ist übrigens eine Baugenehmigung notwendig, die von den meisten Kommunen bei Anlagen mit mehr als fünf Kubikmetern Rauminhalt vorgeschrieben wird.

Die Inneneinrichtung

Damit ein Gewächshaus sinnvoll genutzt werden kann, kommt es ebenso auf die richtige Ausstattung an. Ausreichende Lüftungsmöglichkeiten sind ein Muss. Man kann sie per Hand bedienen oder sich für ein automatisch arbeitendes System entscheiden. Wofür du dich schließlich entscheidest, ist eine Frage des Geldbeutels und hängt auch davon ab, ob du ständig vor Ort sein kannst, um die Lüftung im Bedarfsfall von Hand zu regeln.

Natürlich musst du bei der Einrichtung auch an praktische Hängevorrichtungen unter dem Dach und an Stelltische mit mehreren Etagen denken. Diese erweitern die Anbaufläche um ein Vielfaches. Tische und Hängemöglichkeiten sollten schnell und praktisch abbaubar sein, damit das Gewächshaus variabel genutzt werden kann, zum Beispiel im Sommer zum Anbau von Gemüse oder im Winter zum Unterstellen größerer Kübelpflanzen.

Genügend Arbeits- und Abstellfläche sorgen für eine optimale Nutzung des Gewächshauses.

Isoliermaterialien

Die Wände eines Gewächshauses können aus Glas, Folie oder Doppelstegplatten bestehen. Folienhäuser, also mit Doppelfolie oder auch Luftpolsterfolie abgedeckte Rahmenkonstruktionen, sind allerdings wegen der hohen Wärmedurchlässigkeit nur vom Frühjahr bis zum Herbst benutzbar. Mit Glas- und Kunststoffplatten verkleidete Konstruktionen, hier vor allem solche mit Plastik-Doppelstegplatten, bieten auch über den Winter Unterstellplätze für deine Balkon- und Kübelpflanzen – vorausgesetzt, du installierst innen eine Heizung oder wenigstens einen „Frostwächter", der die Temperaturen über dem Gefrierpunkt hält. In diesen Gewächshäusern kannst du im Frühjahr zeitiger mit der Aussaat beginnen. Bei beheizten Gewächshäusern ist im Winter ein zusätzlicher Außenschutz mit Noppenfolie ein weiterer Wärmeschutz.

Rechts: Folientunnel schützen empfindliche Gewächse im zeitigen Frühjahr.

Als Heizung kann sowohl ein elektrisches Bodenheizkabel als auch ein Wärmeluftofen mit Thermostat dienen. Ein Gewächshaus in Hausnähe kannst du von einem Fachmann auch an die Warmwasserheizung des Wohnhauses anschließen lassen. Der Zufluss muss unbedingt gut isoliert werden, damit auf dem Weg nicht zu viel Energie verloren geht oder die Leitungen in strengen Wintern einfrieren. Gleiches gilt auch für einen Wasseranschluss im Gewächshaus. Auch er muss gut isoliert werden, damit im Winter nichts einfriert.

Ein Mistbeet packen

Das Packen des Früh- oder Mistbeetes erfolgt an frostfreien Tagen ab Ende Januar. In kalten Wintern muss man eventuell bis Februar oder Anfang März warten. Am besten eignet sich frischer, strohiger Pferdemist. Er bringt beim Verrotten die meiste Wärme.

1. Zunächst heben wir die Erde im Mistbeet etwa 50 cm tief aus. Ganz zuunterst kommt ein engmaschiger Kaninchendraht, um das Eindringen von Wühlmäusen zu verhindern. Darüber folgt eine etwa 10 cm hohe, isolierende Schicht aus Herbstlaub oder Styroporplatten. 5 cm Torf bilden eine Saugschicht, die aber nicht unbedingt erforderlich ist, es geht auch ohne.

2. Anschließend bringen wir den frischen Pferdemist auf. Die Schicht muss ordentlich festgetreten werden. Nach dem Festtreten sollte die Mistschicht im Kasten 30 cm dick sein. Dann legen wir die Fenster auf und lassen den Kasten drei Tage ruhen. Danach wird der Pferdemist noch einmal gründlich festgetreten. Eine etwa 3 cm hohe Schicht aus Herbstlaub hilft, die Wärme während der Anbauzeit länger im Mistbeet zu halten. Darüber kommt dann die Kulturerde – und zwar bringen wir ungefähr 15 cm hoch Aussaaterde oder reifen, durchgesiebten Kompost auf. Der fertig gepackte Kasten sollte nach oben noch mindestens 20 cm Platz haben, damit die Pflanzen wachsen können, ohne an die Glasscheiben zu stoßen.

3. Zur besseren Isolierung packen wir den Mistbeetkasten von außen mit einer Schicht Laub, Erde oder Styropor ein, damit er nicht von der Seite her auskühlt. Anschließend kann sofort gesät oder gepflanzt werden. Wer keinen frischen Pferdemist bekommen kann, nimmt anderen frischen, strohhaltigen Viehmist oder eine Mischung aus Stroh, Herbstlaub und Gartentorf, die zusammen gründlich vermischt und angefeuchtet werden. Bei dieser Mischung erfolgt die für das Mistbeet wichtige Wärmeentwicklung durch die Zugabe von angerottetem Kompost oder geperltem Kalkstickstoff, der lagenweise zwischen die Mischung gestreut wird (pro Quadratmeter rechnet man zwei Kilogramm Kalkstickstoff). Nach dem Packen muss das Mistbeet abgedeckt werden und ruhen. Nach 8 bis 10 Tagen kann eine etwa 15 cm hohe Lage Kulturerde eingebracht werden. Noch drei weitere Ruhetage, und wir können säen oder pflanzen.

Folientunnel und Frühbeetkästen

Einfacher und auch preiswerter schützt man empfindliche Pflanzen durch Folien, Folientunnel und Frühbeetkästen vor ungünstigen Witterungsbedingungen. Derartige Konstruktionen eignen sich auch zur Ernteverfrühung und zum

Du kannst es selber ausprobieren, die Pflanze wird nicht drin erfrieren

Verlängern der Erntezeit im Herbst. Oftmals genügt schon eine einfache Folienauflage, um im Frühjahr die empfindlichen Pflanzen vor den Eisheiligen und ihren Frösten zu schützen. Auflaufende Gurken und Bohnen sind unter dem Schutz aus Folie vor Frost sicher und die Ernte kann schon zwei bis drei Wochen früher beginnen.

Folien, die für den Einsatz im Freien geeignet sind, gibt es in verschiedenen Ausführungen. Sie müssen UV-stabil und widerstandsfähig gegen Hitze und Kälte sein. Viele gewöhnliche Folien sind das nicht und werden durch starke Sonneneinstrahlung oder Fröste schnell brüchig.

Gegen ein Verwehen durch Wind musst du Folien entweder straff an einem Rahmen befestigen oder mit speziellen Folienhaltern in der Erde verankern. Besser noch als diese einfachen Folienauflagen sind Folientunnel. Sie speichern die Wärme, die sich über Tag durch die Sonneneinstrahlung darunter ansammelt und halten sie für die Nachtzeit. Die Pflanzen entwickeln sich in dieser geschützten Umgebung schneller und sind geschützt vor austrocknenden Winden sowie vor kalten oder gar frostigen Nächten. Ich empfehle fertige Bausätze mit abnehmbaren Mittelteilen. Sie sind wie Frühbeetkästen zu pflegen und zu verwenden.

Frühbeete

Ein Früh- oder Mistbeet darf für viele in keinem Garten fehlen, sofern genug Platz vorhanden ist. Am preiswertesten ist ein Frühbeet „Marke Eigenbau". Mit etwas Geschick kann es aus alten Fensterscheiben und einigen Holzbrettern leicht selbst gebaut werden. Glas hat jedoch den Nachteil, dass es brechen kann und in einem Holzrahmen nur schwer zu handhaben ist. Eine Alternative sind fertige Bausätze aus leichteren Kunststoffmaterialien. Das Angebot reicht dabei von einfachen Kunststoffboxen mit abnehmbarem Deckel bis hin zu luxuriösen Ausführungen mit automatischer Belüftung und allen technischen Finessen – in meinen Katalogen findet der Gartenfreund alles, was das Herz begehrt. Auf die einzelnen Formen des Frühbeetes möchte ich hier nicht näher eingehen. Es gilt dasselbe wie schon bei den

Gewächshäusern gesagt: Die Entwicklung geht weiter und laufend kommen verbesserte Modelle auf den Markt. Wer sich ein Frühbeet selbst bauen möchte, sollte aber unbedingt die angegebenen Normmaße einhalten.

Wichtig ist der Standort für ein Frühbeet. Damit es seine Funktion voll erfüllen kann, will dieser gut gewählt werden. Beachte folgende Kriterien:

>> Es ist die sonnigste Stelle im Garten auszusuchen, möglichst vollsonnig, also auch kein Teilschatten im Laufe des Tages.

>> Das Frühbeet sollte so stehen, dass es nach Norden vor kaltem Wind geschützt ist.

>> Die Abdeckscheiben des Frühbeetes müssen schräg nach Süden oder Südosten geneigt sein.

Fertigfrühbeetkästen bestehen in der Regel aus robustem Material. Bei selbst gebauten Frühbeeten ist auf Materialien zu achten, die unempfindlich gegen Witterungseinflüsse sind, denn sie stehen sommers wie winters im Freien.

Der grüne Tipp®

Holz lässt sich zum Bau eines Frühbeetkastens zwar leichter selbst verarbeiten, aber Kunststoff und Aluminium sind haltbarer.

Frühbeetkästen in verschiedenen Größen findest du in meinem Katalog.

Boden und Bodenpflege

Schön und gesund – selbst angebaut,
das ist's, worauf man heut vertraut.

Nach den Ausführungen zu den Grundlagen der Gartenplanung und der Gartengestaltung ist es nun wichtig, sich mit den
Voraussetzungen für alles Wachstum im
Garten vertraut zu machen. Neben dem Klima
ist dies vor allem der Boden. Er entscheidet
darüber, was im Garten angebaut werden kann
und wie gut es gedeiht. Wohl dem Gartenfreund,
der einen gesunden, fruchtbaren Boden hat.
Er ist ein Könner bzw. ein Glückspilz. Doch auch
weniger gute Böden sind kein Grund, den Kopf
hängen und alle ehrgeizigen Pläne fahren zu
lassen. Schlechter Boden ist kein Schicksal,
mit dem du dich abfinden musst, sondern eine
Herausforderung. Je mehr du über deinen
Gartenboden weißt, umso bessere Maßnahmen
kannst du ergreifen, um das Beste daraus zu
machen.

Bodenqualität und Bodenverbesserung

Unsere Böden sind bis auf wenige Ausnahmen, wie z.B. Moorboden, Verwitterungsprodukte aus Gesteinen und Mineralien, die mit organischen Humusstoffen vermischt sind. Zum Humus zählen abgestorbene Pflanzenreste und Tiere, tierische Exkremente und andere Substanzen organischer Herkunft in allen Stadien der Zersetzung. Die Humusbildung unterliegt in erster Linie der Aktivität von Mikroorganismen, die für seinen Auf- und Umbau verantwortlich sind.

Die Mischung mineralischer Bestandteile wie Sand, Ton oder Kalk sowie der Humusanteil bestimmen die Qualität und Zusammensetzung des Bodens. Besteht er fast nur aus einer dieser Komponenten, so ist er für das Wachstum von Pflanzen nicht geeignet. Auf reinen Sandböden wächst dabei ebenso wenig wie auf reinen Tonböden. Reiner Kalkboden ist genauso unfruchtbar wie Torfboden.

Die Qualität unserer Gartenböden hängt in starkem Maße von den Mischungsverhältnissen der Bestandteile ab. Diese musst du als erstes kennen, um dann gezielt einzugreifen.

Die Qualität eines guten Gartenbodens hängt also von den Mischungsverhältnissen seiner Hauptbestandteile ab. So bestimmen Sand- und Tonanteil die „Schwere" des Bodens, der Kalk- und Humusgehalt sind für den Säuregehalt, ausgedrückt als pH-Wert, verantwortlich. Ton- und Humusanteile hingegen sind von entscheidender Bedeutung für die Speicherung von Nährstoffen und Wasser. Bei einem zu geringen Gehalt dieser Anteile ist der Boden nicht in der Lage, durch Regen oder von uns per Hand aufgebrachte Nährstoffe zu binden, um so die ausreichende Versorgung der Pflanzen für ein gesundes Wachstum zu gewährleisten. Eine Verbesserung des Bodens, vor allem eine Erhöhung des Humusanteils, ist bei diesen Böden wichtig und notwendig.

Die Bodenarten

Der Boden ist die Mutter aller Pflanzen. Er bietet allen pflanzlichen Lebewesen Nahrung und einen Halt für die Wurzeln. Auch wenn sich die Böden auf den ersten Blick ähneln, so sind sie doch sehr verschieden zusammengesetzt. Genauso unterschiedlich ist der zu erzielende Ernteerfolg. Umso wichtiger ist eine genaue Kenntnis über die Zusammensetzung des eigenen Gartenbodens. Er ernährt die Pflanzen, die je nach Art sehr unterschiedliche Ansprüche an ihn stellen. Es gibt eine Gruppe von Gartenpflanzen, die auf jedem, einigermaßen gepflegten Garten-

Gebe öfter kleine Mengen Dünger, so ernährst du die Pflanzen besser als mit ein bis zwei großen Düngergaben.

boden gedeihen können. Bei manchen Pflanzen ist es aber notwendig, dass du den Boden gezielt deren speziellen Anforderungen anpasst.

Mutterboden

Als Mutterboden bezeichnet man die obere belebte Bodenschicht, die einen mehr oder weniger starken Humusgehalt aufweist.

Da Humusstoffe bräunlich sind und bei Befeuchtung schwarz erscheinen, lässt sich die Dicke dieser Schicht relativ gut abschätzen.

Unter dem Mutterboden liegen der Unterboden und der Bodenuntergrund. Jede dieser Schichten hat jeweils eine spezielle Funktion. Die Mutterbodenschicht ist aber die wichtigste, weil die Pflanzen hier Nahrung finden und ihren Wasserbedarf stillen. Im Folgenden möchte ich die wichtigsten Bodenarten kurz beschreiben.

Der alte Gärtner Pötschke spricht: „Gegraben wird im Frühjahr nicht!"

Die wichtigsten Bodenarten im Überblick

Bodenart	Beschreibung
Sandboden	Rinnt schnell durch die Finger, scharfkantig. Tongehalt bis 10%. Verbesserung durch lehmige Erde und Kompost.
Lehmiger Sand	Klebrig, Sandkörner deutlich fühlbar, krümelt beim Formen. Tongehalt bis 20%. Mit Humus gemischt guter Gartenboden.
Sandiger Lehm	Formbar, zerfällt aber rasch. Tongehalt bis 30%. Mit Humus gemischt guter Gartenboden.
Lössboden	Quarzsand, Lehm und Kalk, Tongehalt bis 40%. Körnchen nicht spürbar. Humuszufuhr günstig.
Reiner Lehm	Sandanteile, knirscht beim Reiben. Backt zusammen, solange feucht. Tongehalt bis 40%. Ständige Humuszufuhr wichtig.
Schwerer Lehm	Schmiert beim Reiben, formbar. Tongehalt bis 60%. Wird durch Zugabe von Sand und Humus kulturfähig.
Tonboden	Fein, glatt und seifig. Tongehalt über 60%. Gut formbar. Tiefes Umgraben sowie Sand- und Humuszufuhr notwendig. Drainage!
Kalk- oder Mergelboden	Schmiert bei Nässe. Besteht aus verschiedenen Bodenarten und Kalkstein.
Humusboden/Moorboden	Enthalten mindestens 30% organische Substanz. Kalk, Lehm und Sand verbessern die Bodenqualität.

Vor der Gartenanlage steht eine Bodenanalyse und eine genaue Beurteilung der örtlichen Gegebenheiten.

Leichte sandige Böden

Sandige Böden haben einen hohen Sandanteil und werden auch als leichte Böden bezeichnet. Sie erwärmen sich rasch, da die Bodenpartikel locker gelagert sind und die mit Luft gefüllten Zwischenräume gut Wärme aufnehmen können. Diese Eigenschaft kannst du dir für den Anbau früher Gemüsesorten zunutze machen. Für anspruchsvolle Gemüse- und Blumenarten sind leichte Böden hingegen weniger geeignet.

Sand ist nichts anderes als verwitterter Sandstein, er kann weder Nährstoffe speichern noch Wasser aufnehmen und für längere Zeit halten. Sandige Böden trocknen daher viel schneller aus.

Auch die Zersetzung von Humus bildenden Stoffen wie Stall- oder Gründung geht im Sandboden verhältnismäßig rasch vor sich, dort werden vorhandene Pflanzennährstoffe schnell aus den oberen Bodenschichten ausgewaschen. Leichte sandige Böden sind ewig hungrig und ausgesprochene Düngerfresser.

Verbesserung von leichten Sandböden

Leichten sandigen Böden fehlen also in erster Linie Humus oder Tonanteile. Durch reichliche Humuszufuhr in Form von Stalldung, Gründung oder gutem Kompost lässt sich ein solcher Boden daher verbessern. Dies solltest du jedes Jahr wiederholen, wenn der Effekt länger anhalten soll. Denselben Verbesserungseffekt erreichst du auch durch das Einarbeiten von Lehm oder Ton. Ist der Untergrund stärker lehmhaltig als die Mutterbodenschicht, so kann die obere Erdschicht durch tieferes Graben nach und nach mit dem Lehmboden aus der tieferen Schicht vermischt werden (siehe auch Seite 95).

Leichte sandige Böden besitzen meist wenig Kalkanteile und reagieren daher häufig sauer. Ich empfehle deshalb, den Boden-pH-Wert regelmäßig zu ermitteln und bei Bedarf zu kalken. Die Bodenanalyse ist heutzutage für jedermann leicht zu bewerkstelligen, Testsets sind überall im Handel erhältlich. Dies ist umso wichtiger, da eine Bodenuntersuchung nicht nur rechtzeitig einen Nährstoffmangel anzeigt, sondern auch diejenigen Nährstoffe erfasst, die dem Boden gänzlich fehlen. Jede Düngerempfehlung ist daher von dem Ergebnis der Bodenanalyse abhängig. Lasse also deinen Boden untersuchen, so sparst du unnötige Ausgaben für Düngersalze, die im Boden noch ausreichend vorhanden sind.

Aber einen Vorteil haben leichte Böden: Sie sind bei jedem Wetter begehbar und können auch nach starkem Regen bearbeitet werden.

Lehmige Sandböden haben dagegen einen höheren Tonanteil und können ausreichend Wasser und Nährstoffe speichern. Sie zählen bei einem guten Mischungsanteil zu den optimalen Gartenböden und lassen sich leicht durch Humusgaben optimieren.

Tonböden

Tonböden sind kühl, wasserundurchlässig, feucht und werden als schwer und träge bezeichnet. Sie bestehen zu über 60 % aus feinkörnigen Tonteilchen, die sowohl Wasser als auch Nährstoffe sehr gut speichern können, diese aber so gut binden, dass sie nur schwer wieder an die

Tonböden sind nur schwer zu bearbeiten. Häufiges und gründliches Lockern ist unverzichtbar.

Kannst den Boden du noch kneten, sollst du nicht das Land betreten.

Pflanzenwurzeln abgegeben werden. Wie aus den Schilderungen ersichtlich wurde, ist der unterschiedliche Tonanteil in Gartenböden ein wichtiger Faktor für die gleichmäßige Ernährung der Pflanzen. Tonböden mit mehr als 75 % Tonanteil sind jedoch für Pflanzen nicht mehr geeignet. Reiner Ton ist ein Gemisch aus verschiedenen Mineralien, eines der bekanntesten ist Kaolinit, der Hauptbestandteil von Porzellan.

Die Bearbeitung von Tonböden

Tonböden sind nahezu wasserundurchlässig und verschlämmen leicht. Sie lassen sich deswegen nur schwer bearbeiten. Hier hilft nur das Untermischen großer Mengen Sand oder Humus. Darüber hinaus ist häufiges und gründliches Lockern unerlässlich. Wichtig ist vor allem, dass im Herbst in grober Scholle umgegraben wird, damit der Boden während des Winters kräftig durchfrieren kann. Nur so erreichst du eine einigermaßen gute Krümelstruktur, die für die Pflanzenwurzeln wiederum sehr wichtig ist. Da oft sogar verbesserte Tonböden noch nass und kalt sind, können sie erst nach einer längeren Trockenperiode, also meist spät im Frühjahr, zur Aussaat und Pflanzung vorbereitet werden. Sie eignen sich deshalb schlecht für den Anbau von Früh- und Wurzelgemüse oder für Pflanzen, die es im Wurzelbereich trockener lieben. Samen, die zur Keimung Wärme brauchen, tun sich in den Böden ebenfalls sehr schwer. In nassen, kühlen Jahren keimen Pflanzen hier wegen der zu geringen Bodentemperatur nur spärlich.

Lehmböden

Lehmböden bestehen aus Ton und Sand in einem guten Mischungsverhältnis. Sie speichern ausreichend Wasser und reichlich Nährstoffe. In ihren Eigenschaften sowie in der Pflege sind sie zwischen Sandböden und Tonböden angesiedelt. So erwärmt sich Lehmboden langsamer als Sandboden, aber schneller als Tonboden. Regelmäßig gelockerten und bearbeiteten Lehmboden erkennt man an seiner lockeren Krümelstruktur.

Experten unterscheiden reine Lehmböden, es sind die besten für den Haus- und Kleingarten, von sandigen Lehmböden mit höherem Sandanteil. Diese lassen sich besonders gut bearbeiten und erwärmen sich im Frühjahr schneller. Daneben gibt es schwere Lehmböden, die mit all ihren Nachteilen Tonböden vergleichbar sind. Wie diese müssen sie verbessert werden.

Kalk- und Mergelböden

Kalkböden sind Verwitterungsprodukte von Kalkgestein, das zum Beispiel typisch für Juragebirge ist. Reine Kalkböden bestehen zu mehr als 50 % aus Kalk. Es sind unreife Böden, die sich für den Anbau von Gartenpflanzen noch nicht eignen. Solche Böden werden als hitzig bezeichnet, denn sie sind trocken und arm an Nährstoffen. Kalkböden sind nur schwer zu verbessern, auch reichliche Humus- und Kompostgaben helfen da wenig. Sie kommen bei uns aber sehr selten vor, wenn überhaupt, dann nur in unmittelbarer Nähe von Kalkgesteinen. Kalk ist wasserlöslich und wird aus normalen Gartenböden leicht ausgeschwemmt.

Der Kalkgehalt von Mergelböden liegt unter 50 %, dafür weist er größere Anteile an Sand, Lehm oder Ton auf. Wenn Mergelböden mit einem hohen Sandanteil mit reichlich Humus versetzt werden, entstehen mit die besten Gartenböden. Dagegen sind stark tonhaltige Mergelböden nur durch reichliche Humus- und Sandgaben zu verbessern.

Lehmboden muss mit Sand und Humus verbessert werden.

Gute reife Humus-
erde ist schwarz
und feinkrümelig!
Humus ist der
wichtigste Boden-
bestandteil für ein
gutes Pflanzen-
wachstum.

Humusböden

Humus ist das gesamte im Boden enthaltene abgestorbene organische Material.
Die Humusauflage eines naturbelassenen
Bodens umfasst – je nach Zersetzungs-
grad – mehrere Horizonte. Die oberste
Schicht bezeichnet man als Streuhumus;
hier sind Pflanzenreste, wie zum Beispiel
Blätter, noch gut erkennbar. Die Stärke
der Schichten hängt von Faktoren wie
Klima, Temperatur und Standort ab. Sind
die Pflanzenreste bereits deutlich zersetzt,
spricht man vom O-Horizont, sind keine
Pflanzenreste oder Strukturen mehr sichtbar, vom Dauerhumus-Horizont.

Humusböden nähren unzählige nützliche
Bodenlebewesen, so auch Regenwürmer.
Zudem schützen sie den Boden vor Erosion,
weil das Wasser tief einsickern kann. Sie
regulieren den Säure-Base-Haushalt des
Bodens und enthalten einen nährstoffreichen, Wasser gut haltenden
Anteil, der über eine längere Zeit
seine gespeicherten Nährstoffe
an die Pflanzen abgibt.

Reine Humus-
böden gibt es kaum.
Eine Sonderform ist
der Moorboden, der
in Hoch- und Nieder-
mooren entsteht
und fast zu 100 % aus
abgestorbenem Pflanzenmaterial
besteht. Auch der hier vorkom-

**Schau dir genau den Boden an,
an diesem Tipp – da ist was dran!**

mende Torf ist eine besondere Form von
Dauerhumus. Moorböden finden sich vorwiegend in Moor- und Heidegegenden, meist
auf nassen Untergrundschichten. In diesen
Fällen rate ich zu einer Bodenentwässerung.
Diese ist zwar recht arbeitsaufwändig, doch
die Mühe einer solchen Maßnahme macht
sich schnell in Form von üppigem Pflanzenwachstum bezahlt.

Die Bodenanalyse

Unter Bodenanalysen versteht man alle
Untersuchungen, die Auskunft über die Vor-
räte jener Nährstoffe im Boden geben, die
den Pflanzen grundsätzlich zur Verfügung
stehen. Dabei wird vor allem der Gehalt
an Hauptnährstoffen wie Stickstoff, Phosphor, Kalium und Magnesium ermittelt.
Zusätzlich wird der Säuregehalt in Form
des sogenannten pH-Wertes geprüft, denn
der Säuregehalt des Bodens entscheidet
unter anderem darüber, welche Nährstoffe
tatsächlich aufgeschlossen und von den
Pflanzen verwertet werden können. Einfache
chemische Bodenanalysen kannst du mit
einem Testset aus dem Fachhandel selbst
vornehmen. Genauere Ergebnisse liefern
professionell durchgeführte, kostenpflichtige
Analysen von Labors, die unter anderem von

den landwirtschaftlichen Untersuchungs- und Forschungsanstalten (LUFA) der Bundesländer durchgeführt werden.

Eine derart umfassend und professionell durchgeführte Bodenanalyse ist in der Regel nicht öfter als alle drei bis vier Jahre nötig. Sinnvoll ist sie zum Beispiel immer dann, wenn das Grundstück einer anderen Nutzung zugeführt werden soll oder gehäuft Krankheiten und Schädlingsbefall an den Pflanzen auftreten. Nur wenn bei der ersten Bodenanalyse gravierende Mängel oder gar eine Belastung des Bodens durch Schwermetalle und andere Umweltgifte festgestellt worden ist, sollte sie nach einer entsprechenden Bodenkur im folgenden Jahr wiederholt werden, um den Erfolg der Regenerationsmaßnahmen abzusichern.

Warum ist eine Bodenanalyse nötig?

Jeder Gärtner muss wissen, wie sein Boden beschaffen ist. Nur dann kann er die richtige Pflanzenauswahl treffen und seinen Garten bestmöglich nutzen. Schließlich stellen viele Pflanzen besondere Ansprüche an die Qualität und Art des Bodens. Die Ergebnisse einer Bodenanalyse erleichtern es, mit entsprechenden Düngergaben gezielt vorhandene Nährstoffmängel auszugleichen, die Bodenfruchtbarkeit zu erhalten oder sie sogar zu erhöhen.

Die alte Regel „Viel hilft viel" gilt gerade beim Düngen nicht: Oft ist es nicht nur sehr teuer, sondern auch völlig unnötig oder gar schädlich, auf gut Glück große Mengen eines beliebigen Düngers in den Boden einzuarbeiten, ohne zuvor eine Bodenanalyse vorgenommen zu haben. Zu viel oder falsch verabreichter Dünger schadet den Bodenlebewesen, belastet das Grundwasser und zerstört das natürliche Gleichgewicht im Garten. Darüber hinaus wird überschüssiger oder zur falschen Zeit ausgebrachter Dünger zum Beispiel als gesundheitsschädliches Nitrat im Gemüse angereichert.

Der grüne Tipp®

Es ist sinnvoll, vor dem Anlegen eines Gartens eine Bodenanalyse durchzuführen. So kannst du von Anfang an Fehler bei der Bodenpflege vermeiden und die Kulturen erhalten optimale Startbedingungen.

Bodenproben richtig entnehmen

Für eine professionelle Analyse benötigen die Labors etwas mehr Material als nur einen Fingerhut voll. Deshalb ist es sinnvoll, einen ganzen Frischhaltebeutel voll Erde einzuschicken. Darauf vermerkt sind das Datum, die Herkunft und der Name des Absenders.

Für eine Bodenanalyse werden an verschiedenen Stellen im Garten Bodenproben entnommen und an ein Speziallabor geschickt.

Rechts: Die Fingerprobe gibt Aufschluss über die Bodenart.

Wichtig ist, dass bei der Probenentnahme die gesamte, von den Wurzeln genutzte Bodentiefe und nicht nur die Oberfläche berücksichtigt wird. Also müssen wir unter Umständen bis zu 50 cm tief graben, um die Probe zu entnehmen. Die Institute bestimmen bei der Analyse neben der chemischen Zusammensetzung der Bodenprobe auch die Bodenart, den Humusgehalt und die Spurennährstoffe. Wenn du auf der Probe vermerkst, was angebaut wurde und welche Kultur in Zukunft vorgesehen ist, wird die Auskunft des Labors noch aufschlussreicher ausfallen.

Ich empfehle, die zu Beginn gemachte, allgemeine Bodenanalyse alle drei bis vier Jahre zu wiederholen, denn kein Boden bleibt über Jahre, was er mal war. Je nach Art der Bewirtschaftung verändert sich der Nährstoffgehalt, aber auch die Struktur des Bodens. Der Anbau von stark zehrenden Gemüsesorten wie Kohl, Tomaten oder Kürbisgewächsen raubt ihm Nährstoffe. Werden sie nicht durch Düngergaben ersetzt, verarmt der Boden über kurz oder lang. Umgekehrt kann eine Kultur mit Gründüngungspflanzen, verbunden mit Kompostgaben und dem Abdecken der Erdoberfläche durch Mulchschichten, einen nahezu „toten" Boden innerhalb weniger Monate neu beleben und wieder fruchtbar machen.

Mit einem guten Spaten wird die Arbeit dir geraten.

Einfache Untersuchungsmethoden

Eine gute Bodenpflege gelingt nur, wenn wir über möglichst umfassende Kenntnisse der Beschaffenheit und des Nährstoffgehaltes unseres Gartenbodens verfügen. Einfache Bodenanalysen kann jeder selbst durchführen. Hierfür stehen uns einige praktikable Methoden zur Verfügung, für die man weder chemische Hilfsmittel noch komplizierte Apparaturen benötigt. Im Folgenden stelle ich sie kurz vor:

Die Fingerprobe

Keine Bodenanalyse ist so einfach durchzuführen wie die Fingerprobe. Sie gibt Aufschluss darüber, um welche Bodenart es sich bei unserem Gartenboden handelt. Für die Fingerprobe nimmst du eine Handvoll feuchter, aber nicht regennasser Erde, drückst sie fest zusammen und betrachtest das Ergebnis. Stark tonhaltige Böden lassen sich gut kneten. Ein daraus geformtes Kügelchen wird bei der Trocknung hart und kompakt, ohne auseinanderzufallen. Solche Böden brauchen einen Ausgleich durch Sand und Humus, um zu guten Gartenböden zu werden.

Schluff- oder Lehmboden, der ideale Gartenboden, lässt sich ebenfalls gut kneten, hat aber eine etwas gröbere Struktur, da er eventuell mit Steinchen und Humusanteilen durchsetzt ist. Er zerbröselt beim Trocknen schneller als Tonboden. Gelegentliche Gaben von Kompost und anderen organischen Düngern fördern eine positive Entwicklung und erhöhen die Fruchtbarkeit dieses Bodens.

Sandboden lässt sich weder formen noch kneten, hat eine fühlbare Körnchenstruktur (Quarzkristalle) und rieselt beim Trocknen durch die Finger. Er trocknet sehr schnell aus, ist extrem durchlässig und kann durch die Beigabe von Lehm und Humus bindiger gemacht werden.

Humusboden ist nicht mineralischen Ursprungs, sondern entsteht durch das Verrotten von abgestorbenem Pflanzenmaterial. Bei ihm sind daher die faserigen, organischen Bestandteile gut erkennbar. Er ist reich an Nährstoffen und hält die Feuchtigkeit gut. Durch die Beimischung von Sand wird er durchlässiger.

Die Schlämmprobe

Durch die Fingerprobe kannst du schnell feststellen, um welche Bodenart es sich in deinem Garten handelt. Sie gibt uns jedoch keine Auskunft darüber, in welchen Anteilen Sand, Lehm, Ton und Humus im Boden vorkommen. Dazu machen wir die sogenannte Schlämmprobe. Wir geben dazu etwa ein Drittel Erde aus der Oberbodenschicht in ein Glas zu zwei Dritteln Wasser, rühren das Gemisch gründlich um und lassen es einige Zeit ruhig stehen. Die Bodenbestandteile setzen sich nun in Schichten am Grund der Flüssigkeit ab. Am schnellsten sinkt der Sand zu Boden. Lehm löst sich auf und bildet eine trübe Brühe, die sich aber bald darauf über der Sandschicht als Schlamm absetzt. Ton dagegen ist schwerer löslich als Lehm und bildet meist Klümpchen. Die faserigen, leichten Humusanteile dagegen trüben das Wasser über einen längeren Zeitraum bis zu drei Wochen können sie über den absedimentierten Mineralschichten im Glas schweben. Lässt du das Glas so lange stehen, bis sich alle Schwebstoffe abgesetzt haben, kannst du mit einem Blick die Volumenanteile der jeweiligen Bestandteile oft farblich voneinander getrennt in der Bodenprobe erkennen.

Die Bodenhorizontprobe

Als Bodenhorizonte bezeichnet man die einzelnen Bodenschichten, die beim Ausheben eines Loches sichtbar werden. Dieser einfache Test kann dir Aufschluss über die Bodenart, den Aufbau und die Stärke der Schichten, den Humusgehalt und die biologische Aktivität des Substrates geben. Für die Bodenhorizontprobe gräbst du ein etwa 50 cm tiefes Loch und stichst eine der

senkrechten Wände sauber mit dem Spaten ab, so dass die Schichtung des Bodens gut zu erkennen ist. Sie liegt jetzt wie ein offenes Buch vor dir. Meistens wird die oberste Schicht die humusreichste und biologisch aktivste sein. Du erkennst das daran, dass die Erde hier dunkel gefärbt ist, würzig nach Kompost oder Waldboden riecht und von zahlreichen Lebewesen durchsetzt ist. Am auffälligsten sind dabei gewiss die nützlichen Regenwürmer. Die Dicke der humusreichen Oberbodenschicht kann stark variieren. Je weiter sie in die Tiefe reicht, desto besser ist der Gartenboden für eine intensive Nutzung geeignet. Riecht die oberste Bodenschicht jedoch dumpf, faulig oder muffig, fehlt es an

Oben: Präzise Auskunft über die Mengenanteile der einzelnen Bodenbestandteile gibt die einfach durchzuführende Schlämmprobe.
Links: Aufbau und Stärke der Humusschicht zeigen sich bei der Bodenhorizontprobe. Hier ist die Erde dunkler gefärbt.

Sauerstoff. Auf solch einem Boden gedeihen unsere Pflanzen nur schwerlich. Hier muss durch Lockerung und tief wurzelnde Gründüngungspflanzen eine Bodenbelebung erfolgen.

Die tiefer liegenden Schichten setzen sich in der Regel optisch deutlich von der biologisch aktiven Deckschicht ab. Sie sind meist reicher an Steinen, Sand, Lehm oder Ton, heller und stärker verdichtet.

Test auf Staunässe

Mit der Bodenhorizontprobe kannst du auch feststellen, ob dein Gartenboden zu Staunässe neigt. Als Staunässe bezeichnet man einen mangelnden Abfluss des Niederschlags- oder Gießwassers im Bereich des Oberbodens. Dafür verantwortlich sind Sperrschichten aus verdichtetem Lehm oder Ton. Staunässe führt zu einem Sauerstoffmangel im Boden und ist für die meisten Gewächse schädlich. Bei extremer Staunässe beginnen die Wurzeln zu faulen, was unweigerlich zum Absterben der Pflanze führt.

Staunasse und feuchte Böden müssen drainiert oder tiefgründig gelockert werden. Die wenigsten Pflanzen können hier gedeihen.

Und so findest du heraus, ob dein Boden zu Staunässe neigt: Fülle die für die Bodenhorizontprobe ausgehobene Grube mit Wasser. Dieses sollte nach kurzer Zeit versickert sein. Ist dies nicht der Fall und staut sich das Wasser über längere Zeit, so rate ich unbedingt zu Ausgleichsmaßnahmen wie einer tiefgründigen Bodenlockerung oder einer Drainage (siehe auch Seite 95).

Die pH-Wert-Messung

Die wohl am einfachsten selbst durchführbare chemische Analyse ist die Messung des pH-Wertes. Er gibt Auskunft über den Säuregehalt des Bodens und des Regenwassers. Die Untersuchung des Regenwassers ist besonders in Regionen sinnvoll, wo saurer Regen eine Gefahr für die Bodengesundheit darstellt. Dieser verändert mit der Zeit das Bodenmilieu, zerstört die Krümelstruktur des Bodens, fördert die Bodenverdichtung und wäscht Nährstoffe aus. Zur Messung des pH-Wertes gibt es bei mir Teststreifen, Flüssigkeiten, Sonden und spezielle Kalkmesstests als einfach zu handhabende Sets. Ähnliche Testsets gibt es auch für die Bestimmung des Kali-, Stickstoff- und Phosphatgehaltes im Boden.

Guter Gartenboden sollte einen relativ neutralen pH-Wert zwischen 6,5 und 7,5 aufweisen. Ein höherer pH-Wert weist auf einen basischen oder alkalischen (kalkigen) Boden hin, auf dem nicht alle Pflanzen gleich gut gedeihen. Moorbeetpflanzen wie Rhododendren, Azaleen, Heidekraut, Heidelbeeren und Preiselbeeren fühlen sich dagegen in einem Boden mit einem niedrigeren pH-Wert zwischen pH 4,5 und pH 5,5 wohler. Ein zu saurer Boden kann durch Kalkpräparate, wie z.B. Algenkalk oder kohlensauren Kalk, auf einen akzeptablen pH-Wert gebracht werden.

Zur Untersuchung des pH-Wertes von Regenwasser genügt es, einen Teststreifen in eine Regenwasserprobe zu halten. Regenwasser mit einem pH-Wert unter 5,5 gilt als sauer und sollte nicht zum Wässern des Gartens verwendet werden.

Praktischer Kalzit-Test

Der am häufigsten verwendete Kalktest zur Anwendung zu Hause ist der Kalzit-Test. Er gibt an, wie viel Kalk bei einer Versauerung des Bodens zugegeben werden muss. Das Testset besteht aus zehn Testtabletten, einem kleinen Reagenzglas mit Stopfen, einem Fläschchen mit destilliertem Wasser und einer Farbtafel. Zur allgemeinen Analyse des Gartenbodens entnimmst du aus einer Tiefe von 20 bis 50 cm an verschiedenen Stellen im Garten Bodenproben und vermischst

Zeigerpflanzen

Früher, bevor chemische Analysemethoden zur Verfügung standen, bestimmten wir Gärtner anhand sogenannter Zeigerpflanzen die Nährstoffzusammensetzung unseres Bodens. Zeigerpflanzen sind Wildpflanzen, die durch ihre ganz bestimmten Ansprüche bevorzugt auf bestimmten Bodenarten wachsen. Wo sie so zahlreich vorkommen, dass sie kaum auszurotten sind, geben sie zuverlässig Auskunft über die wichtigsten im Boden vorkommenden Nährstoffe, und so auch über die grundsätzliche Beschaffenheit des Bodens.

Links: Schnell und einfach durchzuführen ist der Boden-pH-Test.

So wachsen zum Beispiel auf stark verdichteten, schweren Böden Wildkräuter wie Löwenzahn, Gänseblümchen, Breitwegerich, Beinwell, Kriechender Hahnenfuß und Ampferarten, die mit ihren Wurzeln tief in den Unterboden und damit zu den Nährstoffen vordringen können. Eine solche Pflanzengemeinschaft lässt sich zum Beispiel auf fast jedem Trampelpfad beobachten, wo der Boden von Tausenden Fußtritten verdichtet wurde. Die Wurzeln der dort siedelnden Pflanzen dringen tief in den schweren Boden ein, lüften und beleben den Oberboden und fördern Nährstoffe zutage.

Auf sandigen Böden siedeln sich dagegen bevorzugt Pflanzen wie Huflattich, Vogelmiere und Kleiner Storchschnabel an, die lange Trockenperioden durchstehen können. Solche Hungerkünstler reichern den Boden im Lauf der Zeit mit organischem Material an und schließen Nährstoffe auf. Auf staunassen Böden wachsen Wiesenschaumkraut, Pestwurz, Kuckucks-Lichtnelke und Ackerschachtelhalm.

Was fehlt, was ist zu viel?

Invasionsartig auftretende Wildkräuter zeigen dem kundigen Gärtner, dass dem Boden entweder ein Nährstoff fehlt oder dass ein anderer zu reichlich vorhanden ist. So werden z. B. stickstoffreiche Böden bevorzugt von Brennnesseln, Giersch, Quecke, Ampfer und Franzosenkraut besiedelt. Auf einen Mangel an Stickstoff machen dagegen Pflanzen wie Ackerschachtelhalm, Labkraut, Wiesenknopf, Margeriten und Habichtskraut aufmerksam.

diese miteinander. Anschließend füllst du das Reagenzgläschen etwa 1 cm hoch mit der Mischung, gibst eine Testtablette und etwa zwei Milliliter destilliertes Wasser hinzu, verschließt das Glas mit dem Stopfen und schüttelst es gründlich, bis die Testtablette sich aufgelöst hat. Nach einigen Minuten klärt sich die Lösung und färbt sich charakteristisch. Anhand der mitgelieferten Farbtafel kannst du die Farbe einem Messwert zuordnen. Da der Boden an einzelnen Stellen im Garten auch verschiedene pH-Werte aufweisen kann, testet man für Spezialkulturen die für die Pflanzung vorgesehene Stelle am besten direkt, ohne die Erde mit Proben aus anderen Gartenbereichen zu vermischen.

Der bleibt der beste Disponent, der seinen Boden bestens kennt.

Links: Natürliche, nährstoffarme Standorte zeichnen sich durch eine große Pflanzenvielfalt aus. Die einzelnen Arten konkurrieren dabei um Nährstoffe, Licht und Wasser. Unterschiedlichste Spezialisierungen ermöglichen es ihnen aber, nebeneinander zu existieren.

Unten: Sauerampfer *(Rumex acetosa)* gedeiht bevorzugt auf lockeren, meist kalkarmen Böden.

Was Wildpflanzen uns verraten

Rechts: Löwenzahn *(Taraxacu-*Arten*)* ist eine vielseitige Wildpflanze. Die Blätter sind essbar, er hilft bei Verdauungsbeschwerden, wirkt entwässernd und die Blüten locken Schwebfliegen an, deren Larven Blattläuse fressen. Er gedeiht auf schweren, tonhaltigen und auf kalkhaltigen Böden.

Der grüne Tipp®

Wildpflanzen liefern uns wertvolle Hinweise auf den Boden und tragen zur Bodenverbesserung bei. Dies sollte jeder Gärtner beherzigen, bevor er rigoros allen Wildwuchs entfernt.

Rechts: Der Acker-Schachtelhalm *(Equisetum arvense)* findet sich vor allem in feuchten Gärten. Man wird ihn nur schwer wieder los. Als Tee hat er eine wasserabführende und stoffwechselanregende Wirkung.

Unten: Das Echte Mädesüß *(Filipendula ulmaria)* bevorzugt feuchte Böden und enthält Salicylaldehyd, das Bestandteil verschiedener Kopfschmerzpräparate ist.

Links: Das Hirtentäschelkraut *(Capsella bursa-pastoris)* ist Wirtspflanze für den Weißen Blasenrost, der auch Kohlgewächse befällt. Es benötigt stickstoffreiche Böden.

Links oben: Das schmucke Ehrenpreis *(Veronica agrestis)* ist weit verbreitet und wächst in zahlreichen Arten in unseren Gärten. Es gedeiht auf Lehmboden und bevorzugt nährstoffreiche Standorte.

Links unten: Die Quecke *(Elymus repens)* breitet sich durch Rhizome sehr schnell aus. Sie zählt daher zu den gefürchteten Gartenunkräutern. Wo sie in großen Mengen vorkommt, kann dies auf einen verdichteten Boden hindeuten.

Oben: Das Echte Tausendgüldenkraut *(Centaurium erythraea)* steht unter Artenschutz und darf daher nicht gepflückt werden. Es gedeiht an sonnigen Standorten, auf Lichtungen, aber auch auf feuchten und verdichteten Böden.

Was Pflanzen uns über den Boden verraten

Bodentyp	Typische Pflanzen
Feuchter bis nasser Boden	Ackerminze, Ackerschachtelhalm, Ampfer, Beinwell, Binse, Kriechender Hahnenfuß, Mädesüß, Scharbockskraut, Schilf, Sumpfdotterblume, Wiesenschaumkraut
Lehmboden, mittlerer Boden	Bingelkraut, Persischer Ehrenpreis, Flockenblume, Huflattich, Wiesenfuchsschwanz
Sandboden, leichter Boden	Klatschmohn, Königskerze, Hasenklee, Feldthymian, Vogelmiere
Tonboden, schwerer Boden	Ackerminze, Ackerschachtelhalm, Kriechender Hahnenfuß, Leberblümchen, Löwenzahn, Quecke, Sternmiere, Weidelgras, Wurmfarn
Trockener Boden	Bibernelle, Färberkamille, Federgras, Fingerkraut, Klee, Leinkraut, Mauerpfeffer, Thymian, Kleiner Wiesenknopf, Wiesensalbei, Wolfsmilch
Kalkarmer Boden	Ehrenpreis, Hundskamille, Sauerampfer, Sauerklee, Wollgras
Kalkhaltiger Boden	Ackersenf, Ackergauchheil, Gundermann, Esparsette, Hopfen, Huflattich, Leberblümchen, Leinkraut, Löwenzahn, Luzerne, Kleiner Wiesenknopf, Ringelblume, Salbei
Nährstoff (stickstoff-)reicher Boden	Bärenklau, Brennnessel, Bingelkraut, Ehrenpreis, Echte Kamille, Giersch, Hirtentäschel, Klette, Löwenzahn, Taubnessel, Wiesenkerbel, Vogelmiere, Zaunwinde
Stickstoffarmer Boden	Stiefmütterchen, Besenginster, Klee, Hornkraut, Hungerblümchen
Nährstoffarmer Boden	Bibernelle, Fetthenne, Heidekraut, Labkraut, Steinbrech, Thymian
Saurer Boden	Ackerziest, Adlerfarn, Hasenklee, Hederich, Hohlzahn, Hundskamille, Sauerampfer, Stiefmütterchen
Verdichteter Boden	Breitwegerich, Gänsefingerkraut, Kriechender Hahnenfuß, Quecke, Tausendgüldenkraut

Unentbehrliche Helfer im Garten: Regenwürmer.

Der grüne Tipp®

Je mehr Regenwürmer den Gartenboden zu ihrem Aufenthaltsort machen, umso gesünder ist dieser. Nebenbei lockern und lüften sie ihn bis in tiefe Schichten.

Kalkreiche Böden erkennt man an der Besiedelung durch Huflattich, Gamander, Wegwarte oder Wiesensalbei. Sauerampfer, Farne, Stiefmütterchen und Hederich hingegen weisen auf kalkarme oder saure Böden hin. Bei der Bestimmung der Bodenart durch Zeigerpflanzen muss bedacht werden, dass immer mehrere Faktoren für das Auftreten und Gedeihen einer Pflanze verantwortlich sind. Je mehr Zeigerpflanzen einer Kategorie vorkommen, desto sicherer ist die Bestimmung der Bodenart.

Dynamische Bodenbeurteilung

Relativ neu ist eine Analysemethode, die nicht nur die Nährstoffe des Bodens, sondern auch seine natürliche Leistungsfähigkeit prüft. Die Untersuchung der sogenannten „Humusdynamik" berücksichtigt auch den Luft- und Wasserhaushalt sowie die Aktivitäten der im Boden enthaltenen Mikroorganismen. Das sind nicht nur Kleinstlebewesen, sondern auch im Boden aktive Pilze, die einen wesentlichen Anteil daran haben, wie vorhandene Nährstoffe aufgeschlossen und den Pflanzen zugänglich gemacht werden. Auch die Belastung des Bodens durch Schwermetalle spielt dabei eine Rolle.

Idealer Zeitpunkt zur Entnahme von Bodenproben für die dynamische Bodenbeurteilung ist das Frühjahr, weil der Boden zu Beginn des Gartenjahres noch ruht und sich in einem ausgeglichenen Zustand befindet. Eine Wiederholung der dynamischen Bodenbeurteilung ist nur alle paar Jahre nötig, denn sie stellt weniger eine aktuelle Aufstellung der im Boden tatsächlich vorhandenen Nährstoffe als eine Analyse der langfristigen Verhältnisse dar.

Die Beurteilung der biologischen Aktivität

Die biologische Aktivität eines Gartenbodens erkennt man unter anderem an der Stärke der humusreichen, dunkelbraunen Krümelschicht. Reicht sie 5 cm tief nach unten, ist sie befriedigend. Eine 10 cm starke Krümelschicht zeigt eine gute, eine 20 cm tief reichende eine sehr gute biologische Aktivität an.

Darüber hinaus schauen wir uns genau an, wie gut der Boden mit Wurzeln und Pflanzenresten durchsetzt ist und wie tief die Pflanzenwurzeln nach unten reichen. Reicht diese Schicht höchstens 20 cm tief nach unten, weist dies auf eine ungenügende Humusdynamik hin. Ausreichend wären mindestens 30 cm, optimal eine mehr als 50 cm starke Schicht. Auch die Wurmaktivität eines Bodens verrät uns, ob es sich um einen biologisch besonders aktiven Gartenboden handelt. Jeder Gartenfreund weiß, dass Regenwürmer als Humus- und Düngerfabrikanten zu seinen besten Freunden gehören. Sie fressen organische und mineralische Stoffe im Boden, ohne den Pflanzen zu schaden, und verwandeln ihre Nahrung in kostbare, fruchtbare Ton-Humus-Komplexe.

Die Bodenpflege

Ausschlaggebend für die Schaffung und den Erhalt eines guten Gartenbodens ist die richtige Bodenpflege. Dies ist die Summe aller Maßnahmen, die zu einer Lockerung, Düngung und Aufbesserung des Bodens beitragen. Erst durch eine intensive und sachgerechte Bodenbearbeitung, ausreichend Humuszufuhr und die richtigen Düngemittel wird es in den meisten Fällen möglich sein, den vorhandenen Gartenboden zu optimieren. Wie dies geht, beschreibe ich im Folgenden.

Bodenbearbeitung

Die richtige Bodenbearbeitung ist der Grundstein zum Erfolg. Deshalb solltest du dieser große Sorgfalt zukommen lassen. Sie bringt stets Verbesserungen in der Struktur, was letztendlich den Pflanzenwurzeln wieder zugute kommt. Nur wer seinen Boden „in Schuss" hält, kann auf eine gute Ernte hoffen.

Graben im Herbst

Das Umgraben des Bodens gehört mit zu den wichtigsten Gartenarbeiten im Herbst und Frühwinter, vor allem, wenn es sich um schwere Böden handelt. Viele Hobbygärtner, die ihre Gärten biologisch bestellen, sehen das jedoch anders und lehnen das Umgraben ab.

Gründünger auf den leeren Platz ist für den Stalldung der Ersatz.

Umgegraben wird im Herbst. Unter der Einwirkung von Frost entsteht so bis zum Frühjahr ein feinkrümeliger Boden.

Frühjahr tief gegraben werden. Denn nur stark durchgefrorene Erdschollen zerfallen zu feinkrümeliger Erde, wie man sie nicht feiner herrichten kann.

Die beiden wissen, wenn ich grabe, ich für sie manch Würmchen habe.

Für sie ist das Drehen der Bodenschollen ein zu schwerer Eingriff in die komplexe Lebewelt und Struktur des Bodens. Das ist eine Frage der Einstellung, die jeder für sich selbst entscheiden muss. Ich gebe nur zu bedenken, dass schwere Böden sich im Frühjahr oft nur dann bearbeiten lassen, wenn sie zuvor im Herbst tief umgegraben worden sind und den Winter über Frost ausgesetzt waren.

Schwere Böden umgraben: So geht es!

Sind die Beete im Herbst abgeerntet, alle Pflanzenreste und Kohlstrünke abgeharkt und entfernt, wird mit einem Spaten tief und grobschollig umgegraben. Die Schollen werden dabei keinesfalls zerkleinert, sondern sie bleiben so liegen. Nur so kann der Boden im Winter richtig durchfrieren und die Feuchtigkeit tief bis in den Untergrund eindringen (Frostgare). Das Resultat ist eine gute Krümelstruktur der obersten Erdschicht im Frühjahr, die für unsere Pflanzen zur Wurzelung und Ernährung wichtig ist. Frost hat nämlich für den Boden eine doppelt befruchtende Wirkung: Durch ihn werden die feinsten Bodenteilchen zersprengt, in der Erde vorhandene Nährstoffe gelöst und auch freigesetzt. Deshalb sollte niemals im

Mit dem Umgraben erreichen wir auch, dass der Boden gewendet wird. Die wurzelführende Schicht wird dabei gegen eine ausgeruhte tiefere ausgetauscht. Die Erde wird auf diese Art und Weise gelockert und durchlüftet, und die Wurzeln der neu angebauten Pflanzen können sich besser entfalten.

Achte beim Umgraben stets darauf, dass nur die obere Erdkrumenschicht gewendet wird und nicht etwa Erde aus zu tiefen Schichten nach oben kommt. Denn dann würde der wertvolle Mutterboden in den Untergrund befördert und wäre für die Pflanzenwurzeln nicht mehr erreichbar. Auch die im Boden so wichtigen Bakterien und Kleinlebewesen würden zu tief untergegraben. Für die Pflanzenwurzeln ein nur schwer wieder gut zu machender Fehler.

Regelmäßiges Mulchen während des Sommers fördert ebenfalls eine gute Krümelstruktur des Bodens. Besonders leichte Böden, die im Herbst mit einer Schicht aus Pflanzenresten, Rindenhumus oder Grasschnitt gemulcht worden sind, brauchen nicht umgegraben zu werden, hier reicht bereits einfaches Lockern.

Tiefenlockerung:
Holländern und Rigolen

Holländern und Rigolen sind besondere Techniken des Umgrabens, bei denen zwei bzw. drei Spatenstiche tief umgegraben wird. Dieses tiefe Rigolen ist aber nur dann notwendig, wenn der Untergrund verdichtet ist und das Wasser nicht mehr versickern kann. Beim Rigolen ist immer darauf zu achten, dass die obere Humusschicht nicht mit den Untergrundschichten vermischt oder von diesen überdeckt werden. Keinesfalls dürfen die unterste und mittlere Bodenschicht nach oben kommen, denn in diesen gibt es kaum aktive Bakterien, die für ein gesundes Wachstum der Pflanzen unverzichtbar sind. Die obere Schicht wird daher getrennt gegraben und gewendet und kommt dann wieder in ihrer alten Höhe zu liegen. Die unterste Schicht wird nur gelockert. Durch Rigolen wird der Boden insgesamt bis zu einem halben Meter Tiefe aufgelockert.

Zwei Spatenstich tiefes Umgraben wird als Holländern bezeichnet. Dies geht folgendermaßen: Anfangs heben wir am Beetrand einen Spatenstich breiten und tiefen Graben aus und legen den ausgehobenen Mutterboden beiseite. Der Grund der Furche wird anschließend nochmals einen Spaten tief gewendet, bevor die Erde der nächsten Reihe in die erste Furche gegeben wird. Die letzte Furche wird dann mit der zuerst ausgehobenen und beiseitegelegten Muttererde wieder aufgefüllt.

Beim Rigolen erfolgt das Graben in der gleichen Weise wie beim Holländern, doch es wird, wie beschrieben, drei Spatenstiche tief gegraben und jeweils die unterste und mittlere Schicht gelockert.

Bodenpflege während der Wachstumsperiode

Wenn im Herbst umgegraben wurde, sind im Frühjahr die Schollen so durchgefroren, dass sie sehr leicht zerfallen und die Erde ganz feinkrümelig wird. Der Frost hat die Erde genau in den Zustand versetzt, wie ihn die Pflanze für die nächste Wachstumszeit braucht (Frostgare). Falsch wäre es, den Boden im Frühjahr nochmals tief umzu-

Stecke mit einem Pflock das umzugrabende Stück Land in Streifen von je einem Meter Breite ab. (Arbeitsgang 1)

Markiere die ersten beiden Streifen mit einer Schnur. (Arbeitsgang 2)

Hebe von den beiden Streifen die Oberkrume einen Spatenstich tief aus und fahre den Aushub an das Ende des umzugrabenden Stücks. (Arbeitsgang 3)

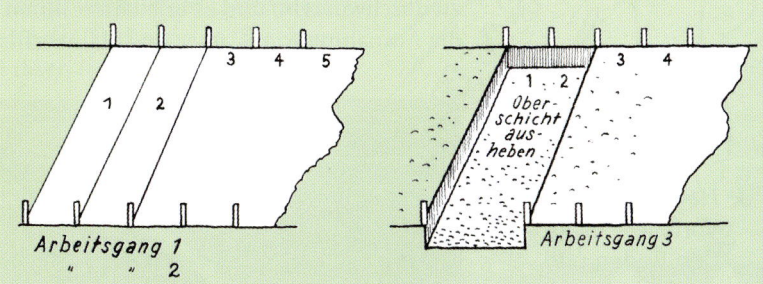

Arbeitsgang 1 „ „ 2 / *Arbeitsgang 3*

Auch vom ersten Streifen fährst du die Mittelschicht an das Ende, häufst sie aber separat auf. (Arbeitsgang 4)

Den jetzt frei liegenden Untergrund des ersten Streifens gräbst du gut um. (Arbeitsgang 5)

Auf diesen Untergrund kommt die frei liegende Mittelschicht des zweiten Streifens. (Arbeitsgang 6)

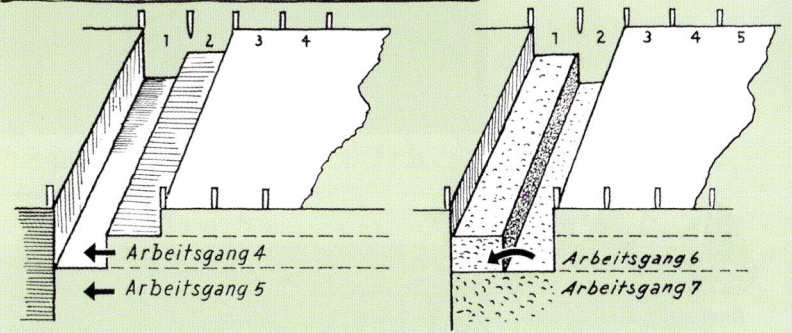

Arbeitsgang 4 / *Arbeitsgang 5* / *Arbeitsgang 6* / *Arbeitsgang 7*

Nun gräbst du den Untergrund des zweiten Streifens um. (Arbeitsgang 7)

Markiere den dritten Streifen mit der Schnur.

Werfe die Oberschicht von Streifen drei auf Streifen eins.

Die freie Mittelschicht von Streifen drei wird als Mittelschicht auf den gegrabenen Untergrund des Streifens zwei geworfen.

Der Untergrund von Streifen drei wird nun wie bei Streifen zwei umgegraben.

Versetze die Schnur weiter auf Streifen vier, werfe die Oberschicht auf Streifen zwei und fahre so fort. Am Schluss wird die anfangs beiseitegelegte Erde wieder aufgefüllt.

Kompost und Düngung

Tiefenlockerung: Holländern und Rigolen

Holländern und Rigolen sind besondere Techniken des Umgrabens, bei denen zwei bzw. drei Spatenstiche tief umgegraben wird. Dieses tiefe Rigolen ist aber nur dann notwendig, wenn der Untergrund verdichtet ist und das Wasser nicht mehr versickern kann. Beim Rigolen ist immer darauf zu achten, dass die obere Humusschicht nicht mit den Untergrundschichten vermischt oder von diesen überdeckt werden. Keinesfalls dürfen die unterste und mittlere Bodenschicht nach oben kommen, denn in diesen gibt es kaum aktive Bakterien, die für ein gesundes Wachstum der Pflanzen unverzichtbar sind. Die obere Schicht wird daher getrennt gegraben und gewendet und kommt dann wieder in ihrer alten Höhe zu liegen. Die unterste Schicht wird nur gelockert. Durch Rigolen wird der Boden insgesamt bis zu einem halben Meter Tiefe aufgelockert.

Zwei Spatenstich tiefes Umgraben wird als Holländern bezeichnet. Dies geht folgendermaßen: Anfangs heben wir am Beetrand einen Spatenstich breiten und tiefen Graben aus und legen den ausgehobenen Mutterboden beiseite. Der Grund der Furche wird anschließend nochmals einen Spaten tief gewendet, bevor die Erde der nächsten Reihe in die erste Furche gegeben wird. Die letzte Furche wird dann mit der zuerst ausgehobenen und beiseitegelegten Muttererde wieder aufgefüllt.

Beim Rigolen erfolgt das Graben in der gleichen Weise wie beim Holländern, doch es wird, wie beschrieben, drei Spatenstiche tief gegraben und jeweils die unterste und mittlere Schicht gelockert.

Bodenpflege während der Wachstumsperiode

Wenn im Herbst umgegraben wurde, sind im Frühjahr die Schollen so durchgefroren, dass sie sehr leicht zerfallen und die Erde ganz feinkrümelig wird. Der Frost hat die Erde genau in den Zustand versetzt, wie ihn die Pflanze für die nächste Wachstumszeit braucht (Frostgare). Falsch wäre es, den Boden im Frühjahr nochmals tief umzu-

Rigolen: So wird's gemacht

Stecke mit einem Pflock das umzugrabende Stück Land in Streifen von je einem Meter Breite ab. (Arbeitsgang 1)

Markiere die ersten beiden Streifen mit einer Schnur. (Arbeitsgang 2)

Hebe von den beiden Streifen die Oberkrume einen Spatenstich tief aus und fahre den Aushub an das Ende des umzugrabenden Stücks. (Arbeitsgang 3)

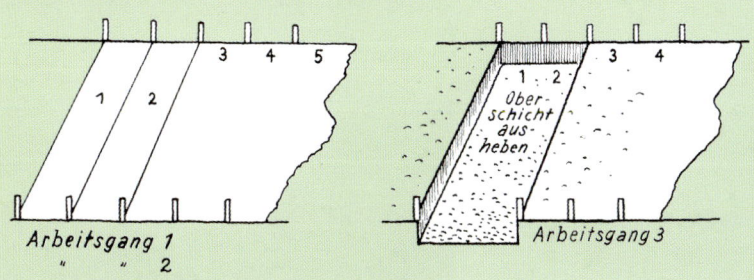

Arbeitsgang 1 " " 2   Arbeitsgang 3

Auch vom ersten Streifen fährst du die Mittelschicht an das Ende, häufst sie aber separat auf. (Arbeitsgang 4)

Den jetzt frei liegenden Untergrund des ersten Streifens gräbst du gut um. (Arbeitsgang 5)

Auf diesen Untergrund kommt die frei liegende Mittelschicht des zweiten Streifens. (Arbeitsgang 6)

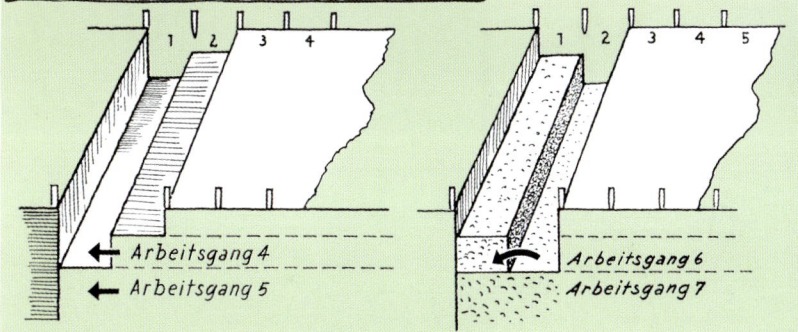

Arbeitsgang 4
Arbeitsgang 5   Arbeitsgang 6
Arbeitsgang 7

Nun gräbst du den Untergrund des zweiten Streifens um. (Arbeitsgang 7)

Markiere den dritten Streifen mit der Schnur.

Werfe die Oberschicht von Streifen drei auf Streifen eins.

Die freie Mittelschicht von Streifen drei wird als Mittelschicht auf den gegrabenen Untergrund des Streifens zwei geworfen.

Der Untergrund von Streifen drei wird nun wie bei Streifen zwei umgegraben.

Versetze die Schnur weiter auf Streifen vier, werfe die Oberschicht auf Streifen zwei und fahre so fort. Am Schluss wird die anfangs beiseitegelegte Erde wieder aufgefüllt.

graben. Richtig ist es vielmehr, mit einem Grubber nur die oberste Schicht, ungefähr 10 bis 15 cm tief, feinkrümelig zu lockern.

Was bewirkt das Lockern?

Durch vorsichtiges Lockern und Belüften der Bodenoberschicht im Frühjahr hält der Boden länger seine Winterfeuchtigkeit und bleibt feinkrümelig. Das ermöglicht es den Pflanzen, die Erde gleichmäßiger zu durchwurzeln, und es erleichtert ihnen die Aufnahme von Wasser und Nährstoffen.

Hacken hat viele Vorteile – es lockert den Boden und verhindert ein Austrocknen.

Der grüne Tipp®

Auch wenn die Bodenoberfläche nach dem Winter verschlämmt ist und fest aussieht, ist leichtes Lockern immer dem Umgraben vorzuziehen.

Ein im Frühjahr umgegrabener Boden würde an warmen sonnigen Tagen und bei anhaltender Trockenheit schnell bis in die tieferen Schichten austrocknen, während der im Herbst bearbeitete Boden noch größere Mengen Feuchtigkeit gespeichert hat. Auch Samen keimen in dem gleichmäßig feuchten Boden leichter, was natürlich ganz wichtig für den Ernteerfolg ist.

Wenn im Frühjahr umgegraben werden muss, zum Beispiel weil du es im Herbst nicht mehr geschafft hast, dann verwende statt eines Spatens eine Grabegabel. Wichtig: Nicht zu tief graben!

Mit der Grabegabel zerkrümelt der Boden beim Umwenden besser als beim Graben mit dem Spaten. Gegraben wird außerdem erst, wenn die obere Mutterbodenschicht so weit abgetrocknet ist, dass sie sich beim Umgraben leicht zerkrümeln lässt. Je feiner der Boden zerkrümelt wird, umso besser werden die Wurzeln darin wachsen. Ein so behandelter Boden hält die Feuchtigkeit noch bis in den Sommer hinein.

Weitere Geräte zur Lockerung und Belüftung des Bodens sind der Grubber, ein Gerät mit drei gekrümmten Zinken, und die Sternfräse, auch Gartenwiesel genannt.

Hacken ist sinnvoll!

Das Hacken erfüllt viele Funktionen und ist vom Frühjahr bis zum Herbst fester Bestandteil der Bodenpflege. Dabei wird nicht nur unerwünschter Wildwuchs beseitigt, es durchlüftet und lockert auch den Boden und reguliert dessen Feuchtigkeitshaushalt. Ein altes Gärtnersprichwort sagt: „Richtig hacken ist die halbe Düngung." Und genau auf das richtige Hacken kommt es an! Es ist zum Beispiel ein Irrtum zu glauben, dass häufiges und tiefes Hacken den Pflanzen besonders gut bekommt. Im Gegenteil – dabei werden viele der feinen flachen Wurzeln mit abgehackt und beschädigt, die den Pflanzen zur Nahrungsaufnahme dienen. So ein Hacken des Erdbeerbeets ist zum Beispiel gar nicht förderlich. Deshalb lockert man mit der Hacke nur die oberste Bodenschicht leicht auf. Hierbei werden die feinen Kapillarröhrchen zerstört, in denen das in der Erde versickerte Regenwasser wieder aus dem Bodenuntergrund nach oben steigt und verdunstet. Nach dem Hacken bleibt also mehr Feuchtigkeit im Boden, was den Pflanzen zugute kommt. Deshalb sagen wir Gärtner auch: „Einmal hacken ist so gut wie zweimal gießen." Dies mag auf den ersten Blick sehr unglaubwürdig klingen, aber probiere es selbst einmal aus. Auf zwei nebeneinanderliegenden Beeten lockerst du ein Beet einen Tag nach einem schweren Regen mit einer Ziehhacke ungefähr 2 cm tief, das andere Beet bleibt unbearbeitet. Das gehackte Beet wird bereits nach wenigen Sonnenstunden trocken aussehen, das unbearbeitete wirkt dagegen feucht. Nach wenigen Tagen siehst du, wie auch das unbearbeitete Beet langsam antrocknet. Gräbst du nun in beiden Beeten etwas tiefer, so findet sich im gehackten Beet noch feuchte Erde, während das unbearbeitete auch in der etwas tieferen Schicht schon trocken geworden ist.

Gärtner hacken auch, wenn nach einem starken Regen die obere Bodenschicht zusammenbackt. Dadurch gelangt lebenswichtige Luft in den Boden, denn auch die unterirdischen Pflanzenteile atmen und brauchen Sauerstoff. Am schonendsten geht dies mit einem „durchziehenden" Sauzahn.

Hacken ist überwiegend eine Arbeit im Gemüsegarten, der mehrmals in der Saison bepflanzt werden kann. Im Ziergarten bedecken Rasen, Stauden und Bodendecker die Erde oft ganzjährig, so dass kaum frei liegender Boden sichtbar ist. Hier kann man sich auf das Jäten von Unkraut beschränken. Den gleichen Effekt haben regelmäßig aufgebrachte Mulchschichten. Auch hier erübrigt sich das Hacken und du kannst dich auf das Jäten von Unkraut konzentrieren.

Einen Nachteil des Hackens möchte ich jedoch nicht verschweigen: Wurzelunkräuter wie Giersch werden eher verbreitet als bekämpft, da jedes Wurzelstückchen zu einer neuen Pflanze heranwachsen kann.

In meinem Katalog und im Fachhandel sind viele unterschiedliche Gartengeräteformen erhältlich, die für die unterschiedlichsten Techniken und Möglichkeiten der Bodenbearbeitung entwickelt worden sind. Ganze Systeme kombinierbarer Einzelgeräte lassen wirklich keine Wünsche mehr offen.

Fräsen mit Bedacht

Das Fräsen dient ebenfalls der Bodenlockerung. Aber auch hier gilt, was ich schon für das Hacken gesagt habe – gefräst wird so flach wie möglich, so dass nur die oberste Bodenschicht der bereits im Herbst umgegrabenen Böden gelockert und zur Aussaat oder Pflanzung vorbereitet wird.

Selbstverständlich kann man die Fräse, flach eingestellt, auch den ganzen Sommer über zur Lockerung des Bodens in mehrjährigen Kulturen verwenden. Dies erspart es dir aber nicht, das Unkraut in Pflanzennähe

von Hand zu jäten, da dies mit Fräsen allein nicht erreicht wird. Ich möchte auch zu bedenken geben, dass häufiges Fräsen der Krümelstruktur des Bodens schadet. Die Folge ist, dass der Boden viel leichter austrocknet und starke Regen- und Gewitterschauer, aber auch die Beregnung solcher Flächen, schnell zu verschlämmten Böden führen, in dem sich Pflanzenwurzeln nicht mehr wohlfühlen. Deshalb ist während des Sommers das Hacken dem Fräsen immer vorzuziehen.

Harken und rechen

Geharkt wird im Frühjahr und während des Sommers nach dem Räumen von Beeten, wenn diese neu bestellt werden. Harken und rechen dient auch dem Ebnen von gefrästen, umgegrabenen oder gegrubberten Beeten. Dabei werden Steine aufgelesen und Erdklumpen zerkleinert. Die oberste Bodenschicht wird so feinkrümelig und die Rillen für die Aussaat lassen sich gleichmäßiger tief und gerade ziehen. Unebene, schlecht oder gar nicht geharkte Beete weisen Bodenunebenheiten auf. Hier wird die Saat nur schlecht oder ungleichmäßig auflaufen, da sich in der Bodendeckschicht nach Regen oder Wässern unterschiedlich dicke verschlämmte Bereiche bilden.

Die Feuchtigkeit verdunstet nicht unter der lock'ren Bodenschicht.

Feuchtigkeit verdunstet · Feuchtigkeit bleibt im Boden

Eine Fräse kannst du vielleicht vom Nachbarn leihen, sie sollte im Garten nicht zu oft zum Einsatz kommen.

97

Kompost und Düngung

Wachsen und Vergehen sind die zwei Seiten der Natur. Nur dort, wo etwas welkt und vergeht, kann wieder etwas Neues entstehen. So ist es auch in unseren Gärten. Wenn also im Herbst die Gartensaison dem Ende zugeht, dann muss keine Wehmut aufkommen: Wir sammeln die Gartenabfälle und setzen sie zu einem Komposthaufen auf. Durch das Verrotten der Pflanzenrückstände erzeugen wir den besten „Dünger", den es gibt. Man nennt ihn nicht zu Unrecht „das schwarze Gold des Gärtners". Die Komposterde dient als Bodenverbesserer und ist mit wohl dosierten mineralischen oder organischen Düngemitteln die beste Kombination für unsere Pflanzen. Damit wir richtig mit ihnen umgehen und die besten Ergebnisse erzielen, müssen wir wissen, aus welchen Bestandteilen Düngemittel bestehen und wie sie wirken.

Mancherlei Insektenbrut im alten Laub schmeckt Vöglein gut.

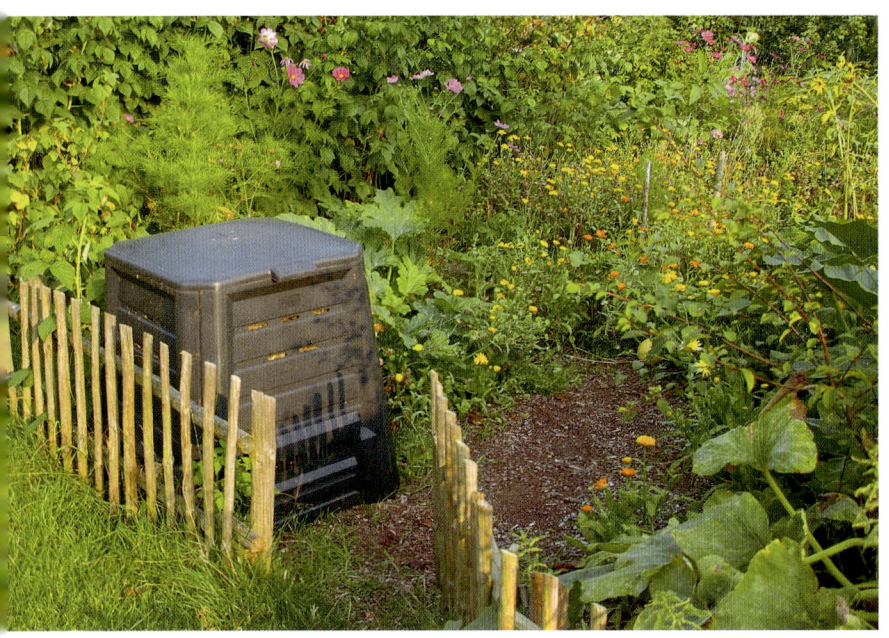

sehr vorteilhaft, da sie nur wenig Platz beanspruchen. Welche Kompostbehälter man bevorzugt, hängt vom Geschmack des einzelnen Gartenbesitzers ab.

Die Grundfläche eines Komposthaufens beträgt etwa zwei mal zwei Meter. die Höhe einen Meter. Beim Aufsetzen ist besonders zu beachten, dass der Haufen nicht zu hoch wird, sonst kann im Kern keine Verrottung stattfinden, sondern es setzen Fäulnis- und Gärungsprozesse ein. Dabei können auch Substanzen entstehen, die Pflanzen schaden. Wichtig für eine optimale Verrottung ist auch, dass genügend Feuchtigkeit vorhanden ist und der Haufen trotzdem gut belüftet wird. So können die Mikroorganismen gut gedeihen, die die aufgeschichteten Gartenabfälle in wertvolle Humuserde umwandeln.

Kompost als Dünger?

In der Regel ist der Nährstoffgehalt von Gartenkompost allein nicht ausreichend, um Pflanzen eine vollwertige Ernährung zu bieten. In Verbindung mit mineralischen und organischen Düngemitteln ist er aber die beste Kombination für unsere Pflanzen. Herkömmlicher Kompost allein dient wie Gesteinsmehl in erster Linie der Bodenverbesserung. Er macht den Boden aufnahmefähiger für Nährstoffe und verbessert die Bodengare.

Nicht zu weit weg vom Haus und in halbschattiger Lage, der ideale Platz für ein Kompostsilo.

Ein Platz für Kompost im Garten

„Der Komposthaufen ist die Sparbüchse des Gärtners", habe ich schon immer gesagt. Dies ist heute noch genauso gültig wie vor zwanzig oder fünfzig Jahren. Denn Kompost ist nicht nur ein guter Dünger, sondern vor allem auch ein ausgezeichnetes Bodenverbesserungsmittel. Deshalb ist es sehr wichtig zu wissen, wie Kompost aufgesetzt, gepflegt und behandelt wird.

Nach meiner Meinung gehört in jeden Garten ein Komposthaufen. Der Kompostplatz sollte schattig und möglichst von hohen Sträuchern oder Bäumen umgeben sein. Auch schnell wachsende Sommerblumen, Mais oder Stangenbohnen spenden dem Kompostplatz Schatten. Die schattige Lage ist wichtig, damit die Gartenabfälle nicht austrocknen und der Prozess des Verrottens nicht unterbrochen wird.

Von der Größe des Gartens und der anfallenden Menge an kompostierfähigen Abfällen hängt es ab, ob ein klassischer Komposthaufen aufgesetzt wird, oder ob die Gartenabfälle besser in Kompostsilos und Behältern kompostiert werden. Behälter und Silos sind vor allem in kleinen Gärten

Was auf den Komposthaufen gehört

Kompostiert werden können praktisch alle Gartenabfälle, Erntereste, Grasschnitt, rohe Küchenabfälle sowie Mist, Jauche in Maßen und Laub. Was auf gar keinen Fall auf den Komposthaufen gehört sind kranke und von Schädlingen befallene Pflanzenteile sowie Samen tragende Unkräuter. Sie alle überdauern die Kompostierung und gelangen mit der Komposterde wieder in den Garten, wo sie erneut keimen oder Pflanzen befallen. Natürlich gehören auch keine dicken Äste oder Zweige in den Kompost. Gleiches gilt für alles, was nicht schnell oder gar nicht verrottet. Klein gehäckselte Holzabfälle hingegen können mit krautigen Abfällen gemischt auf den Kompost gegeben werden. Sie bringen Struktur in den Kompost und sorgen für eine bessere Durchlüftung der einzelnen Schichten.

Das darf auf den Kompost Von A bis Z	Das hat auf dem Kompost nichts zu suchen Von A bis Z
Baumwollstoffe (zerkleinert, angefeuchtet)	Brot (verschimmeltes)
Beinwellblätter (hoher Stickstoffgehalt, gut)	Exkremente von Hunden und Katzen (können Krankheitserreger enthalten)
Eierschalen (trocken)	Fette, Öle
Farn (noch grün, ohne Sporen)	Fleisch- und Fischreste (gekocht, können Ungeziefer anlocken)
Federn (sparsam verwenden)	Glas
Gartenabfälle (angewelkt, auf Samen und Krankheiten achten)	Infiziertes Pflanzenmaterial (separat entsorgen oder verbrennen)
Geflügelmist (sparsam verwenden)	Kunststoffe aller Art
Gemüsereste, abgekocht (möglichst fettfrei)	Metall
Haare (anfeuchten, benötigt Zeit zum Kompostieren)	Obst (verschimmeltes)
Hasenstreu	Plastik
Hecken- und Strauchschnitt (gehäckselt)	Schalen von Südfrüchten wie Orangen, Zitronen und Bananenschalen, die mit Konservierungsmitteln behandelt wurden
Heu (feucht)	Wildkräutersamen
Holzasche (sparsam verwenden)	
Kaffeesatz (unbedenklich)	
Kartoffelkraut (unbedenklich)	
Kohlstrünke (gehäckselt)	
Küchenabfälle (am besten mit anderen Materialien mischen, abdecken)	
Laub (nicht zu viel, kein Walnuss- oder Eichenlaub)	
Meerschweinchenstreu (unbedenklich)	
Papier und Pappe (ist kompostierbar, vorher zerkleinern und durchweichen)	
Pferdemist (mit Holzschnitzeln vermischt, entwickelt viel Wärme)	
Rasenschnitt (angewelkt, nicht zu viel)	
Sägemehl (in kleinen Mengen, zerfällt langsam)	
Schnittgut (gehäckselt, nicht zu viel)	
Stallmist (mit Stroh durchsetzt)	
Stroh (zerkleinern und durchfeuchten)	
Teebeutel (Metallklammern entfernen)	

> Wer seinen Kompost hegt und pflegt den Grundstein für gute Ernten legt!

Abschließend sollte der Komposthaufen mit einer Schicht aus Stroh, Laub, altem Heu, einer gelochten Folie oder Vlies bedeckt werden, um ihn im Sommer vor Austrocknung bzw. vor Übernässung zu schützen.

Auch muss eine solche Kompostmiete immer unkrautfrei gehalten werden, denn die darauf wachsenden Pflanzen entziehen dem reifenden Kompost wertvolle Nährstoffe und Wasser. Unkräuter streuen oft Samen aus, der später im Garten verteilt wird, dort keimt und wächst.

Immer wieder sehe ich, dass Komposthaufen mit Kürbis, Zucchini oder Gurken bepflanzt werden, das schafft eine gute und auch gewünschte Schattenwirkung. Die Pflanzen aber nicht auf den Komposthaufen setzen, sondern an den unteren Rand, denn diese Gemüsearten sind Starkzehrer, das heißt, sie entziehen der Komposterde unnötig wertvolle Nährstoffe und außerdem Feuchtigkeit.

In Körben kannst du kompostierbare Abfälle vorsortieren und später miteinander mischen.

Die Pflege des Komposthaufens

Die Gartenabfälle zersetzen sich in einer Kompostmiete wesentlich schneller, wenn diese im Sommer und Herbst mehrmals umgesetzt wird. Zur Verbesserung der Qualität der Komposterde kann zusätzlich Kalkdünger zugegeben werden, was die Rotte ebenfalls beschleunigt. Als grober Richtwert gilt ca. 1 kg pro m³. Algenkalk eignet sich dafür am besten. Die Qualität des Komposts wird auch verbessert, indem du organische Düngemittel wie Guano, Hornspäne oder Gesteinsmehle einstreust. Auch Stalldung macht die Komposterde wertvoller. Dies gilt vor allem für scharfen Stallmist wie Geflügeldung.

Stallmistkompost oder Rinderdung verbessert den Gartenboden besonders gut, liefert überdurchschnittliche Nährstoffmengen und macht so eine zusätzliche Düngung häufig überflüssig.

Kompoststarter

Als „Kompoststarter" bezeichnet man alles, was den Verrottungsprozess in Gang zu bringen vermag. Sie sind also vergleichbar mit Anfeuerhilfen, die das Entzünden des Kohlefeuers erleichtern.

Rechts: Vor dem Ausbringen im Garten wird Komposterde gesiebt, um nicht verrottete Anteile zurückzuhalten.

An alle, die den Garten lieben: BIO wird heut groß geschrieben.

Natürliche Starthilfen sind Substanzen, die für die zersetzenden Bakterien besonders leicht verdaulich sind. Sie liefern gleichzeitig die notwendige Energie, um zu den gröberen Bestandteilen übergehen zu können. In der Regel sind die natürlichen Kompoststarter fein strukturiert und reich an Stickstoff. Zu ihnen gehören beispielsweise in Maßen Rasenschnitt, Beinwellblätter, Hühnermist und Brennnesseln. Bewährt haben sich ebenfalls Beigaben von kohlensaurem Kalk, Algenkalk und Ton- oder Gesteinsmehl.

Biologische Schnellkompostmittel

Je nach Zusammensetzung der organischen Masse, die auf den Kompost kommt, dauert es in der Regel etwa ein bis zwei Jahre, bis der Kompost reif ist und auf Beeten, Rabatten oder unter Bäumen und Sträuchern ausgestreut werden kann.

Es gibt im Handel aber auch vorzügliche biologische Mittel auf der Basis von Tonmineralien und Nährstoffen, Kräutern oder Bakterien, die das Bodenleben und die Mikroorganismen fördern und die Rotte

Hier siehst du die verschiedenen Zersetzungsstadien, zuunterst der fertige Kompost. Durch regelmäßiges Umsetzen erreichst du eine gleichmäßige Kompostierung.

beschleunigen. Das ist besonders für kleine Gärten sinnvoll, da der Kompostplatz dann kleiner gehalten werden kann.

Die Reifezeit hängt auch ab von der Temperatur, dem Materialmix und wie oft der Haufen umgeschichtet wurde. Zerkleinern, Häckseln sowie wiederholtes Umsetzen im Sommer und Herbst beschleunigen den Zersetzungsprozess.

Sobald die ursprünglichen Bestandteile nicht mehr erkennbar sind und der Kompost sich dunkel verfärbt, ist er gebrauchsfertig. Sollte er noch faserig und klumpig sein, lässt du ihn noch etwas ruhen.

Verwendung von Kompost

Reife Komposterde bringt Nährstoffe und Humus in den Garten zurück. Sie wird nicht untergegraben, sondern auf die zu bepflanzenden Beete von oben aufgestreut, leicht eingeharkt oder mit dem Sauzahn vorsichtig eingearbeitet. Unter Büschen und Bäumen kannst du sie ebenfalls dünn ausstreuen und dann vorsichtig etwas einhacken. So kommt die wertvolle Substanz den Pflanzenwurzeln direkt zugute.

Wurmhumus

Regenwürmer sind unverzichtbare Helfer im Garten. Sie lockern den Boden, zerkleinern Pflanzenreste, lüften den Boden und tragen mit ihren Ausscheidungen zu einer guten Krümelstruktur desselben bei. Jeder Gartenbesitzer kann sich diese nützlichen Tiere dienstbar machen, viel Platz beansprucht ein Wurmkomposter nicht. Er ist auch über meinen Gartenkatalog erhältlich.

Die fleißigen Regenwürmer garantieren einen gesunden Gartenboden.

Laub kann man über den Hausmüll entsorgen, besser ist aber das Aufsetzen von Laubkompost.

Reifer Kompost wird als dünne Schicht auf Beete aufgebracht und vorsichtig in den Boden eingearbeitet.

Über meinen Katalog kannst du eigens für die Kompostbereitung gezüchtete Würmer bestellen, die mit ihrem wissenschaftlichen Namen *Eisenia foetida* heißen. Sie sind viel gefräßiger als gewöhnliche Regenwürmer und nicht so wählerisch wie die in unseren Gärten häufig anzutreffenden Regenwürmer. Die nützlichen Helfer fressen sogar Papier und Pappe. Außerdem vermehren sie sich besonders schnell.

Zur Wurmhumusproduktion gibst du die Würmer in die eine Kammer eines Wurmkomposters, die mit frischen Abfällen gefüllt ist. Sie vermehren sich dort sehr rasch und setzen entsprechend schnell die Abfälle in Wurmhumus um. Ist der Wurmhumus in der einen Kammer fertig, wird ein Durchgang geöffnet, damit die Regenwürmer in die zweite Kammer wechseln können, die mit frischen Abfällen gefüllt ist. Die Regenwürmer wandern aus dem fertigen Wurmhumus ab in die frischen Abfälle und vermehren sich darin schnellstens weiter. So hat man laufend frischen Wurmhumus von höchster Qualität zur Verfügung. Diesen wertvollen Humusdünger verwendest du wie Kompost – dünn auf die Beete gestreut oder zwischen Stauden- und Rosenrabatten, unter Ziergehölzen und Obstbäumen ausgebracht. Natürlich wird auch dieser Wurmhumus nur flach eingearbeitet.

Ich verwende den Wurmhumus übrigens auch als Blumentopferde zum Umtopfen von Zimmerpflanzen oder als Saaterde und zum Pikieren. Die bewährten Gartenhelfer kannst du übrigens auch in meinem Katalog finden. Ich liefere dir dann die Würmer in einem Eimer mit Spezialerde und genauer Beschreibung.

Laubkompost

Der nächste Herbst kommt bestimmt und damit die Frage: Wohin mit dem ganzen Laub? Eine sinnvolle Verwendung des Herbstlaubs besteht darin, einen Laubkompost aufzusetzen. Das Verfahren ist höchst einfach: Die Blätter werden eingesammelt und leicht angetrocknet. Dann zerkleinert man diese mit einem Häcksler.

Eine Alternative ist, die Blätter auf dem Rasen auszubreiten und dann mit dem Mäher darüberzufahren. Das so zerkleinerte Laub wird folgendermaßen in einen Kompostbehälter geschichtet: etwa 30 cm Laubschicht, darauf eine Handvoll Steinmehl, dann eine Schicht Erde, etwas Mist oder Hornmehl, wieder eine Schicht Laub usw. Ich gebe auch immer noch etwas Grasschnitt zu. Spätestens im Frühjahr wird der Laubkompost umgesetzt, und bereits wenige Monate später steht eine herrliche Erde zur Verfügung. Außer den Blättern von Eichen und Walnussbäumen ist jedes Laub geeignet.

Wir Gärtner dürfen nie vergessen: Auch Pflanzen brauchen was zu essen.

stoffe müssen wir also auf anderem Wege wieder zuführen, wenn der Gartenboden nicht ganz ausgelaugt werden soll.

Den Kreislauf der Natur können wir im eigenen Garten über Kompostgaben und mulchen wieder schließen, denn so gelangen die Nährstoffe wieder zurück in den Boden. In einem Satz: Düngen bedeutet nichts anderes, als dem Boden die Nährstoffe wieder zurückzugeben, die auf ihm gewachsene und geerntete Pflanzen entnommen haben. Wie das geht, habe ich schon weiter oben schon beschrieben. Im Folgenden werde ich diese Thematik noch weiter vertiefen und vor allem erläutern, wie man mit Handelsdünger umgeht. Danach werde ich die Wirkungsweise der einzelnen Düngersalze, deren Anwendung und ihre Nährstoffgehalte beschreiben.

Der richtige Dünger für den Garten

So mancher Gartenliebhaber wird sich bestimmt schon einmal die Frage gestellt haben, wieso er überhaupt düngen soll und ob man sich das nicht einfach sparen kann. Und wieso werden immer noch mineralische Dünger verwendet, die in der Natur abgebaut und gemahlen oder chemisch hergestellt worden sind? Schließlich düngt in der Natur auch keiner und die Wildkräuter wachsen offensichtlich auch so.

Der Grund ist, dass in der Natur nicht geerntet wird. Die Pflanzen wachsen, vermehren sich und sterben schließlich ab. Mit dem Absterben und Verrotten geben sie dem Boden die in ihrer Wachstumsphase entnommenen Nährstoffe wieder zurück. Ganz anders in unserem Garten: Wir ernten Früchte, Gemüse und Blumen, schneiden Rasen, jäten Unkraut, und fegen am Ende auch noch die Blätter und Pflanzenreste von den Beeten. Die entnommenen Nähr-

Düngemittel – auf die Menge kommt es an

Allein über Handelsdünger könnte ich ein dickes Buch schreiben. Noch immer wird bei der Verwendung dieser Substanzen aus Unkenntnis ihrer Wirkungsweise in unseren Gärten viel Schaden angerichtet. Eine Überdüngung und auch eine einseitige Düngung sind genauso schädlich wie ein Mangel an Nährstoffen. Wie bereits gesagt: Der Spruch „Viel hilft viel" trifft auf das Düngen sicher nicht zu. Wurzelverbrennungen und Überdüngung sind die Folge. Deshalb kann ich dir nur raten, dich genau an die Anweisung zu halten, die auf allen Packungen abgedruckt ist. Ich empfehle zudem,

So mancher „alte Hase" ist inzwischen auf Fertig- oder Spezialdünger umgestiegen, nur noch wenige verwenden Dünger, die nur einen Nährstoff enthalten.

zunächst eine Bodenuntersuchung durchführen zu lassen, am besten bei einem staatlichen Untersuchungslaboratorium (siehe auch Seite 85). So erhältst du einen sicheren Überblick über die bereits vorhandene Nährstoffmenge und -zusammensetzung des Bodens. Meist liegen den Untersuchungsergebnissen konkrete Vorschläge und Düngeempfehlungen bei.

Mithilfe von Testsets kannst du die Gehalte der Hauptnährstoffe wie Stickstoff, Phosphor und Kalium im Boden auch schnell selbst ermitteln (siehe Seite 88).

Besonders in kleineren Gärten ist die richtige Dosierung von Düngersalzen, die nur einen Nährstoff enthalten, oft schwierig. Deshalb verwendet man hier fast nur noch Voll- oder Spezialdünger. Vorteilhaft ist, dass die Nährstoffe bereits im richtigen Verhältnis zueinander enthalten sind oder speziell auf die Bedürfnisse von bestimmten Kulturen abgestimmt wurden. Spezial- oder Volldünger gibt es bei mir und im Fachhandel mit genauer Gebrauchsanleitung, sie sind auch für den Anfänger problemlos zu verwenden.

Der grüne Tipp®

Die sechs Hauptnährstoffe sind nur in den seltensten Fällen ausreichend im Boden vorhanden, in der Regel müssen sie immer wieder neu zugeführt werden.

Nährstoffe und ihr Einfluss auf die Pflanzenentwicklung

Gutes oder schlechtes Pflanzenwachstum richtet sich immer nach dem Nährstoff, der für die Pflanze am wenigsten im Boden verfügbar ist. Er ist die Messlatte für alle anderen, denn die Pflanze braucht sie alle gleichzeitig und in einem konstanten Verhältnis. Diese fundamentale Gesetzmäßigkeit wurde von Justus von Liebig in seinem „Gesetz vom Minimum" formuliert. Dieses besagt, dass der in geringster Menge vorhandene Nährstoff die Höhe des Pflanzenertrags bestimmt, und dass dem Boden entzogene Nährstoffe in vollem Umfang ersetzt werden müssen.

Wissenschaftler unterscheiden bei der Pflanzenernährung Hauptnährstoffe und Spurenelemente. Diese Aufteilung möchte ich auch für die folgende Beschreibung beibehalten.

Die sechs Hauptnährstoffe

Als Hauptnährstoffe bezeichnet man all jene Substanzen, welche von den Wurzeln der Pflanzen in größeren Mengen zum Wachsen aufgenommen werden müssen. Dies sind Stickstoff (N), Phosphor (P), Kalium (K), weiterhin Kalzium (Ca), Magnesium (Mg) und Schwefel (S). Nicht alle werden von der Pflanze direkt gebraucht, sie können von der Pflanzenwurzel teils auch nur in Verbindung mit anderen Elementen aufgenommen werden.

Die Spurenelemente

Spurenelemente oder Mikronährstoffe sind jene Elemente, von denen die Pflanzen nur kleine Mengen zum gesunden Wachstum benötigen, die aber ebenso lebensnotwendig sind. Das Fehlen nur eines dieser Spurenelemente führt zu Wachstumsstörungen und Mangelerscheinungen. Spurenelemente sind im Boden meist ausreichend vorhanden, handelsüblichen Volldüngern werden sie meist nur in geringen Mengen beigemischt.

Zu den für die Pflanzen unverzichtbaren Spurenelementen zählen Eisen (Fe), Kupfer (Cu), Bor (B), Mangan (Mn), Zink (Zn), Chlor (Cl) und Molybdän (Mo). Wissenschaftler kennen zwar noch weitere nützliche, wenn auch entbehrliche Spurenelemente, die hier aber nicht weiter beschrieben werden sollen. In den meisten Fällen sind diese im Boden auch in einer ausreichenden Konzentration vorhanden.

Mein bewährter Flüssigdünger ist ein wahrer Erntebringer.

Die Wirkungsweise der Hauptnährstoffe

Die Wirkungsweise der Nährstoffe ist sehr komplex und nicht einfach zu erklären. Ausgestreute Mineraldünger sind immer an andere chemische Trägerstoffe gebunden. Die in den Düngersalzen enthaltenen Nährstoffe sind entweder gut in Wasser löslich und damit für die Pflanzenwurzeln auch entsprechend schnell verfügbar, oder sie sind nur langsam löslich, stehen dafür aber über eine längere Zeit zur Verfügung.

Deshalb ist es wichtig zu wissen, dass leicht lösliche Mineraldünger bald nach dem Ausstreuen wirken, aber meist nur eine kurze Wirkungsdauer haben. Bei Überdüngung mit schnell löslichen Düngern werden die überschüssigen Mineralsalze ausgewaschen und landen oft im Grundwasser oder tieferen Erdschichten, wo sie für die Pflanzenwurzeln dann nicht mehr erreichbar sind. Deshalb werden schnell lösliche Düngersalze hauptsächlich als Kopfdünger verwendet und während der Wachstumsperiode mehrmals in kleineren Mengen ausgestreut. Die Kopfdünger sind also leicht lösliche Nährstoffe, die von der Pflanze schnell aufgenommen werden können. So ist gewährleistet, dass die Pflanzen während der ganzen Wachstumsperiode gleichmäßig mit diesen ansonsten schnell ausgewaschenen Nährstoffen versorgt sind.

Die Wirkung von Stickstoff

Stickstoff ist wichtig für gesundes Blatt- und Stängelwachstum. Besonders junge Pflanzen sind auf ausreichend Stickstoff angewiesen, um sich schnell bis zur Blüte entwickeln zu können. Fehlt der Stickstoff, kümmert die Pflanze und entwickelt gelblich grüne Blätter.

Eine Stickstoffüberdüngung hingegen hat große, blaugrüne und weiche Blätter zur Folge. Genau hier liegt das Problem. Die Pflanzen werden „fett und weich" und sind damit anfälliger für Fäulnis sowie Schädlings- und Krankheitsbefall. Viele überdüngte Sommerblumen blühen zudem weniger. Andere Arten setzen bei zu hoher Stickstoffdüngung kaum noch Früchte an, oder die Früchte faulen schneller und lassen sich schlechter lagern. Vorsicht auch bei überwinternden Pflanzen: Ein Zuviel an Stickstoff

Links: So sieht organisch-mineralischer Dünger aus.

macht sie weniger winter- und frostfest! Eine weitere Begleiterscheinung ist die unerwünschte Anreicherung von gesundheitsschädlichem Nitrat in Nahrungspflanzen. Viel Stickstoff dagegen brauchen einige Gemüsearten wie Kohl, Gurke und Kürbis.

Stickstoffüberdüngung an Tomate.

In schlecht durchlüfteten, staunassen
Böden herrscht meist Stickstoffmangel.
Weitere Stickstoffverluste werden durch
Auswaschung verursacht, besonders in
der vegetationsarmen Zeit von November
bis März.

Oben: Phosphor-
mangel an Tomate.
Rechts: Kalium-
mangel an Lantane.

Die Wirkung von Phosphor

Phosphor fördert die Blüten-, Frucht- und
Samenbildung. Er macht Pflanzen widerstandsfähiger gegen Fäulnis und Frost, be-
wirkt ein stark verzweigtes Wurzelsystem,
feste, haltbare Früchte und sorgt für einen
rechtzeitigen Triebabschluss im Herbst.
Eine ausreichende Düngung mit Phosphor
ist deshalb für alle mehrjährigen Pflanzen
und für fruchttragende Arten sehr wichtig.

Die Folge von Phosphormangel ist ein
schwacher Blüten- und Fruchtansatz, aber
auch kleine kümmerliche Pflanzen mit
starren, aufrecht stehenden schwachen
Trieben. Auch eine rötlich violette Blatt-
färbung mit frühzeitigem Blattfall ist meist
auf Phosphormangel zurückzuführen.

Dagegen zeigt eine Phosphorüberdüngung
kaum Folgen, ruft aber leichten Eisenmangel
hervor, da sich Phosphor mit Eisen bindet,
das dann nicht mehr für die Pflanze zur
Verfügung steht.

Die Wirkung von Kalium

Kalium verleiht Pflanzen einen „kräftigen
Knochenbau" und reguliert deren Wasserhaushalt. Es ist für ein gesundes Wachstum
also genauso wichtig wie Stickstoff und
Phosphor. Kalium stärkt die Widerstands-
fähigkeit der Pflanzen gegen Krankheiten
und Frostschäden, verbessert die Qualität
von Obst und Gemüse beträchtlich und sorgt
für eine bessere Lagerfähigkeit der Früchte.
Es verstärkt Aroma und Geschmack, ist für
eine intensive Fruchtfarbe verantwortlich
und macht Pflanzen allgemein widerstandsfähiger gegen Fäulnis, Krankheiten und
Schädlinge.

Kaliummangel in Verbindung mit einem
reichlichen Stickstoffvorrat hat aufge-
schwemmte Pflanzen zur Folge, die
Stiele sind dann schwach und weich.

Kaliummangel äußert sich auch in einem zu schlechten Ausreifen der Triebe und Früchte und führt zu Spitzendürre. Eingerollte und vergilbte Blätter sowie eine schlechte Fruchtqualität sind die Folgen. Auch Wachstumsstockungen können auftreten.

Eine Überdüngung mit Kalium zeigt sich im Vergilben der Blätter und kann Wurzelverbrennungen im Boden verursachen.

Die Wirkung von Kalzium

Kalzium ist in erster Linie ein Bodennährstoff, aber auch für die Pflanzenernährung und die Festigkeit des Pflanzengewebes von großer Wichtigkeit. Es wirkt im Stoffwechsel der Pflanze Wasser sparend, ist wichtig für den Bau der Zellwände, hemmt das Längenwachstum. Im Boden sorgt es für einen stabilen pH-Wert und fördert die Aufnahme anderer Nährstoffe.

Akuter Kalziummangel beeinträchtigt das Pflanzenwachstum und hemmt die Entwicklung der Wurzeln. In extremen Fällen verfärben sich die jungen Blätter hellgelb und die Triebspitzen sterben ab. Die Spitzen der Fruchtenden von Paprika, Gurken und Tomaten fangen an zu faulen. Auch die Stippigkeit bei Äpfeln (das sind braune Verfärbungen unterhalb der Schale), abgestorbenes Gewebe im Inneren von Chinakohl und Blütenfäule bei Tomaten ist auf Kalziummangel zurückzuführen.

Kalziummangel wird in den seltensten Fällen auftreten, wenn du den Boden sorgfältig und regelmäßig mit Humusgaben und organischen Düngern versorgst.

Die Wirkung von Schwefel

Schwefel findet sich als Bestandteil von Aminosäuren vor allem in eiweißreichen Pflanzenteilen. Er ist ein unverzichtbarer Teil einiger für die Pflanzen wichtigen anorganischen Verbindungen.

Schwefel ist durch den Abbau organischer Substanzen und den Eintrag aus der Luft in allen Böden reichlich vorhanden, so dass in der Praxis bis heute keine auffallenden Schwefelmangelerscheinungen bekannt wurden.

Die Zwiebel ist ein „Kalifresser," gib ihr Salz, sie wächst dann besser.

Mein Eisendünger beugt einem Mangel vor und hilft der Pflanze, ausreichend Blattgrün zu entwickeln.

Magnesium und Eisen

Magnesium und Eisen sind weitere wichtige Elemente, die Pflanzen zu ihrer Entwicklung benötigen. Besonders Magnesium findet sich als Baustein in einer Reihe organischer Verbindungen, wie auch im Chlorophyll, dem grünen Blattfarbstoff. Einigen Vorratsdüngern sind daher Spuren von Magnesium beigemischt, so dass dies nicht extra gestreut werden muss. Lediglich bei sehr leichten Böden kann es zu einem Magnesiummangel kommen. Mit Bittersalz kann man auf einfache Weise diesem Nährstoffmangel entgegentreten.

Ein Symptom, das auf Magnesiummangel hinweist, sind aufgehellte gelbliche Blätter, bei denen die Adern aber noch dunkelgrün gefärbt sind. Später sterben diese hellgrünen Blattteile ab.

Für die Bildung von Blattgrün benötigt die Pflanze auch Eisen. Deshalb kann Eisenmangel leicht an den jüngeren Blättern, die eine hellgrüne bis gelbgrüne Färbung zeigen, festgestellt werden. Pflanzen wachsen bei Eisenmangel allgemein schwächer und Blüten werden nur spärlich gebildet. Sie sind blass und bleiben kleiner. Starker Eisenmangel äußert sich in weißlichen Blättern, die später absterben.

Der grüne Tipp®

Eisenmangel kann auftreten, wenn der Boden mit Kalk überdüngt worden ist. Deshalb immer Vorsicht mit zu starken Kalkgaben!

Organische und mineralische Dünger

In den vorangegangenen Ausführungen habe ich über die Wirkung und Bedeutung der einzelnen Pflanzennährstoffe berichtet.

Damit die Pflanzen immer ausreichend mit entsprechendem „Futter" versorgt werden, sind einige grundsätzliche Dinge zu berücksichtigen. Fehlen Nährstoffe im Boden, dann können sie mit Mineralsalzen ergänzt werden. Diese Mineralsalze werden auch als Mineraldünger bezeichnet, im Gegensatz zu den organischen Dünge-mitteln, zu denen z. B. Kompost, Stall-mist, Pflanzenjauchen, Horndünger oder Mulch zählen.

Wie ich bereits erwähnt habe, sind die wichtigsten Nährstoffe für die Pflanze vor allem Stickstoff, Phosphor, Kalzium und Kalium. Es sind diese vier Nährstoffe, die von den Pflanzen am meisten zum Leben gebraucht und in Wasser gelöst aus dem Boden aufgenommen werden. Wir müssen sie deshalb auch immer wieder ergänzen.

In Düngern sind diese Nährstoffe an Trägerstoffe gebunden. Je nach Stabilität der Bindung sind sie für die Pflanze in schwer oder in leicht löslicher Form ver-fügbar. Dies ist beim Kauf zu beachten.

Ist ein Nährstoff nur schwer löslich vorhanden und für die Pflanze nicht sofort verfügbar, sprechen wir von Vorratsdüngern.

Hornspäne haben den Vorteil, dass sie den in ihnen enthaltenen Stick-stoff langsam an die Pflanzenwurzeln abgeben.

Diese werden meist im Winter oder Frühjahr auf die Beete ausgebracht. Die Nährstoffe wandeln sich nur allmählich in leicht lösliche um, haben demnach eine länger anhaltende Wirkung und stehen als solche den Pflanzen im Frühjahr und Sommer zur Verfügung. Typische Vorratsdünger sind z. B. Kalkstick-stoff und umhüllte Langzeitdünger.

Als Kopfdünger bezeichnet man dagegen alle leicht löslichen und schnell aufnahme-fähigen Dünger, die unmittelbar nach dem Ausstreuen wirken. Sie stehen den Pflanzen aber auch nur kurzzeitig zur Verfügung. Kopfdüngung bedeutet also, den Pflanzen während der Wachstumszeit durch wieder-holte Düngergaben immer ausreichend Nährstoffe zur Verfügung zu stellen.

Die wichtigsten organischen Dünger

Organische Dünger sind Substanzen mit pflanzlichem oder tierischem Ursprung. Sie werden nach den Ausgangsstoffen benannt und haben meist eine milde, lang anhaltende Düngerwirkung. Sie sind also eine langsam fließende und nicht prompt zur Verfügung stehende Nährstoffquelle.

Hornspäne und Hornmehle

Horndünger enthalten 12 bis 14 % Stickstoff und 60 bis 80 % organische Masse. Sie sind ein idealer, reiner Naturdünger, der zögernd wirkt und erst nach der Umwandlung des Stickstoffs für die Pflanzenwurzeln zur Verfügung steht. Je feiner gemahlen, desto schneller kann er von den Pflanzenwurzeln aufgenommen werden.

Guano

Guano, ein ganz vorzüglicher Naturdünger, besteht aus getrockneten und gemahlenen Vogelexkrementen. Mit Stickstoff (6 %), Phosphor (12 %) und Kalzium (2 bis 4 %) enthält er die wichtigsten Pflanzennährstoffe. Außerdem sind in ihm viele wertvolle Spuren-elemente und Mineralien enthalten – damit ist er ein idealer organischer Volldünger.

„Gärtner Pötschkes Naturdünger"

Meine Naturdüngermischung, die ich mit viel Erfolg verwende, besteht aus rein pflanzlichen Rohstoffen und echtem Guano. Ich habe sie speziell für den Bioanbau und die ökologische Bewirtschaftung von Gärten entwickelt. Der Dünger enthält Stickstoff (8 %), Phosphor (5 %) und Kalzium (8 %). Die Mischung ist universell einsetzbar und aktiviert das Bodenleben.

Mineralische Dünger

Im Folgenden möchte ich nun ausführlicher auf die sogenannten Mineraldünger eingehen, auch wenn wir Gärtner es heute viel leichter haben als noch unsere Eltern oder auch Großeltern. Diese mussten ihre Düngermischungen noch selbst herstellen. Die Folge war, dass oft überdüngt worden ist, weil manche Nährstoffe im Überschuss vohanden waren. Heutzutage gibt es fertige Mischungen für fast jeden Zweck zu kaufen. Das ist sicherer und auch bequemer in der Handhabung.

Doch wird in der Anwendung trotzdem noch viel falsch gemacht. Statt Stickstoff- wird Phosphordünger eingesetzt, statt schnell wirkenden gibt der Laie langsam wirkenden, statt Kopfdünger solchen, der sich genau hierfür nicht eignet. Daher überlege vor dem Kauf immer genau, wofür du Dünger benötigst und welche Nährstoffe ergänzt werden sollen.

Stickstoffdünger

Früher plagten Gärtner sich mit Natronsalpeter, Kalksalpeter und schwefelsaurem Ammoniak ab, Mittel, die oft in größeren Mengen gekauft und selbst abgewogen wurden. Nicht alle davon waren harmlos, und schnell wurde zu hoch dosiert. Die Folge: Pflanzen können nicht so viel Mineralsalze aufnehmen und der Rest wird einfach ausgespült.

Heute wird vorwiegend Kalkstickstoff verwendet, den du in kleinen Mengen kaufen kannst. Er enthält 20 bis 23 % Stickstoffanteil in schwer löslicher Form und ca. 50 bis 60 % Kalk. Er ist ein wichtiger Vorratsdünger und gut geeignet für schwere Böden. Ausgebracht wird er etwa vier Wochen vor der Bestellung der Beete – also nie zwischen bestehenden Kulturen streuen!

Kommt Kalkstickstoff mit Feuchtigkeit in Verbindung, entsteht Cyanamid, das zu Harnstoff umgewandelt wird. Aus diesem entsteht später kohlensaures Ammoniak und am Ende leicht löslicher Salpeter. Der Grund, weshalb ich das so ausführlich beschreibe, ist folgender: Kalkstickstoff ist im Moment des Ausstreuens und in der Cyanamid-Phase sehr ätzend. In diesem Zustand wird er zur Bekämpfung tierischer Schädlinge, vieler Erreger von Pilzkrankheiten (z.B. Kohlhernie) und von Samenunkräutern eingesetzt (siehe Kasten Seite 113).

Kalkstickstoff ist ein hervorragender Vorratsdünger für schwere Böden.

Hühner produzieren Mist, der sehr gut für Pflanzen ist.

Der grüne Tipp®

Gesteinsmehle steigern die Kapazität des Bodens, Wasser zu binden, und verhindern so eine rasche Auswaschung von Nährstoffen in den Untergrund.

Phosphorsalze

Früher erhielt man im Handel Superphosphat, ein schnell löslicher Dünger mit einem Gehalt von etwa 18 % leicht löslichem Phosphor. Er wirkte schnell und lockerte schwere Böden. Er wurde vor der Bestellung der Beete ausgestreut und eignete sich auch als Kopfdünger, da er sofort von den Wurzeln aufgenommen werden konnte.

Auch das Thomasmehl ist unter dieser Bezeichnung nicht mehr erhältlich. Mit einem Gehalt von 16 % schwer löslichem Phosphor und bis zu 50 % Kalk war es ein ausgesprochener Vorratsdünger, der ohne Bedenken reichlich im Herbst gestreut werden konnte.

Kalidünger

Kalium ist leicht löslich und für die Pflanze schnell verfügbar. Es hält sich aber länger im Boden als die anderen schnell löslichen Nährstoffe. Deshalb wird es am besten im Frühjahr gestreut.

Patentkali, auch als schwefelsaures Kali-Magnesia bekannt, bietet sich zum Ausgleich der Nährstoffe Kalium und Magnesium an. Gleichzeitig wird die Schwefelversorgung gesichert. Es enthält 26 bis 30 % Kalium, 10 % Magnesium und ca. 17 % Schwefel und wirkt ebenfalls schnell. Für den Hausgarten eignet es sich sehr gut, da es in der Zusammensetzung chlorfrei ist. Auch als Kopfdünger verwendbar, 5 kg je 100 m² reichen für den ganzen Sommer.

Gartenkalk

Die im Handel erhältlichen Kalkdünger sind Gartenkalk und Algenkalk. Algenkalk besteht aus abgestorbenen Korallalgenablagerungen (Rotalgen) und enthält 80 % kohlensauren Kalk, 10 % Magnesium, 4 bis 5 % Silikate und Spurenelemente, z. B. Bor und Jod. Damit beugt er einem Mangel an Spurenelementen vor. Das Verhältnis Kalk zu Magnesium ist besonders günstig.

Gartenkalk wird sehr gerne auf leichteren Böden eingesetzt, denn er wirkt langsam und ist nicht hygroskopisch, also Feuchtigkeit aufnehmend. Kalkdünger sind Bodenverbesserer und machen andere Nährstoffe für die Pflanzen verfügbar. Kohlensaure Kalke können übrigens zu jeder Jahreszeit ausgebracht werden.

Ein Düngewagen dient zur gleichmäßigen Dosierung von Rasendünger.

Über Mist kannst du dich freuen, doch sorgsam musst du ihn verstreuen!

Kalk für gesunden Gartenboden

Kalk reguliert den Säuregrad des Bodens, der in pH-Werten gemessen wird. Kalkarme Böden bezeichnet man als sauer, gut mit Kalk versorgte als neutral und sehr kalkhaltige als alkalisch.

Böden mit einem pH-Wert unter 5 werden als sauer bezeichnet, ein pH-Wert zwischen 6 und 7 bescheinigt einen neutralen Boden, Werte über 7 bezeichnen alkalische Böden. Ideale pH-Werte für leichte Böden bewegen sich zwischen pH 5,5 und pH 6, für schwerere zwischen pH 6 und pH 7.

Starke Abweichungen des Boden-pH-Wertes, vor allem im sauren Bereich, können durch Kalkgaben ausgeglichen werden. Durch Aufkalken lässt sich ein solcher Boden in den neutralen Bereich bringen. Statt des schnell löslichen Branntkalks empfehle ich hierfür Algenkalk, er wirkt langsamer, aber nachhaltig und beugt so einem kurzfristigen Kalküberschuss vor.

Stark alkalischen Böden kann nicht ohne Weiteres Kalk entzogen werden. Hier schaffen sauer reagierende Humusstoffe oder Torf Abhilfe.

Ein untrüglicher Hinweis für den Kalkgehalt eines Bodens sind die Wildpflanzen, die sich an diesem Standort einstellen. Als kalkfliehende Pflanzen bezeichnet man solche, die auf sauren Böden wachsen. Beispiele sind Sauerampfer, Wegerich und Acker-Frauenmantel. Huflattich, Wegwarte, Ackersenf, Mohn, Rote Taubnessel und Echte Kamille weisen dagegen auf eher kalkhaltige Böden hin.

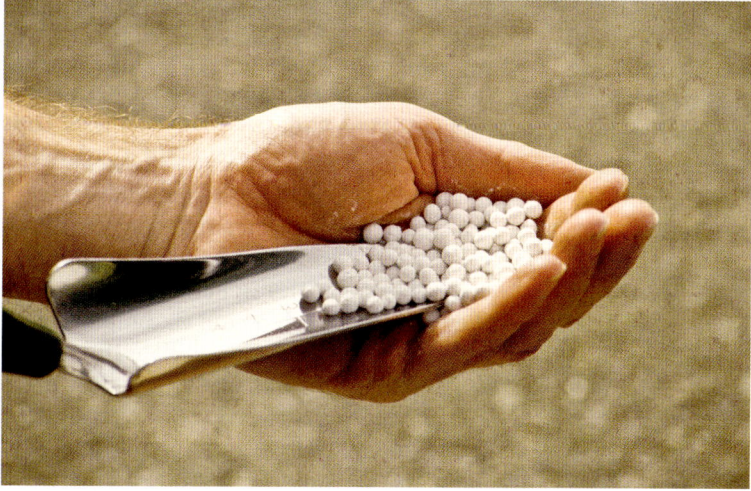

Kalk darf niemals gemeinsam mit Stallmist oder ammoniakhaltigen Düngern in den Boden gebracht werden, sondern mindestens 8 bis 14 Tage vorher. Wie schon im Kapitel „Kompost" beschrieben, regt er die Verrottung des Stallmistes an, weil er das Leben der Mikroorganismen im Boden fördert. Die Folge wäre eine schnellere Zersetzung der organischen Substanzen im Stallmist. Er besitzt auch die Fähigkeit, Nährstoffe im Boden zu lösen. Um Nährstoffverluste zu vermeiden, darf man organische Dünger also nicht gleichzeitig mit Kalk ausbringen. Er verbindet sich mit leicht löslichen Nährstoffanteilen und wäscht diese regelrecht aus.

Oben: Mit Kalk kannst du den pH-Wert saurer Böden regulieren.
Links: Egal welches Düngemittel du streust, es gehört immer auch Fingerspitzengefühl dazu.

Mehrnährstoffdünger

Was früher als Voll- und Mischdünger bezeichnet worden ist, heißt heute allgemein Mehrnährstoffdünger. Dies sind Düngemittel, die zumindest die drei wichtigsten Hauptnährstoffe enthalten: Stickstoff (N), Phosphor (P) und Kalium (K) in unterschiedlichen Anteilen. In diesen NPK-Düngern sind auch noch ein oder mehrere Spurenelemente wie Schwefel, Magnesium und Eisen enthalten, was sie für die Pflanzen noch wertvoller macht. Deshalb ist die Verwendung von Mehrnährstoffdüngern auch sehr empfehlenswert. Dabei verursacht ihre

Der grüne Tipp®

Wildpflanzen sind natürlich nur ein Hinweis auf die Bodenbeschaffenheit und ersetzen keinesfalls eine Bodenuntersuchung!

Rechts: Düngekegel sind ein praktischer Langzeitdünger für Zimmerpflanzen.

Das entspricht dem Effekt der organischen Düngemittel wie z. B. Hornspäne und hat den Vorteil, dass keine Mineralsalze mehr durch Auswaschen verloren gehen oder die Pflanze bereits nach kurzer Zeit nachgedüngt werden muss. Man kann auch nicht mehr überdüngen. Diese umhüllten Dünger gibt es in spezieller Zusammensetzung für Rasen, Gehölze und fast alle Gartenpflanzen.

Ein anderer praktischer Langzeitdünger, besonders für Zimmerpflanzen, sind Düngekegel, die die Pflanzen bis zu neun Monate mit allem versorgen, was sie zum Gedeihen brauchen.

Kompost und Gründung
sind die Sachen,
die uns'ren Boden besser machen.

Gründüngung

Eine wertvolle und wichtige Düngemethode ist die Gründüngung. Sie hatte über Jahrhunderte hinweg einen festen Platz in der Landwirtschaft und ist heute besonders bei Biogärtnern beliebt.

Das Prinzip der Gründüngung ist einfach. Man sät Samen aus, lässt die keimenden Pflanzen wachsen und arbeitet sie dann nach einiger Zeit in den Boden ein. Dort verrotten sie und setzen ihre Nährstoffe frei. Als Gründüngerpflanzen verwendet man bevorzugt solche, die Stickstoff aus der Luft aufnehmen können, ihn zu pflanzenverfügbaren Nährstoffen umbauen und diese in ihren Wurzelknöllchen speichern. Das sind in erster Linie die Schmetterlingsblütler wie Lupinen, Erbsen, Bohnen und Wicken.

Durch Gründüngung wird dem Boden aber nicht nur Stickstoff zugeführt, die verrottenden Pflanzen tragen auch zur Humusbildung bei und die Pflanzenwurzeln lockern den Boden. Für leichte Böden sind Lupinen

Gründüngerpflanzen bleiben eine Pflanzsaison lang auf dem Beet und werden dann in den Boden eingearbeitet.

Kalk für gesunden Gartenboden

Kalk reguliert den Säuregrad des Bodens, der in pH-Werten gemessen wird. Kalkarme Böden bezeichnet man als sauer, gut mit Kalk versorgte als neutral und sehr kalkhaltige als alkalisch.

Böden mit einem pH-Wert unter 5 werden als sauer bezeichnet, ein pH-Wert zwischen 6 und 7 bescheinigt einen neutralen Boden, Werte über 7 bezeichnen alkalische Böden. Ideale pH-Werte für leichte Böden bewegen sich zwischen pH 5,5 und pH 6, für schwerere zwischen pH 6 und pH 7.

Starke Abweichungen des Boden-pH-Wertes, vor allem im sauren Bereich, können durch Kalkgaben ausgeglichen werden. Durch Aufkalken lässt sich ein solcher Boden in den neutralen Bereich bringen. Statt des schnell löslichen Branntkalks empfehle ich hierfür Algenkalk, er wirkt langsamer, aber nachhaltig und beugt so einem kurzfristigen Kalküberschuss vor.

Stark alkalischen Böden kann nicht ohne Weiteres Kalk entzogen werden. Hier schaffen sauer reagierende Humusstoffe oder Torf Abhilfe.

Ein untrüglicher Hinweis für den Kalkgehalt eines Bodens sind die Wildpflanzen, die sich an diesem Standort einstellen. Als kalkfliehende Pflanzen bezeichnet man solche, die auf sauren Böden wachsen. Beispiele sind Sauerampfer, Wegerich und Acker-Frauenmantel. Huflattich, Wegwarte, Ackersenf, Mohn, Rote Taubnessel und Echte Kamille weisen dagegen auf eher kalkhaltige Böden hin.

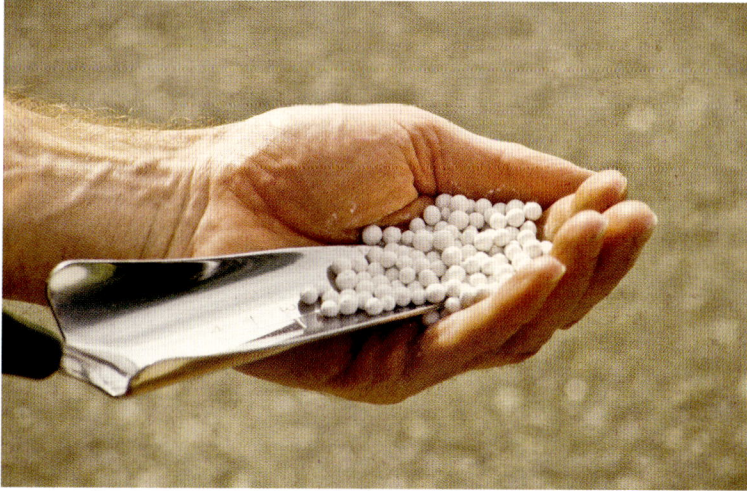

Kalk darf niemals gemeinsam mit Stallmist oder ammoniakhaltigen Düngern in den Boden gebracht werden, sondern mindestens 8 bis 14 Tage vorher. Wie schon im Kapitel „Kompost" beschrieben, regt er die Verrottung des Stallmistes an, weil er das Leben der Mikroorganismen im Boden fördert. Die Folge wäre eine schnellere Zersetzung der organischen Substanzen im Stallmist. Er besitzt auch die Fähigkeit, Nährstoffe im Boden zu lösen. Um Nährstoffverluste zu vermeiden, darf man organische Dünger also nicht gleichzeitig mit Kalk ausbringen. Er verbindet sich mit leicht löslichen Nährstoffanteilen und wäscht diese regelrecht aus.

Oben: Mit Kalk kannst du den pH-Wert saurer Böden regulieren.
Links: Egal welches Düngemittel du streust, es gehört immer auch Fingerspitzengefühl dazu.

Mehrnährstoffdünger

Was früher als Voll- und Mischdünger bezeichnet worden ist, heißt heute allgemein Mehrnährstoffdünger. Dies sind Düngemittel, die zumindest die drei wichtigsten Hauptnährstoffe enthalten: Stickstoff (N), Phosphor (P) und Kalium (K) in unterschiedlichen Anteilen. In diesen NPK-Düngern sind auch noch ein oder mehrere Spurenelemente wie Schwefel, Magnesium und Eisen enthalten, was sie für die Pflanzen noch wertvoller macht. Deshalb ist die Verwendung von Mehrnährstoffdüngern auch sehr empfehlenswert. Dabei verursacht ihre

Wildpflanzen sind natürlich nur ein Hinweis auf die Bodenbeschaffenheit und ersetzen keinesfalls eine Bodenuntersuchung!

Auch für Pflanzen, die saure Böden bevorzugen, wie hier das Heidekraut, habe ich den passenden Dünger.

Handhabung wenig Arbeit. Man streut sie erst kurz vor der Aussaat oder Pflanzung. Als Kopfdünger während der Kulturzeit sind sie ebenfalls gut verwendbar. Leichtes Unterhacken genügt.

Im Handel sind zahlreiche Mehrnährstoffdünger erhältlich, viele von ihnen Spezialmischungen, die genau auf die Bedürfnisse bestimmter Pflanzen und Pflanzengruppen eingestellt sind. Dies ist heute der leichteste Weg für den Pflanzen- und Gartenliebhaber, seinen Schützlingen die optimale Düngung zu garantieren. Die Pflanzen danken es dir durch gutes Wachstum und hohe Erträge.

Der bekannteste Mehrnährstoffdünger ist Blaukorn. Blaukorn kann grundsätzlich für alle Kulturpflanzen, wie z. B. Gemüse und Obst, aber auch für Rasen oder Zierpflanzen verwendet werden. Auf dem Markt gibt es verschiedene Hersteller, wobei es hier Unterschiede gibt in der Zusammensetzung der enthaltenen Inhaltsstoffe.

Mein „Pflanzenfutter komplett" ist vielfältig einsetzbar und schnell wirksam.

Spezialdünger

Eine Pflanzengruppe benötigt grundsätzlich immer einen Spezialdünger – die Moorbeetpflanzen. Zu ihnen zählen zum Beispiel Erikagewächse, Azaleen und Rhododendren. Für diese muss der Dünger immer chlorid- und kalkfrei sein, weshalb keine normalen Handelsdünger verwendet werden dürfen. Spezialdünger wie etwa „Gärtner Pötschkes Pflanzenfutter für Rhododendren" ist auch für die anderen Moorbeetpflanzen das ideale „Futter". Er setzt sich aus organischen und mineralischen Düngern zusammen und enthält auch etwas Magnesium. Die Hauptnährstoffe sind 12 % Stickstoff, 8 % Kalium und 6 % Phosphor.

Aus eigener Erfahrung möchte ich dir das vielfach bewährte „Gärtner Pötschke Pflanzenfutter" empfehlen. Es handelt sich um verschiedene Volldünger in einer gut ausgewogenen Zusammenstellung, die speziell auf den Bedarf der jeweiligen Pflanzen abgestimmt ist (siehe Kasten).

Brauchen Pflanzen ganz viel Kraft – mit Pflanzenfutter wird's geschafft.

GÄRTNER PÖTSCHKES PFLANZEN FUTTER

Auch für die Rasendüngung sind spezielle Mehrnährstoffdünger im Handel erhältlich, allerdings nur in fester Form als Granulat. Manche enthalten Beimischungen gegen Unkrautwuchs und wirken hemmend auf das Wachstum von

Praktische Lösungen

Alle Mehrnährstoffdünger gibt es auch in flüssiger Form. Diese Flüssigdünger enthalten alle notwendigen Nährsalze in gelöster Form und im optimalen Mischungsverhältnis. Besonders praktisch ist dies bei Zimmerpflanzen oder Beet- und Balkonpflanzen in Töpfen. Der Flüssigdünger lässt sich mühelos im Gießwasser auflösen und so besser dosieren. Die Pflanzen erhalten ausreichend Nahrung, ohne dass die Gefahr einer Überdüngung besteht.

Umhüllte Dünger

Sehr praktisch und empfehlenswert sind umhüllte Dünger. Das sind mit Harz ummantelte Düngerkörner. Diese Harzhülle steuert die tägliche Nährstoffabgabe und stellt so sicher, dass diese über einen langen Zeitraum zur Verfügung stehen.

Gut gedüngt und am richtigen Standort – dann sind Rhododendren in ihrer Blütenpracht kaum zu übertreffen.

Moos, gelten dann aber als Pflanzenschutzmittel. Sie sind entweder sofort wirksam, oder es sind Vorratsdünger, die den ganzen Sommer hindurch nach und nach ihre Nährstoffe freisetzen und an die Pflanzen abgeben.

Die Zahl der Mehrnährstoffdünger ist groß. Egal für welchen du dich entscheidest: Lese vor der Verwendung stets genau die Gebrauchs- und Dosieranleitung!

Rechts: Düngekegel sind ein praktischer Langzeitdünger für Zimmerpflanzen.

Das entspricht dem Effekt der organischen Düngemittel wie z. B. Hornspäne und hat den Vorteil, dass keine Mineralsalze mehr durch Auswaschen verloren gehen oder die Pflanze bereits nach kurzer Zeit nachgedüngt werden muss. Man kann auch nicht mehr überdüngen. Diese umhüllten Dünger gibt es in spezieller Zusammensetzung für Rasen, Gehölze und fast alle Gartenpflanzen.

Ein anderer praktischer Langzeitdünger, besonders für Zimmerpflanzen, sind Düngekegel, die die Pflanzen bis zu neun Monate mit allem versorgen, was sie zum Gedeihen brauchen.

Kompost und Gründung sind die Sachen, die uns'ren Boden besser machen.

Gründüngung

Eine wertvolle und wichtige Düngemethode ist die Gründüngung. Sie hatte über Jahrhunderte hinweg einen festen Platz in der Landwirtschaft und ist heute besonders bei Biogärtnern beliebt.

Das Prinzip der Gründüngung ist einfach. Man sät Samen aus, lässt die keimenden Pflanzen wachsen und arbeitet sie dann

nach einiger Zeit in den Boden ein. Dort verrotten sie und setzen ihre Nährstoffe frei. Als Gründüngerpflanzen verwendet man bevorzugt solche, die Stickstoff aus der Luft aufnehmen können, ihn zu pflanzenverfügbaren Nährstoffen umbauen und diese in ihren Wurzelknöllchen speichern. Das sind in erster Linie die Schmetterlingsblütler wie Lupinen, Erbsen, Bohnen und Wicken.

Durch Gründüngung wird dem Boden aber nicht nur Stickstoff zugeführt, die verrottenden Pflanzen tragen auch zur Humusbildung bei und die Pflanzenwurzeln lockern den Boden. Für leichte Böden sind Lupinen

Gründüngerpflanzen bleiben eine Pflanzsaison lang auf dem Beet und werden dann in den Boden eingearbeitet.

am besten geeignet. Bewährt haben sich aber auch Gründüngungsmischungen. Eine Auswahl und Saatgut für Gründünger findest du in meinem Gartenkatalog.

Gegen Bodenmüdigkeit und Fruchtfolgekrankheiten wirkt eine Gründüngung sowohl vorbeugend als auch heilend. So hat *Phacelia*, der Bienenfreund, keine Verwandten unter unseren Kulturpflanzen und verhindert damit, dass Fruchtfolgekrankheiten von einer Kultur auf die nächste übertragen werden. Bei Gelbsenf gibt es spezielle Sorten, die im Boden lebende Nematoden als Hauptursache der Bodenmüdigkeit erfolgreich bekämpfen.

Der richtige Zeitpunkt

Im Sommer kann man während der Wachstumsperiode immer wieder einmal eine rasch wachsende Gründüngung wie Senf, oder *Phacelia* einsäen. Auch ein Boden, auf dem im Herbst Bäume oder Sträucher gepflanzt werden sollen, profitiert von einer ein- bis zweimonatigen Gründüngung.

Besonders nützlich sind Gründüngungen, die im Spätsommer ausgesät den Winter über wachsen und erst im Frühjahr in den Boden eingearbeitet werden. Der Grund ist, dass bis in den Spätherbst die Böden noch warm sind und damit die Bodenlebewesen aktiv Nährstoffe freisetzen. Liegt das Land brach, würden diese größtenteils ausgeschwemmt werden. Gründüngerpflanzen binden diese, so dass sie dem Boden wieder zugeführt werden können.

Besonders gut tut es dem Boden, wenn er ein ganzes Jahr lang unter einer Gründüngung ruhen kann. Plane ein solches Ausjahr in den Fruchtwechsel deines Gartens ein.

Das Einarbeiten erleichtern

Die Pflanzen werden im einfachsten Fall niedergetreten oder gewalzt und dann untergegraben. Üblicherweise arbeitet

man Gründünger mit einer Hacke in den Boden ein, was aber nicht immer leicht ist. Ältere, zähe Pflanzen lassen sich oft nur schwer einarbeiten. Diese kann man abschneiden, mit einem Spaten zerhacken und erst einmal liegen lassen, bis sie sich zersetzt haben. Das Abmähen der Pflanzen vor dem Einarbeiten erleichtert die Arbeit. Ich lasse die abgeschnittenen Pflanzen meist noch ein bis zwei Tage liegen und grabe sie dann unter.

Manche Gründüngerpflanzen werden im Spätsommer gesät und verbleiben im Winter auf dem Beet.

Wichtig ist, die Gründüngerpflanzen nur flach in den Boden einzuarbeiten, nicht tiefer als 15 cm. Der Sauerstoffmangel in den tiefen Schichten würde sonst die Zersetzung hemmen.

Gründüngerpflanzen auf einen Blick

Pflanze	Aussaat	Bodenart	Einarbeiten	Sonstiges
Rotklee (Trifolium pratense)	April bis August	Gute Lehmböden, nicht auf magere Böden	Jederzeit	Winterhart
Lupinen (Lupinus angustifolius)	März bis Juni	Leichte bis schwach saure Böden	Bevor die Blüten sich öffnen	Bedingt winterhart
Senf (Sinapis alba)	März bis Mitte September	Feuchter, fruchtbarer Boden	Bis zur Blüte	Bedingt winterhart
Bienenfreund (Phacelia tanacetifolia)	März bis Mitte September	Durchschnittlicher Boden	Bevor die Blüten sich öffnen	Bedingt winterhart

Geräte, Werkzeuge und Maschinen

Damit die Arbeit im Garten Freude macht und Früchte trägt, brauchen wir nicht nur unsere Hände und unseren Kopf, sondern auch das richtige Werkzeug und die eine oder andere Maschine. Moderne, praktische Gartengeräte erleichtern die Arbeit enorm und entlasten bei richtigem Gebrauch unseren Rücken und die Muskeln. Die körperliche Bewegung an der frischen Luft, die mit jeder Gartenarbeit verbunden ist, macht viel Freude und nützt der Gesundheit – solange man sich nicht überfordert. Wenn man dann abends nach getaner Arbeit die Gartengeräte gereinigt und gepflegt an ihren Platz im Schuppen oder Keller zurückstellt, kann man zufrieden auf den Tag zurückblicken. Jeder Gartenfreund wird dann zustimmen, dass es wohl kein schöneres Hobby als das Gärtnern gibt!

Jetzt möchte man sechs Hände haben, zum Säen, Pflanzen, Hacken, Graben.

Augen auf beim Werkzeugkauf!

Wie sagte schon mein Großvater: „Qualitätshandwerkszeug ist die halbe Arbeit." Ein Satz, der bis heute nichts von seiner Gültigkeit verloren hat. Nur mit dem Unterschied, dass mein Großvater mit viel weniger Geräten seinen Garten bearbeiten und pflegen musste. Ihm standen nur Hacke, Harke, Mistgabel und Spaten zur Verfügung. Heute gibt es dagegen für die unterschiedlichen Arbeiten im Garten eine Vielzahl

Ein robuster Kunststoffrechen für das mühelose Entfernen von Herbstlaub.

Wenn sich's um Geräte dreht, achte auf Preis und Qualität!

spezieller Geräte und praktischer Kombisysteme mit schneller Wechselautomatik an den Stielen. Mein Großvater hat damals seine Pflanzen auch sehr gut und erfolgreich gepflegt – dies war nur mit mehr Arbeit und Zeitaufwand verbunden. An dieser Stelle möchte ich etwas ausführlicher auf das moderne Gartengerätesortiment eingehen, aber gleich darauf hinweisen, dass die guten alten Gartengeräte keinesfalls ausgedient haben.

Vom Sinn guter Werkzeuge

Gute, praktische Gartengeräte und Werkzeuge erleichtern uns die Gartenarbeit erheblich. Sie unterscheiden sich in den allermeisten Fällen von früheren Gartenwerkzeugen, da sie ständig verbessert und optimiert wurden, so dass sie mehr und mehr zeit-, arbeit- und kräftesparend sind. Bücken braucht man sich nicht mehr so oft wie früher: meist geht man mit aufrechtem Körper durch die Beete, so wird der Rücken geschont. Man kann vorwärts oder auch rückwärts gehen und muss den soeben bearbeiteten Boden nicht betreten. Die Bodenoberfläche bleibt auf diese Art locker und feinkrümelig. Alle Geräte lassen sich gut an einem langen Stiel führen, damit kannst du den Boden bis in die Nähe der Pflanzen bearbeiten, ohne die Wurzeln zu beschädigen. Die Arbeit mit den neuen Geräten geht insgesamt schneller vonstatten, man ist hinterher dann weniger ermüdet und hat ein viel besseres Ergebnis bei der Bodenbearbeitung erreicht, als beim Lockern mit der alten Hacke.

Geräteeinkauf

Beim Kauf von Gartengeräten solltest du einiges beachten und überlegen. Wichtig ist vor allem, dass gute Qualität bei der Auswahl im Vordergrund steht, sie zahlt sich immer aus. Stabile, dauerhafte Materialien und eine solide Verarbeitung kosten zwar meistens etwas mehr als Billigware, aber solche Qualitätswerkzeuge halten oft ein ganzes Gärtnerleben. Doch woran erkennt der Laie, ob ein Produkt den gestellten Anforderungen wirklich entspricht? Jeder kann beim Kauf von Gartenwerkzeugen auf einige wesentliche Punkte achten, um möglichst viel und lange Freude bei der Arbeit mit den Werkzeugen zu haben.

Bei Werkzeugen aus mehreren Einzelteilen ist es wichtig, dass alle Verbindungen stabil sind und Verschleißteile sich möglichst problemlos ersetzen lassen. Das bedeutet Stahl oder, noch besser, rostfreier Edelstahl statt Plastik und Blech. Harte, lackierte Edelhölzer für Stiele und Griffe und Spatenstiele aus elastischem, biegsamem Eschenholz sind sämtlichen Weichhölzern vorzuziehen.

Bei allen Verbindungen, die nur gesteckt und einfach zusammengenietet wurden, statt geschraubt oder verschweißt zu werden, ist Vorsicht geboten. Lockere Verbindungen beginnen oft schon nach kurzer Zeit zu wackeln und lösen sich unter Umständen ganz – und das oft in einem Moment, wo es für den Benutzer gefährlich werden kann. Dabei müssen gute Gartengeräte nicht zwangsläufig teuer sein. Es kommt vielmehr darauf an, dass sie ihre Aufgabe optimal erfüllen und Größe sowie Ausführung den eigenen Bedürfnissen entsprechen.

Mit etwas Übung kannst du die Sense mit einem Schleifstein schärfen.

Mieten statt kaufen

Beim Kauf von Gartengeräten, besonders aber von Maschinen, sind nicht nur die Anschaffungskosten, sondern auch die Lagerung zu bedenken. Maschinen oder Geräte, die relativ teuer sind, aber selten gebraucht werden, nehmen nur unnötig Platz im Schuppen oder im Keller weg. Vorteilhafter ist es da, wenn man sie ausleiht. Die meisten Baumärkte und Gartencenter bieten heutzutage einen Verleihservice an, ebenso Gartenbau- und Kleingartenvereine. Darüber hinaus gibt es in ländlichen Regionen oft Firmen, die sich auf den Verleih von Gartenbaumaschinen und -geräten spezialisiert haben. Sie verleihen alle nur denkbaren Gerätschaften gegen Gebühr. Bevor du mit dem geliehenen Gerät das Geschäft verlässt, solltest du folgende Punkte beachten:

» Prüfe beim Ausleihen den Zustand der Geräte.
» Untersuche besonders stark vibrierende Geräte wie Heckenscheren oder Vertikutierer auf lose Teile. Wenn Teile lose sind oder ganz fehlen, ist es besser, das Gerät oder die Maschine abzulehnen.
» Bei allen elektrischen Geräten müssen die Kabel intakt sein. Geräte mit geflickten, losen oder ausgefransten Kabeln können lebensgefährlich sein.
» Motorgetriebene Geräte sollte man im Laden starten und zur Probe laufen lassen.
» Achte darauf, ob motorgetriebene Maschinen mit normaler Spannung arbeiten. Falls nicht, muss zusätzlich ein Transformator ausgeliehen werden.

» Viele Maschinen – zum Beispiel Kettensägen – brauchen bestimmte Öle für den Betrieb.
» Falls erforderlich, muss zusätzlich Schutzkleidung mit ausgeliehen werden.
» Lasse dir das Gerät oder die Maschine auf jeden Fall vom Verleiher erklären. Falscher Stolz ist hier fehl am Platz und kann unter Umständen teuer zu stehen kommen, wenn das Gerät bei unsachgemäßer Benutzung Schaden nimmt.
» Wenn schon vor dem Ausleihen Mängel oder kleine Beschädigungen am Werkzeug oder an der Maschine erkennbar sind, das Gerät aber trotzdem ausgeliehen wird, müssen sämtliche Mängel schriftlich auf dem Ausleihvertrag festgehalten werden. Das beugt späteren ungerechtfertigten Forderungen sicher vor.
» Mit manchen Spezialgeräten, wie etwa einem Minibagger, kann nicht jeder problemlos umgehen. Solche Geräte kann man auch mit einem Fahrer mieten. Das kommt oft billiger, als eine Firma mit den Arbeiten zu beauftragen.

Nachbarschaftshilfe

Eine Alternative zum Ausleihen von Geräten und Maschinen ist die Kooperation mit Nachbarn. Gerade bei Maschinen wie Rasenvertikutierern, die nur einmal in der Saison gebraucht werden, lohnt es sich, wenn sie gemeinsam mit Nachbarn angeschafft, genutzt und gepflegt werden. Damit es nicht

zum Streit kommt, sollte man von Anfang an klären, wer für was zuständig ist. Meist ist es besser, wenn sich nur eine Partei verbindlich dazu verpflichtet, sich um die Wartung und Pflege zu kümmern – denn sonst kann es nur zu leicht geschehen, dass sich schließlich keiner verantwortlich fühlt und nichts zur Erhaltung und Pflege der Geräte unternommen wird.

Arbeitshandschuhe schonen und schützen die Hände.

Die Grundausstattung

Welche Geräte für den einzelnen Garten erforderlich sind, hängt allein davon ab, wie groß er ist und was man darin anbaut. Natürlich ist auch die Bodenbeschaffenheit ein Faktor, der berücksichtigt werden muss. Wird viel Rasen angelegt und gepflegt, so sieht das Geräteinventar anders aus als für einen Gemüsegarten, ein überwiegend als Obstgarten genutztes Grundstück oder für einen reinen Ziergarten. Grundsätzlich gilt bei der Erstausstattung mit Gartengeräten die Regel: So viel wie nötig, so wenig wie möglich. Meistens genügt für die wesentlichen Gartenarbeiten eine stabile, einfache Ausführung. Zusatzgeräte können später nach Bedarf hinzugekauft werden. Bei sehr großen Gärten ist es sinnvoll, wenn du für manche Pflegearbeiten motorgetriebene Gartengeräte in Betracht ziehst. Auf Dauer spart das eine Menge Zeit sowie Muskelkraft.

Dennoch muss nicht jeder Handgriff durch eine Maschine erledigt werden – schließlich macht auch die körperliche Arbeit im Garten Freude, sofern sie nicht über die eigenen Kräfte geht. Ein wenig Laubkehren im Herbst geht mit einem leichten Fächerbesen gut von der Hand. Ein motorgetriebener Laubsauger dagegen ist nicht nur teuer und schwer, er macht auch einen Höllenlärm, stellt eine Gefahr für Kleintiere dar und versagt, sobald das Laub feucht am Boden klebt. Lange Formschnitthecken dagegen möchte heutzutage niemand mehr mit der Handschere schneiden. Hier lohnt sich die Anschaffung einer elektrischen Heckenschere durchaus.

Klassiker, die jeder braucht

Kein Gärtner sollte auf Gummistiefel oder Gartenschuhe aus wetterfestem Kunststoff, feste Arbeitshandschuhe und eventuell auf eine Schürze und einen Sonnenhut verzichten. Weil es im Garten immer etwas zu transportieren gibt, brauchen wir außerdem einen oder mehrere Körbe aus Weide, Drahtgeflecht oder Kunststoff. Praktisch sind auch faltbare Transportbehälter aus Folie, die platzsparend aufbewahrt werden können und jederzeit einsatzbereit sind. Schubkarren zum Transport von schweren Lasten dürfen ebenfalls in keinem Garten fehlen. Inzwischen gibt es sogar zusammenklappbare Modelle, die auch in kleinen Schuppen Platz haben.

Mit der Schere ein – zwei – drei zaub're ich mein Konterfei.

Links: Körbe in allen Größen sind sehr nützlich für den Transport des Ernteguts.
Unten: Kombi-systeme sind praktisch, achte aber auf Qualität und spare nicht an der falschen Stelle.

Weiteres Zubehör, das zur Hand sein sollte, sind Gartenbast, Kokosfaserstricke und Baumwollkordel zum Anbinden und Befestigen von Pflanzen. Kunststoffschnüre stellen, wenn sie nach der Nutzung nicht aussortiert werden, eine Gefahr für Tiere dar und können später im Kompost oder im Boden lästig sein, weil sie nicht verrotten. Außerdem besteht die Gefahr des Einwachsens beim Dickenwachstum des Stammes. Und wo Pflanzen aufgebunden werden müssen, da braucht es auch Stützen. Am besten eignen sich Bambusstäbe.

Kombigeräte

Viele Firmen bieten sogenannte Kombisysteme an. Die griffigen, aber schweren Holzstiele sind hier durch leichtere Aluminiumstiele ersetzt worden, deren unteres Ende mit einer Vorrichtung zum Auswechseln des Arbeitsgerätes versehen ist. Der Vorteil liegt auf der Hand: Ein Stiel passt für viele Werkzeuge und kann mit wenigen Handgriffen gewechselt werden. Das spart Platz bei der Aufbewahrung und erleichtert den Transport. Der Nachteil besteht darin, dass ein ständiges Auswechseln lästig werden kann, wenn mehrere Werkzeuge

parallel benutzt werden müssen. Auch sind die Verbindungen zwischen Werkzeug und Stiel nicht so stabil wie bei konventionellen Gartengeräten. Aus meiner Erfahrung empfiehlt es sich, häufig benutzte und stark beanspruchte Geräte, die mit hohem Krafteinsatz benutzt werden, mit einem eigenen Stiel zu versehen und bei selten benutzten Werkzeugen auf ein Kombisystem auszuweichen.

Holzstäbe und -pflöcke zum Stützen von Gehölzen und größeren Stauden sollten mit einer umweltverträglichen Imprägnierung vor dem Verrotten geschützt sein.

Oben: Schuffel, Kultivator, Pflanzkelle und Ziehhacke sind altbewährte Alleskönner für den Gärtner (von links nach rechts).
Rechts: Mit der Grabgabel kannst du den Boden sowohl umgraben als auch lockern. Der Spaten dient Grabe- und Pflanzarbeiten.

Graben und krümeln

Ein Muss für alle Gärten sind Spaten, Grabegabel und Schaufel, dann auch Harken oder Rechen in verschiedenen Breiten. Diese Geräte dienen der Bodenbearbeitung, also dem Graben und Zerkleinern bzw. Zerkrümeln der Erde. Es war schon immer so, und es wird auch so bleiben, dass das Gartenjahr mit der Bodenbearbeitung beginnt und endet. Am wichtigsten ist dabei der Spaten. Es gibt ihn in verschiedenen Ausführungen. Mit einem rechteckigen Blatt aus Edelstahl (28 x 19 cm), einem wetterfest lackierten Eschenholzstiel und einem praktischen Griff ist er ein unentbehrliches Werkzeug. Der nach seiner Form benannte „D"-Griff liegt sicher und fest in der Hand. Ein Spaten mit „T"-Griff, also mit einem Querholz am oberen Ende des Stiels, ist eine ebenso praktische Alternative. Für Grabe- und Pflanzarbeiten im Beet und alle minder schweren Aufgaben der Bodenbearbeitung gibt es den sogenannten „Damenspaten", bei dem das Blatt schmaler und kleiner ist.

Noch vielseitiger ist die Grabegabel, ein Gerät mit vier breiten flachen Zinken aus Edelstahl. Sie eignet sich sowohl zum Umgraben als auch zum Lockern des Bodens. Zum Umschichten bzw. Verteilen von Sand, Erde und anderen Materialien

dient die Schaufel. Sie sollte ein stabiles breites Blatt aus hartem Stahl und einen langen, am unteren Ende leicht gekrümmten Stiel besitzen. Zum Zerkleinern und Zerkrümeln schwerer Böden eignet sich ein Krail. Das ist ein Gerät mit vier bis fünf parallel angeordneten, rechtwinklig gekrümmten Zinken an einem langen Stiel, mit dem man im Stehen arbeitet. Zum anschließenden Feinplanieren benutzt man die Harke, die auch Rechen genannt wird. Hier sind die Stahlzinken kürzer, in größerer Zahl und enger angeordnet als beim Krail. Sogenannte Kultivatoren haben drei bis fünf krallenartig gekrümmte Zinken, die man durch den Erdboden zieht. Sie zerkrümeln die Erde genauso wie Kombikrümler und Gartenwiesel, die mit gezähnten Laufrädchen den Boden zur Aussaat und zum Pflanzen vorbereiten.

Säen und pflanzen

Zum Säen und Pflanzen brauchen wir eine Pflanzkelle und andere Kleingeräte wie Pflanz- und Pikierholz oder ein Pikierblech. Bei diesen Werkzeugen kommt es auf eine leichte Handhabung an. Die Pflanzkelle („Schäufelchen") dient zum Ausheben kleiner Löcher. Sie muss gut in der Hand

Für das breitwürfige Ausbringen zum Beispiel von Rasensaat benutze ich einen Streuwagen, der sich übrigens auch zum gleichmäßigen Verteilen von Dünger eignet.

liegen und stabil sein. Dabei ist es eher nebensächlich, ob der Griff aus Holz, Kunststoff oder Metall besteht. Um Löcher zum Einsetzen der Pflanzen in lockeren Boden zu stoßen, benutzt man das Pflanzholz, einen nach unten spitz zulaufenden Zapfen, der einen abgewinkelten, stabilen Griff hat. Mit dem Hohlpflanzer, einem Metallzylinder mit festem, am oberen Ende waagerecht angebrachtem Griff, stanzt man Löcher zum Pflanzen von Blumenzwiebeln in die Erde.

Jungpflanzen aus der Aussaatschale verpflanzt man mit Hilfe eines bleistiftartigen Pikierholzes oder eines abgeplatteten Pikierblechs. Diese beiden zierlichen Werkzeuge dienen sowohl dem Vereinzeln der Sämlinge als auch dem Vorbohren der Pflanzlöcher.

Lockern und jäten

Zum Lockern und Jäten der bestellten Beete dienen Hacken in verschiedenen Breiten. Hinzu kommen Grubber, Lüfter und Kultivatoren. Für biologisch wirtschaftende

Gärtner darf der Sauzahn nicht fehlen. Moderne Hackenformen sind vor allem zur oberflächlichen Lockerung des Bodens vorgesehen. Dabei unterscheidet man zwischen Ziehhacken, die durch den Boden gezogen werden, und Blatt-, Schlag- oder Stoßhacken (Schuffel). Hacken der zweiten Gruppe haben ein rechteckiges oder dreieckiges Blatt mit einer Schnittfläche. Man treibt sie mit kurzen Stößen schräg in oder

über den Boden und kann so nicht nur die Erde lockern, sondern auch gleichzeitig Unkraut abhacken.

Die Bügelzughacke mit einem schmalen, senkrecht zum Stiel stehenden, rechteckigen Blatt stellt eine Kombination aus Schlag- und Ziehhacke dar. Der Sauzahn erfreut sich, wie schon gesagt, besonders bei Biogärtnern großer Beliebtheit. Er besteht aus einem flachen, gekrümmten Bogen aus festem Stahl oder einem Edelmetall und hat eine kleine Schar am Ende. Mit dem Sauzahn lüftet man lockere Böden, ohne das Bodenleben durcheinanderzubringen. Schließlich sei noch der Unkraut- oder Distelstecher erwähnt: Das praktische Handgerät besteht aus einer Art stabilem Metalldolch an einem Griff und dient dazu, tief wurzelnde Unkräuter wie Löwenzahn, Disteln oder Schachtelhalm mitsamt der Pfahlwurzel aus dem Boden zu heben.

Harken und Fegen

Mit Fächerbesen, Harken und Rechen sowie dem guten alten Reisigbesen schaffen wir Ordnung im Garten und auf den Wegen, fassen im Sommer den Rasenschnitt und im Herbst das Falllaub zusammen. Fächerbesen gibt es mit federnden Metall- und Kunststoffzinken. Fächerbesen mit Plastikzinken arbeiten zwar schonender als solche mit Stahlzinken, aber die Kunststoffzinken nützen sich rasch ab.

Für kleinere Aufgaben genügt ein Handfächerbesen, mit dem man zum Beispiel Schnittgut aus einer Rabatte aufrechen kann. Harken mit Metallzinken dienen nicht nur zum Zerkrümeln und Einebnen von frisch bearbeiteten Böden. Sie erleichtern auch im Herbst das Einsammeln von Gartenabfällen, zum Beispiel den Strünken auf dem Kohlbeet.

Nur so wirst du das Unkraut packen: immer wieder jäten, hacken!

Links: Praktisch auch zum Entfernen hartnäckiger Wurzelunkräuter ist die Unkrautkralle.

Fächerbesen dürfen in keinem Garten fehlen.

Ein einfacher Reisigbesen darf in keinem Garten fehlen. Er dient zum Fegen der Wege und Sitzplätze und dem Zusammenkehren von Herbstlaub. Ob man die überall immer preiswerter angebotenen, motorgetriebenen Laubsauger zum Beseitigen des herbstlichen Falllaubs wirklich im Privatgarten einsetzen möchte, bleibt jedem selbst überlassen.

Schneiden und sägen

Zum Schneiden und Sägen finden wir die unterschiedlichsten Werkzeuge und Maschinen, die uns die Arbeit erleichtern. Universell einsetzbar ist die Rosenschere, die auch als Rebschere oder Universalschere bezeichnet wird. Mit ihr schneidet man verholzte Stiele und Staudenstängel bis maximal 1 cm Durchmesser. Es gibt verschiedene Sonderformen mit Rollgriffen, Greifautomatik, Anschlagpuffer oder Ratschenmechanik, die für

besondere Aufgaben gedacht sind oder die Arbeit generell erleichtern sollen. Für Anfänger grundsätzlich genügt aber die Standardausführung. Diese sollte stabil und leichtgängig sein und scharfe Klingen aus hochwertigem, gehärtetem Edelstahl besitzen. Achte beim Kauf auf gute Qualität!

Dickere Äste bis zu einem Durchmesser von 2,5 cm durchtrennt man mit einer Astschere. Sie hat einen kräftigen Schnittkopf und lange Griffe, die auch teleskopartig ausziehbar sein können. Mit einer Ratschenmechanik ausgerüstete Astscheren bewältigen sogar Äste bis zu einem Durchmesser von 5 cm. Teleskop-Astscheren, die es in verschiedenen Ausführungen gibt, ermöglichen den bequemen Baumschnitt ohne Leiter bis in Höhen von mehreren Metern.

Dicke Äste muss man sägen

Dickere Äste kannst du nicht mehr schneiden, hier bedarf es einer Säge. Dafür haben sich Gartenallzwecksägen mit schmalem wendigem Blatt bewährt. Die beliebteste ist die Bügelsäge, die bei ausreichend Bewegungsspielraum auch kräftige Äste bewältigt. Für spezielle Aufgaben gibt es zahlreiche Sonderformen. Im Privatgarten

Rechts: Eine gute Fuchsschwanzsäge liegt sicher in der Hand und sägt Holz wie Butter.

Vorsicht und 'ne sich're Hand braucht ein solcher Gegenstand.

wird man kaum in die Verlegenheit kommen, eine motorgetriebene Kettensäge benutzen zu müssen. Dennoch sei an dieser Stelle erwähnt, dass es inzwischen viele preiswerte, elektrisch betriebene Kettensägen gibt, die das Zerkleinern von dicken Ästen erleichtern. Der Gebrauch dieser Geräte darf aber nur unter Beachtung aller Sicherheitsvorkehrungen erfolgen.

Das Schnittgut kann entweder verbrannt oder, wo dies wegen der dichten Wohnbebauung nicht gestattet ist, zu öffentlichen Sammelstellen gebracht werden, wie sie in vielen Gemeinden vorhanden sind. Eine praktische Alternative sind motorgetriebene Häcksler, die das Schnittgut zerkleinern. Anschließend kann es zum Mulchen verwendet oder kompostiert werden. Häcksler gibt es in verschiedenen Ausführungen. Achte beim Kauf jedoch nicht nur auf die Leistung, sondern auch auf die Lautstärke. Dein Nachbar wird es dir danken!

Zum Schneiden und Säubern von Sägeschnitten, aber auch zum Veredeln benutzen Gärtner seit alters her die Hippe, ein zusammenklappbares Messer mit einer nach unten gebogenen Klinge. Die Hippe muss gut in der Hand liegen und leicht auf- und zusammenklappbar sein.

Links: Die Hippe hat eine nach unten gebogene Klinge. Sie dient dem Schneiden und sollte daher gut in der Hand liegen. **Unten:** Um den Buchs in Form zu halten reicht eine gut geschliffene Gartenschere.

Heckenschnitt

Hecken, hohes Gras und Bodendecker schneiden wir mit der Heckenschere. Als Standardmodell gilt die mechanische Heckenschere. Wenn sie gut geschärft, sicher zentriert und nicht zu schwer ist, geht die Arbeit leicht von der Hand. Mit Teflon beschichtete Klingen sind heute fast die Regel und erleichtern die Arbeit zusätzlich. Heckenscheren mit Wellenschliff verhindern ein Wegrutschen der Zweige.

Für lange Heckensäume empfiehlt sich die Anschaffung einer motorgetriebenen Heckenschere. Es gibt Modelle mit Benzin- und Elektroantrieb. Ist ein Stromanschluss in der Nähe, dann empfehle ich die Elektroschere wegen der einfachen und sicheren Bedienung. Das Elektrokabel muss beim Arbeiten aus Sicherheitsgründen immer hinter dem Rücken geführt werden. Einhand-Gartenscheren, die es auch mit

einem Verlängerungsstiel gibt, damit man sich nicht bücken muss, eignen sich nur für ganz weiche Zweige oder zum Nacharbeiten der Rasenkanten nach dem Mähen.

Besonders praktisch ist Garden Groom, die erste Sicherheits-Heckenschere der Welt, die du in meinem Gartenkatalog findest. Sie schneidet, häckselt, mulcht und sammelt das Schnittgut in einem Fangsack. Einfacher geht es nicht.

Der grüne **Tipp**®

Für sämtliche Sägen gilt: Scharfe Sägeblätter erlauben nicht nur ein rasches, sauberes Arbeiten, sie sind auch sicherer als stumpfe oder gar verrostete Sägen.

Gießen und beregnen

Damit der Garten in regenarmen Zeiten nicht austrocknet, gehören Gießkannen, Schläuche und entsprechendes Zubehör, wie z. B. Flächenberegner in verschiedenen Leistungsgrößen, Brausen, Kopplungsstücke usw. in den Geräteschuppen. Um immer einen Überblick über die Niederschlagsmengen zu behalten, lohnt sich das Aufstellen eines Regenmessers aus Kunststoff. Gießkannen gibt es in unterschiedlichen Größen. Die stabilen, konventionellen Zinkkannen sind zwar dekorativ, aber Kunststoffkannen haben ein deutlich geringeres Eigengewicht. Das macht sich besonders in trockenen Sommern positiv bemerkbar! Ein Brausekopf zum Aufstecken auf den Kannenhals erlaubt auch ein feines Beregnen der Kulturen.

Ganz einfach geht das Regenmachen mit handlich leichten Gartensachen.

Bewässern mit Schläuchen

Schläuche finden wir in mannigfaltiger Auswahl. Wirklich nützlich sind allerdings nur solche Modelle, die wenig wiegen, aber dennoch sehr flexibel, knick- und verrottungssicher sind. Besonders langlebig sind doppelwandige Schläuche aus PVC-Kunststoff oder aus Gummi mit Cordeinlage. Für normal große Gärten genügt bereits ein ½ Zoll-Schlauch, für größere Gärten lohnt sich die Anschaffung eines ¾ Zoll-Schlauches. Ein Schlauchwagen zur Aufbewahrung und zum Transport verhindert, dass es „Kabelsalat" gibt.

Oben: Praktische Bewässerungssysteme helfen Arbeit sparen und garantieren auch in Abwesenheit eine ausreichende Wasserversorgung deiner Beetpflanzen. **Unten:** Ein mobiler Beregner sorgt für frisches Rasengrün, auch im Hochsommer.

Achte beim Kauf auch auf die Anschlüsse. Inzwischen haben sich fast ausnahmslos die praktischen Steckverbindungen aus robustem Kunststoff durchgesetzt. Mit einem entsprechenden Adapter kannst du sie an alle Wasserhähne anschließen. Viele Aufsatzbrausen unterschiedlicher Hersteller passen ebenfalls auf die Steckverbindungen, genauso wie man die meisten Beregner damit kombinieren kann. Du hast hier die Auswahl unter Rundsprengern, die einen kreisförmigen Bereich beregnen, und Viereckregnern, die durch Schwenkbewegungen eine rechteckige Fläche bewässern. Im Fachhandel gibt es eine Vielzahl von halb automatischen und automatischen Systemen bis hin zu kompletten Bewässerungsanlagen, die zeitgerecht oder nässeabhängig von Minicomputern gesteuert werden.

oder Schachtelhalm zur Schädlingsprophylaxe und zur Pflanzenstärkung ausgebracht werden. Damit die Düse der Spritze nicht durch Schwebstoffe verstopft wird, müssen solche selbst hergestellten Pflanzenschutzmittel vor der Verwendung zunächst durch ein feines Tuch abgeseiht werden. Dies entfernt auch eventuell darin enthaltene Unkrautsamen. Wenn nur wenige Pflanzen behandelt werden müssen, lohnt sich die Rückenspritze meistens nicht. Dann genügt ein Handsprayer, wie wir ihn zum Beispiel vom Fensterputzen kennen. Damit lassen sich kleine Mengen Pflanzenschutzmittel bequem und gleichmäßig versprühen.

Der grüne Tipp®

Im Obstgarten sind die praktischen Leimringe gegen Frostspanner unentbehrliche Helfer, und Insektenleimtafeln (Gelbtafeln) helfen zusätzlich, lästige Schadinsekten in Schach zu halten.

Geräte für den Pflanzenschutz

Nicht zu vergessen ist eine kleine Pflanzenschutz- bzw. Rückenspritze zur Schädlings- und Krankheitsbekämpfung, wenn man sich vollkommen krankheitsfreie Kulturen wünscht und bereit ist, diese mit Pflanzenschutzmitteln zu behandeln. Soweit im Handel verfügbar, sollten wir Mittel auf biologischer Basis bevorzugen und sie sparsam anwenden. Mit einer Rückenspritze können auch Brühen, Pflanzenjauchen, Kaltauszüge und Tees aus verschiedenen Pflanzen wie Knoblauch, Brennnesseln, Wermutkraut

Was man zur Rasenpflege braucht

Auch für Rasenflächen sind entsprechende Pflegegeräte notwendig. An erster Stelle sei hier der Rasenmäher genannt, denn ohne regelmäßiges Mähen wird aus einem hübschen Zierrasen innerhalb weniger Wochen eine struppige Wiese. Im Fachhandel findest du eine breite Palette von Modellen. Es gibt solche, die man schieben muss, und sogenannte Selbstfahrer mit Hinterrad- oder Allradantrieb. Für besonders große Rasenflächen gibt es auch Aufsitz-

Oben: Rasenmäher mit Auffangkorb erleichtern die Arbeit ungemein.
Links: Wenn nichts anderes mehr hilft, kann ein Druck-Sprühgerät Schädlingen den Garaus machen.

propellerartigen Messerbalken und sind
entweder mit einem leichteren Elektromotor
oder einem 2- oder 4-Takter-Benzinmotor
ausgerüstet. Ein praktisches Zubehör ist
ein Grasfangkorb, der viel Zeit spart. Neu
auf dem Markt sind Mulchmäher, die das
Schnittgut gleich so fein häckseln, dass es als
Dünger auf der Rasenfläche liegen bleiben
kann. Wer dennoch lieber das Schnittgut
zusammenkehrt, sollte bei der Anschaffung
eines Fächerbesens nicht nur auf den Preis
achten. Je leichter ein Gerät in der Hand
liegt, desto weniger ermüdend ist die Arbeit.

Für besondere Aufgaben

Alte Rasenflächen sind oft verfilzt, von Moos
und Unkraut durchsetzt und sehen schütter
aus. Hier hilft ein Belüften des Rasens mit
Hilfe eines Vertikutier- oder Aerifiziergerätes.
Für kleine Rasenflächen genügt auch ein
Vertikutierrechen, der umweltschonend
nur mit Muskelkraft betrieben wird und nur
wenig Platz im Schuppen wegnimmt.

Zum gleichmäßigen Ausbringen von
Dünger auf dem Rasen kann ein Streuwagen benutzt werden, den wir schon bei
der Rasenaussaat kennengelernt haben. Das
nach dem Düngen obligatorische Wässern
kann entweder mit dem Schlauch und einer
Aufsatzdüse oder ganz bequem mit einem
halbautomatischen Regner erfolgen. Die
Älteren unter uns erinnern sich bestimmt an
die mühsame Arbeit, die mit dem Absensen
der Wiesen im Sommer verbunden war.
Neben dem kräftezehrenden Schwingen der
Sense kostete das ständige Schärfen und
Dengeln des Sensenblattes nicht nur viel
Zeit, sondern erforderte auch besonderes Geschick. Nun gehört diese Plackerei in Zeiten
des technischen Fortschrittes zum Glück der
Vergangenheit an und wir können Wiesen
rasch und relativ bequem mit Motorsensen,
Balkenmähern oder Trimmern abmähen.
Für normale Hausgärten ist der motorgetriebene Trimmer wohl das beste Gerät. Statt
mit Hilfe eines Scherblattes schneiden sie
die Halme mit einem rotierenden Nylonfaden. Was man sonst noch an Maschinen
und Geräten zur Rasenpflege benötigt?
Ich rate jedem Interessierten, die Angebote
in meinen Gartenkatalogen anzusehen.

mäher, mit denen man wie auf einem
kleinen Traktor über den Rasen fährt. Die
Frage, welcher Mäher am besten zu einem
passt, muss jeder für sich selbst beantworten. Dabei spielt die Größe der Rasenfläche
und die zur Verfügung stehende Muskelkraft eine Rolle sowie die Zeit, die man zur
Rasenpflege aufwenden möchte. Für einen
Garten mit einer Rasenfläche unter 200 m²
genügt ein einfacher, preiswerter Handmäher
mit Spindelmesser. Er ist umweltneutral,
platzsparend aufzubewahren und vor allem
sanft zum Rasen. Für größere Flächen und
in Hanglagen lohnt sich die Anschaffung
eines motorgetriebenen Mähers. Die meisten
Modelle mähen mit einem horizontalen,

Praktische Gartenhelfer

Beim Arbeiten im Garten werden wir immer wieder in Situationen kommen, in denen wir uns fragen, ob es nicht ein Gerät gibt, das diesen oder jenen Handgriff erleichtern könnte. Und in der Tat tüfteln viele wache Geister immer wieder Neues aus, um uns die Arbeit im Garten so angenehm wie möglich zu machen. Ob das ein Fugenkratzer ist, Knie- und Sitzhilfen, transportable Arbeitstische oder Gurte zum Transportieren von Kübeln. Auch diese praktischen Gartenhelfer findest du in meinen Gartenkatalogen und in Fachgeschäften.

Helfer bei der Aussaat

Am Beginn eines jeden Gartenjahres steht die Aussaat der neuen Pflanzengeneration. Am meisten Erfolg hat man mit Zubehör, das die Aussaat erleichtert und optimale Keimbedingungen für die Samen schafft. Besonders feine Aussaaterde verbessert das Keimergebnis. Mit einem handlichen, grobmaschigen Sieb aus Draht oder Kunststoff kann man alle Klumpen, Fasern und Steinchen aus der Aussaaterde heraussieben. Die Aussaat in einer Saatbox aus Kunststoff auf der Fensterbank garantiert ein konstantes Klima und eine ausgeglichene Temperatur. Es gibt sogar Modelle, die sich 14 Tage lang selbst bewässern. Eine elektrisch beheizbare Unterlage erzeugt schwache Wärme und beschleunigt nicht nur die Keimung von Saaten, sondern auch die Bewurzelung von Stecklingen.

Keine Aussaat ohne Schildchen – kleine Etiketten, die man mit wasserfestem Filzstift beschreiben kann, schützen vor Verwechslungen. Ideal zur Stecklingsvermehrung und für die Aussaat einzelner großer Samen sind Torfquelltöpfchen in Tablettenform. Sie werden einfach mit warmem Wasser übergossen und quellen in wenigen Minuten auf. Wenn die Stecklinge bewurzelt oder die Samen gekeimt sind, werden sie mitsamt dem Torfquelltöpfchen ausgepflanzt.

Anzuchthilfen

Zum Vereinzeln von Jungpflanzen kann man auf praktische Torfanzuchttöpfe zurückgreifen. Sie sind preiswert und besonders praktisch, weil du die Pflanzen später nicht mehr austopfen musst, sondern mitsamt den durchwurzelten Torfanzuchttöpfen auspflanzen kannst. Für die Anzucht der ersten vitaminreichen Frühjahrsgemüse wie Pflücksalat, Kohlrabi, Radieschen und Gartenkresse im Freiland sind transportable Frühbeete mit Aluminiumrahmen und Fenstern aus einem Hohlkammer-Kunststoff ideal geeignet. Sind die Pflanzen weniger empfindlich oder die Temperaturen nicht mehr ganz so niedrig, schützen Folientunnel, Folienhäuser und Vliesmatten vor späten Kälteeinbrüchen (siehe auch Seite 76). Letztere können zudem zur Ernteverfrühung von Erdbeeren und zur Saisonverlängerung bei allen Blattsalaten im Herbst benutzt werden.

Die Anzucht von Pflanzen in Torfquelltöpfchen ist kinderleicht.

Im Torfquelltopf ganz unbedingt die Pflanzenanzucht dir gelingt.

Unsere Pflänzchen können auch durch übergestülpte Glasglocken oder Zylinder aus beständigem Kunststoff behütet werden. Sie schützen außerdem vor Schnecken und Vögeln sowie, wenn sie getönt sind, vor zu viel Sonne.

Stützen halten deine Pflanzen in Form und verhindern ein Auseinanderbrechen.

Feinmaschige Schutznetze halten die gefürchteten Möhren- und Kohlfliegen fern von den Kulturen. Praktische Netz- und Folienhalter, die in die Erde gesteckt werden, verhindern ein Verwehen der Folien und dass die nassen Folien an den Pflanzen kleben. Zum Schutz vor Schnecken empfehle ich spezielle Schneckenzäune aus Kunststoff, bei denen die Einzelelemente im Stecksystem variabel miteinander verbunden werden.

Der grüne Tipp®

Ich möchte allerdings darauf hinweisen, dass beim Einsatz von Flammenjätern oder heißem Dampf die Pflanzenwurzeln nicht absterben und später wieder austreiben.

Stützen für alle Fälle

Viele Pflanzen im Zier- und Nutzgarten brauchen eine Stütze, damit sie weder vom Wind noch durch ihr eigenes Gewicht geknickt werden. Neben einfachen Bambusstäben gibt es auch mit Kunststoff ummantelte Metallstützen, die äußerst stabil sind und nicht verrotten. Manche Hersteller bieten Systeme, bei denen Stäbe mit Ringen kombiniert sind. Im Blumenbeet besonders unauffällig wirken grüne Ausführungen. In meinem Gartenkatalog findest du aber auch zum Beispiel zierende Eisenobelisken, die einen Blickfang in jedem Garten bilden.

Im Gemüsegarten sind es besonders die Tomaten und Stangenbohnen, die etwas zum Anlehnen brauchen. Für Stangenbohnen gibt es Bohnenstangensets aus stabilem, beschichtetem Stahlrohr, die einfach und schnell selbst montiert und je nach Bedarf beliebig erweitert werden können. Tomaten zieht man bequem und einfach in Spiralstäben aus rostfreiem Metall. Die Pflanzen wachsen von selbst durch die stützende Spirale nach oben und brauchen nicht mehr angebunden zu werden.

Jäten ohne Mühe

Eine der von Gartenfreunden am wenigsten geschätzten Arbeiten ist wohl das Jäten der Wildkräuter. Besonders die hartnäckigen, sich tief im Boden festkrallenden Pfahlwurzler wie Löwenzahn, Schachtelhalm oder Disteln müssen einzeln von Hand ausgerupft werden. Mit dem Distelstecher ist das zwar weniger mühsam, doch das lästige Bücken bleibt einem dennoch nicht erspart. Mit einem speziellen, stabförmigen Unkrautstecher geht es dagegen auch ohne Bücken. Das Gerät besteht aus einem Stecken mit einem T-förmigen Griff am oberen und einer speziellen Greifmechanik am unteren Ende. Durch Drücken, Drehen und Ziehen können Wurzelunkräuter so leicht und aufrecht stehend gejätet werden.

Ein weiteres lästiges Ärgernis sind die in Plattenfugen siedelnden Unkräuter und Moospolster. Das mühsame Herauskratzen geht mit einem Fugenkratzer aus Metall mit gummiertem Holzgriff viel einfacher von der

Hand. Eine Alternative ist das Abflämmen oder Absengen der Wildkräuter mit einem Spezialgerät, das mit einer Gaskartusche betrieben wird. Dieses Gerät kann auch auf Kiesflächen eingesetzt werden, wo das Jäten besonders mühsam ist. Andere, elektrisch betriebene Geräte erzeugen heißen Wasserdampf, der den gleichen Effekt hat und die Pflanzen zum Absterben bringt.

Praktische Erntehelfer

Reife Früchte, die nicht zum sofortigen Verzehr bestimmt sind, musst du mit besonderer Sorgfalt ernten. Hilfreich sind bei der Ernte von Obst an Bäumen Leitern.

Sie müssen standfest und trittsicher sein. Ein Korb oder Eimer zum Sammeln des Ernteguts lässt sich mit einem s-förmig gebogenen Metallhaken an der Leiter aufhängen, so dass die Hände zum Festhalten und zum Pflücken frei sind. Weit oben in der Krone hängende Früchte pflückt man gefahrlos mit einem Obstpflücker, der an einer langen Stange befestigt wird. Das Gerät besteht aus einem kronenförmigen Drahtkranz, mit dem die Früchte vom Zweig gepflückt werden. Sie fallen dabei in ein darunter angebrachtes Stoffsäckchen, aus dem sie bequem entnommen werden können.

Gartenabfälle entsorgen

Überall, wo es Wachstum im Garten gibt, fällt irgendwann auch Abfall an. Im Blumenbeet wird während der Saison laufend Verwelktes ausgeschnitten, Unkraut gezupft, und manche einjährige Saisonpflanze muss entsorgt werden, wenn ihre Zeit um ist. Im Sommer fällt wöchentlich eine Menge Rasenschnitt an, und im Gemüsegarten müssen ebenfalls ständig Wildkräuter gejätet und entsorgt werden. Besonders beim Großreinemachen im Herbst sammelt sich eine Menge Abfall im Garten an.

Oben: Mit dem Unkrautstecher kannst du ohne Bücken hartnäckige Wurzelunkräuter entfernen.
Unten: Der Apfelpflücker reicht auch an sonst unzugängliche Stellen heran.

Mit diesem neuen Unkrautstab ich endlich meine Ruhe hab'!

Du kannst diesen einfach über den Hausmüll entsorgen und in die Biotonne geben. Mancherorts gibt es auch Bioabfallhöfe oder kommunale Sammelstellen für Gartenabfälle. Hier kannst du auch größere Mengen abliefern.

Am besten verwertest du deine pflanzlichen Abfälle durch Kompostieren. Holzige Stängel und Zweige solltest du jedoch vorher mit einem Häcksler zerkleinern (siehe auch Seite 127). Die organischen Reste kann man einfach zu einem Haufen aufsetzen oder eine Miete aus Brettern errichten, in die du dann die Abfälle einschichtest. Alternativ dazu gibt es auch Kompostsilos aus Kunststoff, die das Verrotten der organischen Materialien beschleunigen und die Geruchsbelästigung auf ein Minimum reduzieren. Verschiedene Hersteller bieten auch Schnellkomposter an, die innerhalb weniger Wochen aus Gartenabfällen hervorragenden Humus zum Düngen und Mulchen bereiten. Laub und Astwerk kannst du im Herbst auch in einen mobilen Laubkomposter schichten. Er besteht aus verchromten Eisenstangen und einer witterungsbeständigen PVC-Folie. In zerlegtem Zustand lässt er sich winzig klein in einer Ecke des Schuppens verstauen.

**Ein Hackenstiel ist zu erneuern,
es ärgert dich das stumpfe Beil,
auch musst das Spatenblatt du scheuern,
denn Rost und Dreck sind nicht von Heil.**

Sicherheit ist Trumpf

Bei allen motorgetriebenen Arbeitsgeräten steht Sicherheit an erster Stelle. Wo immer Maschinen eingesetzt werden, ist eine entsprechende Sicherheitsausrüstung nötig. Dazu zählen Schallschützer für die Ohren, eine Schutzbrille für die Augen und beim Einsatz von Kettensägen auch Schutzkleidung wie zum Beispiel eine Schnittschutzhose. Festes Schuhwerk und Arbeitshandschuhe sollten selbstverständlich sein.

Beim Vertikutieren und Mähen sowie bei allen Erdarbeiten mit Maschinen, wie etwa Fräsen, empfehle ich Spezialschuhe mit Sicherheitskappen zu tragen. Die Geräte müssen ein Prüfsiegel von TÜV, VDE oder GS tragen, das du in der Regel auf den Geräten selbst und auf der Verpackung findest. Darüber hinaus sollen alle Elektrogeräte wasserdicht und für den Einsatz im Freien vorgesehen sein. Bei Feuchtigkeit entstehen gefährliche Kriechströme, deshalb darf man nie bei Regen oder Schneefall mit elektrischen Geräten im Freien arbeiten. Und noch etwas muss ich erwähnen, obwohl auch dies eigentlich für jeden Menschen selbstverständlich sein sollte: Vor Reinigungsarbeiten an den Messern von Rasenmäher, Häcksler oder anderen gefährlich scharfen Geräten muss der Zündkerzenstecker bzw. der Netzstecker gezogen werden!

Aufbewahrung und Pflege

Außerdem möchte ich daran erinnern, beim Kauf von Gartengeräten auf gute Qualität zu achten, denn die Werkzeuge sollen schließlich lange halten. Dazu ist es auch wichtig, sie gut zu pflegen. Teure Geräte verlangen dieselbe Pflege wie die billigeren, aber die qualitativ besseren halten bei einer guten Behandlung länger. So sind alle Geräte nach jedem Gebrauch sauber zu reinigen und trocken abzustellen oder zu hängen. Auch ölt man zum Beispiel Spatenblätter.

Sichere Aufbewahrung

Zur Aufbewahrung von Gartengeräten und Maschinen sind Schuppen, Gartenhäuser, aber auch der Keller des Wohnhauses oder eine unbenutzte Garage die richtigen Orte. Hier finden im Winter auch die Gartenmöbel Schutz vor der Witterung. Geräte mit gefährlichen Spitzen oder scharfen Klingen müssen unbedingt in fest verschließbaren Räumen vor Kindern sicher aufbewahrt werden. Wie schnell geschieht ein Unglück, wenn neugierige Kinder beim Spielen mit Scheren, Sägen, Äxten oder Sensen herumexperimentieren, weil sie es den Großen nachmachen wollen! Das Gleiche gilt für alle Pflanzenschutzmittel, Dünger und andere Chemikalien sowie für Benzinkanister, in denen der Treibstoff für den Rasenmäher aufbewahrt wird. Dass man darauf achtet, dass sämtliche Werkzeuge und Gartenchemikalien nicht feucht werden, versteht sich von selbst. Schließlich ist ein durch Nässe verklumpter Dünger nicht mehr zu gebrauchen, und Metallgeräte, Blechdosen oder -kanister rosten rasch, wenn sie nicht trocken gelagert werden. Auch bewahrt man diese Mittel immer in Originalbehältern auf.

Ordnung ist das halbe Leben

Spaten, Hacken, Rechen und alle anderen Gartengeräte mit langen Stielen müssen nicht wie umgefallene Kegel durcheinander am Boden liegen oder lieblos in die Ecke gestellt werden. An der Wand montierte Gerätehalter sparen Platz und erleichtern den Zugriff auf die benötigten Geräte. Hierfür bietet der Handel verschiedene, platzsparende Systeme an. Für kleine Handgeräte eignen sich Holzregale aus dem Baumarkt, aber auch ausgediente Wein- oder Obstkisten, die man vor der Wand aufstapeln kann. Körbe, Gießkannen, die Rückenspritze und ähnliches Zubehör können an Nägeln oder Haken aufgehängt werden, die man in die Wand schlägt. Das spart Platz und man stolpert nicht ständig über die Dinge.

Ein Topfregal, in dem Pflanzgefäße aus Ton und Kunststoff aufbewahrt werden, setzt zerbrochenen oder zerdrückten Pflanzbehältern ein Ende.

Werkzeugpflege ist Routine

Wer sich angewöhnt, gleich nach dem Gebrauch Gartenwerkzeuge von Erd- und Pflanzenresten zu reinigen, wird jeden neuen Arbeitstag im Garten mit Freude angehen. Außerdem leidet verschmutztes Werkzeug. Holzteile beginnen zu verwittern und zu faulen, wenn sie ständig mit feuchter Erde behaftet sind und Metallteile rosten schneller, wenn sie nicht immer blank gerieben werden. Kaputte Werkzeuge repariert man stets sofort und nicht erst dann, wenn man sie dringend braucht. Auch angebrochene oder splittrige

Zur Aufbewahrung von Werkzeug ist ein Schuppen oder Gerätehaus ideal.

Vor dem Einräumen gehören Töpfe und Werkzeuge gründlich gereinigt, damit keine Krankheiten oder Schädlinge durch anhaftende Erdreste eingeschleppt und weiterverbreitet werden.

135

Für Ordnung im Geräteschuppen sorgen spezielle Halterungen. Diese sind leicht anzubringen und äußerst praktisch.

einen Haufen in die Ecke, sondern wickelt sie entweder auf eine Kabeltrommel oder legt sie in großen Schlaufen zusammen und hängt sie an die Wand. So sind sie jederzeit einsatzbereit. Außerdem werden Bruchstellen vermieden und die Lebensdauer der Kabel wird erhöht. Das Gleiche gilt für Gartenschläuche, die nach jedem Gebrauch entleert und aufgewickelt werden sollten.

Werkzeuge überwintern

Bevor Werkzeuge für den Winter im Keller oder Schuppen verstaut werden, muss man sie gründlich reinigen. Damit sie nicht feucht ins Winterquartier einziehen – sie trocknen bei den niedrigen Temperaturen nur langsam oder gar nicht – verzichtet man beim Säubern möglichst auf Wasser und bürstet sie einfach gründlich ab. Dabei musst du alle anhaftenden Erd- und Pflanzenreste beseitigen. Metallteile kontrollierst du auf Roststellen und entfernst diese mit Schleifpapier, Stahlbürsten oder Rostentferner. Anschließend reibst du die Metallteile mit einem ölgetränkten Lappen ab. Die Fettschicht verhindert einen neuerlichen Rostansatz während der Winterpause. Auch alle mechanischen Verbindungen werden eingeölt. Unlackierte Holzstiele vertragen eine Abreibung mit Leinöl.

Beim vorwinterlichen Großreinemachen wird oft die Gartenspritze vergessen. Der Behälter wird für die Überwinterung noch einmal gründlich ausgespült und die Düse der Spritze für einige Stunden in warmem Wasser eingeweicht. Anschließend muss man sie gründlich durchspülen – auf keinen Fall darf man sie mit dem Mund durchpusten, denn selbst kleine Mengen von Pflanzenschutzmitteln können giftig sein!

Reparaturen in der Winterpause

Da in den Wintermonaten wenig anderes im Garten zu tun ist, bietet sich jetzt die Gelegenheit, anfällige Reparaturen durchzuführen. Locker sitzende Holzstiele können in Erwartung neuer Aufgaben fest eingepasst, die Klingen von Schnittwerkzeugen nach-

Stiele müssen umgehend ersetzt werden, bevor man sich an ihnen verletzt. Nach dem Benutzen sollte man auch Scheren, Messer und Sägen regelmäßig säubern und gegebenenfalls mit Alkohol desinfizieren. Pflanzensäfte, die beim Schneiden freigesetzt werden und an den Klingen haften, könnten Viren oder Bakterien enthalten, die beim nächsten Gebrauch auf gesunde Pflanzen übertragen werden. Ein Abflämmen der Schnittflächen beugt ebenfalls einer Übertragung von Pflanzenkrankheiten vor. Nur scharfe Klingen ergeben einen sauberen und sicheren Schnitt. Deshalb schärft man die Klingen von Scheren und anderen Schnittwerkzeugen möglichst regelmäßig, bevor sie stumpf werden. Das gilt auch für die Scherblätter von Heckenscheren und für die Messer des Rasenmähers. Die Elektrokabel von motorgetriebenen Gartengeräten wirft man nicht einfach auf

Täglich sollt's ein Stündchen sein, denn draußen ist die Luft jetzt rein.

geschärft und mechanische Verbindungen neu justiert werden. Bei Gartenspritzen, Schläuchen und Regnern überprüft man jetzt die Dichtungen und erneuert sie, falls sie ihre Aufgabe nicht mehr einwandfrei erfüllen. Die Schneiden von Kettensägen und Motorsensen können nachgeschärft und bei Trimmern der Nylonfaden ersetzt werden. So sind sie in der kommenden Gartensaison gleich wieder einsatzbereit.

Motorgetriebene Geräte überwintern

Motorgeräte sind meist nicht nur sehr teuer in der Anschaffung, auch Reparaturen kosten eine Menge Geld und sollten nach Möglichkeit vermieden werden. Deshalb ist es wichtig, diese nach Anweisung der Hersteller zu überwintern. Alle Maschinen, besonders aber Rasenmäher, müssen nach dem letzten Gebrauch und vor dem Umzug ins Winterquartier sehr sorgfältig gereinigt werden. Denk auch daran, die Messer gründlich zu säubern und gegebenenfalls nachzuschärfen! Bei Geräten mit Benzinmotor wird der noch im Tank vorhandene Treibstoff abgelassen, der Ölfilter und der Luftfilter sowie die Zündkerzen werden gereinigt und der Motor oder, wenn dies

möglich ist, das gesamte Gerät mit einem Tuch oder einer Folie abgedeckt, damit es nicht verstaubt. Bei Elektrogeräten prüft man nach dem Reinigen die Zuleitungskabel auf mögliche Schäden wie zum Beispiel defekte Isolierungen oder Bruchstellen. Akkugeräte sollten immer voll aufgeladen überwintert werden. Die Schneiden von elektrischen Heckenscheren und Kettensägen werden gut eingefettet, damit sie nicht verrosten. Alle Geräte sind in trockenen, gut belüfteten, frostfreien Räumen aufzubewahren.

Sonstige Wintervorbereitungen

Alle anderen Arbeiten vor dem Winterbeginn beschränken sich hauptsächlich auf die Sicherung von allem, was mit Frost und Feuchtigkeit zu tun hat. Schläuche, Gießkannen, Regentonnen und andere Wasserbehälter müssen rechtzeitig entleert werden, damit gefrierendes Wasser sie nicht sprengt. Um zu verhindern, dass sie erneut volllaufen, stellst du die Tonnen einfach auf den Kopf und überwinterst sie so. Wasserleitungen im Garten lässt man rechtzeitig vor dem ersten Frost ab. Das gilt auch für alle im Boden verlegten Leitungen, sofern sie nicht tiefer als 60 cm liegen.

Dünger und Pflanzenschutzmittel, Treibstoffbehälter und Sämereien dürfen nicht im Gartenhaus überwintern, da Frost und Feuchtigkeit sie unbrauchbar machen. Vor dem Einsetzen des Winters sollten auch die Gartenmöbel untergestellt werden. Selbst wenn sie frostfest sind, leiden die Oberflächen und mechanischen Verbindungen wie Scharniere unter der nasskalten Witterung. Steht kein Platz zur Verfügung, um sie einzuräumen, stelle sie dicht zusammen und decke sie mit einer Folie ab, die gegen Verwehungen gesichert wird.

Polsterauflagen holt man am besten ins Haus, statt sie im Schuppen zu lassen. Dort würden sie sonst mit großer Wahrscheinlichkeit Mäusen als komfortables Heim dienen. Und zum Abschluss noch ein Tipp aus der Praxis: Werkzeuge aus Plastik oder solche mit Kunststoffteilen solltest du nicht bei Minusgraden benutzen. Das Plastik splittert und bricht nämlich bei Frost leichter als bei höheren Temperaturen.

Links: Vor dem Winter werden die Werkzeuge mit einem in Öl getränkten Lappen abgerieben oder eingefettet.

Gärtnern, aber wie?

In diesem Kapitel möchte ich die wertvollsten Tipps, Erfahrungen und Hinweise aus meiner Praxis und der meiner Kunden zusammenfassen. Dem erfahrenen Hobbygärtner wird sicher in diesem Kapitel vieles schon bekannt vorkommen, aber jeder von uns hat einmal mit dem Gärtnern angefangen, mancher bereits als Kleinkind, wenn er mit Mutter zusammen im Garten war und spielerisch „mithalf". Aus diesem Grund beginne ich mit Hinweisen, die dem Gartenneuling die wichtigsten Grundkenntnisse vermitteln sollen.

Mein Wissen möcht ich weitergeben aus meinem langen Gärtnerleben.

Pflanzenkauf – worauf es ankommt

Beim Pflanzenkauf ist die richtige Auswahl besonders wichtig für das spätere Gedeihen der Kulturen. Wenn wir von Anfang an auf gesunde, kräftige Pflanzen setzen, bleiben uns manche Enttäuschungen erspart. Weil nicht jeder von Natur aus einen Blick für gute, gesunde Pflanzen hat und weiß, wo man sie findet, gebe ich hier einige Tipps, damit auch Anfänger wissen, worauf man achten muss.

> Am liebsten spiel' ich Postkurier und bräch't' die Pflanzen selbst zu dir.

Oben: Ich garantiere für beste Qualität und kräftige sowie gesunde Pflanzen.

Wo kauft man am besten ein?

Vor noch gar nicht allzu langer Zeit kaufte man Gemüse- und Zierpflanzen beim Gärtner vor Ort ein, Bäume und Sträucher in der nächsten Baumschule. Die Zeiten haben sich jedoch gründlich geändert – heute führt sogar jeder größere Discounter Pflanzen im Sortiment, und die meisten von uns wissen, wo in der Nähe ein großes Gartencenter mit günstigen Angeboten lockt. Natürlich kann man Töpfchen mit blühenden Zwiebelblumen, Frühlings-primeln und kurzlebigen Zierpflanzen auch im Supermarkt an der Ecke kaufen. Da sie nach dem Verblühen ohnehin in der Regel weggeworfen werden, spielen nur das Aussehen und der günstige Preis, nicht aber die langfristige Qualität eine Rolle. Bei allen Pflanzen, die entweder einen Ernteertrag bringen oder über viele Jahre Freude im Garten schenken sollen, zählen jedoch die „inneren Werte". Deshalb kauft man Gemüsejungpflanzen und Stauden am besten über meinen Gartenkatalog oder in einer Gärtnerei, die mit ihrem guten Namen für Sortenreinheit und Gesundheit der Pflanzen garantiert. Kräftige und gesunde Nutz- und Ziergehölze sowie Rosen findet man in Baumschulen.

Gartenversandhandel

Mein Gartenversandhandel ist eine perfekte Alternative zum persönlichen Einkauf, denn schließlich hat nicht jeder eine Gärtnerei oder eine Baumschule in seiner unmittelbaren Nachbarschaft. In meinem Katalog kann man zu Hause in aller Ruhe stöbern und auswählen, was demnächst den eigenen Garten bereichern soll. Ein weiterer großer Vorteil ist die Vielfalt: Bei mir bekommt man nicht nur Zwiebelblumen und Balkonpflanzen, sondern auch Gehölze, Stauden und alle Sämereien für den Nutz- und Ziergarten in hervorragender Qualität.

Bei mir erhältst du für Sämereien, Blumenzwiebeln und Pflanzen eine Qualitätsgarantie, für die ich mit meinem Namen ohne Wenn und Aber gerade stehe. Vor allem der Kauf von Sämereien ist Vertrauenssache – daher werden von allen Sämereien mehrfach Proben genommen und zwar für mein Keimlabor und für einen gärtnerischen Kontrollanbau unter natürlichen Bedingungen. Wenn es für die Saatgut-Qualität von Vorteil ist, liefere ich grundsätzlich aus frischer Ernte. Deshalb liegt die Keimfähigkeit meiner Sämereien zumeist weit über den gesetzlich geforderten Mindestwerten.

So kann ich sicher sein, dass ich nur Ware in einer Qualität verkaufe, die ich auch selber kaufen würde. Dahinter steht Gärtner Pötschke, Deutschlands fünftältestes Versandhaus, jetzt schon in der dritten Generation voller Überzeugung.

Jeder Lieferung liegt außerdem die Pflanz- und Pflegeanleitung „Der grüne Tipp" bei. Er enthält ausführliche Informationen zu den Pflanzen in Wort und Bild und hilft dir bei allen Fragen. Solltest du dennoch einmal nicht mehr weiter wissen, so stehen wir dir immer für eine fachliche Beratung zur Verfügung – auch telefonisch!
Und die Lieferung erfolgt für einen sehr günstigen Preis direkt frei Haus. Bequemer geht es wirklich nicht!

Woran erkennen wir einen guten Betrieb?

Mit Gärtnereien und Baumschulen ist es wie mit jedem anderen Geschäft auch – es gibt gute und weniger gute. Hinweise über die Qualität gibt hier nicht unbedingt das Preisniveau. Auch teure Pflanzen können aus einer schlechten Kinderstube stammen. Achte einfach auf Folgendes: Steht ein breit gefächertes und übersichtlich präsentiertes Sortiment zur Auswahl? Sind die Pflanzen mit gut leserlichen Etiketten versehen, aus denen Gattung, Art, Sorte und Wuchs- bzw. Blüteeigenschaften hervorgehen? Sehen die Pflanzen gesund und kräftig aus und werden sie ansprechend präsentiert? Nicht zuletzt solltest du darauf achten, ob dir fachlich kompetentes Personal zur Seite steht, das deine Fragen ernst nimmt und beantworten kann. Um das Vertrauen der Kunden langfristig zu gewinnen, müssen nämlich außer dem Preis auch Qualität und Service stimmen. Schließlich sollte es dem Händler nicht nur darum gehen, eine Pflanze schnell und gewinnbringend an den Mann (oder die Frau) zu bringen, die Kunden sollen auch beim nächsten Mal wiederkommen, wenn sie etwas kaufen möchten. Und das werden sie nur tun, wenn sie von der Qualität des angebotenen Sortiments und der Kompetenz der Mitarbeiter überzeugt sind.

Die Auswahl an Sorten und Arten wird immer unübersichtlicher, viele Betriebe haben sich daher spezialisiert.

Manchmal findest du in meinem umfangreichen, mit viel Engagement und Liebe geführten Sortiment wahre Schätze, die du woanders vergeblich suchst.

Auf was müssen wir beim Kauf achten?

Pflanzen werden in verschiedenen Formen gehandelt. Saatgut von Gemüse- und Zierpflanzen sollen in mit Art und Sorte gekennzeichneten Packungen mit ausführlicher Kulturanweisung und Beschreibung ausgezeichnet sein. Blumenzwiebeln und -knollen werden je nach Ansprüchen der Art trocken oder in leicht feuchtem Substrat verpackt und zu bestimmten Jahreszeiten gehandelt. Tulpen, Narzissen und andere typische Frühlingsblüher findet man rechtzeitig zur Pflanzzeit im Spätsommer bis zum Herbst im Angebot. Frostempfindliche Knollenpflanzen wie Dahlien, Gladiolen, Blumenrohr und Knollenbegonien werden dagegen erst im Frühjahr im Sortiment der Händler auftauchen. Den zur Unzeit angebotenen Zwiebeln und Knollen solltest du mit Skepsis begegnen. Oft handelt es sich dabei um Überbleibsel der letzten Saison, die kaum Chancen auf eine erfolgreiche Anzucht bieten.

Gemüse- und Zierpflanzen werden zum Teil als Jungpflanzen in Paletten angeboten, aber auch in Töpfchen gehandelt. Stauden und Sommerblumen sind meistens in Plastik-

Wurzelnackte Ware muss sofort ausgepackt und bis zur Pflanzung in einen Eimer mit Wasser gestellt oder in Erde eingeschlagen werden, damit die Wurzeln nicht vertrocknen.

töpfchen erhältlich. Man nennt diese praktischen Anzuchtgefäße Container. Ebenfalls als Containerpflanzen findet man inzwischen viele Gehölze, einschließlich der Rosen.

Größere Gehölze werden meistens als Ballenware („balliert") verkauft. Das bedeutet, dass der Wurzelballen der Pflanze nach dem Ausgraben mit der anhaftenden Erde zum besseren Transport in ein Jutegewebe oder Drahtgeflecht eingebunden wird. Dieses verhindert, dass die Wurzeln auf dem Weg zum Kunden und bis zur Pflanzung austrocknen. Ballenware ist jedoch nicht lange lagerfähig und sollte baldmöglichst nach dem Kauf gepflanzt werden.

Rosen, Beerensträucher und Obstgehölze werden oft als wurzelnackte Ware angeboten. Sie werden bis zum Versand in der Regel in Kühlhäusern gelagert, die ihnen ideale klimatische Bedingungen bieten. So sind sie, unabhängig von der Witterung, den ganzen Winter über lieferbar. Die ohne anhaftende Erde verpackte Ware erleichtert besonders im Versandhandel den Transport der Pflanzen.

Zwiebel- und Knollenpflanzen

Zwiebeln und Knollen gängiger Arten findet man zur Pflanzzeit in Fachgeschäften und Gartencentern. Eine wirklich reiche Auswahl biete ich in meinem auf Blumenzwiebeln und -knollen spezialisierten Herbstkatalog an. Er enthält nicht nur die aktuellsten Neuzüchtungen, sondern auch ausgefallene Arten und Raritäten in hervorragender Qualität und Frische.

Erstklassige Ware für prächtige Blüten

Besonders beim Kauf von Blumenzwiebeln und -knollen kommt es darauf an, gute Qualität von Ramschware zu unterscheiden. Denn nur aus gesunden, kräftigen Blumenzwiebeln können auch schöne Pflanzen sprießen. Die Zwiebeln und Knollen müssen eine kompakte Konsistenz haben und dürfen auf keinen Fall weich, gummiartig oder gar matschig sein. Auch ausgetrocknete Ware

Rosen kannst du wurzelnackt oder im Container kaufen.

verspricht keine üppige Blütenpracht. Ein im Verhältnis zur Größe adäquates Gewicht garantiert die Frische der Ware.

Die Zwiebeln von Tulpen, Narzissen und anderen Blütenschönheiten werden in verschiedenen Größen sortiert angeboten. Bei Tulpen verspricht eine Größensortierung von mindestens 11/12 prachtvolle Blüten, noch besser sind die Zwiebeln der Größe 12/+. Bei Narzissen sind die gängigen Größen 12/14 und 14/16 sowie die Extragröße 17/18.

Von Hyazinthenzwiebeln kaufst du am besten die Größe 15/16, Hyazinthen für die Treiberei im Zimmer sollten sogar die Extragröße 18/19 haben. Je nach Größensortierung variieren auch die Preise. Aber bedenke: Nur die größten Zwiebeln versprechen auch die üppigsten Blüten und sind deshalb am teuersten.

Auf Verletzungen achten

Beim Auswählen der Ware achten wir auf Verletzungen, z. B. der Schutzhaut oder der äußeren Zwiebelschale. Nur intakte Ware garantiert einen Erfolg, zerbrochene oder aufgeplatzte Zwiebeln verfaulen im Boden. Von Exemplaren mit weichen, feuchten oder gar schimmeligen Stellen sollten wir die Finger lassen. Ein weiteres Kennzeichen für die Qualität und Frische der Zwiebeln und Knollen sind die noch hellen, straffen

Wurzelansätze am Zwiebelboden. Zwiebeln ohne feste Außenhaut, wie etwa Lilien und Kaiserkronen, müssen beim Transport vor dem Austrocknen geschützt werden. Ich verschicke sie meist in kleinen perforierten Plastiksäckchen, verpackt mit etwas feuchten Sägespänen. Sie sollten unmittelbar nach dem Erhalt gepflanzt werden.

Gemüsejungpflanzen

Ab Mitte März finden wir im Handel allerlei Gemüsejungpflanzen. Ich biete sie in meinem Gartenkatalog an, aber auch in Gärtnereien,

auf Wochenmärkten und im Gartencenter kannst du sie kaufen. Kopf- und Pflücksalat, Kohlrabi, Kopfkohlsorten und später Knollensellerie sind die am häufigsten als Setzlinge gehandelten Pflanzen. Sie werden meist ohne Topf, nur mit einem kleinen Wurzelballen, direkt aus den Anzuchtschalen heraus verkauft und müssen nach dem Erwerb gleich eingepflanzt werden, weil sie sonst rasch vertrocknen. Deshalb sollte man sie am besten erst besorgen, wenn die Beete bereits vorbereitet sind und umgehend bepflanzt werden können.

Da lacht das Herz des Gartenfreunds: Gemüsejungpflanzen und Frühlingsblüher kommen schon ab März in den Handel.

Gesunde Pflanzen machen Freude, das galt schon früher so wie heute.

Hoch aufgeschossene, weiche Setzlinge oder solche mit schlapp herabhängenden Blättern deuten auf Lichtmangel und reichliche Düngergaben während der Aufzucht hin – mit solchen Pflanzen wirst du keinen Erfolg haben. Auch überständige Pflanzen, die schon lange in den Anzuchtschalen auf Käufer warten, erkennt man an ihrem aufgeschossenen, schlappen Wuchs. Ausgetrocknete Setzlinge und solche mit gelben Blättern sind vernachlässigt worden und sollten ebenfalls stehen bleiben. Vor dem Kauf lohnt sich ein Blick unter die Blätter – auf der Blattunterseite oder am Stängel verstecken sich oft Schädlinge wie Blattläuse, die wir im Gemüsebeet bestimmt nicht brauchen können.

Augen auf beim Pflanzenkauf: Nur kräftige Jungpflanzen haben eine Chance.

Kartoffeln, Steckzwiebeln und Knoblauch

Gemüse, die zu den Zwiebel- und Knollenpflanzen gehören, wie zum Beispiel Küchenzwiebeln, Schalotten, Knoblauch, Kartoffeln, Topinambur sowie den würzigen, gesunden Meerrettich kauft man nicht als Saatgut oder Jungpflanze, sondern als ausgewählte Brutzwiebeln bzw. Pflanzknollen. Meerrettichwurzeln wachsen aus sogenannten Fechsern, das sind junge Wurzelschnittlinge, die schräg in die Erde gepflanzt werden und innerhalb eines Jahres die begehrten fleischigen Wurzeln bilden. Mein Tipp: Bei Steckzwiebeln gilt in der Regel, dass die kleinsten Brutzwiebeln später die größte Ernte ergeben.

Rhabarber

Rhabarber wird im Herbst oder Frühjahr gepflanzt. Wegen ihrer milden Säure werden die rotstieligen Sorten bevorzugt. Die Pflanzweite des Rhabarbers beträgt ein Meter, er verträgt Schatten und gedeiht auch unter Bäumen gut. Wichtig ist, die Stängel zu zupfen und nicht abzuschneiden. Sehr wichtig ist auch das Entfernen der Blütenstängel, auch diese werden über der Wurzel ausgerissen und nicht herausgebrochen.

Brich sie aus, die Seitentriebe, der guten Ernte tu's zuliebe. Saft und Kraft der Pflanze dann in die Früchte gehen kann.

Tomaten, Paprika und Gurken

Größere Jungpflanzen, zum Beispiel von Tomaten, Paprika, Gurken, Zucchini und Kürbissen, die ab Ende April/Anfang Mai in Einzelgefäßen (Containern) verkauft werden, prüft man auf einen gesunden, gut ausgebildeten Wurzelballen. Achte dabei auch auf die Sortenbezeichnungen, denn gerade bei Tomaten, Gurken und Kürbissen gibt es zahlreiche Vertreter, die nicht nur ganz verschiedene Früchte tragen, sondern oft auch ein unterschiedliches Wachstumsverhalten zeigen.

Da Rhabarber viel Dünger braucht, wird er im Herbst mit Stalldung oder Kompost, dem Dünger untergemischt ist, abgedeckt.

Spargel

Spargel heißt nicht umsonst die Königin des Gemüses, schmeckt er doch einfach köstlich. Außerdem hat er so gut wie keine Kalorien und unterstützt die Funktion der Nieren, was besonders im Frühjahr zur Entgiftung des Körpers wichtig ist.

Ein frischer Sandboden mit genügend Kalk oder ein leichter, sandiger Lehmboden sagt Spargel am besten zu. Er gedeiht aber auch problemlos auf jedem tiefgründigen

und durchlässigen Boden. Bei schweren Böden ist dagegen reichlich Kompost einzuarbeiten.

Die Spargelpflanzen kommen ab März/April etwa 30 cm tief in die Erde, der Reihenabstand beträgt 1 m und der Pflanzabstand 40 cm. Lege die Pflanzwurzeln dazu sternförmig aus, bedecke sie mit lockerer Erde und gieße dann kräftig an. Die Reihen sollten von Süd nach Nord verlaufen. Bei Bleichspargel werden im Frühjahr Erdwälle über den Pflanzen angehäuft. Mulchen und gründliches Gießen ist wichtig, da die Stangen bei Trockenheit schnell verholzen. Geerntet wird erstmals im dritten Jahr. Werden die geernteten Stangen in feuchtes Küchenpapier eingeschlagen und im Kühlschrank aufbewahrt, bleiben sie länger frisch.

Kräuter für den Garten

Mancher Kräutergarten ist so angelegt, dass die mehrjährigen Kräuter die bleibende Substanz bilden und jedes Frühjahr durch einjährige Kräuter ergänzt werden. Die ausdauernden Kräuter wie Lavendel, Oregano, Bergbohnenkraut, Thymian, Salbei, Zitronenmelisse und Pfefferminze kaufst du am

Der grüne Tipp®

Aus meinem Saatgut selbst angezogene Gemüsejungpflanzen sind 100%ig sortenecht und sehr empfehlenswert für den Gemüsegarten.

Oben: Mein Lieblingskraut schlechthin ist die Petersilie.
Links: Thymian ist nicht nur ein wichtiges Kraut für die Küche, sondern auch eine dekorative Gartenpflanze, die duftende Polster bildet.

besten in kleinen Containern. Hierbei ist es wichtig, dass du auf die genaue Sortenbeschreibung achtest, denn manche Kräuter haben je nach Sorte ganz unterschiedliche Aromen. So gibt es beispielsweise Thymian-Sorten, die nach Zitrone, und andere, die nach Orange duften. Salbei wartet sogar mit noch interessanteren Duftvarianten auf, von denen jedoch nicht alle winterhart sind. Um die Qualität der Pflanzen zu prüfen, gehst du wie bei den Zierstauden vor und vergisst auch nicht, den Wurzelbereich zu begutachten.

Im Oktober kannst du einen Teil der Pflanzen dann ausgraben und sie ins Haus nehmen, um auf einem hellen Fensterbrett noch lange von den immer wieder nachwachsenden Pflanzen zu ernten. Die im Supermarkt an der Gemüsetheke angebotenen Kräuterpflanzen in kleinen Plastiktöpfchen sind zum sofortigen Verbrauch gezüchtet. Nach meiner Erfahrung endet der Versuch sie im Frühjahr auszupflanzen meist mit einer Enttäuschung, da diese eilig unter Glas herangezogenen Pflanzen das Klima im Freiland nicht vertragen, im Nu schlapp machen und kein vergleichbares Aroma haben.

Unten: Küchenkräuter findest du in vielen Sorten und mit den unterschiedlichsten Aromen.

Sommer- und Balkonblumen

Die einjährigen Sommer- und Balkonblumen kannst du entweder selbst aus Samen heranziehen – Saatgut biete ich in großer Auswahl in meinem Gartenkatalog an, aber auch Samenhandlungen und Gartencenter sind gut bestückt – oder als Jungpflanzen kaufen. Du findest sie ebenfalls in meinem Katalog oder ab April/Mai in Gärtnereien, Gartencentern und auf Wochenmärkten. Da in einigen Regionen noch bis Mitte Mai Nachtfröste auftreten können, solltest du die Pflanzen nicht zu früh ins Freiland bringen. Da aber im Mai viele Arten schon ausverkauft sind und die Auswahl dann entsprechend dürftig ist, kaufen viele ihre Balkon- und Sommerblumen bereits Ende April oder Anfang Mai. Die meistens unter Glas

Einjährige Kräuter

Einjährige Kräuter wie Majoran, Basilikum, Borretsch und Dill kannst du entweder selbst aus Samen heranziehen oder du wartest, bis die Händler auf Wochenmärkten, in Gärtnereien oder Gartencentern ab Mitte Mai Jungpflanzen in Containern anbieten. Ich rate, auch hier auf gesunde und kräftige Pflanzen ohne gelbe Blätter zu achten, die darüber hinaus bereits fest in der Erde verwurzelt sein sollten. Eine Kontrolle auf eventuellen Schädlingsbefall, besonders von Blattläusen, ist ebenfalls angebracht.

Schnittlauch und Petersilie sollten in jedem Küchengarten reichlich vorhanden sein. Säe sie am besten alljährlich neu aus und ernte bis zum Herbst kontinuierlich.

Rechts: Auch Geranien dürfen nicht vor Mitte Mai ins Freiland.

Wichtiger ist, dass die Pflanzen dauerhaft blühfreudig sind, was nur dann gewährleistet ist, wenn sie buschig und kompakt wachsen und zudem noch zahlreiche Blütenknospen aufweisen.

Auf die richtige Sorte achten

Von vielen Balkon- und Sommerblumen gibt es in jeder Saison zahlreiche neue, unterschiedliche Varianten: einfache und gefüllte Blüten, Sorten mit aufrechtem oder hängendem Wuchs und unzählige verschiedene Blütenfarben. Gerade bei

Kein Sommer ohne üppig blühende Sommerblumen auf Balkon und Terrasse.

Wählst du den Standort mit Bedacht, die Farbenpracht dir Freude macht.

vorgezogenen Pflanzen sind der Witterung im Freien um diese Jahreszeit aber nicht gewachsen und sollten daher bis zum Ende der Nachtfrostgefahr geschützt an der Hauswand aufgestellt oder über Nacht ins Haus genommen werden. Notfalls schützt auch ein darübergebreitetes Vlies die empfindlichen Gewächse.

Gesunde, kräftige Pflanzen auswählen

Achte beim Pflanzenkauf vor allem auf kompakte, gesunde Pflanzen und untersuche die Ware beim Kauf auf mögliche Krankheiten und Schädlinge. Eingeschleppte Blattläuse, aber auch Pilzkrankheiten wie Mehltau, können sich rasch ausbreiten und die Freude am Sommer nachhaltig trüben. Weil Sommer- und Balkonblumen monatelang üppig blühen sollen, ist besonders auf buschige, reich verzweigte Pflanzen zu achten. Lass dich daher beim Kauf nicht von einigen großen geöffneten Blüten täuschen.

Jungpflanzen kann man das Wuchsverhalten und die Blütenfarbe oft noch nicht erkennen. Deshalb ist die genaue Sortenkennzeichnung oder -beschreibung bei allen Balkon- und Sommerblumen besonders wichtig. Schließlich wäre es wirklich schade, wenn wir statt der gewünschten hängenden Pelargonien eine aufrechte Sorte kaufen oder eine Blütenfarbe erwischen, die das ganze schöne Farbschema des Balkons oder der Beete durcheinanderbringt. Ich garantiere dafür, dass die von mir gelieferte Ware mit der Beschreibung im Katalog übereinstimmt.

Stauden

Blüten- und Blattschmuckstauden, Ziergräser und Farne werden fast ausschließlich als Containerware in meinen Katalogen, aber auch in Gärtnereien und Gartencentern angeboten. Die eingetopften Pflanzen können so fast das ganze Jahr über gehandelt und gepflanzt werden. Die besten Pflanzzeiten für Stauden sind allerdings Frühling und Herbst. Für Laien lässt sich die Qualität der Pflanzen im Herbst und im zeitigen Frühjahr aber nur schwer einschätzen, denn statt der Blätter, Blüten, Halme und Wedel sieht man bei den im Winter ruhenden Stauden

Rechts: Nur wer schon beim Kauf auf Qualität achtet, wird sich an gesunden Pflanzen erfreuen.
Unten: Stauden und Gehölze lassen viel Spielraum für die Gestaltung von prächtigen Beeten und Rabatten.

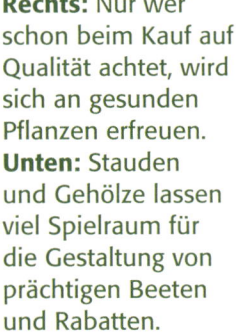

meist nur kümmerliche Blattreste. Erst im Frühsommer treibt die Staude wieder aus und zeigt sich in ihrer ganzen Pracht. Wer sich unsicher ist, ob er die richtige Pflanze oder die beste Qualität auch in der Ruhezeit der Stauden erkennt, vertraut besser einem anerkannten Fachbetrieb.

Gehölze

Zier- und Obstgehölze werden als wurzelnackte Ware, mit Ballen oder im Container verkauft. Die Pflanzen müssen in jedem Fall mit einem Etikett versehen sein, auf dem Gattung, Art und Sorte eindeutig vermerkt sind. Besonders bei Obstgehölzen gibt es eine große Sortenvielfalt. Deshalb sind zusätzliche Informationen wie Standortansprüche, endgültige Wuchshöhe und -breite sowie die Blüte- und Erntezeit bei der Auswahl hilfreich. Um sicherzugehen, eine gute Qualität zu erhalten, solltest du zunächst auf die Wuchsform achten (siehe unten), aber auch den Zustand der Rinde im Auge haben: Sie darf weder Beschädigungen noch Löcher, eingesunkene Stellen oder gar Pusteln aufweisen, die auf einen Pilzbefall oder frühere Verletzungen hinweisen.

Untersuche die Gehölze auch an den oberirdischen Pflanzenteilen auf möglichen Schädlingsbefall oder Krankheiten. Von Pflanzen mit deformierten Blattspitzen oder untypischen Blattverfärbungen solltest du die Finger lassen. Containerware prüfst du am besten durch ein vorsichtiges Abziehen des Pflanzgefäßes (siehe Seite 151). Gehölze, die keinen festen Stand im Container oder einen lockeren Wurzelballen haben, solltest du genauso stehen lassen wie solche mit schwarzem oder faulig riechendem Ballen, Wucherungen oder unnatürlichen Verdickungen an den Wurzeln.

Wurzelnackte Ware muss in der Baumschule in lockerer, feuchter Erde eingeschlagen sein. Ich ziehe grundsätzlich Gehölze mit gut verzweigten Wurzeln und starkem Faserwurzelbesatz

den schwach bewurzelten Exemplaren vor. Die Wurzelhaut darf nicht verletzt sein, da sonst leicht Pilze ins Gewebe der Pflanzen eindringen und dieses zerstören können. Beim Transport muss der Wurzelbereich durch eine Plastiktüte vor dem Austrocknen geschützt werden. In meinen Versandräumen halte ich hierfür geeignetes Spezialverpackungsmaterial bereit und sorge dafür, dass alle Gewächse unbeschadet beim Empfänger ankommen.

Der grüne Tipp®

Ballenware soll gut durchwurzelt sein und darf nicht austrocknen. Achte stets darauf, dass der Ballen in einer angemessenen Größe zur Pflanze steht.

> Schon bei der Pflanzung denke dran, wie groß das Bäumchen werden kann.

Blühende Sträucher bieten einen prachtvollen Anblick und sind die Kulisse des Gartens.

Woran man schönen Wuchs erkennt

Bäume und Sträucher sollten einen gleichmäßigen Wuchs haben und kräftige, der Gesamtgröße der Pflanze entsprechende Wurzeln besitzen. Das gilt besonders für

Je nach Wuchsform kannst du Sträucher im Garten vielseitig einsetzen. Hier siehst du einen Spindelbusch.

alle Gehölze, die als Solitärpflanze einen Blickfang im Garten bilden sollen. Laubgehölze müssen einen vom Wurzelansatz bis zur Krone geraden Stamm haben, an dem die Äste nach allen Seiten hin ausgewogen ansetzen. Die Spitzen der jungen Triebe sollen gut entwickelte Knospen zeigen, damit auch der weitere Zuwachs gewährleistet ist.

Schneid' die Wurzeln, Stück für Stück, vor dem Pflanzen stets zurück.

Bei Nadelgehölzen achte besonders darauf, dass die Pflanze nur einen, möglichst gerade gewachsenen Haupttrieb hat, dessen Spitze unverletzt ist. Sonderformen wie kugelförmig wachsende Koniferen und schlanke Säulen müssen eine makellose, typische Form ausweisen. Wuchsmängel fallen hier besonders ins Auge und lassen sich nach meiner Erfahrung auch nach vielen Jahren sorgfältiger Erziehung kaum noch korrigieren.

Kategorien und Bezeichnungen

Baumschulen teilen die Gehölze in der Regel in bestimmte Kategorien ein. Die Kategorie bestimmt unter anderem den Preis, denn ein großer Strauch muss teurer sein als ein einjähriger Sämling, und langsam wachsende Arten sind teurer als raschwüchsige. Um sicherzugehen, dass du einen fairen Preis für das betreffende Gewächs bezahlst, nimmst du am besten einen Zollstock mit zum Gehölzeinkauf und vergleichst die auf dem Etikett angegebenen Maße und Preiskategorien miteinander.

Als Strauch wird ein Gehölz bezeichnet, das mindestens zwei, bei sogenannten „verpflanzten Sträuchern" drei oder mehr Triebe hat, die an der Pflanzenbasis sprießen und nicht höher als 20 cm über dem Boden ansetzen. Heister sind Bäume, die bereits seitliche Äste, aber noch keine vollständige Krone ausgebildet haben. Als Solitär werden Bäume oder Sträucher mit Ballen oder im Container bezeichnet, die mindestens drei Mal in ihrem Leben verpflanzt wurden und für die Einzelpflanzung vorgesehen sind.

Obstbäume werden nach ihrer Stammhöhe klassifiziert. Man unterscheidet dabei zwischen Spindelbüschen (40 bis 80 cm), Niederstämmen (80 bis 100 cm), Halb (100 bis 120 cm) und Hochstämmen (ab 180 cm). Sie sollten in jedem Fall mindestens vier gut angeordnete, kräftige, etwa gleich große Kronentriebe haben. Eine Besonderheit sind die sogenannten „Ballerinas", zwergförmig gezogene Obstbäume, die auch im Kübel kultiviert werden können und im Verhältnis zu ihrer Größe reiche Erträge liefern.

Pfla
als
kei
Tor

Rosen werden meist in zwei Güteklassen angeboten. Ware der Güteklasse A muss mindestens drei gut ausgebildete Triebe haben, von denen zwei an der Veredelungsstelle ansetzen. Pflanzen der Güteklasse B sind in der Regel im Wuchs etwas schwächer und haben nur zwei Triebe an der Veredelungsstelle. Für die Güteklasse bei Rosen spielt es keine Rolle, ob es sich um wurzelnackte Ware oder Containerpflanzen handelt.

Kauf von Containerware

Stauden und Gehölze, aber auch Kräuter, Balkon- und Sommerblumen werden immer häufiger in Einwegcontainern gehandelt. Meist hat die Gärtnerei oder die Baumschule die Pflanzen in diesen Töpfen herangezogen, so dass sich in ihnen ein fester Wurzelballen gebildet hat. Container ermöglichen dir nicht nur einen sicheren Transport der Pflanzen, sie haben auch den großen Vorteil, dass du die Pflanzen fast ganzjährig kaufen und im

Pf
ve

Die
lass
Das
ist a
bes
den

Ver
(ger
(veg
lich
ung
Kno
von
teile
Met

Die

Als
Ver
sie i
Anz
gebr
Gew
Balk
Sam
Stau
mar
mei
Hur
Fac

S
schi
sam
in ei
100.
Aus
mäß
meh
vora

Prüfen des Wurzelballens

Zur Prüfung der „inneren Werte" ziehst du am besten vorsichtig den Topf vom Ballen der Pflanze und betrachtest die Wurzeln. Der Container sollte gleichmäßig durchwurzelt sein, der Ballen aber kein dicht verfilztes und verknäueltes Wurzelwerk bilden. Ein Wurzelballen, der fast nur noch Wurzeln und kaum noch Erde enthält, weist darauf hin, dass die Pflanze schon zu lange im Gefäß steht („überständig" ist) und im Garten nur schlecht anwächst. Besser ist es, wenn aus den Abzugslöchern unten am Topf nur einzelne Wurzeln herauswachsen. Die Wurzeln der Pflanze müssen sich fest anfühlen und eine frische Farbe haben.

Garten einpflanzen kannst. Auch beim Kauf von Stauden oder Gehölzen im Container lohnt es sich, auf einige Dinge zu achten. Ein erster Blick auf die Pflanze gibt Aufschluss über gleichmäßigen, geraden Wuchs, gesundes Laub und ob ausreichend Blütenansätze vorhanden sind. Im Topf dürfen außerdem keine Unkräuter und Moose wachsen.

Oben: Hochstammrosen werden in der Regel als Containerware angeboten.
Links: Die sehr gleichmäßige Durchwurzelung des Ballens ist ein gutes Zeichen.

Ich rate dringend davon ab, Pflanzen zu kaufen, bei denen die Erde im Container knochentrocken ist. Hier hilft meist auch kräftiges Wässern nicht mehr.

Keimfähigkeit und Haltbarkeit von Saatgut

Die Keimfähigkeit der von mir angebotenen Sorten lasse ich in speziellen Keimlabors prüfen. Dazu werden von jeder Samenpartie 50 oder 100 Körner genommen und in ein vorbereitetes Saatgefäß gelegt. Das können sterile Keimschalen sein, aber auch normale Schalen mit Aussaaterde oder feuchte Filterpapiertaschen. Diese werden dann in Keimschränken oder im Gewächshaus unter optimalen Bedingungen aufgestellt und gepflegt. Je nach Art keimt das Saatgut schneller oder braucht etwas mehr Zeit. Nach dem Auflaufen zählt man die Anzahl der gekeimten Samen. Die Gesamtzahl

Hast altes Saatgut du im Haus, probier die Keimkraft erst mal aus,

übrig gebliebene Samen noch brauchbar sind. Hat die Keimfähigkeit während der Lagerung abgenommen, ist es besser, neues Saatgut zu kaufen.

Die meisten Arten behalten ihre Keimfähigkeit über mehrere Jahre, vorausgesetzt, sie wurden richtig gelagert. Viele Samen werden heute in Keimschutzpackungen angeboten. Wenn solche Tüten ungeöffnet und kühl gelagert werden, verliert das Saatgut nur wenig von seiner Keimfähigkeit. Ansonsten sollte man Saatgut grundsätzlich kühl und trocken aufbewahren. Dies gilt vor allem für die Arten, die erst im Früh- oder Hochsommer ausgesät werden, wie Stiefmütterchen, Tausendschön oder viele Stauden. Bei Gemüse sind es vor allem Zichorien-, Spinat-, Rettich- und Rapunzelsamen, die bis in den Hochsommer hinein gelagert werden.

Saatgut, das in einem Karton im Gartenhaus aufbewahrt wird, kann bei zu hohen Temperaturen schon stark an Keimfähigkeit verlieren. Auch die in unserem Klima meist hohe Luftfeuchtigkeit schadet Samen, der nicht geschützt gelagert wird. Steckt er nicht in einer verschlossenen Keimschutzpackung, so kann ich nur raten, ihn in sehr dicht verschließbare Dosen oder Gläser zu packen. Je kleiner die Gefäße sind, also je weniger Luftraum, umso besser für die Samenlagerung.

Oben: Im Keimtest zeigt sich die Keimfähigkeit von Saatgut.
Rechts: In meinem Keimlabor wird jede Partie geprüft, bevor sie abgepackt wird. So garantiere ich für Qualität und Reinheit.

der gekeimten Samen wird in Prozent ausgedrückt. Das Saatgutverkehrsgesetz sorgt bei Gemüsesamen dafür, dass kein minderwertiges Saatgut in den Handel kommt. Nur Samenpartien, die eine Mindestkeimfähigkeit überschritten haben, dürfen verkauft werden. Bei Blumensamen gelten bei mir die höchsten internationalen Standards.

Jeder Gartenfreund kann auf diese Art selbst seine Samen auf Keimfähigkeit prüfen, vor allem auch, ob vom Vorjahr

Rosen werden meist in zwei Güteklassen angeboten. Ware der Güteklasse A muss mindestens drei gut ausgebildete Triebe haben, von denen zwei an der Veredelungsstelle ansetzen. Pflanzen der Güteklasse B sind in der Regel im Wuchs etwas schwächer und haben nur zwei Triebe an der Veredelungsstelle. Für die Güteklasse bei Rosen spielt es keine Rolle, ob es sich um wurzelnackte Ware oder Containerpflanzen handelt.

Kauf von Containerware

Stauden und Gehölze, aber auch Kräuter, Balkon- und Sommerblumen werden immer häufiger in Einwegcontainern gehandelt. Meist hat die Gärtnerei oder die Baumschule die Pflanzen in diesen Töpfen herangezogen, so dass sich in ihnen ein fester Wurzelballen gebildet hat. Container ermöglichen dir nicht nur einen sicheren Transport der Pflanzen, sie haben auch den großen Vorteil, dass du die Pflanzen fast ganzjährig kaufen und im

Garten einpflanzen kannst. Auch beim Kauf von Stauden oder Gehölzen im Container lohnt es sich, auf einige Dinge zu achten. Ein erster Blick auf die Pflanze gibt Aufschluss über gleichmäßigen, geraden Wuchs, gesundes Laub und ob ausreichend Blütenansätze vorhanden sind. Im Topf dürfen außerdem keine Unkräuter und Moose wachsen.

Prüfen des Wurzelballens

Zur Prüfung der „inneren Werte" ziehst du am besten vorsichtig den Topf vom Ballen der Pflanze und betrachtest die Wurzeln. Der Container sollte gleichmäßig durchwurzelt sein, der Ballen aber kein dicht verfilztes und verknäueltes Wurzelwerk bilden. Ein Wurzelballen, der fast nur noch Wurzeln und kaum noch Erde enthält, weist darauf hin, dass die Pflanze schon zu lange im Gefäß steht („überständig" ist) und im Garten nur schlecht anwächst. Besser ist es, wenn aus den Abzugslöchern unten am Topf nur einzelne Wurzeln herauswachsen. Die Wurzeln der Pflanze müssen sich fest anfühlen und eine frische Farbe haben.

Oben: Hochstammrosen werden in der Regel als Containerware angeboten.
Links: Die sehr gleichmäßige Durchwurzelung des Ballens ist ein gutes Zeichen.

Ich rate dringend davon ab, Pflanzen zu kaufen, bei denen die Erde im Container knochentrocken ist. Hier hilft meist auch kräftiges Wässern nicht mehr.

Viele Gewächse haben weiße Wurzeln, manche aber auch gelbe oder rötliche. Auf keinen Fall dürfen die Wurzeln schwarz und matschig sein. Auch der Geruch des Substrates gibt dir Aufschluss über die Pflanzenqualität – faulig oder vergoren riechende Erde ist ein Hinweis darauf, dass die Pflanzen über lange Zeit zu nass standen und die Wurzeln anfangen zu verrotten.

Nach dem Kauf müssen sich die Pflanzen erst einmal erholen.

Nach dem Kauf

Sind die richtigen Pflanzen erst einmal gefunden, heißt es, sie möglichst schnell nach Hause zu bringen. Doch jeder Transport bedeutet für die Pflanzen Stress. Damit dieser möglichst glimpflich ausfällt, können wir einige Fehler vermeiden.

Lasse Pflanzen nie über längere Zeit im geschlossenen Auto! Auch bei niedrigen Außentemperaturen kann die Sonne das Innere des Wagens binnen kurzer Zeit auf Backofentemperaturen aufheizen. Das bekommt keiner Pflanze. Wird sie danach ins Freie gebracht, wirkt das wie eine kalte Dusche. Kein Wunder, wenn da selbst robuste Gewächse

schlappmachen! Auch eine rasante Heimfahrt im sportlichen Cabriolet mit offenem Verdeck bekommt den Pflanzen nicht. Bei eisigen Außentemperaturen hilft eine Verpackung mit Papier oder Noppenfolie Frostschäden auf dem Transport zu vermeiden. Als guter Pflanzenversender weiß ich um die Gefahren und verpacke meine Ware entsprechend gut und verschicke sie nur bei angemessenen Temperaturen. Als Kunde sollte man die Pakete umgehend auspacken und die Pflanzen entsprechend versorgen. Wer nicht gleich pflanzen kann, der bewahrt die Pflanzen nach dem Kauf an einem kühlen, aber frostfreien, schattigen und vor Wind geschützten Standort auf. Containerware ist am robustesten, braucht aber meistens etwas Wasser, um nicht auszutrocknen. Wurzelnackte Ware stellst du sofort in einen Eimer mit Wasser oder schlägst sie samt den Wurzeln provisorisch in Erde ein. Notfalls reicht ein feuchtes Tuch. Sobald das Wetter und der eigene Terminkalender es zulassen, wird dann gepflanzt.

Vorsicht bei vorgezogenen Pflanzen

Sobald die ersten Sonnenstrahlen im Frühling die Gartenlust wecken, bieten Gartencenter und Baumärkte vorgetriebene Zwiebelblumen, Gemüsejungpflanzen und sogar Stauden an. Mitunter finden wir sogar blühende Ziergehölze weit vor deren eigentlicher Blütezeit. Diese Pflanzen wurden unter Glas herangezogen und mit reichlich Wärme und Dünger verwöhnt. Das Zellgewebe dieser Hätschelkinder, die oft auch aus südlichen Ländern importiert wurden, ist weich und deswegen anfällig für allerlei Krankheiten. Ins Freie gepflanzt, machen sie oft nach kurzer Zeit schlapp, weil sie weder kühle Nächte und windige Tage noch eine direkte Bestrahlung durch die Frühlingssonne vertragen. Ganz zu schweigen von möglichen Graupelschauern und einem plötzlichen, einer Laune des Aprils entsprungenen Schneetreibens. Händler, die sich ihrer Verantwortung bewusst sind, bieten keine Ware außerhalb der jeweiligen Pflanzsaison an. Damit wir nicht von unseren teuer erworbenen

Der grüne Tipp®

Wir dürfen auf keinen Fall vergessen, dass bis Mitte Mai immer noch Nachtfröste drohen und ein abrupter Wetterumschwung die grüne Pracht hinwegraffen kann.

Pflanzen enttäuscht werden, sollten wir es als Selbstverständlichkeit nehmen, im Januar keine blühenden Tulpen und im April keine Tomaten mit Fruchtbesatz zu kaufen.

Kommen Pflanzen bei dir an, mach dich sofort ans Öffnen ran.

Pflanzen selber vermehren

Die meisten Pflanzen in unseren Gärten lassen sich ganz einfach selbst vermehren. Das macht viel Spaß, und das Gärtnerherz ist auf die selbst gezogenen Pflanzen ganz besonders stolz. Wie das geht, werde ich in den folgenden Abschnitten beschreiben.

Grundsätzlich unterscheiden wir zwei Vermehrungsarten: die geschlechtliche (generative) und die ungeschlechtliche (vegetative) Vermehrung. Die geschlechtliche Vermehrung erfolgt mit Samen, die ungeschlechtliche mit Stecklingen, Ablegern, Knollen und Zwiebeln oder durch Teilung von Pflanzen. Die entnommenen Pflanzenteile werden dann durch verschiedene Methoden zur Wurzelbildung angeregt.

Die generative Vermehrung

Als Erstes möchte ich auf diese Art der Vermehrung zu sprechen kommen, weil sie im Haus- und Kleingarten oder für die Anzucht von Topfpflanzen die weitaus gebräuchlichere ist. Die meisten einjährigen Gewächse wie Sommerblumen, Gemüse, Balkon- und Beetpflanzen werden aus Samen gezogen, aber auch einen Teil der Stauden-, Kübel- und Zimmerpflanzen sät man aus. In jeder Saison biete ich in meinen Versandkatalogen hierfür viele Hundert Samensorten an. Aber auch im Fachhandel findest du eine große Auswahl.

Samen sind in ihrer Größe sehr unterschiedlich. So wiegt ein Korn des Rizinussamens 1 bis 2 g, während bei Eisbegonien in einem Gramm Samen etwa 60.000 bis 100.000 Körner enthalten sein können. Die Aussaat von groben Sämereien ist verhältnismäßig einfach, während die Feinsämereien mehr Pflege, Sorgfalt und auch Erfahrung voraussetzen.

Die Saatgut-qualität

Ganz wichtig ist die Qualität des Saatguts, seine Lagerung und Herkunft. Gutes Saatgut ist auf seine Keimfähigkeit und Reinheit geprüft. Diese bezeichnet man als äußere Eigenschaften, da sie leicht zu beurteilen sind. Sämtliche Eigenschaften des Saatguts, die nach der Aussaat die Entwicklung zu guten und kräftigen Pflanzen führen, bezeichnen wir als die inneren Saatgutqualitäten. Die innere Samenqualität wird also in erster Linie vom Erbmaterial bestimmt, optimale Pflege und passende Standortverhältnisse immer vorausgesetzt.

Saatgut von guter Qualität ist die Voraussetzung für den gärtnerischen Erfolg.

Keimfähigkeit und Haltbarkeit von Saatgut

Die Keimfähigkeit der von mir angebotenen Sorten lasse ich in speziellen Keimlabors prüfen. Dazu werden von jeder Samenpartie 50 oder 100 Körner genommen und in ein vorbereitetes Saatgefäß gelegt. Das können sterile Keimschalen sein, aber auch normale Schalen mit Aussaaterde oder feuchte Filterpapiertaschen. Diese werden dann in Keimschränken oder im Gewächshaus unter optimalen Bedingungen aufgestellt und gepflegt. Je nach Art keimt das Saatgut schneller oder braucht etwas mehr Zeit. Nach dem Auflaufen zählt man die Anzahl der gekeimten Samen. Die Gesamtzahl

übrig gebliebene Samen noch brauchbar sind. Hat die Keimfähigkeit während der Lagerung abgenommen, ist es besser, neues Saatgut zu kaufen.

Die meisten Arten behalten ihre Keimfähigkeit über mehrere Jahre, vorausgesetzt, sie wurden richtig gelagert. Viele Samen werden heute in Keimschutzpackungen angeboten. Wenn solche Tüten ungeöffnet und kühl gelagert werden, verliert das Saatgut nur wenig von seiner Keimfähigkeit. Ansonsten sollte man Saatgut grundsätzlich kühl und trocken aufbewahren. Dies gilt vor allem für die Arten, die erst im Früh- oder Hochsommer ausgesät werden, wie Stiefmütterchen, Tausendschön oder viele Stauden. Bei Gemüse sind es vor allem Zichorien-, Spinat-, Rettich- und Rapunzel-samen, die bis in den Hochsommer hinein gelagert werden.

Saatgut, das in einem Karton im Gartenhaus aufbewahrt wird, kann bei zu hohen Temperaturen schon stark an Keimfähigkeit verlieren. Auch die in unserem Klima meist hohe Luftfeuchtigkeit schadet Samen, der nicht geschützt gelagert wird. Steckt er nicht in einer verschlossenen Keimschutz-packung, so kann ich nur raten, ihn in sehr dicht verschließbare Dosen oder Gläser zu packen. Je kleiner die Gefäße sind, also je weniger Luftraum, umso besser für die Samenlagerung.

> **Hast altes Saatgut du im Haus, probier die Keimkraft erst mal aus,**

Oben: Im Keimtest zeigt sich die Keimfähigkeit von Saatgut.
Rechts: In meinem Keimlabor wird jede Partie geprüft, bevor sie abgepackt wird. So garantiere ich für Qualität und Reinheit.

der gekeimten Samen wird in Prozent ausgedrückt. Das Saatgutverkehrsgesetz sorgt bei Gemüsesamen dafür, dass kein minderwertiges Saatgut in den Handel kommt. Nur Samenpartien, die eine Mindestkeimfähigkeit überschritten haben, dürfen verkauft werden. Bei Blumensamen gelten bei mir die höchsten internationalen Standards.

Jeder Gartenfreund kann auf diese Art selbst seine Samen auf Keimfähigkeit prüfen, vor allem auch, ob vom Vorjahr

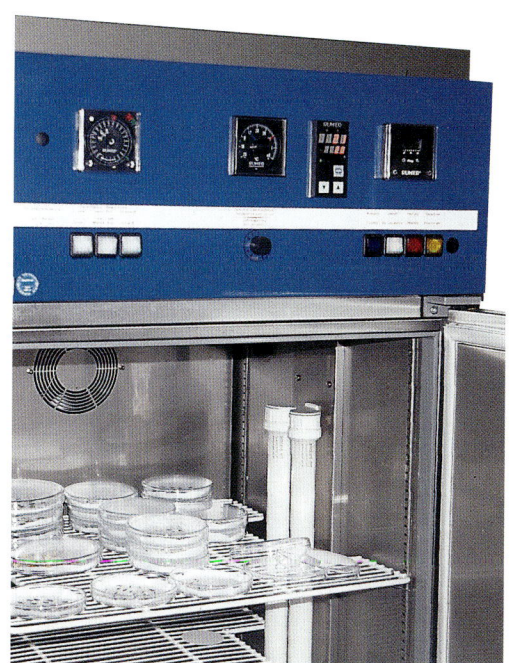

Vordergrund, deshalb wird dort vermehrt, wo die günstigsten Lebensbedingungen für die jeweilige Art herrschen.

Leider ist es ein natürlicher Vorgang, dass die Sorteneigenschaften sich im Laufe der Jahre verändern. Deshalb ist auch nach Abschluss der Züchtung eine Erhaltungszucht notwendig. Dabei wird durch Kontrollanbau immer wieder hochwertiges Elitesaatgut als Vorstufe für die Produktion erstellt. Bei der Hybridzucht ist die Erhaltung der Elternlinien ein spezielles Problem.

Der grüne Tipp®

Wenn du in Etappen säen willst, rate ich, Saatgut aus Keimschutzpackungen portionsweise auszusäen und möglichst nur eine Tüte anzubrechen. Die anderen bleiben verschlossen und werden kühl gelagert.

Links: Im Keimschrank kann die Keimkraft von Saatgut unter kontrollierten Bedingungen getestet werden.

Die Samenzucht

Hinter jedem kleinen Samenkorn steht ein riesiger Aufwand bei der Zucht und Vermehrung. Die Zucht einer Sorte dauert selbst heute in modernen Zuchtfirmen bis zu zehn Jahre. Erst wenn eine Sorte alle gewünschten Eigenschaften stabil in ihren Genen verankert hat, ist dieser Prozess abgeschlossen.

Noch schwieriger ist die sogenannte Hybridzucht, bei der man sich den Heterosiseffekt zunutze macht. Dabei züchtet man zwei völlig unterschiedliche Elternlinien und kreuzt diese dann gezielt. Nur die erste Nachfolgegeneration hat die gewünschten Effekte. Das Saatgut ist auch weiterhin ein Resultat auf Kreuzung beruhender Pflanzenzucht, aber enorm aufwändig. Aus dieser Zuchtmethode gewonnenes Saatgut ist daher leider auch sehr teuer.

Ist die Züchtung abgeschlossen, muss eine Gemüsesorte zunächst zugelassen werden. Dabei wird sie innerhalb der EU mit bereits zugelassenen Sorten verglichen und entschieden, ob tatsächlich eine Unterscheidung und Verbesserung gegenüber den schon vorhandenen Sorten besteht. Erst dann folgt der nächste Schritt, die Produktion oder Vermehrung des Saatgutes. Hierbei steht vor allem die äußere Qualität im

Aussaaten ins Freiland

Die Direktsaat an Ort und Stelle ins Freiland ist die unkomplizierteste Aussaatmethode. Wenn du ein paar Voraussetzungen beachtest, wird die Aussaat auch glücken. Wichtig sind vor allem Wärme und Feuchtigkeit.

Oben: Ein sehr praktischer Helfer bei der Aussaat im Beet ist der Furchenzieher.

Für kleine bis mittlere Samengrößen sind Saatbänder eine große Hilfe. Die Samen sind dabei zwischen zwei feinen, leicht zersetzbaren Papierstreifen in optimalen Abständen eingeschlossen. Das erleichtert die Aussaat und erspart das mühsame Verziehen der Saaten nach dem Auflaufen. Die in unterschiedlichen Längen erhältlichen Saatbänder werden 1 bis 2 cm tief in Furchen gelegt, vorsichtig angefeuchtet, dann mit etwas Erde bedeckt und nochmals angegossen. Nach dem Keimen die Aussaaten ganz normal weiterpflegen.

Mit Saatbändern lassen sich auch Beete umrahmen und platzsparend Kräuterbeete anlegen. Auch für unsere Kinder, die ihre ersten Erfahrungen mit der Aussaat von Blumen, Kräutern und Gemüse machen, sind Saatbänder eine gute Sache. Die lieben Kleinen können diese auslegen, gießen und dann den Pflänzchen beim Wachsen zusehen.

Eine erweiterte Form des Saatbandes sind sogenannte Saatplatten und Samenteppiche, die nach dem gleichen Schema funktionieren. Sie enthalten meistens mehrere Samensorten, die, in den richtigen Abständen angeordnet, nach dem Keimen ein fertig komponiertes kleines Blumen- oder Kräuterbeet ergeben.

Rechts: Im Saatband sind die Samen in einheitlichen Abständen abgelegt, einfacher geht es nicht mehr!

„absäuft" und dann verfault. Erhebungen auf Beeten trocknen dagegen schneller aus als die Umgebung. Das Saatgut findet hier nicht genügend Feuchtigkeit zum Quellen und Keimen. Deshalb lohnt sich die Mühe, ein ebenes glattes Beet zu harken. Außerdem lassen sich auf glatten Beeten auch gerade

Jede Art hat ihre spezielle Anforderung, aber dies findest du alles verständlich auf der Rückseite meiner Samentüten erklärt. Auch auf die Saattiefe musst du achten. Und natürlich sollte der Boden gut vorbereitet, feinkrümelig und weder zu nass noch zu trocken sein.

Ist der Boden noch zu kalt, keimt der Samen nicht so bald.

Bodenvorbereitungen

Im Herbst in grober Scholle umgegrabenes Land zerfällt bis zum Frühjahr zu einem feinkrümeligen Boden, der nur gelockert und glatt geharkt werden muss. Ein ebener Boden für die Aussaat ist deshalb wichtig, weil sich in Senken das Wasser ansammelt, das darin liegende Saatgut

Reihen besser ziehen. Das Saatgut hat eine bessere Bodenbindung, und ein glatt geharktes Beet erleichtert dir später die Bearbeitung des Bodens.

Reihen zieht man mit einem Reihenzieher entlang einer gespannten Schnur. Die Rillentiefe hängt dabei von der Samenkorndicke ab. Je feiner es ist, umso flacher muss die Rille sein. Eine alte Gärtnerregel sagt, dass Samen generell nur in Samenkornstärke mit Erde abgedeckt werden sollte. Entsprechende Hinweise findest du auf meinen Samentüten.

Sind die Rillen erst einmal gezogen und das Saatgut ausgesät, so ist es mit feiner Erde abzudecken und leicht anzudrücken. Ich mache das immer mit dem Harkenrücken, ziehe damit die Reihen zu und drücke dabei die Erde leicht an. Saatgut darf nicht locker im Boden liegen. Es soll ja quellen und keimen, braucht also Bodenverbindung und Feuchtigkeit. Falsch ist es auch, bei warmer Witterung oder bei Sommeraussaaten jeden Abend stark zu gießen. Die Folge ist, dass

Links: Praktisch ist dieser Rechen, mit dem du Saatrillen in gleichmäßigem Abstand ziehen kannst.
Unten: Mit dem Sähelfer lässt sich der Samen besser portionieren und ausbringen. Er eignet sich für fast alle Blumen- und Gemüsesamen.

hält länger. Hältst du die Abdeckung tagsüber feucht, gibt es sehr selten Probleme mit Verkrustungen.

Aussaaten im Freiland bringe ich entweder direkt auf den vorgesehenen Standort oder auf ein Saatbeet mit einem Reihenabstand von 5 bis 7 cm aus. In diesem Fall werden die jungen Pflanzen später im richtigen Abstand umgesetzt.

Der richtige Pflanzenabstand

Bei Aussaaten an Ort und Stelle müssen die richtigen Reihenabstände und die Samendichte in der Reihe berücksichtigt werden. Angaben dazu findest du auf der Rückseite jeder Samentüte, „erfahrene Hasen" wissen es meist schon. Säe lieber etwas dichter. Es ist einfacher, später zu vereinzeln oder, wie es auch heißt, zu verziehen. Dabei werden zu dicht stehende Jungpflanzen vorsichtig ausgezupft und neu eingepflanzt. Am besten macht man das Schritt für Schritt, so lange bis der empfohlene Pflanzabstand erreicht ist.

der Boden verschlämmt. Scheint danach die Sonne verkrustet er, und die Keimlinge können ihn nicht durchstoßen. Die Aussaat ist misslungen.

Ich rate daher in solchen Fällen, die Aussaatbeete zu beschatten. Dafür eignen sich Schattenleinen, Sackleinen, Säcke und auch Bretter, die auf die Beete gelegt werden. Damit wird eine zu starke Erwärmung des Bodens verhindert und auch die Feuchtigkeit

Säe gemeinsam mit langsam keimenden Samen, zum Beispiel von Zwiebeln, Möhren und Petersilie, schnell keimende Markiersaaten zum schnellen Finden der Samenreihen.

Oben: Radieschen sind die ideale Markiersaat für langsam keimendes Saatgut.
Rechts: Besonders für kleinkörniges Saatgut musst du die Ausaaterde fein sieben.

Aussaaten im Gewächshaus

Ein eigenes Gewächshaus, das ist sicher der Traum eines jeden Gartenfreundes. Es lässt sich vielseitig nutzen und schafft Unabhängigkeit von der Witterung im Freien.

Das Gewächshaus muss nicht groß sein, schon 7 bis 10 m² Fläche reichen aus. Es sollte möglichst beheizbar sein, damit es auch als Unterstellmöglichkeit und zur Überwinterung von Kübelpflanzen verwendet werden kann. Natürlich braucht man auch freie Flächen für die Aussaat und Vorkultur von Gemüse und Blumen.

Ausgesät wird aber erst im Nachwinter, der Zeitpunkt hängt dabei von der Ausstattung und den Heizungsmöglichkeiten ab. Denn neben der Aussaatzeit ist es wichtig, dass auch an kalten Tagen die notwendige Keim- und Sämlingstemperatur gehalten wird. Ist das Gewächshaus nicht beheizbar, so kann mit der Arbeit auch nicht früher als in einem kalten Frühbeet begonnen werden. Das beheizbare Gewächshaus jedoch bietet die idealen Bedingungen für eine verfrühte Aussaat und Vorkultur. Die Aussaattermine richten sich dabei nach den auf jeder Samentüte gemachten Angaben.

In Reihen säen

Reihensaat hat gegenüber der breitwürfigen Saat den Vorteil, dass du sehr früh zwischen den Reihen jäten kannst. Auch lassen sich in geraden Reihen gesäte Kulturpflanzen besser von Wildkräutern unterscheiden. Dies ist besonders wichtig, da viele Wildkräuter stärker und schneller wachsen und die Kulturarten unterdrücken. Wildkräuter müssen daher im Frühstadium gejätet werden.

Für langsam keimende Arten wie die Möhre empfiehlt sich eine Markiersaat. Hierfür eignen sich Radieschen und Salatsorten. Radieschen wachsen besonders schnell und du kannst sie auch reifen lassen und ernten. Salat dient nur zur Markierung, die fertigen Köpfe würden bei ihrer Größe und Entwicklungsdauer die anderen Kulturpflanzen unterdrücken, deshalb werden die jungen Salatpflänzchen gezogen, sobald die anderen Sämlinge sichtbar sind. Diese Salatpflanzen kannst du an anderer Stelle im Garten wieder auspflanzen oder auch als Babyleafsalat nutzen.

Der grüne Tipp®

Die jungen Pflanzen wachsen rasch heran, daher müssen wir schon vor dem Aussäen genau überlegen, wie viele Pflanzen von den jeweiligen Arten benötigt werden.

Viele Anfänger vergessen, dass es meist recht lange dauert, bis wir die Jungpflanzen ins Freie setzen können. Deshalb sind die Aussaattermine unbedingt einzuhalten, damit die jungen Pflanzen knackig und kräftig und in der richtigen Größe aus dem Gewächshaus ins Freie umgesetzt werden können. Dies kann bei frostempfindlichen Arten meist erst ab Mitte Mai erfolgen, wenn nicht Frühbeet oder Folientunnel als Zwischenstation zur Verfügung stehen. Bei der Planung ist auch daran zu denken, dass die Pflanzen von Tag zu Tag mehr Platz brauchen und rasch kümmern, wenn wir ihnen diesen nicht geben können.

Torf- und Kunststoffplatten. Es ist sozusagen ein spezielles „Nebenhobby" von mir, stets die neuesten Aussaatgefäße auf ihre Praxistauglichkeit zu testen. Aber nicht nur spezielle Gefäße, auch ein etwas größerer Topf kann als Aussaatgefäß dienen. Auch im Haushalt anfallende Kunststoffbecher sind als Aussaatgefäße brauchbar, allerdings nicht ganz so praktisch, denn bei ihnen musst du für einen Wasserabzug am Boden sorgen. Oberstes Gebot ist, dass alle Gefäße sauber und frei von Erdresten sein müssen. Diese können nämlich Pilzkrankheiten übertragen und bieten kleinen Schädlingen eine Überwinterungsmöglichkeit.

Ein Gewächshaus bietet vielfältige Möglichkeiten, besonders für die Vorkultur empfindlicher Gemüse- und Blumenarten.

Die Töpfe müssen sauber sein, sonst geht dir jede Pflanze ein.

Tipps aus der Praxis

Aussaaten und Vorkulturen im Gewächshaus setzen einige Erfahrungen voraus. Soweit möglich, möchte ich hier das notwendige Wissen dazu vermitteln.

Aussaaten im Gewächshaus sollten stets in Aussaatgefäßen erfolgen. So bist du beweglicher und kannst bei Bedarf auch schnell einmal alles umstellen. In meinem Gartenkatalog findest du eine besonders große Auswahl von mir erprobter Saatkisten,

Meine Aussaat- und Pikiererde garantiert eine erfolgreiche Pflanzenanzucht.

Behandle die Sämlinge wie kleine Babys, dann wachsen sie zu großen kräftigen Pflanzen heran!

Die Aussaaterde holst du am besten schon einige Tage vorher ins Gewächshaus, oder du füllst die Gefäße im Freien mit Erde und stellst sie dann ins warme Gewächshaus. Säe niemals in zu kalte Erde! Als Substrat wird auch nur feinkrümelige Spezialerde verwendet, denn manche Saat ist so kleinkörnig, dass sie grobe Erdbrocken nicht durchstoßen kann. Komposterde eignet sich hierfür nur bedingt.

Deine Erde füllst du dann in Saatgefäße, drückst sie an den Rändern an und ebnest alles sorgfältig ein. Feinsämereien, also solche mit einem kleinen Korn, verteilst du gleichmäßig auf der Oberfläche und drückst sie mit einem kleinen Brettchen an. Gröbere Samen säen wir in Reihen und bedecken sie, wie bei Frühbeetaussaaten, mit einer Erdschicht, die etwa so dick wie das Samenkorn ist. Vergesse nicht, alle Aussaatgefäße oder Reihen wasserfest zu beschriften!

Nun gießt du die Aussaaten mit einer sehr feinen Brause an. Bis zur Keimung werden die Gefäße mit einer Glasscheibe oder Folie abgedeckt, aber so, dass ein kleiner Luftspalt bestehen bleibt. An sonnigen Tagen müssen die empfindlichen Aussaaten mit Zeitungspapier schattiert werden, das auf die Glasscheibe gelegt wird.

Sobald die ersten Keimlinge erscheinen, werden sämtliche Abdeckungen entfernt, da die Keimlinge zum weiteren Gedeihen Licht brauchen, sonst würden sie schnell faulen. Nun beginnt die schwierigste Phase im Leben der Sämlinge, sie benötigen volles Tageslicht, dürfen aber nicht der prallen Sonne ausgesetzt werden und vor allem nicht austrocknen. Jetzt ist der „grüne Daumen", das nötige Fingerspitzengefühl für die kleinen pflanzlichen Lebewesen, gefragt.

Aussaatgefäße

Sät man breitwürfig in eine Saatkiste, dann wachsen die Wurzeln breit und unkontrolliert und werden beim Pikieren teilweise abgerissen. Die Pflanze braucht dann einige Zeit, bis die Wurzeln sich wieder regeneriert haben. Die oberirdischen Teile dieser Sämlingspflanzen wachsen in dieser Zeit kaum. Besser geeignet fürs Aussäen von Jungpflanzen sind Topfplatten. Sie geben den Sämlingen einen abgeschlossenen Raum für die Wurzelentwicklung. Werden sie aus diesen umgesetzt, wachsen sie sofort weiter, weil die Wurzeln dabei nicht beschädigt oder

Schrubbe alle Pflanzgefäße, die du wiederverwenden möchtest, mit einer Wurzelbürste gründlich ab. In den anhaftenden Erdresten können sich Krankheitserreger verbergen. Willst du sicher gehen, kannst du die Gefäße auch im Backofen sterilisieren.

gestört werden. Deshalb empfehle ich bei der Aussaat im Gewächshaus gleich in Topfplatten zu säen. Dabei werden in jeden Topf zwei bis drei Körner gegeben.

Stehen in deinem Gewächshaus große Kübelpflanzen zur Überwinterung, dann achte besonders darauf, dass aus diesen keine Schädlinge auf die Sämlinge gelangen. Genaue Beobachtung ist hier wichtig, und eine schnelle Behandlung ebenfalls. Hilfreich sind im Handel erhältliche Leimtafeln, auch Gelb- oder Blautafeln genannt. Sie zeigen dir schnell an, ob Weiße Fliege oder Minierfliegen und andere fliegende Schädlinge im Gewächshaus leben und den Sämlingen gefährlich werden können.

Rechtzeitiges Schattieren ist im Gewächshaus sehr wichtig. Im einfachsten Fall gelingt dies mit Schattierleinen, das an sonnigen Tagen von außen auf das Gewächshaus gelegt werden kann. Später im Jahr, wenn die Sonne intensiver scheint, kann eine Dauerschattierung mit Schattierfarbe aufgebracht werden. Dieser Anstrich muss im Frühherbst wieder abgewaschen werden.

zu setzen, damit sie laufend und zügig weiterwachsen. Die Sämlinge setzt du dazu entweder in Pikierkisten um, die mit Erde oder Kompost gleicher Zusammensetzung wie die Aussaaterde gefüllt sind, oder du pikierst sie gleich in entsprechend größere Topfplatten oder Torftöpfe. Dies kostet zwar anfangs etwas mehr Platz, die jungen Pflanzen werden aber später nicht noch einmal in ihrer Entwicklung gestört.

Wenn du die Torftabletten mit lauwarmem Wasser übergießt, quellen sie schneller auf.

Hier zeige ich, wie man pikiert, man sieht's genau: schön im Geviert!

Pikieren

Ist der kritische Zeitpunkt des Auflaufens erst einmal überwunden und die Sämlinge wachsen zügig, folgt bald das Pikieren, um die jungen Pflanzen in entsprechende Töpfe

Beim Pikieren, das je nach Pflanzenart und -größe der Pflanze im Abstand von 3 x 3 cm bis 5 x 5 cm in entsprechende Gefäße erfolgt, ist es ganz wichtig, dass du die Sämlinge nicht beschädigst. Besonders mit dem zarten Stängel musst du sehr vorsichtig umgehen und diesen nicht zerdrücken. Wichtig ist auch, dass beim Pikieren die Wurzeln möglichst vollständig mit dem Sämling umgesetzt werden. Das Pikierloch soll groß und tief genug sein, damit der kleine Wurzelballen gut hineinpasst und die lange Keimlingswurzel wieder ganz senkrecht in die Erde gesteckt werden kann. Wird sie geknickt, dann geht auch meist der Sämling ein. Ist sie jedoch sehr lang, so kann die Spitze abgekniffen werden. Auch hier sei vorsichtig, es handelt sich schließlich um ein Lebewesen!

Links: Ein Weißanstrich schützt Jungpflanzen vor zu starker Sonneneinstrahlung.

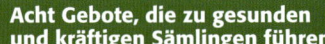

Wer kein Gewächs-
haus hat, kann die
Fensterbank zur Vor-
kultur empfindlicher
Pflanzen nutzen.

Acht Gebote, die zu gesunden und kräftigen Sämlingen führen

Grundsätzlich solltest du bei der Aussaat in der Wohnung einige Dinge beachten, denn sie helfen sicher, erfolgreicher zu gärtnern.

1. Säe nur auf gut und gleichmäßig vorbereitete Aussaatflächen. Das gilt für Aussaaten im Freiland genauso wie für die Aussaat in Gefäße, ins Frühbeet, Gewächshaus oder auf der Fensterbank. Verwende für die Aussaat gut gemischte, gesiebte Komposterde oder die in meinem Gartenkatalog oder im Fachhandel erhältliche Aussaaterde, das ist die sicherste Erde für unsere Pflanzenbabys.

2. Streue Saatgut stets weit genug auseinander, damit die Sämlinge sich gut entwickeln können. Säe alle Sorten getrennt und versehe die Saatrillen oder Töpfe mit Namensetiketten. Aussaaten erfolgen entweder in Topfplatten oder in Reihen.

3. Ziehe nicht zu tiefe Reihen, das Saatgut darf nicht vergraben werden. Er braucht neben gleichmäßiger Feuchtigkeit auch Luft und je nach Art Licht zum Keimen, die bekommt es aber nur in der oberen Schicht des Bodens. Überstreue das Saatgut mit fein gesiebter Erde, die zarten Sämlinge können keine groben Erdbrocken durchstoßen und gehen darunter ein. Drücke die Aussaaten vorsichtig mit einem kleinen Brett an, damit der Samen Boden-haftung bekommt.

4. Jede Aussaat musst du nach dem Andrücken mit Wasser überbrausen. Hierzu verwendest du eine Gießkanne mit Brauseaufsatz oder einen Wasserzerstäuber. Nicht die Erde verschlämmen, dabei läuft auch Samen zusammen und keimt dann dicht an dicht.

5. Gleichmäßige Feuchtigkeit und gleichmäßige Wärme sind notwendig, um den Samen bis zum letzten Korn vollständig zum Keimen zu bringen.

6. Säe im Freiland nie zu früh. Spätere Aus-saaten, die dann höhere Temperaturen zum Keimen und Wachsen vorfinden, haben oft nach wenigen Wochen die frühen Aussaaten überholt und sind dann gleich groß.

7. Zu dicht aufgegangene Aussaaten musst du sehr früh ausdünnen (verziehen).

8. Vergiss bei Sonneneinstrahlung das Schattieren nicht!

Wenn du diese Hinweise berücksichtigst, werden sich die Sämlinge aus der eigenen Aussaat gesund und kräftig entwickeln.

Die Pflanzenanzucht auf der Fensterbank

Wärmebedürftige Pflanzen kannst du in kleinen Mengen gut auf der Fensterbank oder auf Hockern und Tischen in Fenster-nähe aussäen und vorziehen. Voraussetzung hierfür ist ein helles Fenster mit Fenster-bank oder ein solcher Platz vor einem Fenster. Bei dieser Aussaatmethode gibt es jedoch einige Dinge zu beachten, auf die ich nun näher eingehen möchte.

Die Vorbereitungen, die Aussaaterde und auch die Aussaatgefäße sind dieselben, wie ich sie für Aussaaten im Gewächshaus oder im Frühbeetkasten beschrieben habe.

Meist werden für die feinen Samen wegen des knappen Platzes Blumen-töpfe in größerer Zahl verwendet. Leider finden sich heute in unseren Wohnungen kaum Räume, die Tag und Nacht gleich warm gehalten werden, meist gibt es überall sehr große Temperatur-schwankungen. Es ist aber besser Aussaaten in einem Raum aufzustellen, dessen Temperatur etwas

Beim Pikieren beachte strikt, dass keine Wurzel wird geknickt!

unterhalb der erforderlichen Keimtemperatur liegt, als in einem, dessen Raumtemperatur stark schwankt. Allerdings darf die Raum-temperatur nicht mehr als 5 bis 6 °C unter der optimalen Keimtemperatur liegen, weil ansonsten viele Samen nicht mehr keimen würden.

Mein Platz für die Aussaat außerhalb des Gewächshauses ist unser Badezimmer. Es ist zwar nicht sehr groß, aber ein kleiner Klapptisch passt zur „Sämlingsanzuchtzeit" noch rein. Diesen stelle ich direkt unter das schräge Dachfenster und beheize das Bad gleichmäßig und optimal. Leider erreicht das Licht die Pflanzen nur von der Seite. Wer kerzengerade Pflanzen ziehen will, muss deswegen neben dem täglichen Gießen die Aussaatgefäße drehen – jeden Tag um ein Viertel, so dass sie nach vier Tagen wieder in ihrer Ausgangsstellung stehen. Das hilft gegen zu hoch aufgeschossene Sämlinge und „schräge Vögel".

Bei direkter Sonneneinstrahlung muss im Zimmer genauso gut schattiert werden, wie ich es schon für die Aussaaten im Gewächshaus beschrieben habe. Topfplatten mit kleinen Töpfen sind für diese Form der Anzucht hervorragend geeignet, weil sich so mehrere Pflanzenarten auf eine Platte säen lassen. Ich stelle diese Platten dann in eine normale Pflanzenkiste, die ich zuvor in einen großen Folienbeutel gesteckt habe. So ist sie wasserdicht und tropft nicht. Denn Tropfwasser ist Ärgernis Nummer Eins im Bad, Tropfwasser aus den Aussaatkisten auf dem Fußboden stößt auf nur wenig Verständnis bei dem, der alles sauberhalten muss.

So säe ich z.B. schon Mitte Februar Fleißige Lieschen, Eisenkraut, Paprika und andere Arten aus. Tomaten, Gurken und einige Sommerblumen folgen später. Wichtig ist, dass die Pflanzenarten ungefähr dieselben Ansprüche an die Keimtemperatur stellen. Während der Keimzeit darf die Erde auf keinen Fall antrocknen, sie muss immer gleichmäßig feucht gehalten werden. Eine transparente Abdeckhaube mit dem notwendigen Belüftungsschlitz beugt dem vor.

Der grüne Tipp®

Ist die Keimlingswurzel sehr lang, knipse ich sie vorsichtig mit dem Fingernagel ab.

Oben: Auch diese schönen Holzkisten eignen sich als Anzuchtgefäße.
Links: Sämlinge sollte man so früh wie möglich pikieren, da sie sonst zu dünn und lang werden.

Die vegetative Vermehrung

Viele Pflanzen werden über Stecklinge oder Ableger vermehrt. Durch diese vegetative Vermehrung aus Pflanzenteilen wachsen immer wieder Pflanzen mit den gleichen Eigenschaften der Mutterpflanze, und sie sehen auch aus wie diese. Bei der Vermehrung aus Samen spalten Kreuzungen von Sorten dagegen in die Eigenschaften der Eltern auf, sehen also nicht aus wie die Mutterpflanze, wenn sie nicht für eine Sorte zur Aussaat gezüchtet wurden.

Bei der Vermehrung von Pflanzen ist Sauberkeit das oberste Gebot, also alle Gefäße und Geräte vorher gründlich reinigen!

Vermehrung über Stecklinge

Stecklinge sind vorwiegend Triebspitzen, die abgeschnitten werden, sobald sie eine gute Länge erreicht haben und vor allem reif dafür sind. Ist der Steckling zu weich, dann fault er schnell, ist er aber verholzt, dann wird er nur selten anwurzeln. Alle Stecklinge müssen frei von Krankheiten und Schädlingen sein!

Die Stecklinge schneide ich bei belaubten Pflanzen immer ca. einen Millimeter unter einem Blattansatz. Dieser Schnitt muss mit einem scharfen Messer erfolgen, denn es darf nicht gequetscht werden. Stecklinge, die mit einem stumpfen Messer abgequetscht und beschädigt wurden, faulen meist an der Schnittstelle.

Die untersten Blätter am Steckling schneide ich dann ca. 2 bis 3 mm entfernt vom Trieb am Blattstiel ab, große Blattflächen verkleinere ich, indem ich sie von der Spitze her zur Hälfte abschneide. Die Blattflächen kleinblättriger Stecklinge können bleiben, wie sie sind.

Welkende Blätter sind der Tod eines jeden Stecklings. Auch Stecklinge, die von zu trockenen Mutterpflanzen geschnitten wurden, sind nur schwer zum Wurzeln zu bringen.

Rechts: Eine Kunststoffhaube schützt die empfindlichen Stecklinge vor dem Austrocknen.

Stecklinge kannst du von Beet- und Balkonpflanzen, von Topfpflanzen, aber auch von Stauden, belaubten Büschen und Bäumen und von Nadelgehölzen schneiden. Leider kann ich an dieser Stelle nicht im Detail darüber berichten, welche Pflanzenarten leicht anwurzeln und bei welchen kaum damit zu rechnen ist. Darin besteht auch der Reiz, so etwas einmal selbst auszuprobieren.

Gesteckt werden die 5 bis 8 cm langen Stecklinge in ein Erdgemisch, das ich zu gleichen Teilen aus Torf, feiner Komposterde und Sand mische. Für Koniferen hat sich ein Mischungsverhältnis von einem Teil Sand zu einem Teil Torf zum erfolgreichen Bewurzeln bewährt. Die Erde wird nun in die Vermehrungsgefäße gefüllt, gut angedrückt und so stark angegossen, dass sie gut durchnässt ist. Als Vermehrungsgefäße eignen sich kleine Töpfe, Schalen oder Kisten.

Stecklinge immer gut schützen

Damit sie nicht zu stark durch Verdunstung austrocknen, müssen die Gefäße unter eine glasklare Folienhaube gestellt werden, die dicht verschlossen ist. Für Einzeltöpfe haben sich Haushaltsfolienbeutel bestens bewährt, die oben zugebunden werden. Für Kisten und Schalen benötigt man entsprechend große Folienbeutel oder Folienstücke. Wichtig ist, dass die Folie nicht auf den Stecklingen

Bedürfnisse und den Nährstoffbedarf aller jungen Pflanzen, egal ob von Stecklingen oder aus Samen gezogen. Junge bewurzelte Pflanzen werden einzeln in kleine Töpfe gepflanzt. Diese sollten nicht allzu groß sein, damit der Wurzelballen rasch durchwurzelt werden kann. Wiederholtes Umtopfen fördert Wurzelbildung und Wachstum.

Links: Die meisten Pflanzen lassen sich mit Stecklingen vermehren.

liegt: in die Erde gesteckte Stäbe, die über die Stecklinge ragen und den Folienbeutel abstützen, verhindern den direkten Kontakt. Der Luftraum im Folienbeutel sollte so groß wie möglich gehalten werden.

Die so vorbereiteten Stecklinge kommen nun samt Folienbeutel an einen warmen Platz. Erst gleichmäßige Wärme, möglichst über 20 °C, erleichtert eine erfolgreiche Bewurzelung. Je nach Pflanzenart dauert dies 2 bis 3 Wochen. Stecklinge von Freilandgehölzen benötigen mehr Zeit. Man kann schnell feststellen, ob ein Steckling schon bewurzelt ist. Spürt man beim vorsichtigen Ziehen an einem Blatt oder der Stecklingsspitze Widerstand, dann haben sich bereits Wurzeln gebildet. Besser ist es aber, solange zu warten, bis die Stecklinge anfangen zu wachsen. Das ist der sichere Hinweis darauf, dass die Bewurzelung erfolgt ist.

Stecklinge umsetzen

Sobald das Wachstum der bewurzelten Stecklinge beginnt, muss die geschlossene Folienumhüllung zum Lüften geöffnet werden, anfangs behutsam, später immer mehr. Nach 1 bis 2 Wochen sollen sich die Pflanzen an die trockene Raumluft außerhalb des Folienbeutels gewöhnt haben. Jetzt ist auch die Zeit gekommen, die Stecklinge mit großer Vorsicht umzusetzen. Zum Umtopfen ist eine nährstoffreiche, aber nicht zu stark gedüngte Erde zu verwenden. Im Handel angebotene Pikiererde erfüllt die

Als Kopfsteckling bezeichnet der Fachmann die Stecklinge, die von der Triebspitze einer Pflanze geschnitten wurden. Bei einigen Pflanzenarten werden auch Triebteile abgesteckt, die jeweils mit 1 bis 2 Blattachseln und Blättern geschnitten werden und als Teilstecklinge genauso in die Erde gesetzt und zum Wurzeln gebracht werden. Bestes Beispiel ist Efeu. An seinen Trieben erkennst du bei genauem Hinschauen unter jedem Blattansatz an der Ranke kleine Erhöhungen. Das sind bereits erste Wurzelansätze. Schneidest du nun jedes Blatt mit dem dazugehörenden Rankentriebteil ab und steckst den Rankenteil in die Erde, dann entwickeln sich sehr bald Wurzeln und aus der Blattachsel ein neuer Trieb. Viele Philodendronarten und andere Grünpflanzen kannst du auf die gleiche Art vermehren. Einzelne Laubblätter mit kurzem Stielansatz dienen z.B. bei Usambaraveilchen als Stecklinge. Der Stängel wird in die Erde gesteckt, dort bilden sich Wurzeln und später ganz neue Pflanzen.

Oben: Die Stecklingsvermehrung beim Usambaraveilchen erfolgt mit Hilfe der Blätter.

> Soll'n deine Stecklinge gedeih'n, müssen sie gut bewurzelt sein.

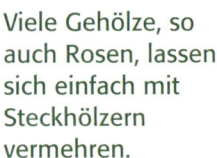

Viele Gehölze, so auch Rosen, lassen sich einfach mit Steckhölzern vermehren.

> **Als Gärtner zeige ich hier an, dass man noch sehr viel lernen kann.**

Steck-holz

Vermehrung durch Steckhölzer

Steckhölzer schneidet man von verholzten Sträuchern und Bäumen. Es ist eine recht unproblematische Vermehrungsart. Steckhölzer werden ab Dezember in einer Länge von 15 bis 20 cm geschnitten, und zwar von einjährigen Trieben, die also im vergangenen Sommer gewachsen sind. Stecke sie in große, mit Sand gefüllte Töpfe, so dass 2/3 des Steckholzes im Sand stecken und 1/3 herausschaut. Die Töpfe samt Steckhölzern werden dann an einem kühlen Ort im Keller aufgestellt. Sie dürfen auf keinen Fall Frost abbekommen. Sobald die Frostgefahr im Freiland vorüber ist, werden die Steckhölzer an Ort und Stelle im Garten gesteckt. Auch hierbei steckst du wieder 2/3 der Steckhölzer in die Erde und lässt 1/3 mit 1 bis 2 Augen herausstehen. Sobald die Augen austreiben, haben die Steckhölzer Wurzeln gebildet. Vorsicht beim Verpflanzen, die jungen Wurzeln sind sehr empfindlich.

Teilpflanzen

Die Teilung von großen Pflanzen in mehrere Teilpflanzen ist vor allem bei Stauden und Sträuchern sehr üblich. Zu diesem Zweck gräbst du die Pflanze aus und zerteilst sie. Halte die Teilstücke aber nicht zu klein, denn es dauert dann sehr lange, bis die einzelne „Kleinpflanze" ihre volle Wirkung und Blütenfülle wieder erreicht. Auf der anderen Seite sind zu große Teilstücke auch nicht gut, sie kümmern oft sehr lange, ehe sie wieder richtig wachsen. Am besten sind Teilpflanzen mit 3 bis 4 Trieben oder Augen.

Die geteilten Pflanzen können im Allgemeinen gleich an die vorgesehenen Plätze gesetzt werden, aber bitte nicht an die Stelle, auf der vorher die Mutterpflanze gestanden hat, denn hier kann es zu Wachstumsstörungen kommen. Neue Plätze und nährstoffreiche Böden eignen sich besser.

Werden Pflanzen mit frischem Laub geteilt, was bei einigen Arten sehr gut möglich ist, dann wird auch das Laub mit eingekürzt, weil die wenigen neuen Wurzeln noch nicht genügend Wasser aufnehmen können. Die günstigste Jahreszeit zum Teilen von Stauden ist der Spätsommer oder das Frühjahr ab Ende März bis Anfang/Mitte Mai. Gehölze teilt man im Spätherbst oder im zeitigen Frühjahr.

Vermehrung durch Abrisslinge

Als Abrisslinge bezeichnet man Stecklinge, die von der Mutterpflanze an ihrem Rand abgerissen oder mit einem Stück Wurzelansatz geschnitten werden. Auf diese Art wird eine ganze Reihe von Stauden vermehrt, wie Nelken oder Staudenmargeriten. Diese meist sehr schwachen Pflanzen mit relativ wenig Wurzeln steckt man in Töpfe mit Vermehrungserde und stellt sie möglichst ins Gewächshaus oder in den Frühbeetkasten. Du kannst sie auch zum stärkeren Bewurzeln in Folienbeutel setzen (siehe Seite 164). Sie müssen aber immer erst wieder neue Wurzeln ausgebildet haben, bevor du sie ins Freie setzen kannst.

Gehölzabrisslinge werden von den Sträuchern abgenommen, die im vorhergehenden Frühjahr in Erde abgesenkt wurden. Diese Absenker sind noch mit ihrer Mutterpflanze verbunden und können an den jungen Trieben neue Wurzeln bilden.

In-vitro-Kultur

Was heißt In-vitro-Kultur? Seit vielen Jahren wendet man sie schon zur Vermehrung von Pflanzen an. Es handelt sich dabei um eine Möglichkeit, solche Pflanzen zu vermehren, bei denen die herkömmlichen Methoden, wie ich sie oben beschrieben habe, versagen.

Die Vermehrung erfolgt mithilfe eines kleinen Stückes Gewebe aus der Pflanze: Aus diesem können dann mehrere Tausend Jungpflanzen gezogen werden, die wie bei der Stecklingsvermehrung alle der Mutterpflanze gleichen. Der Ablauf der In-vitro-Kultur ist leicht beschrieben, aber nur in Speziallabors durchzuführen. Am Anfang steht ein kleiner, oft nur einen Kubikmillimeter großes Stück aus der Triebspitze einer Pflanze. Dieser Gewebeteil wird unter sterilen Bedingungen auf eine Nährstofflösung gesetzt, die unter anderem auch Pflanzenhormone enthält. Im Kulturraum, der stets gleichmäßig temperiert ist und durchgehend belichtet wird, wachsen diese kleinen Pflanzenteile weiter. Sie produzieren neue Zellen, aus denen Wurzeln und Blatttriebe wachsen. Wenn diese groß genug sind, werden sie im Gewächshaus in Erde pikiert und wie alle anderen Jungpflanzen behandelt. Da man aus einem einzigen kleinen Zellstück durch spezielle Teilungsmethoden Tausende solcher Minipflanzen heranziehen kann, ist dies eine erfolgreiche Methode zur Vermehrung von anders nur schwer vermehrbaren Pflanzen. Sie wird auch angewandt, um aus kranken Mutterpflanzen gesunde Nachkommen zu entwickeln.

Für den Hausgebrauch eignet sich dieses komplizierte Verfahren allerdings nicht. Es ist zu teuer, sehr aufwändig und setzt zudem spezielle Erfahrungen und weitreichende Kenntnisse voraus.

Der grüne Tipp®

Entferne beim Teilen sofort alle Wurzelunkräuter aus dem Wurzelballen, denn sonst schleppst du diese mit zum neuen Standort.

Absenker sind Zweige mit Bodenkontakt, die neue Wurzeln bilden und dann von der Mutterpflanze getrennt werden.

Pikieren und Auspflanzen

Jungpflanzen, einerlei ob sie aus Samen, durch Teilung oder aus Stecklingen gezogen wurden, werden, sobald sie kräftig genug sind, verpflanzt. Dies ist natürlich ein harter Eingriff in die Entwicklung eines Pflänzchens. Er muss deshalb so schonend wie möglich erfolgen. Grundsätzlich werden alle Pflanzen vor dem Umsetzen stark und ausreichend gegossen und am Tag vorher gedüngt. Man gibt ihnen quasi noch ausreichend Nahrung mit auf die Reise zum neuen Standort, wo sie erst nach dem Anwurzeln wieder neue Nährstoffe aufnehmen können. Dabei spielt es keine Rolle, ob Pflanzen aus dem Saatbeet pikiert oder von einem Topf in einen anderen gesetzt werden.

Zum Pikieren gehört etwas Fingerspitzengefühl, damit die feinen Wurzeln nicht beschädigt werden.

So wird pikiert

Sämlinge sollte man so früh wie möglich pikieren. Stehen sie sehr eng, verhindern wir durch frühes Pikieren, dass sie zu dünn und lang werden. Früh pikierte Sämlinge ergeben später kräftige Jungpflanzen, die sich am endgültigen Standort immer durchsetzen können.

Vor dem Pikieren wird das Saatbeet bzw. die Saatschale gut gegossen. Dann schiebst du das Pikierholz in die Erde unter die Wurzeln des Sämlings und hebst ihn mit so viel Erdballen wie möglich vorsichtig hoch, ohne dass die Wurzeln verletzt werden. Die Erde, in die nun der Sämling umgesetzt wird, musst du vorher tüchtig angießen und gleichmäßig befeuchten, sonst lassen sich die Pflanzlöcher nicht richtig ausheben. Diese müssen immer groß genug sein, um das gesamte Wurzelwerk aufzunehmen. Bei kleinen Sämlingen sind oft nur wenig Wurzeln vorhanden, das Pflanzloch muss entsprechend in seiner Größe angepasst werden. Lange Wurzeln werden abgekniffen, denn diese kommen selten heil in die Erde. Meist knicken sie oder brechen ab, in der Folge faulen sie. Wichtig ist vor allem, dass die Wurzeln senkrecht in die Erde kommen und danach gut angedrückt werden. Dazu steckst du das Pikierholz direkt neben der Pflanze in die Erde und drückst sie fest an die Wurzeln. Das so entstehende Loch schließt du mit dem Pikierholz.

Die richtigen Gefäße

Zum Pikieren der Jungpflanzen kannst du alle Arten von Schalen und Kisten oder leeren Behälter verwenden. Am besten geeignet sind jedoch Torfquelltöpfe oder Topfplatten. Hier haben die einzelnen Pflanzen ausreichend Platz für ihre Wurzeln und, besonders wichtig, diese können bei dicht nebeneinanderstehenden Pflanzen nicht ineinanderwachsen. Das ist sehr, sehr vorteilhaft, da beim Auspflanzen die Wurzeln vollständig geschont werden und unverletzt bleiben. Pflanzen mit zerrissenen Wurzelballen brauchen nämlich viel Zeit, um neue Wurzeln zu bilden, in der die oberirdischen Triebe nicht weiterwachsen. Spezielle Pikiergefäße machen sich also bezahlt, da den Pflanzen der Umsetzschock erspart wird und sie nach dem Auspflanzen sofort und flott weiterwachsen.

Torfquelltöpfe bestehen aus gepresstem Weißtorf, der von den Wurzeln gut durchwachsen wird. Später zerfallen die Torftöpfe in der Erde, vorausgesetzt, dass sie vor dem Pflanzen nicht ausgetrocknet sind, weil sie

Tipps fürs Pikieren und Verpflanzen

Alle Pflanzen vor dem Umsetzen gut wässern und düngen.

Die Erde, in die pikiert oder gepflanzt werden soll, muss ebenfalls gut feucht sein.

Jungpflanzen immer ganz vorsichtig aus der Erde heben und zu lange Wurzeln abkneifen.

Das Pflanzloch immer groß genug stechen oder graben, die Wurzeln brauchen Platz.

Nach dem Pikieren oder Pflanzen die Erde gut andrücken und angießen, damit die Wurzeln mit dem Boden eine gute Verbindung bekommen.

Bis zum Anwachsen die Pflanzen vor direkter Sonne schützen und gleichmäßig feucht halten. Im Freiland kann dies auch mit Lochfolien oder einem Abdeckvlies erfolgen.

Immer die richtigen Pflanzabstände einhalten. An der ersten Reihe entlang der Schnur die Abstände genau anzeichnen.

Pflanzt man in der Reihe, dann besser eine Schnur spannen und die Pflanzen in „Reih und Glied" setzen. Sie wachsen so zwar nicht schneller, aber es sieht besser aus und die Bearbeitung ist einfacher.

dann kein Wasser mehr aufnehmen können. Zu trocken gepflanzte Torftöpfe wirken wie Tontöpfe und hindern die Pflanzenwurzeln am Durchwachsen. Die Pflanzen bleiben dann meist in ihrer Entwicklung zurück.

Umpflanzen oder Auspflanzen ins Freiland

Pflanzholz und Pflanzspaten sind das Handwerkzeug für das Pflanzen im Freiland. Die Pflanzlöcher müssen so groß sein, dass der Wurzelballen gut hineinpasst. Dann wird er mit dem Pflanzholz fest angedrückt.

Wenn ich mit dem Pflanzspaten arbeite, drücke ich mit den Händen den Wurzelballen und die Erde darum fest an. Sträucher und Gehölze werden fest angetreten. Die Pflanzlöcher sind bei größeren Pflanzen immer etwas breiter und tiefer auszuheben als der Wurzelballen groß ist. In die Pflanzlöcher hinein gebe ich als Starthilfe gute Komposterde oder organischen Dünger wie Hornspäne.

Grundsätzlich sollten keine ballentrockenen Pflanzen gesetzt werden, auch das Umsetzen von Ballenpflanzen oder Jungpflanzen in trockene Erde ist zu vermeiden.

Beides kann zu Schäden führen. Auch darf unter dem Wurzelballen kein Hohlraum bleiben. Zum Schluss wird ausreichend gewässert. Hierbei werden zum einen die Wurzeln und Wurzelballen gut eingeschlämmt und erhalten so wichtigen Bodenkontakt, zum anderen muss der Boden auch ausreichend feucht sein. Wird im Gewächshaus oder ins Frühbeet pikiert oder gepflanzt, so ist nach dem Pflanzen zu schattieren und die Lüftung möglichst geschlossen zu halten. Die Jungpflanzen lieben feuchte Luft und Schatten und wachsen schneller an.

Im Freiland sollte das Pflanzen möglichst nur bei Regenwetter oder an trüben Tagen geschehen. Ich rate dazu, große Sträucher, vor allem immergrüne, nach dem Verpflanzen besonders gut zu wässern. Wird spät im Jahr gepflanzt, verhindert eine Laubschicht auf dem Wurzelballen, dass Frost zu tief in den Wurzelballen eindringt.

Größere Pflanzen kannst du genauso auf das Umpflanzen vorbereiten, wie es früher in den Baumschulen gehandhabt wurde. Hierzu stichst du im Frühjahr mit dem Spaten die Wurzelausläufer der zum Umsetzen

Unten: Beim Auspflanzen ist der Pflanzabstand zu beachten, damit die Pflanzen sich richtig entfalten können.

Wertvoll ist der Platz im Beet, drum nutze ihn so gut es geht.

So pflanz' ich Baum,
so pflanz' ich Strauch,
ich rate dir – pflanz du so auch.

erst einmal mit Wasser voll laufen. Erst wenn alles Wasser versickert ist, setze ich den Wurzelballen ins Pflanzloch und fülle es noch einmal mit Wasser. Nachdem dies versickert ist, fülle ich feuchte Erde in die Zwischenräume und trete sie gut fest. Um die Wasserversorgung des Wurzelbereichs zu gewährleisten, ziehe ich rund um die Pflanze einen Gießrand, damit ich sie laufend kräftig wässern kann.

Dies hat meinen Pflanzen immer gut geholfen. Selten habe ich Verluste erlitten oder Wachstumsstörungen gesehen.

vorgesehenen Pflanze ab und zwingst sie, innerhalb des Ballens neue Wurzeln zu bilden. Die Pflanzen werden dazu im Abstand von etwa 6 bis 8 Wochen 2 bis 3mal in der Größe des Baum- oder Strauch- umfangs einen Spatenstich tief umstochen. Die sich neu bildenden Wurzeln halten beim Umpflanzen den nun besser durchwurzelten Ballen zusammen.

Wenn ich einen größeren Strauch ver- pflanze, dann umsteche ich ihn vorher in der Art, wie es oben beschrieben ist, hebe ein recht großes Pflanzloch aus, fülle Torf und Komposterde hinein und lasse es dann

Vom richtigen Pflanzen

Zum guten Anwachsen gehört nicht nur ausgezeichnetes Pflanzenmaterial, sondern auch die richtige Pflanztechnik. Selbst bei denjenigen, die zehn grüne Daumen an den Händen haben, genügt es nicht, die Pflanzen einfach in die Erde zu drücken. Pflanzen sind Lebewesen, die beim Umziehen in ihr neues Quartier unserer ganzen Aufmerksamkeit bedürfen. Dabei ist sowohl die richtige Jahres- zeit zum Ein- und Umpflanzen als auch die richtige Pflanztiefe sehr wichtig. Zu tief gepflanzte Zwiebeln und Knollen versuchen oft vergeblich ans Licht zu drängen, und zur Unzeit verpflanzte Gewächse sind unter Umständen noch nicht ausreichend gut eingewurzelt, bevor der Frost kommt und sie dahinrafft. Schade um die viele Mühe und das schöne Geld, das man in die Pflanzen investiert hat. Deshalb findest du nachfolgend einige Tipps, die dir dabei helfen, den Pflanzen an ihrem neuen Standort einen guten Start zu ermöglichen.

Zwiebel- und Knollenpflanzen

Damit wir mit prächtigen Blüten belohnt werden, müssen wir sowohl die Pflanzzeit als auch die richtige Pflanztiefe beachten. Frühjahrsblüher gehören schon im Herbst in die Erde, frostempfindliche Zwiebel- und Knollenpflanzen werden erst im Mai ausgepflanzt. Manche Knollenpflanzen wie zum Beispiel Dahlien und Blumenrohr (*Canna indica*) können im Haus vorgetrieben werden, damit sie früher zur Blüte kommen. Im Sommer werden auch Herbstblüher, zum Beispiel die hübschen Sorten der Herbstzeitlosen (*Colchicum autumnale*) und der echte Safran (*Crocus sativus*) gepflanzt. Einige wenige Arten wie etwa das Alpenveilchen (*Cyclamen persicum*) oder die Prachtscharte (*Liatris spicata*) kannst du sowohl im Frühjahr als auch im Herbst in die Erde bringen. Die fleischigen Rhizome der großen Schwertlilien (*Iris barbata*-Sorten

und *Iris germanica*) pflanzt man relativ spät im Herbst, damit sie nicht noch vor dem Winter kräftig austreiben. Die Rhizome müssen so flach gesetzt werden, dass der Blattansatz nicht von Erde bedeckt ist. Einige große Zwiebelpflanzen wie Kaiserkronen (*Fritillaria imperialis*) und die Madonnenlilie (*Lilium candidum*) sollten spätestens im September in die Erde, damit sie bis zum Winter gut einwurzeln.

Pflanztiefen für Blumenzwiebeln

In der Regel pflanzt man Blumenzwiebeln zwei- bis dreimal so tief, wie die Zwiebel hoch bzw. dick ist. Je nach Bodenart kann es aber nötig sein, von dieser Regel abzuweichen. In besonders schweren Lehm- oder Tonböden dürfen die Zwiebeln nicht zu tief gepflanzt werden, damit sie ihren Weg durch die schwere Krume nach oben ans Licht finden können. In sehr leichten sandigen Böden kann es meiner Erfahrung nach nützlich sein, die Zwiebeln etwas tiefer als normal zu pflanzen, damit die Gewächse

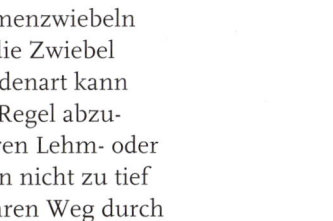

Madonnenlilien dürfen nicht zu tief gepflanzt werden, da die empfindlichen Zwiebeln sonst faulen und man im Frühjahr vergeblich auf einen Austrieb wartet.

Gegenüberliegende Seite:
Links: Das Pflanzloch sollte etwa doppelt so breit sein wie der Wurzelballen.
Rechts: Ein Ballentuch erleichtert den Transport von umzupflanzenden Bäumen oder Sträuchern.

Zwiebelpflanzen sind im Garten vielseitig einsetzbar und erfreuen durch frische Farben. Hier die Tulpe 'Glück'.

Die schönsten Zwiebelpflanzen

Oben: Die ersten Frühlingsboten: Schneeglöckchen *(Galanthus)* und Krokus *(Crocus)*. Sie dürfen wirklich in keinem Garten fehlen!

Rechts oben: Eine beliebte Narzissen-Sorte ist 'Salome', die sowohl im Garten als auch in der Vase gut zur Geltung kommt.

Rechts Mitte: Hyazinthen bieten eine verführerisch duftende Blütenfülle.

Rechts unten: Der Peruanische Blaustern stammt nicht aus Peru, sondern aus dem westlichen Mittelmeerraum.

Links unten: Dahlien sind der Hit im Sommergarten, hier die Sorte 'Odessa'.

Die schönsten Zwiebelpflanzen

Unten: Tulpen sind ausdrucksstarke Blüher, da lohnt sich das Warten auf die Blüte. Hier die Sorte 'World Expression'.

Links: Imposante Kaiserkronen *(Fritillaria imperialis)* sollen Wühlmäuse aus dem Garten fernhalten.
Unten: Verschiedene Zwergiris-Sorten *(Iris reticulata)* erzeugen bei einer Gruppenpflanzung wunderbare Effekte.

Anemonenblütige Dahlien gehören aufgrund ihrer Vielfältigkeit zu den außergewöhnlichsten Sommerblühern.

Gefüllte Narzissen sind kleine Kostbarkeiten von großer Wirkung im Garten. Hier die Sorte 'Replete'.

Pflanztiefen für Zwiebel- und Knollenpflanzen

Die Pflanztiefe ist immer auch abhängig von den Bodenverhältnissen und den Ansprüchen der jeweiligen Pflanzenart. Als Faustregel gilt: Je dicker die unterirdischen Speicherorgane sind, desto tiefer müssen sie in der Erde vergraben werden. Die Pflanztiefe sollte dabei zwei bis drei Mal so tief sein, wie die Zwiebel oder Knolle dick ist. Ein Abstand von zwei bis drei Zwiebelbreiten gilt als ideal. Bei besonders schweren Böden darfst du die Zwiebeln und Knollen nicht ganz so tief eingraben, um ihnen das Emporwachsen etwas zu erleichtern. In sehr leichten Böden empfiehlt es sich, hoch aufschießende Zwiebel- und Knollenpflanzen wie zum Beispiel Gladiolen etwas tiefer einzugraben, da sie dann mehr Standfestigkeit erreichen.

Deutscher Name	Botanischer Name	Pflanztiefe	Abstand
Alpenveilchen	*Cyclamen persicum*	5 bis 10 cm	10 bis 15 cm
Alpenveilchen-Narzisse	*Narcissus cyclamineus*	15 cm	10 cm
Bärlauch	*Allium ursinum*	10 cm	8 cm
Berganemone	*Anemone blanda*	5 cm	5 cm
Blaulilie	*Ixiolirion tataricum*	10 cm	10 cm
Blausternchen	*Scilla siberica*	10 cm	5 cm
Buschwindröschen	*Anemone nemorosa*	3 bis 5 cm	5 cm
Frühlingslichtblume	*Bulbocodium vernum*	10 cm	10 cm
Frühlingsstern	*Ipheion uniflora*	5 cm	5 cm
Geweihiris	Juno-Iris	10 bis 15 cm	25 bis 30 cm
Gewitterblume	*Sternbergia lutea*	10 bis 15 cm	10 cm
Glockenblaustern	*Hyacinthoides non-scripta*	10 cm	10 cm
Glockenlilie	*Fritillaria michailovskyi*	10 cm	15 cm
Goldsiegel	*Uvularia grandiflora*	10 cm	10 cm
Hakenlilie	*Crinum x powelli*	25 bis 30 cm	40 bis 60 cm
Hasenglöckchen	*Hyacinthoides hispanica*	10 cm	10 cm
Herbstzeitlose	*Colchicum autumnale*	20 cm	20 cm
Hundszahn, Forellenlilie	*Erythronium dens-canis*	10 cm	10 cm
Hyazinthe	*Hyacinthus orientalis*	15 cm	15 cm
Inkalilie	*Alstroemeria*-Hybriden	10 cm	20 cm
Kaiserkrone	*Fritillaria imperialis*	20 cm	30 cm
Klebschwertel	*Ixia*-Hybriden	5 bis 10 cm	10 cm
Knotenblume	*Leucojum vernum*	10 cm	10 cm
Krokus	*Crocus sativus*	5 bis 10 cm	5 bis 10 cm
Kronenanemone	*Anemone coronaria*	5 cm	10 cm
Lerchensporn	*Corydalis cava*	5 cm	10 cm
Lilien-Hybriden	*Lilium*-Hybriden	10 bis 20 cm	50 cm
Madonnenlilie	*Lilium canidum*	5 cm	30 cm
Märzenbecher	*Leucojum vernum*	10 cm	10 cm
Milchstern	*Ornithogalum*-Arten	5 bis 10 cm	10 cm
Montbretie	*Crocosmia*-Arten und -Sorten	7 bis 10 cm	20 cm
Narzissen, Osterglocken	*Narcissus*-Arten und -Sorten	15 bis 20 cm	15 cm
Persische Glockenlilie	*Fritillaria persica* 'Adiyaman'	20 cm	25 cm
Prachtscharte	*Liatris spicata*	10 cm	30 bis 40 cm
Prärielilie	*Camassia quamash*	15 bis 20 cm	15 bis 30 cm
Puschkinie	*Puschkinia scilloides*	5 bis 10 cm	10 cm
Reifrocknarzisse	*Narcissus bulbocodium*	10 bis 15 cm	10 cm
Rhizom-Iris	*Iris germanica, I. Barbata*-Hybriden	0 bis 5 cm	20 bis 30 cm
Schachbrettblume	*Fritillaria meleagris*	10 cm	5 cm
Schneeglöckchen	*Galanthus*	5 cm	5 cm
Schneestolz, Schneeglanz	*Chinodoxa*	10 cm	5 bis 10 cm
Steppenkerze	*Eremurus*-Arten und -Sorten	10 cm	50 cm
Traubenhyazinthe	*Muscari*-Arten	10 cm	5 bis 10 cm
Tulpen, großblütige Sorten	*Tulipa*-Arten und -Sorten	10 bis 15 cm	10 bis 15 cm
Tulpen, kleinblütige Sorten und Wildtulpen	*Tulipa tarda* u. a.	10 bis 15 cm	7 bis 10 cm
Türkenbundlilie	*Lilium martagon*	15 cm	25 cm
Wildgladiolen	*Gladiolus communis, G. palustris*	10 cm	15 cm
Winterling	*Eranthis hyemalis*	3 bis 5 cm	5 cm
Zierlauch, hohe Sorten	*Allium*-Sorten	20 cm	20 bis 30 cm
Zierlauch, niedrige Sorten	*Allium*-Sorten	5 bis 10 cm	10 bis 15 cm
Zwiebel-Schwertlilie	*Iris danfordiae, I. reticulata*	10 cm	10 cm

später einen besseren Halt im Boden finden. Eine Ausnahme ist die Madonnenlilie, die nicht zu tief gesetzt werden darf, da sie sonst verkümmert.

Vorbereiten des Pflanzlochs

Zum Einpflanzen von Zwiebel- und Knollenpflanzen gehst du wie folgt vor: Als Erstes gräbst du ein ausreichend tiefes Loch. Ein Hohlzylinder aus Metall mit einem Griff, als Zwiebelpflanzer im Fachhandel erhältlich, ist vor allem bei größeren Zwiebeln und Knollen ein praktischer Helfer, aber mit der Pflanzkelle oder dem Pflanzholz geht es in der Regel auch. Vor dem Einpflanzen der Zwiebeln oder Knollen bröselst du etwas lockere Erde auf den Boden des Pflanzlochs, damit die Wurzelansätze nicht auf einem Hohlraum aufsitzen. Bei sehr schweren, zur Staunässe neigenden Böden und bei Pflanzen, die eine gute Drainage brauchen, gebe ich zuunterst ins Pflanzloch eine Drainageschicht aus Feinkies und Sand, auf die ich dann die Zwiebeln oder Knollen bette.

Triebspitze nach oben

Die meisten Zwiebeln und Knollen haben eine deutlich erkennbare Spitze, aus der später der Trieb wächst, und eine Basis, aus der die Wurzeln sprießen. Du setzt also die Zwiebel oder Knolle mit der Triebspitze nach oben in das Pflanzloch

Alle Gartenfreunde lieben Blumenzwiebeln – selbst getrieben.

und füllst anschließend die ausgehobene Erde wieder ein. Zusätzlichen Dünger benötigen Zwiebel- und Knollenpflanzen bis auf wenige Ausnahmen (Dahlien, Blumenrohr und stark wachsende Lilien) zum Austreiben zunächst nicht, denn in den verdickten Speicherorganen sind alle bis zur Bildung der Blüten nötigen Nährstoffe enthalten. Erst nach der Blüte sollte mit „Gärtner Pötschkes Pflanzenfutter für Blumenzwiebeln" gedungt werden, um einen guten Knospenansatz und eine üppige Blüte im Folgejahr zu gewährleisten. Bei Gruppenpflanzungen – wie etwa Krokussen, Blausternchen und Puschkinien, aber auch

Das Rhizom des Indischen Blumenrohrs muss im Herbst ausgegraben und im Keller überwintert werden.

bei Tulpen und Narzissen, kann ein großes Loch in der benötigten Tiefe als Pflanzbett ausgehoben werden. Darin verteilt man in entsprechenden Abständen die Knollen oder Zwiebeln und schüttet das Loch anschließend wieder vorsichtig zu, damit die Zwiebeln nicht durcheinanderpurzeln.

Pflanzungen mit Wildcharakter

Für Pflanzungen, die einen möglichst natürlichen Eindruck machen sollen, etwa wenn Krokusse oder Schneeglöckchen in eine Rasenfläche gepflanzt werden, nimmst du eine Handvoll Zwiebelchen, wirfst sie in Kniehöhe aus und pflanzt sie an der Stelle, wo sie niedergefallen sind. So vermeidest du eine zu regelmäßige Anordnung und erzielst eine gewisse Zufälligkeit. Man kann auch, statt jede Zwiebel einzeln einzugraben, mit einem Rasenkantenstecher oder Spaten Grassoden aus dem Rasen ausstechen. Wenn die Soden nicht zu groß sind, lassen sie sich leicht mit der oberen Bodenschicht abheben, ohne auseinanderzufallen. Die Zwiebeln der Schneeglöckchen oder die Krokusknollen verteilst du dann in 5 bis 8 cm Tiefe in ausreichenden Abständen und setzt die Rasensode anschließend vorsichtig wieder ein. Nachdem du sie gut angedrückt hast, musst du sie sofort gründlich angießen, damit Graswurzeln und Knollen einen guten Bodenschluss bekommen.

Krokusse (oben) und Schneeglöckchen (rechts) verwildern gut und bilden im Frühling herrliche Blütenteppiche.

Gemüsejungpflanzen

Vor dem Pflanzen der Jungpflanzen von Salaten, Kohlrabi, Kopfkohlsorten und Lauch, was in der Regel ab Ende März/Anfang April erfolgen kann, müssen wir die Beete gut vorbereiten. Nach dem tiefgründigen Lockern sollte der Boden eine krümelige Struktur aufweisen. Etwa vier Wochen vor dem Bepflanzen können die Beete mit „Gärtner Pötschkes Kalkstickstoff" entseucht werden. Das Präparat düngt nicht nur, es ist auch sehr wirksam gegen Schnecken und unterdrückt die Keimung von Unkraut. Nach dem Ausbringen musst du jedoch die Ruhezeit unbedingt einhalten. Wenn du zusätzlich vor dem Auspflanzen „Gärtner Pötschkes Patentkali" in den Boden einarbeitest, erhöht sich die Widerstandskraft der Setzlinge. Zusätzlich kannst du „Gärtner Pötschkes Pflanzenfutter komplett", bei Kohlpflanzen auch „Gärtner Pötschkes Pflanzenfutter für Kohlgemüse" einarbeiten. Für den Biogärtner gibt es „Gärtner Pötschkes Naturdünger", rein organisch mit Guano, der nicht nur düngt, sondern auch das Bodenleben aktiviert. So vorbereitet haben die Gemüsejungpflanzen beste Chancen, zu gesunden, kräftigen und auch ertragreichen Pflanzen heranzuwachsen. Nach dem Einarbeiten des Düngers werden die Beete glatt geharkt.

In gut vorbereiteter Gartenerde werden diese Gemüsejungpflanzen prächtig gedeihen. Als Starthilfe dient etwas organischer Dünger.

Jungpflanzen aussetzen

Die meisten Gemüsejungpflanzen werden in Pflanzschalen und nicht in einzelnen Containern angeboten. Die Jungpflanzen haben einen kleinen Wurzelballen, der nicht austrocknen darf. Der Händler schlägt zum Transport einzelne Pflanzen daher meist in Zeitungspapier ein. Dies muss bis zum Auspflanzen, das möglichst noch am selben Tag erfolgen sollte, feucht gehalten werden. Stehen die Pflanzen in Saatschalen oder im Frühbeet, hebst du sie zum Auspflanzen behutsam mit dem Pikierholz aus der Erde. Pflanzen in Einzeltöpfen nimmst du vorsichtig aus dem Topf, indem du diesen umdrehst und den Topfrand auf die Tischkante oder einen Stein klopfst. Die Jungpflanzen sind sehr empfindlich und müssen vor praller Sonne und Hitze geschützt werden.

Ich pflanze deswegen gegen Abend oder an einem Tag mit bedecktem Himmel.

Das Pflanzloch wird mit einer Pflanzkelle oder einer Handschaufel ausgehoben. Es muss so groß sein, dass die Wurzeln oder der Wurzelballen der Pflanze problemlos hineinpassen, ohne dabei geknickt oder gequetscht zu werden. Du kannst eine Handvoll gut verrotteten Kompost in die Erde um das Pflanzloch einarbeiten, um den Pflanzen einen guten Start zu verschaffen. Die Pflanze selbst fasst du am Wurzelhals oder am Wurzelballen und nicht an den Blättern, damit diese nicht abgerissen oder gequetscht werden. Zum Einsetzen hältst du sie mit einer Hand ins Loch, mit der anderen Hand wird die Erde aufgefüllt. Die Pflanze soll so tief in der Erde sitzen, wie sie vorher im Topf wuchs.

Bei Zwischenpflanzung sich nicht stören, Zwiebeln, Rote Bete, Möhren.

Besonders bei Salaten und Kopfkohlsorten muss sich das Herz der Pflanze über dem Boden befinden. Nach dem Einsetzen wird das Pflänzchen leicht fest gedrückt und gründlich angewässert.

Starkzehrer

Tomaten, Kürbisgewächse wie Gurken, Zucchini und Melonen sowie alle Kohlarten sind die wahren Vielfraße unter den Gemüsepflanzen. Die sogenannten Stark-

Kürbisse (oben) und sämtliche Kohlarten (rechts) zählen zu den Starkzehrern. Sie alle benötigen reichlich Nährstoffe, um kräftig wachsen zu können.

zehrer vollbringen innerhalb einer kurzen Zeit eine erstaunliche Leistung: Sie wachsen im Frühjahr aus einem winzigen Samenkorn und bilden während weniger Sommermonate eine Fülle großer Früchte. Dafür brauchen sie reichlich Nahrung. Am besten versorgst du sie daher schon beim Pflanzen im Mai oder im Juni mit einer Extraportion Kompost und einem organischen Dünger. Speziell für die Liebesäpfel oder Paradeiser, wie Tomaten in Österreich auch genannt werden, gibt es „Gärtner Pötschkes Langzeitdüngekegel für Tomaten". Die Kegel bestehen aus Körnern, die unter Einfluss von Wasser und Wärme ihre Nährstoffe stufenweise abgeben. Sie versorgen auch Paprika, Auberginen und andere Fruchtgemüse den ganzen Sommer über mit den benötigten Nährstoffen. Auch für Kohlpflanzen ist ein spezielles „Gärtner Pötschkes Pflanzenfutter" erhältlich. Seine pH-regulierenden Inhaltsstoffe düngen nicht nur, sie beugen auch der gefürchteten Krankheit Kohlhernie vor. Gurken, Zucchini und Kürbisse versorgt man während des Wachstums am besten regelmäßig mit „Gärtner Pötschkes Pflanzenfutter komplett". Ausreichende Bewässerung sorgt für eine gute Aufnahme des Düngers und verhindert, dass die Pflanzen bei Hitze schlappmachen.

Tomaten

Tomaten werden ab Mitte Mai ausgepflanzt. Dazu hebt man an einem voll sonnigen Standort ausreichend tiefe Löcher für die Pflanzen aus. Vor dem Pflanzen lohnt es sich, den Boden mit etwa 5 l reifem Kompost pro Pflanzloch zu verbessern. Die meisten Sorten, mit Ausnahme der Buschtomaten (zum Beispiel die Sorte 'Hoffmanns Rentita'), brauchen eine gute Stütze, an der man die Haupttriebe der Pflanzen anbindet. Neben universell einsetzbaren Stäben aus Holz in ausreichender Höhe und Stärke eignen sich verzinkte, nicht rostende Tomatenspiralstäbe hervorragend als Stützen. Man gräbt bzw. schlägt die Stützen vor dem Einsetzen der Pflanzen ein, um die Wurzeln der Tomatensetzlinge nicht zu beschädigen. Ideal ist ein Reihenabstand von etwa 1 m und ca. 50 cm zwischen den Pflanzen in der Reihe. Beim Pflanzen gibt man am besten gleich „Gärtner

Pötschkes Langzeitdüngekegel" für Tomaten mit ins Pflanzloch. Tomaten werden etwas tiefer gesetzt, als sie vorher im Anzuchttöpfchen standen. Bei Bodenkontakt bilden sie am Wurzelhals zusätzliche Wurzeln aus, was für eine noch bessere Nährstoffaufnahme durch die Pflanzen sorgt. Ein neben der Wurzel bodeneben eingegrabener Blumentopf mit Abzugsloch erlaubt ein einfaches Wässern, ohne dass die Erde beim Gießen fortgespült wird oder verschlämmt.

Boden auspflanzt, ohne die empfindlichen Jungtriebe abzubrechen. Der Reihenabstand beträgt etwa 70 cm, der Abstand der Pflanzen in der Reihe etwa 35 bis 50 cm.

Der grüne Tipp®

Eine Abdeckung mit einem Vlies schützt die jungen Kartoffelpflanzen vor eventuellen Nachtfrösten, die noch bis Mitte Mai drohen.

> Kartoffeln treiben sehr bald aus im hellen Raum, bei dir zu Haus.

Kartoffeln

Pflanzkartoffeln werden vorgekeimt, bevor man sie ins Freiland pflanzt. Bei Frühkartoffeln wie den Sorten 'Sieglinde' oder 'Gloria' geschieht dies bereits Anfang März bei 12 bis 15 °C in einem hellen, luftigen Raum. Als idealer „Keimapparat" haben sich meine Vorkeimkiste oder ausgediente Eierkartons bewährt. Die einzeln in die Vertiefungen gelegten Pflanzkartoffeln sollten etwa 3 cm lange Triebe gebildet haben, bevor du sie ab Mitte April vorsichtig etwa 8 bis 10 cm tief in gut vorbereiteten, tiefgründig gelockerten, trockenen, warmen

Zwiebeln, Schalotten und Knoblauch

Die Pflanzzwiebeln von Schalotten, Küchenzwiebeln und Knoblauch stecke ich je nach Sorte im Herbst oder ab Ende März/Anfang April in mittelschweren, nicht zu feuchten Boden in sonniger Lage. Der Reihenabstand sollte 20 bis 30 cm betragen, der Abstand der Zwiebeln in der Reihe etwa 10 cm. Küchenzwiebeln werden etwa 1 cm tief gesteckt, so dass die Spitze gerade noch sichtbar bleibt. Die Pflanzzwiebeln von Schalotten kommen bis zum Hals in die Erde. Knoblauchzehen werden etwa 4 cm tief gesteckt. Die Kultur von Winterzwiebeln gleicht derjenigen der Sommerzwiebeln. Man steckt sie Ende September/Anfang Oktober und lässt sie den Winter über auf den Beeten. Die Ernte erfolgt im folgenden Frühsommer.

Oben: Eine der wertvollsten Nutzpflanzen ist die Kartoffel. Auf sie setzt man große Hoffnungen bei der Lösung des Welternährungsproblems.
Links: Die Kultur von Steckzwiebeln ist denkbar einfach und bringt guten Ertrag.

Stauden, Gräser und Farne

Die meisten Stauden sind bei uns winterhart. Sie können früh im Jahr gepflanzt werden, wenn die Wachstumssaison gerade beginnt und sich die ersten Triebe zeigen. Alternativ dazu kann man sie aber auch im Herbst nach dem Abblühen pflanzen. Sehr günstig sind die letzten Spätsommer- und die ersten Herbstwochen, da die Pflanzen dann in die Ruhezeit eintreten und keine

> **Den Boden lock're nach dem Regen, das kommt den Pflanzen sehr gelegen.**

Kraft in die Ausbildung neuer Blätter oder Blüten stecken müssen. Bis zum Winteranfang wurzeln sie noch ein und treiben dann im Frühjahr mit neuer Kraft aus. Gräser und Farne pflanze ich jedoch stets im Frühjahr, da sie im Herbst nur sehr schlecht oder gar nicht anwachsen.

Bodenvorbereitung

Vor dem Pflanzen von Stauden, Gräsern und Farnen muss jedes Beet durch ein tiefgründiges Lockern und das Heraussammeln aller Steine und Wurzelreste vorbereitet werden. Hauptaugenmerk ist dabei auf Wurzelunkräuter wie Giersch, Löwenzahn und die fleischigen weißen Wurzeln der Zaunwinde zu richten. Werden sie nicht restlos entfernt, durchwuchern sie die Wurzelballen der Stauden und sind anschließend kaum noch zu beseitigen.

Die Anreicherung der Erde mit Dünger und Humus richtet sich ganz nach den Ansprüchen der für die Bepflanzung vorgesehenen Gewächse. Die meisten Stauden und Gräser brauchen durchlässige, humose Böden mit einem neutralen Säuregehalt (pH-Wert zwischen 6,5 und 7). Einige Spezialisten, wie zum Beispiel Moorbeetpflanzen, schätzen sauren Boden mit einem pH-Wert unter 6,5, andere wie Christrosen

Rechts: Bärenfellgras bildet dichte Pflanzenpolster und eignet sich zur Begrünung von Heide- und Steingärten sowie Rabatten.

gedeihen in kalkreichen (alkalischen) Böden besser. Deshalb kann ich eine Bodenanalyse nur empfehlen, bevor man die Erde mit Dünger anreichert. Zu saure Böden können mit Algenkalk oder kohlensaurem Kalk aufgekalkt und durch die Gabe von „Gärtner Pötschkes Lava-Gesteinsmehl" angereichert werden, Säure liebenden Pflanzen verabreicht man „Gärtner Pötschkes Pflanzenfutter für Moorbeetpflanzen". Das Einarbeiten von reifem, gesiebtem Kompost und „Gärtner Pötschkes Pflanzenfutter für den Ziergarten" mit Sofort- und Langzeitwirkung dürfte jeder Staudenkultur gut bekommen.

Beetplanung

Bevor du mit dem Einpflanzen der Stauden beginnst, solltest du dir Gedanken über die Anzahl und Verteilung der Einzelpflanzen im Beet machen. Bei der Neuanlage eines Staudenbeetes ist die Erstellung eines Pflanzplans auf Millimeterpapier hilfreich. Hier kannst du die Position einzelner Pflanzen eintragen und mit Farben, Wuchsformen und -höhen experimentieren. Wenn Stauden aus dem eigenen Garten oder aus dem des Nachbarn umgesetzt, geteilt oder vermehrt werden sollen, wird es Zeit, sich über den zukünftigen Standort Gedanken zu machen und darüber, was an die Stelle gepflanzt werden soll, an der die Staude ausgegraben wird. Brauchst du noch Zeit für eine Entscheidung, kannst du die Lücke auch mit einjährigen Sommerblumen schließen.

Pflanzvorbereitungen

Für das Ein- oder Umpflanzen der Stauden, Gräser und Farne wählst du am besten einen Tag mit bedecktem Himmel. So können sich die Pflanzen optimal an ihre neue Umgebung gewöhnen. Meistens werden beim Umsetzen Wurzeln verletzt und die Pflanzen büßen einen Teil ihrer Widerstandskraft ein. Gekaufte Containerware muss daher vor dem Einpflanzen gut gewässert werden. Bei Stauden, die im eigenen Garten ausgegraben und umgesetzt werden, entfällt dies. Du solltest sie aber am besten erst unmittelbar vor dem Neupflanzen ausgraben. Kann ein Lagern der Pflanzen nicht vermieden werden, so geschieht das in einem kühlen, luftfeuchten Raum, damit die Wurzeln nicht austrocknen. Vorübergehend kannst du sie auch in einen Komposthaufen oder in ein brachliegendes Beet einschlagen. Bei der Neupflanzung von Staudenbeeten verteilen wir die Pflanzen in ihren Töpfchen gemäß unseres Pflanzplanes auf dem Beet, ohne sie einzugraben. So können wir sehen, ob die Abstände ausreichen, und ob die Anordnung harmonisch ist oder Änderungen nötig sind. Erst wenn wir mit der Verteilung zufrieden sind, beginnt das eigentliche Einpflanzen.

Das Pflanzen

Wir graben für jede Staude ein eigenes Loch. Die Pflanze soll wieder genauso tief in die Erde gesetzt werden, wie sie auch vorher im Topf stand. Weder sollte sie in einen Trichter gesetzt noch sollte sie angehäufelt werden. Das Austopfen erfolgt vorsichtig, indem du die Pflanze kopfüber drehst und auf den Topf klopfst. Danach sollte sich der Wurzelballen problemlos lösen. Auf keinen Fall dürfen wir versuchen, widerspenstige Pflanzen an den Stängeln oder Blättern aus dem Töpfchen zu ziehen. Im Notfall ist es besser, den Plastikcontainer mit einem scharfen Messer oder einer Schere aufzuschneiden, um die Pflanze unverletzt aus dem Topf zu holen. Beim Einpflanzen breiten wir die Wurzeln locker im Pflanzloch aus. Dichte, verfilzte Wurzelballen ritzen wir leicht an, um die Bildung neuer Wurzeln und damit ein besseres Anwachsen anzuregen. Anschließend füllen

wir das Pflanzloch vorsichtig wieder mit Erde auf. Bei großen Stauden müssen wir immer wieder die Erde zwischendurch andrücken, damit sich keine Hohlräume bilden. Bei normal großen Stauden reicht es, wenn wir nach dem Auffüllen die Erde rund um den Wurzelballen vorsichtig andrücken. Sind alle Pflanzen gesetzt, wird gründlich, aber vorsichtig angegossen, damit die lockere Erde nicht davonschwimmt. Viele Stauden, besonders aber Jungpflanzen, sind von Schneckenfraß bedroht. Ich empfehle daher, sofort vorbeugende Schutzmaßnahmen zu ergreifen (siehe Seite 247). Ein Schneckenzaun oder einfach eine Kunststoffflasche mit abgeschnittenem Boden, die über die Pflanzen gestülpt wird, ermöglichen ihnen, anzuwachsen und kräftig zu werden.

Farne lieben im Garten schattige und feuchte Standorte.

Oben: Gräser verleihen gemischten Staudenrabatten Leichtigkeit und Eleganz.
Rechts: Balkonkästen mit Wasserreservoir erleichtern im Sommer die Arbeit.

Balkonpflanzen

Im Mai wird es endlich Zeit für die Balkonbepflanzung. Da die empfindlichen Sommerblüher durch Nachtfröste zerstört werden könnten, wartest du mit dem Bestücken der Balkonkästen am besten bis nach den Eisheiligen, die Mitte des Monats vorüber sind. In rauen Lagen können auch bis Anfang Juni noch kalte Nächte folgen, doch kann man die Balkonbepflanzung kurzfristig mit einem Vlies, Noppenfolie oder Jutegewebe vor Kälteschäden schützen.

Vorbereitungen

Bevor die Balkonpflanzen wie Pelargonien, Petunien, Männertreu und Fleißige Lieschen in die Balkonkästen und andere Pflanzgefäße gesetzt werden können, ist etwas Vorbereitung nötig. Natürlich pflanzen wir nicht einfach drauflos, sondern machen erst einmal einen Plan, welche Pflanzen in welcher Menge an welchen Ort gepflanzt werden sollen. Die Farbpalette kann von Ton-in-Ton bis zu kunterbunt reichen, dennoch sollten wir bei aller Gestaltungsfreude die Standortansprüche der jeweiligen Pflanzenarten nicht ganz außer Acht lassen. Sonnenanbeter wie Goldkosmos *(Bidens)*, Wandelröschen und Pelargonien brauchen reichlich Licht, damit sie wirklich üppig blühen, während Schattenkinder in der prallen Sonne verbrennen würden.

Die Pflanzung gemischter Rabatten

Eine reine Staudenrabatte mit Gräsern und Farnen kannst du in einem Arbeitsgang pflanzen. Dagegen werden gemischte Rabatten mit einjährigen Sommerblühern, Stauden, Gräsern, Farnen und Gehölzen in Etappen gepflanzt: Zuerst die Gehölze im Hintergrund, dann die Stauden und zum Schluss die Einjährigen. Wenn Zwiebel- und Knollenpflanzen dazwischengepflanzt werden sollen, setzt du diese ganz zuletzt oder im folgenden Herbst, damit sie an den richtigen Stellen zwischen den anderen Gewächsen stehen und nicht bei deren Pflanzung aus Versehen verletzt werden.

Beim Gießen lass das Laub stets trocken, sonst wird leicht das Wachstum stocken.

An Drainage denken

Alle Pflanzgefäße brauchen am Boden einen Wasserabzug für überschüssiges Gießwasser, damit es nicht zu Staunässe kommt. Schon im Vorjahr verwendete Balkonkästen, Töpfe und Kübel kannst du ohne Weiteres wiederverwenden, musst sie aber vor dem Gebrauch gründlich reinigen. Ein einfaches Abbürsten alter anhaftender Erdreste genügt nicht. Am besten wäscht man die Pflanzgefäße mit Wasser aus, dem ein Schuss Essig beigefügt wurde. So werden nicht nur die Eier von Schadinsekten, sondern auch Pilzsporen und andere Krankheitskeime unschädlich gemacht.

Damit das Bepflanzen problemlos und zügig verlaufen kann, stelle ich immer alle benötigten Materialien bereit. Das bedeutet: Pflanzgefäße, eventuell Drainage-Material wie Blähton, Tonscherben zum Abdecken des Abzugsloches, ein Stück Vlies als Abdeckung der Drainageschicht, geeignetes Pflanzsubstrat, Arbeitshandschuhe, Pflanzkelle, Gießkanne und natürlich die Pflanzen. Wenn alles bereitliegt, kann es losgehen. Zunächst decke ich die Abzugslöcher im Pflanzgefäß mit einer Tonscherbe ab, damit überschüssiges Gieß- und Regenwasser abziehen kann, aber kein Substrat ausgeschwemmt wird. Bei einigen Pflanzen, die besonders gut durchlässige Böden bevorzugen, gewährleistet eine Drainageschicht aus Blähton oder auch aus zerschlagenen, alten Blumentöpfen, dass die Erde im Pflanzgefäß ausreichend entwässert wird. Ein Stück Vlies zwischen der Drainageschicht und dem Substrat verhindert dabei, dass die Erde ausgewaschen wird.

Das richtige Substrat

Vor dem Einsetzen der Pflanzen fülle ich eine Schicht frisches Substrat in das Pflanzgefäß. Pflanzerde vom Vorjahr ist in der Regel erschöpft, könnte Keime oder Schädlinge enthalten und sollte nicht wiederverwendet werden. Bei der Wahl des Substrates müssen die Ansprüche der Pflanzen möglichst optimal erfüllt werden. Grundsätzlich muss Balkonpflanzenerde strukturstabil, offenporig, krümelig und nicht zu stark verdichtet sein sowie ausreichend Nährstoffe und Mineralien liefern. Außerdem darf sie keine Krankheitskeime oder andere die Pflanzen schädigenden Stoffe enthalten. Viele Erden sind bereits vorgedüngt, so dass in den ersten zwei bis vier Wochen keine weiteren

Mein Vorschlag für den Schattenbalkon-Kasten: Fleißiges Lieschen 'Fanciful Salsa', das dunkellaubige Papageiblatt 'Purple Night' und der hängende Silberregen 'Esmerald Falls'.

Wenn bei der Bepflanzung von Balkonkästen aufrechte und hängende Pflanzenarten miteinander kombiniert werden, entsteht ein lebendiges, harmonisches Bild, das den ganzen Sommer über Freude bereitet.

Ein schöner Vorschlag für den Sonnen- balkon-Kasten: Mittagsblume Tiger- Mischung, Petunie 'Double Cascade Blue' und Silber- regen 'Silver Falls'.

Trockene Wurzelballen wässere ich vor dem Einpflanzen gründlich. Zum besseren An- wachsen ritze ich den Wurzelballen leicht an. Anschließend setze ich die Pflanzen mit ausreichend Abstand zueinander in die Pflanzgefäße – sie wachsen in den nächsten Wochen noch stark – und fülle mit Erde auf. Die Wurzelballen müssen etwa 2 bis 3 cm unterhalb der Kastenoberkante sitzen und die Pflanzgefäße dürfen nicht bis an die Kante mit Erde aufgefüllt werden. Ein Gieß- rand verhindert, dass später beim Gießen Wasser über den Rand fließt.

Nach dem Pflanzen wird das Substrat rund um die Pflanzen gut angedrückt, damit sich keine Hohlräume bilden. Zum Schluss gieße ich vorsichtig an. Wenn das Substrat nach dem Angießen in sich zusammen- sackt, müssen die Löcher wieder mit Erde aufgefüllt werden.

Düngergaben erforderlich sind. Handels- übliche Substrate erfüllen in der Regel alle genannten Anforderungen, doch manche enthalten reichlich Torf. Das bekommt aber weder den Balkonpflanzen noch der Umwelt, denn durch den Torfabbau werden die letzten natürlichen Moore nachhaltig geschädigt. Inzwischen werden aber auch Erden mit Torfersatz angeboten.

Damit Balkonpflanzen den ganzen Sommer über üppig blühen, ist es ratsam, einen Lang- zeitdünger wie „Gärtner Pötschkes Pflanzenfut- ter für Balkonpflanzen" gleich beim Befüllen der Pflanzgefäße unter das Substrat zu mischen.

Sommerblumen

Die bunten Begleiter des Sommers wie Studentenblumen, Ziertabak, Leberbalsam oder Eisbegonien werden meist ab Ende April als vorgezogene Jungpflanzen verkauft. Da sie aus dem Glashaus kommen, sind sie verwöhnt und müssen vorsichtig an die Bedingungen im Freiland angepasst werden. Am besten pflanzt man sie an einem milden Frühlingstag nach den Eisheiligen (Mitte Mai) bei bedecktem Himmel aus. So können sie keinen Schock bekommen und sich an das helle Tageslicht gewöhnen, ohne von der Sonne verbrannt zu werden. Die Beete sollten vor dem Pflanzen durch ein tiefgründiges Lockern des Bodens und das Heraussammeln aller Unkräuter, Wurzeln und Steine gut vorbereitet werden. Das Einarbeiten eines Düngers mit Sofort- und Langzeitwirkung sorgt für stetes Wachstum und damit für einen guten Start in die Saison.

Der grüne Tipp®

Langzeitdünger muss nur einmal am Beginn der Pflanzsaison zugegeben werden und versorgt die Balkonpflanzen sechs Monate lang ausreichend mit Nährstoffen.

Das Einsetzen der Balkonpflanzen

Zum Einpflanzen der vorgezogenen Balkon- pflanzen topfe ich diese zunächst vorsichtig aus. Dabei ziehe ich nicht an den Pflanzen, sondern fasse sie behutsam am Wurzelhals, drehe sie kopfüber und klopfe die Töpfchen vorsichtig an eine Tischkante, damit die Wurzelballen aus dem Topf rutschen.

Anordnung auf den Beeten

Das Einpflanzen erfolgt wie bei den Stauden und den Balkonpflanzen beschrieben. Um eine harmonische Verteilung zu erreichen, stelle ich die Pflanzen noch in ihren Töpfchen auf die Stelle, die ich für sie vorgesehen habe.

Der Mühe Lohn:
Sommerblumen
in Hülle und Fülle
bezaubern alle Sinne.

**Ein Korb voll Blüten, schaut her ihr Leute:
Was kostet die Welt? – Ich kauf sie heute.**

So sehe ich auf einen Blick, ob die Abstände stimmen und mir die Farbkombination gefällt. Sollte dies nicht der Fall sein, können noch Korrekturen vorgenommen werden.

Bei größeren Beeten beginnen wir mit dem Pflanzen am besten hinten, bei runden Beeten arbeiten wir uns von der Mitte zu den Rändern vor. Wie bei den Balkonblumen und den Stauden klopft man auch bei den Sommerblumen die Wurzelballen vorsichtig aus dem Töpfchen heraus und ritzt den äußeren Wurzelfilz etwas an, damit sich rasch neue Feinwurzeln bilden und die Pflanzen gut anwachsen können. Die Blumen werden dann so tief in die Erde gesetzt, wie sie vorher im Töpfchen standen. Nach dem Einpflanzen drücken wir die Erde gut an und ebnen aufgewühlte Beetbereiche wieder ein. Zum Schluss wird das gesamte Sommerblumenbeet vorsichtig angegossen.

Nicht einfach drauflospflanzen: Stelle die Pflanzen erst mit den Töpfchen an die vorgesehene Stelle und prüfe, ob dir die Anordnung gefällt.

Gärtnern, aber wie?

der Sommerflieder *(Buddleja davidii)* oder Echter Flieder *(Syringa vulgaris)*, vorbereitet werden. Dabei dürfen organische Hilfsstoffe wie Kompost, Horn- und Knochenmehl oder abgelagerter Stallmist nicht tiefer als 30 cm in die Pflanzgrube eingebracht werden. Ohne Sauerstoffzufuhr können die Pflanzen sie nicht aufnehmen und beginnen zu faulen. Die Fäulnis kann sich auf die Wurzeln ausbreiten und zum Absterben der ganzen Pflanze führen.

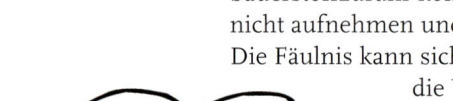

Willst du junge Bäume schützen, musst du sie beizeiten stützen.

Rechts: Der Stützpfahl wird vor dem Einfüllen der Erde eingesetzt und ausgerichtet.

Junge Bäume bindet man am besten mit einer Doppelschlaufe, eine um den Pfahl, die andere um das Gehölz. So wird verhindert, dass die Pflanze zu stramm am Baumpfahl festgezurrt wird.

Das Einsetzen

Ist die Pflanzgrube ausgehoben und sind die Wände sowie die Sohle etwas aufgelockert, kann die Pflanze eingesetzt werden. Containerpflanzen zieht man zum Austopfen nicht einfach am Stamm aus dem Container heraus. Das kann im Extremfall zur Folge haben, dass der Stamm von den Wurzeln abreißt oder anderweitig verletzt wird. Am besten legst du die Gehölze zum Austopfen flach auf den Boden, klopfst auf den Plastikcontainer und ziehst ihn dann vorsichtig vom Wurzelballen. Wenn sich die Wurzeln nicht aus dem Pflanzgefäß lösen lassen, weil sich ein dichter Wurzelfilz gebildet hat, hilft manchmal nur noch ein Zerschneiden des Plastikcontainers.

Ballenware wird hingegen mitsamt des sie umhüllenden Gewebes oder Drahtes in die Pflanzgrube gesetzt. Nach dem Einsetzen löst man das Ballentuch oder den Draht am Wurzelhals. Ein Ballentuch besteht in aller Regel aus natürlichen Materialien und kann, wie auch der Ballendraht, problemlos in der Pflanzgrube verbleiben. Es verrottet genauso wie unverzinkter Ballendraht innerhalb kurzer Zeit und stört damit das Gehölz nicht beim Anwurzeln.

Bodenverbessernde Hilfsstoffe

Beim Einpflanzen von Gehölzen können der Erde bodenverbessernde Hilfsstoffe zugegeben werden, die das Anwachsen der Pflanzen erleichtern und ihnen für die ersten Monate zusätzliche Nährstoffe liefern. Präparate mit natürlichen Mykorrhiza-Pilzen helfen den Pflanzen dabei, Nährstoffe und Wasser besser aufzunehmen. Die Pflanzen wachsen gesünder und kräftiger und sind widerstandsfähiger als andere. Zusätzlich fördert der Pilz auch das Anwachsen frisch gepflanzter Gehölze. Ein anderer bewährter organischer Langzeitdünger sind Hornspäne, die vor allem organischen Stickstoff den Pflanzen zur Verfügung stellen. Mikroorganismen im Boden zersetzen die Späne nicht sofort, sondern erst nach und nach. Dadurch steht den Pflanzen Stickstoff über einen längeren Zeitraum zur Verfügung und das Bodenleben wird nachhaltig angeregt.

Ausrichten

Nach dem Einsetzen des Baumes oder eines Strauches in die Pflanzgrube kommt es auch darauf an, das Gehölz von seiner besten Seite zu präsentieren. Nicht jede Pflanze ist gleich

Der Mühe Lohn:
Sommerblumen
in Hülle und Fülle
bezaubern alle Sinne.

**Ein Korb voll Blüten, schaut her ihr Leute:
Was kostet die Welt? – Ich kauf sie heute.**

So sehe ich auf einen Blick, ob die Abstände stimmen und mir die Farbkombination gefällt. Sollte dies nicht der Fall sein, können noch Korrekturen vorgenommen werden.

Bei größeren Beeten beginnen wir mit dem Pflanzen am besten hinten, bei runden Beeten arbeiten wir uns von der Mitte zu den Rändern vor. Wie bei den Balkonblumen und den Stauden klopft man auch bei den Sommerblumen die Wurzelballen vorsichtig aus dem Töpfchen heraus und ritzt den äußeren Wurzelfilz etwas an, damit sich rasch neue Feinwurzeln bilden und die Pflanzen gut anwachsen können. Die Blumen werden dann so tief in die Erde gesetzt, wie sie vorher im Töpfchen standen. Nach dem Einpflanzen drücken wir die Erde gut an und ebnen aufgewühlte Beetbereiche wieder ein. Zum Schluss wird das gesamte Sommerblumenbeet vorsichtig angegossen.

Nicht einfach drauflospflanzen: Stelle die Pflanzen erst mit den Töpfchen an die vorgesehene Stelle und prüfe, ob dir die Anordnung gefällt.

Rechts: Gehölze, die nicht sofort gepflanzt werden können, müssen mit Erde oder anderen geeigneten Materialien bedeckt werden, damit die empfindlichen Wurzeln nicht austrocknen.
Unten: Vor dem Verfüllen des Pflanzlochs mit Erde wird das Ballentuch geöffnet.

Gehölze

Hecken, Bäume und Sträucher kannst du im Prinzip während der ganzen Vegetationsruhe, von etwa Mitte Oktober bis Mitte April, pflanzen, sofern die Erde nicht gefroren ist. Dennoch gibt es für bestimmte Pflanzengruppen bevorzugte Pflanzzeiten, die ein Anwachsen begünstigen. Die immergrünen Nadelgehölze werden am besten schon von September bis Oktober gepflanzt, weil das Triebwachstum dann abgeschlossen ist, die Wurzeln aber aufgrund der warmen Bodentemperatur noch gut anwachsen können. Das Gleiche gilt auch für alle immergrünen Laubgehölze. Wenn du den Herbsttermin für die Pflanzung der immergrünen Gehölze verpasst, kannst du diese im Frühjahr, wenn der Boden sich erwärmt hat, nachholen. In jedem Fall sollten die immergrünen Gehölze vor Beginn des Triebwachstums verpflanzt werden. Containerware kann zwar grundsätzlich ganzjährig gepflanzt werden, bei Sommerpflanzungen musst du aber auch bedenken, dass die Pflanzen nach dem Einsetzen öfter gewässert werden müssen, was einen erhöhten Pflegeaufwand bedeutet.

Lagern und Einschlagen

Gehölze werden wurzelnackt, mit Ballen oder in Containern gehandelt. Wenn nicht unmittelbar nach dem Kauf gepflanzt werden kann, müssen die Gewächse sachgerecht gelagert werden. Bei Containerware genügt es, die Pflanzen aufrecht, kippsicher und vor praller Sonne geschützt aufzustellen und darauf zu achten, dass die Erde im Container nicht austrocknet. Wurzelnackte Ware und solche, die mit Ballen verkauft wird, musst du besonders sorgfältig behandeln, damit

die Wurzeln keinen Schaden nehmen. Man „schlagt sie ein", das bedeutet, dass man den Wurzelballen mit geeigneten Materialien wie zum Beispiel Laub, Mutterboden oder Komposterde abdeckt. Zuvor müssen die Wurzeln ausreichend befeuchtet werden.

Staunasse Böden eignen sich nicht zum Einschlagen von Gehölzen, da sie Fäulnis begünstigen. Verschnürungen, zum Beispiel zum Zweck des Transports zusammengebundene Kronen, müssen gelöst werden. Bleiben die Pflanzen länger im Einschlag, muss regelmäßig gewässert werden.

Der Wurzelraum

Damit Gehölze gut anwachsen können, müssen wir ihnen an ihrem neuen Standort möglichst viel Raum zur Entwicklung ihrer Wurzeln bieten. Schließlich werden aus den kleinen Jungpflanzen binnen weniger Jahre stattliche Bäume, die nur dann gut gedeihen und sicher stehen, wenn sie ausreichend fest im Grund verwurzelt sind. Größere, stark wachsende Arten benötigen dazu einen Wurzelraum von etwa 16 m² Grundfläche und mindestens 80 cm Bodentiefe, besser noch ist eine Bodentiefe von etwa 150 cm. Schwächer wachsende und kleinkronige Arten brauchen nur etwa 12 m² Grundfläche, aber ebenfalls mindestens 80 cm Bodentiefe.

Die Pflanzgrube

Der Durchmesser der Pflanzgrube soll mindestens eineinhalbmal so groß und tief sein wie der Ballen oder das Wurzelwerk der Pflanze. Je größer die Pflanzgrube, desto besser. Besonders bei armen, mageren Böden und bei Spezialkulturen wie Moorbeetpflanzen, die eine besondere Pflanzerde benötigen, sind größere Pflanzgruben von Vorteil. Bei festen Böden erleichtert ein Auflockern der Wände und der Sohle der Pflanzgrube den Gehölzen das Einwurzeln in den Boden außerhalb der Pflanzgrube.

Staunasse Böden müssen unbedingt vor dem Einsetzen der Pflanzen durch das Legen einer Drainage entwässert werden. Beim Ausheben der Pflanzgrube können der Oberboden und der Unterboden in gesonderten Schichten ausgehoben und dann getrennt gelagert werden, um sie später wieder lagerichtig einzufüllen. Das ist besonders bei tiefen Pflanzgruben sinnvoll, da sonst unfruchtbare Erde aus der Tiefe an die Oberfläche gebracht würde.

> **Rückschnitt unten, Rückschnitt oben: gesunden Wuchs kannst du dann loben.**

Die Pflanzgrube sollte doppelt so weit sein wie der Wurzelballen breit ist und tiefgründig gelockert werden.

Bodenverbesserung

Schwere, zum Beispiel sehr lehmige oder tonhaltige Böden werte ich durch Beigabe von Sand, Gesteinsmehl oder reifem Kompost auf (siehe Seite 103). Rhododendren, Azaleen, Hortensien und andere Moorbeetgewächse brauchen ein saures Bodenmilieu. An Standorten mit eher alkalischen (kalkhaltigen) Böden kannst du durch großzügige Beimischung von spezieller Moorbeeterde ein entsprechendes Bodenmilieu schaffen. Umgekehrt können saure Böden durch die Gabe von kohlensaurem Kalk oder Algenkalk für alle Kalk liebenden Gehölze, wie etwa

der Sommerflieder (*Buddleja davidii*) oder Echter Flieder (*Syringa vulgaris*), vorbereitet werden. Dabei dürfen organische Hilfsstoffe wie Kompost, Horn- und Knochenmehl oder abgelagerter Stallmist nicht tiefer als 30 cm in die Pflanzgrube eingebracht werden. Ohne Sauerstoffzufuhr können die Pflanzen sie nicht aufnehmen und beginnen zu faulen. Die Fäulnis kann sich auf die Wurzeln ausbreiten und zum Absterben der ganzen Pflanze führen.

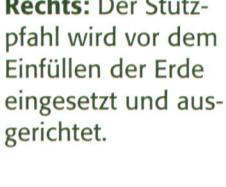

Willst du junge Bäume schützen, musst du sie beizeiten stützen.

Das Einsetzen

Ist die Pflanzgrube ausgehoben und sind die Wände sowie die Sohle etwas aufgelockert, kann die Pflanze eingesetzt werden. Containerpflanzen zieht man zum Austopfen nicht einfach am Stamm aus dem Container heraus. Das kann im Extremfall zur Folge haben, dass der Stamm von den Wurzeln abreißt oder anderweitig verletzt wird. Am besten legst du die Gehölze zum Austopfen flach auf den Boden, klopfst auf den Plastikcontainer und ziehst ihn dann vorsichtig vom Wurzelballen. Wenn sich die Wurzeln nicht aus dem Pflanzgefäß lösen lassen, weil sich ein dichter Wurzelfilz gebildet hat, hilft manchmal nur noch ein Zerschneiden des Plastikcontainers.

Rechts: Der Stützpfahl wird vor dem Einfüllen der Erde eingesetzt und ausgerichtet.

Ballenware wird hingegen mitsamt des sie umhüllenden Gewebes oder Drahtes in die Pflanzgrube gesetzt. Nach dem Einsetzen löst man das Ballentuch oder den Draht am Wurzelhals. Ein Ballentuch besteht in aller Regel aus natürlichen Materialien und kann, wie auch der Ballendraht, problemlos in der Pflanzgrube verbleiben. Es verrottet genauso wie unverzinkter Ballendraht innerhalb kurzer Zeit und stört damit das Gehölz nicht beim Anwurzeln.

Der grüne Tipp®

Junge Bäume bindet man am besten mit einer Doppelschlaufe, eine um den Pfahl, die andere um das Gehölz. So wird verhindert, dass die Pflanze zu stramm am Baumpfahl festgezurrt wird.

Bodenverbessernde Hilfsstoffe

Beim Einpflanzen von Gehölzen können der Erde bodenverbessernde Hilfsstoffe zugegeben werden, die das Anwachsen der Pflanzen erleichtern und ihnen für die ersten Monate zusätzliche Nährstoffe liefern. Präparate mit natürlichen Mykorrhiza-Pilzen helfen den Pflanzen dabei, Nährstoffe und Wasser besser aufzunehmen. Die Pflanzen wachsen gesünder und kräftiger und sind widerstandsfähiger als andere. Zusätzlich fördert der Pilz auch das Anwachsen frisch gepflanzter Gehölze. Ein anderer bewährter organischer Langzeitdünger sind Hornspäne, die vor allem organischen Stickstoff den Pflanzen zur Verfügung stellen. Mikroorganismen im Boden zersetzen die Späne nicht sofort, sondern erst nach und nach. Dadurch steht den Pflanzen Stickstoff über einen längeren Zeitraum zur Verfügung und das Bodenleben wird nachhaltig angeregt.

Ausrichten

Nach dem Einsetzen des Baumes oder eines Strauches in die Pflanzgrube kommt es auch darauf an, das Gehölz von seiner besten Seite zu präsentieren. Nicht jede Pflanze ist gleich gut gewachsen. Ein bewusstes Ausrichten der Pflanze kann verhindern, dass eine kahle oder unschöne Stelle unangenehm auffällt. Umgekehrt können wir auch eine Pflanze besonders gut zur Geltung bringen, indem wir diese von allen Seiten betrachten und die Schokoladenseite ins Blickfeld rücken.

Bevor also die Pflanzgrube wieder mit Erde aufgefüllt wird und das Gehölz damit seinen endgültigen Standort erhält, solltest du gut prüfen, ob die Pflanze von der Hauptblickrichtung her schön wirkt. Außerdem muss sie kerzengerade in der Pflanzgrube stehen. Schief eingepflanzte Gehölze werden nicht von allein wieder gerade und bieten einen unschönen Anblick – und das über das ganze Jahr hinweg!

Die Gehölze müssen so flach in der Grube stehen, dass die Ballenoberkante mit dem Erdniveau abschließt. Niemals sollten Gehölze tiefer gesetzt werden, als sie vorher in der Baumschule standen.

Manchmal ist es hilfreich, geht man zu zweit an die Arbeit: Einer hält die Pflanze fest, der andere tritt etwas zurück und prüft, ob sie gut ausgerichtet ist und gerade steht. Erst wenn dies der Fall ist, wird bei Ballenware das Ballentuch oder der Draht gelöst und die ausgehobene und eventuell mit Bodenhilfsstoffen angereicherte Erde in die Pflanzgrube eingefüllt. Achte bei wurzelnackter Ware darauf, dass die Wurzeln in der Pflanzgrube sorgfältig in alle Richtungen ausgebreitet sind, bevor du wieder mit Erde auffüllst.

Obstbäume

Hochstämme von Obstbäumen benötigen einen senkrechten Stützpfahl, damit sie gerade wachsen und auch die Last der Ernte tragen können. Bei Hoch- und Halbstämmen soll der Pfahl bis etwa 10 cm unterhalb des Kronenansatzes reichen. Bei Spindel und Buschbäumen darf er dagegen in die Krone hineinragen. Für eine längere Lebensdauer empfiehlt es sich, imprägnierte Baumpfähle zu wählen. Damit der Pfahl die Stämme auch vor praller Sonne schützt, schlage ich ihn auf der Südseite des Stämmchens ein. Das geschieht am besten vor dem Pflanzen, damit die Wurzeln nicht beschädigt werden.

Unten: Der Stützpfahl verhindert, dass die neuen feinen Wurzeln bei starken Windböen Schaden nehmen. **Links:** Ideal zum Anbinden ist eine dicke, weiche Kokosschnur.

Der grüne Tipp®

Wurzelnackte Ware muss vor dem Pflanzen auf Verletzungen untersucht werden. Gequetschte oder verletzte Wurzeln schneidet man dabei bis ins gesunde Gewebe zurück.

Vor dem Einpflanzen von wurzelnackten Obstgehölzen stellen wir diese für ein paar Stunden in Wasser und schneiden beschädigte und angefaulte stärkere Wurzeln bis ins gesunde Gewebe zurück. Die Schnittflächen müssen sauber und glatt, so klein wie möglich und nach unten gerichtet sein. Beim Schneiden wird möglichst wenig Substanz weggeschnitten.

Himbeeren

Himbeeren wachsen am besten an einem Spalier. Dieses errichtet man vor dem Ausheben der Pflanzgruben. Es muss so stabil sein, dass es den Pflanzen Halt bietet und einige Jahre überdauern kann. Für den Bau eignet sich am besten imprägniertes Holz und mit Kunststoff ummantelter Draht. Die Ruten der Himbeeren werden nach dem Pflanzen senkrecht an die waagerecht gespannten Drähte des Spaliers angeheftet. Brombeeren können ebenfalls an Spalieren gezogen werden.

Rechts: Himbeeren sind Flachwurzler und lieben einen sonnigen Standort.
Rechts oben: Der Gießrand verhindert den Verlust von Wasser und vereinfacht das Angießen.

Ein Gießrand macht es leichter

Beim Einfüllen der Erde gehen wir nun schrittweise vor. Lage für Lage wird diese wieder in die Pflanzgrube eingefüllt, und zwar als Erstes die Erde, die aus der tiefsten Schicht der Pflanzgrube stammt. Durch vorsichtiges Rütteln gelangt die Erde bei wurzelnackten Gehölzen auch zwischen die Wurzeln und schließt die Hohlräume. Jede Schicht wird vorsichtig festgetreten. Das verhindert, dass beim Einfüllen der Erde Hohlräume entstehen und der Boden sich später zu stark setzt. Wenn der Oberboden beim Ausheben der Pflanzgrube getrennt gelagert wurde, füllen wir ihn als letzte, obere Schicht wieder in die Pflanzgrube.

Zum Schluss legen wir noch einen Gießrand an. Dazu formen wir aus Erde einen kleinen Wall, der den Stamm oder den Wurzelhals kreisförmig umschließt. Später erleichtert der Damm die Bewässerung, da das Wasser nicht so rasch seitlich abfließen kann und damit für die Pflanze verloren ginge. Der Gießrand darf einen kleineren Durchmesser als der Ballen haben. Das gewährleistet, dass alles Gießwasser wirklich durch den Ballen hindurchsickert und nicht daran vorbeifließt. Bei Hanglagen ist es zudem wichtig, sowohl die Pflanzgrube wie auch den Gießrand waagerecht auszurichten, damit das Gießwasser nicht sofort den Hang hinabfließt. Manchmal ist ein Abstützen der Böschung an der Pflanzgrube durch Steinbrocken oder eingegrabene Holzpalisaden nötig.

Sichern und Anbinden

Neu gepflanzte Gehölze können leicht durch Wind umgedrückt werden. Windböen können auch zum Reißen der feinen, neu gebildeten Wurzelhaare führen, wenn der Baum zu sehr schwankt. Das gilt besonders für Solitäre und straff aufrecht wachsende Exemplare. Heckenpflanzungen und kleine Jungpflanzen müssen dagegen in der Regel nicht besonders gesichert werden, Obstbäume haben schon vor dem Einpflanzen eine stabile senkrechte Stütze erhalten. Alle anderen größeren Gehölze profitieren davon, wenn du sie durch einen Baumpfahl sicherst. Dazu wird der Pfahl aus imprägniertem Holz nicht senkrecht neben der Pflanze eingeschlagen, sondern in einem schrägen Winkel, weit genug entfernt von der Wurzel des gepflanzten Gehölzes. Dies verhindert, dass Wind den Stützpfahl samt Gehölz umdrückt. Das Anbinden erfolgt mit einem Kokosstrick oder ähnlich weichem Material. Paketkordel, Wäscheleinen oder gar Draht sind ungeeignet, da sie in die Rinde der Pflanzen einschneiden und schlimme Verletzungen verursachen können.

Das Angießen erfolgt möglichst in Etappen, damit das Wasser Zeit hat, seinen Weg zu den Wurzeln zu finden und nicht an der Oberfläche abfließt. Wenn sich die Erde nach dem Angießen stark gesetzt hat, sind die entstandenen Löcher mit Erde aufzufüllen. Bei Laub abwerfenden Gehölzen, die in der Zeit der Vegetationsruhe in kahlem Zustand gepflanzt werden, empfehle ich einen Auslichtungsschnitt.

> **Der glatte Schnitt am Hochgeäst, sich hiermit leicht betät'gen lässt.**

Dabei werden alle nach innen wachsenden Zweige entfernt. Bei wurzelnackten Gehölzen fördert ein Rückschnitt der Kronentriebe um etwa ein Drittel das Anwachsen und einen optimalen Neuaustrieb.

Abschließende Arbeiten

Wenn das Gehölz gepflanzt ist, einen Gießrand und eine Stütze erhalten hat, muss es noch gründlich angegossen werden. Dadurch schließen sich letzte luftgefüllte Hohlräume und die Wurzeln bekommen Bodenschluss.

Schutzmaßnahmen

Erfolgt die Pflanzung im Herbst, kannst du die empfindlichen Gehölze durch das Aufbringen einer Mulchschicht wirksam vor dem Eindringen von Frost in den Boden schützen. Im Frühjahr muss diese dann rechtzeitig entfernt werden, damit der Wurzelhals des neu gepflanzten Gehölzes nicht zu faulen beginnt. In rauen Lagen schützt im ersten Winter auch eine Schilfrohrmatte oder ein Jutesack, die um den Stamm gebunden werden, vor strengen Frösten. Bei Frühjahrspflanzungen kann eine solche Umhüllung im ersten Sommer die Verdunstung vermindern und ein Austrocknen verhindern.

In ländlichen und waldnahen Gegenden tritt bei neu gepflanzten Gehölzen, ganz besonders aber bei den Obstgehölzen, im Winter Wildverbiss auf. Wo dies der Fall ist, empfehle ich sehr, die neu gepflanzten Gehölze rechtzeitig mit einer Umzäunung aus Draht zu schützen.

Links: Ein Schutzmantel aus Draht bietet einen guten Schutz vor Wildverbiss.

Vom richtigen Gießen

Mancher Garten- und Pflanzenfreund wird sich vielleicht wundern, dass ich dem Thema Gießen ein eigenes Kapitel widme. Wie ich aber immer wieder sehen kann und meine Erfahrungen lehren, ist Gießen eine der schwierigsten Pflegemaßnahmen. Es geht hierbei um die richtige Wassermenge zur richtigen Zeit. Man muss nämlich wissen, dass Pflanzen ihre gesamte Nahrung nur in flüssiger Form aus der Erde aufnehmen, also alle Nährstoffe erst in Wasser gelöst sein müssen. Fehlt Wasser, haben die Pflanzen nicht nur Durst, sondern sie leiden gleichzeitig auch an Nahrungsmangel – sie verhungern und vertrocknen gleichzeitig.

Rechts: So eine Regentonne hilft dir Wasser sparen!

Häufig werde ich gefragt, wie oft man am besten gießen soll. Das klingt wirklich einfach, ist aber nicht schnell zu beantworten. Die Wassermenge ist von vielen Gegebenheiten abhängig. Regnet es reichlich, dann hat die Pflanze genug Wasser, bei trockenem Wetter brauchen Pflanzen auf leichten, schnell austrocknenden Böden öfter einen Wasserguss als solche auf schwereren Böden, die das Wasser besser speichern. Hacken ist ebenfalls eine gute Methode, um die Feuchtigkeit des Bodens zu halten (siehe Seite 96).

> **Schlappes Blatt zur Winterzeit? Da fehlt es nur an Feuchtigkeit.**

Regenwasser oder Leitungswasser?

Regenwasser ist Pflanzen grundsätzlich zuträglicher als Leitungswasser. Letzteres ist oft besonders hart, enthält also gelöste Mineralien in großem Maße und ist frisch aus der Leitung für Pflanzen auch oft zu kalt.

Um Regenwasser für Pflanzen noch bekömmlicher zu machen, sollte es einige Zeit abstehen. Das bedeutet, dass man es zunächst in einen Behälter füllt, damit es sich der Außentemperatur anpassen kann. Dasselbe gilt auch für Leitungswasser. Preiswerte Behälter zum Sammeln von Wasser sind gebrauchte Fässer und Tonnen. Reinige sie gut und stelle sie so auf, dass das Regenwasser aus der Dachrinne direkt hineinfließen kann, aber ebenso aus Schläuchen oder aus der Wasserleitung nachzufüllen ist. Spezielle Vorrichtungen verhindern ein Überlaufen. Mehrere, an verschiedenen Stellen im Garten aufgestellte Gefäße sind besser, weil sie Wege mit schweren Gießkannen abkürzen und so auch Zeit sparen helfen.

Schlauch oder Gießkanne?

Egal ob du einen Schlauch oder eine Gießkanne verwendest, grundsätzlich wird ein Brausekopf vorgeschaltet, damit der Wasserstrahl nicht mit voller Wucht auf die Pflanzen trifft. Wird mit dem Schlauch gegossen, so verteilt man das Wasser besser in hohem Bogen. Alle Beregner funktionieren nach diesem Prinzip. Das von ihnen zu feinsten Tropfen zerstäubte Wasser wird auf dem Weg durch die Luft noch zusätzlich erwärmt, das mögen alle Pflanzen gern.

Gießen bei Frost

Nach Nachtfrösten im Herbst oder Frühjahr kann man mit Beregnen oder Überbrausen am frühen Morgen manche Pflanze vor Frostschäden retten. Die Pflanzen tauen unter der sich bildenden dünnen Eisschicht langsamer auf und die Zellen zerplatzen nicht so schnell.

Der Boden im Freiland wird immer kräftig gewässert und nicht nur leicht befeuchtet; sonst war die Arbeit umsonst. Beim oberflächlichen Gießen verdunstet das Wasser nämlich sehr schnell wieder und steht dann den Wurzeln nicht mehr zur Verfügung. Deshalb gieße oder beregne ich bei längeren Trockenperioden lieber alle 2 bis 3 Tage einmal kräftig, als jeden Abend nur oberflächlich den Boden zu befeuchten.

Die besten Zeiten zum Wässern sind der frühe Morgen oder der kühlere Abend. Bei praller Mittagssonne solltest du nur in äußersten Notfällen gießen, und zwar ohne die Blätter und Pflanzen zu benetzen. Die Wassertröpfchen auf den Blättern wirken nämlich wie Brenngläser und können Verbrennungen an den Pflanzen zur Folge haben. Aus diesem Grund halte ich beim Gießen die Kanne oder den Schlauch immer ganz nah an den Boden.

Gießen im Frühbeet, Gewächshaus und auf der Fensterbank

Ganz wichtig ist das unterschiedliche Gießen von Pflanzen, die nicht in den Genuss von Regen kommen. Diese wollen eine ganz besonders gute und zuverlässige Bewässerung. Dabei muss man immer das Erdreich und die Pflanzen genau beobachten und die Wassergaben nach den Ansprüchen der jeweiligen Art richten. So gibt es unter den Topf-, Balkon-, Kübel- und Zimmerpflanzen ausgesprochene „Säufer", aber auch solche, die mit sehr wenig Wasser auskommen können.

Die Pflanzen an sonnigen Standorten werden mehr Wasser benötigen als solche, die an halbschattigen und schattigen Plätzen oder in kühleren Innenräumen stehen. Du solltest täglich die Erdballen prüfen. Mit den Fingerspitzen kannst du fühlen, wie es unter der vielleicht trocken aussehenden Oberfläche mit der Feuchtigkeit bestellt ist. An warmen Tagen wollen die Pflanzen mehr gegossen werden als an kühlen.

Im Frühjahr und Herbst ist Gießen am Morgen dem Gießen am Abend vorzuziehen, weil dann die Pflanzen bis zum Abend abgetrocknet sind. Dies bekommt ihnen besser.

Tipps zum Gießen

Rechtzeitig Gießen fördert den Pflanzenwuchs und lässt die Erde nicht zu sehr austrocknen. Aschtrockene Erde nimmt nur sehr mühsam wieder Wasser auf. In der Folge leiden die Pflanzen unter Nahrungs- und Wassermangel.

Wässere stets reichlich und durchdringend, damit auch in den tieferen Erdschichten, also in Wurzelnähe, die Erde ausreichend feucht wird. Gießt du oberflächig und zu wenig, verdunstet das Wasser schnell und die Arbeit ist umsonst gewesen.

Vorsichtig und nur mit dünnem Wasserstrahl gießen, besser mit einer feinen Brause, sonst schlämmt der Boden ein und Saatgut wird fortgespült. Fein und sanft fallendes Wasser sickert schnell und vollständig in den Boden ein.

Sobald der Boden abgetrocknet ist, flach hacken und so die Verdunstung unterbinden. Ein altes Gärtnersprichwort sagt: „Einmal hacken ist besser als zehnmal Gießen", und es stimmt noch immer.

Stauende Nässe musst du in jedem Fall vermeiden. Regen- und Gießwasser soll gut absickern können, lockerer Boden ist die beste Voraussetzung dafür. Bei stauender Nässe faulen die Pflanzenwurzeln sehr leicht und die Pflanzen verkümmern.

Gieße Topfpflanzen stets besonders sorgfältig! Übertöpfe immer kontrollieren, überschüssiges Wasser abgießen. Besser sind Untersetzer, hier siehst du sofort, ob zu reichlich gegossen wurde. Werden Zimmerpflanzen umgetopft, sollte der neue Topf im Durchmesser nur 2 bis 3 cm größer sein als der vorherige. Achte besonders darauf, dass das Wasserabzugsloch am Boden nicht verstopft ist. Bei größeren Töpfen für z.B. Kübelpflanzen legt man auf das Abzugsloch eine Tonscherbe, die mit der Wölbung nach oben zeigen muss.

Nirgendwo werden häufiger Fehler begangen, als beim Gießen. Die richtige Menge ist entscheidend!

Kübelpflanzen sind flexible Gestaltungselemente auf der Terrasse und verleihen ihr ein exotisches Flair.

Kübelpflanzen

Bei Kübelpflanzen handelt es sich in der Regel um mehrjährige, exotische Gewächse, die in unseren Breiten nicht winterhart sind und aus diesem Grund in mobilen Pflanzgefäßen gezogen werden. Deswegen muss man sie im Winter in geschützte, frostfreie Innenräume bringen und bis zum nächsten Frühjahr überwintern. Manche Exemplare wie Zitronen- oder Olivenbäumchen können bei guter Pflege viele Jahre alt werden und zu kostbaren botanischen Raritäten heranwachsen. Man kann aber auch gewöhnliche, winterharte Stauden und kleinwüchsige Gehölze in Kübel setzen, die dann die kalte Jahreszeit im Freien bleiben dürfen, vorausgesetzt, die Pflanzgefäße sind frosthart. Kübelpflanzen eignen sich vor allem für Terrassen, Sitzplätze und als Begleiter auf gepflasterten Wegen und Treppenabsätzen im Garten. Sie sind auch dort eine schöne Alternative, wo Platz zum Pflanzen fehlt oder der Boden keinen Wurzelraum bietet. Damit die Gewächse in dem begrenzten Lebensraum, den ein Pflanzgefäß ihnen bietet, wirklich gut gedeihen können, kommt es auf die Wahl des richtigen Kübels, des geeigneten Pflanzsubstrates, die richtige Pflanztechnik und auf die entsprechende Pflege an.

Das richtige Pflanzgefäß

Der Durchmesser des neuen Pflanzgefäßes sollte beim Eintopfen 2 bis 3 cm größer sein als der Wurzelballen der Pflanze. Im Zweifelsfall gilt: Besser zu groß als zu klein. Tief wurzelnde Pflanzen, wie viele Koniferen, brauchen mindestens 50 cm tiefe Töpfe. Flachwurzler wie Kamelien, Rhododendren oder Azaleen bevorzugen eher breite als hohe Pflanzgefäße. Das Material ist in den meisten Fällen eine Frage des persönlichen Geschmacks. Klassisch ist Terracotta, hart gebrannter Ton, die zeitlos und edel aussieht. Und der rotbraune Farbton passt gut zu allen Pflanzen. Es gibt auch farbig glasierte Ware, die aber meist ihren Preis hat.

Der grüne Tipp®

Egal, für welches Pflanzgefäß wir uns entscheiden – eines ist lebenswichtig für die darin gezogenen Gewächse: ein ausreichend großes Loch im Topfboden, durch das überschüssiges Gießwasser abfließen kann.

Preiswerter sind dagegen Pflanzgefäße aus Kunststoff. Sie sind in fast allen Formen und Farben erhältlich und wiegen nicht so viel wie solche aus Ton. Das kann von Vorteil sein, wenn die Kübel bewegt werden müssen, wirkt sich aber nachteilig auf die Standfestigkeit aus.

Pflanzgefäße aus Metall sind weniger gut geeignet, da sie sich in der Sonne aufheizen können und die Pflanzenwurzeln verschmoren lassen. Eine schöne Alternative sind Kübel aus Holz. Sie müssen allerdings mit einer Imprägnierung vor dem Verrotten geschützt und zusätzlich innen mit wasserfester Folie ausgekleidet werden.

höheren Säuregehalt als normale Erden hat. Für Zitrusgewächse gibt es spezielle Zitruserde, und die mediterranen Kübelpflanzen bevorzugen eine gut durchlässige, strukturstabile Erde mit Sand- und Tonanteilen, die ebenfalls käuflich ist.

> Die Blätter schau von unten an, vielleicht sitzt dort ein Käfer dran.

Eintopfen und Umtopfen

Die meisten Kübelpflanzen können jahrelang in ihren Töpfen bleiben, regelmäßiges Düngen und Gießen vorausgesetzt. Wenn der Erdballen ganz durchwurzelt ist oder zu kümmern beginnt, wird es allerdings Zeit zum Umtopfen. Gehe hierzu, wie auch beim Eintopfen, folgendermaßen vor:

>> Das neue Pflanzgefäß soll einen mindestens 2 bis 3 cm größeren Durchmesser als das alte haben. Gefäße aus Ton oder Terracotta stellst du vor dem Bepflanzen eine Stunde in Wasser, damit sie sich vollsaugen können und den Pflanzenwurzeln später nicht das Wasser streitig machen.

Links: Achte beim Kauf von Terracotta-Gefäßen auf Qualität und frostsichere Ware.
Unten: Schöne Pflanzgefäße gibt es in großer Auswahl und für jeden Geschmack.

Das richtige Substrat

Blumenerde für Kübelpflanzen muss gut durchlässig sein, aber dennoch ausreichend Feuchtigkeit speichern können und die lebenswichtigen Nährstoffe bereithalten. In den meisten Fällen genügt eine gute, handelsübliche Balkonblumenerde, die durch das Untermischen von Langzeitdünger verbessert wurde. Ideal eignen sich Langzeit-Düngekegel für Balkon- und Kübelpflanzen, die ausreichend Nährstoffe für die ganze Saison liefern.

Manche Pflanzenarten brauchen Spezialerden. Dazu gehören alle Gewächse, die in leicht saurer Erde gedeihen, zum Beispiel Rhododendren, Azaleen, Kamelien und Hortensien. Für sie wählst du am besten eine fertig gemischte Spezialerde, die einen

>> Damit überschüssiges Gieß- und Regenwasser ablaufen kann, muss der Topf ein Drainageloch am Boden haben. Eine Tonscherbe zum Abdecken des Lochs verhindert ein Auswaschen der Erde. Zusätzlich bringst du eine Lage Blähton oder Tonscherben ein. Ein durchlässiges Vlies verhindert, dass die Erde in diese Drainageschicht sickert.

>> Auf die Drainageschicht gibst du eine Lage Blumenerde oder Spezialsubstrat. Beim Einsetzen der Pflanze muss der Wurzelhals etwa 3 cm unterhalb des Topfrandes liegen. Dann lockerst du den Wurzelballen der Pflanze vorsichtig und füllst mit Erde auf. Zum Schluss die Erde leicht andrücken, damit keine Hohlräume verbleiben, und gießen. Bei großen, schweren Kübeln sollte das erst am endgültigen Standort geschehen. Hohe Pflanzen und solche, die einen rankenden oder kletternden Wuchs haben, erhalten eine Stütze in Form eines Bambusstabes.

Rechts: Beim kinderleichten Transport auch großer Pflanzkübel hilft dieser Tragriemen, „Kübel-Caddy" genannt.

Wässern und Düngen

Die Kübelpflanzen sind auf unsere Hilfe angewiesen. An heißen Sommertagen muss täglich gegossen werden, damit sie nicht austrocknen. Verwende dazu abgestandenes Wasser mit Umgebungstemperatur, damit die Wurzeln keinen Schock bekommen. Die beste Zeit zum Gießen sind die kühlen Morgen- und Abendstunden. Die Blätter der Pflanzen werden dabei möglichst nicht benetzt, damit sich Pilzkrankheiten gar nicht erst ausbreiten können. Überschüssiges Wasser im Untersetzer gießt du ab. Gedüngt wird mit flüssigem Volldünger, wenn beim Pflanzen

Den Topf vor Frost und Sonne schützen, das wird der Kübelpflanze nützen.

nicht schon ein Langzeitdünger verabreicht wurde. Die meisten Pflanzen sollten etwa alle 14 Tage gedüngt werden, eher stark wachsende Pflanzen wie Engelstrompete und Nachtschatten brauchen dagegen wöchentliche Düngergaben.

Überwintern

Empfindliche Kübelpflanzen müssen rechtzeitig vor den ersten Nachtfrösten ins Haus gebracht werden. Eine Sackkarre ist dabei ein hilfreicher Assistent. Praktisch ist auch ein sogenannter Kübel-Caddy, das ist ein Trageriemen mit zwei verstellbaren Bügeln, der den Kübel umspannt. Zwei Personen können dann gemeinsam auch schwere Kübel bis zu 70 cm Durchmesser problemlos transportieren. Im Winterquartier sollten die Pflanzen möglichst hell, frostfrei und luftig stehen, damit sich weder Krankheiten noch Schädlinge ausbreiten. Gedüngt wird im Winterquartier nicht, aber die Erde in den Kübeln darf nie ganz austrocknen. Im Frühjahr, wenn keine Nachtfröste mehr drohen, können die empfindlichen Exoten wieder nach draußen umziehen. Das geschieht am besten an einem Tag mit bedecktem Himmel, damit sich die Stubenhocker nicht gleich einen Sonnenbrand einfangen.

Die schönsten Kübelpflanzen

Deutscher Name, Botan. Name	Wuchshöhe	Blüten	Besonderes
Banane 'Tropicana' (*Musa basjoo*)	200 cm	Nur bei älteren Pflanzen	Interessante Blattschmuckpflanze, die für tropische Stimmung sorgt
Bleiwurz (*Plumbago auriculata*)	150 cm	Zahlreiche kleine hellblaue Blüten	Dankbarer Dauerblüher, den es auch als Hochstamm oder hängend gibt
Bougainvillee (*Bougainvillea glabra*)	150 bis 800 cm	Blütenartige Hochblätter in diversen Lilatönen, auch Orange	Tropische, verholzende Kletterpflanze, die auch als Hochstamm gezogen werden kann.
Brautmyrte (*Myrtus communis*)	150 cm	Kleine weiße Blüten im Juni/Juli	Immergrüner, kleinblättriger Zierstrauch, auch für Formschnitt
Dipladenie (*Dipladenia*-Hybriden)	150 cm	Intensiv rot leuchtende Blüten	Pflegeleichte, aber auffällige, kletternde Kübelpflanze
Engelstrompete (*Brugmansia*-Hybriden)	150 cm	Riesige, trompetenförmige Blüten in Weiß, Rosa oder Orangerot	Stark wachsende Kübelpflanze, die im Winter das Laub fallen lässt; giftig!
Feige (*Ficus carica*)	150 bis 300 cm	Unscheinbar, aber im Sommer köstliche Früchte	Attraktive, große Blätter, und die köstlichen Früchte lohnen die Kultur
Gewürzrinde (*Senna corymbosa*)	250 cm	Viele kleine goldgelbe Blüten	Dekorativer Wuchs und leuchtend grünes Laub
Granatapfel (*Punica granatum*)	250 cm	Granatrot, manchmal gefolgt von apfelförmigen Früchten	Laub abwerfender, verholzender Zierstrauch, von dem es auch Zwergformen gibt.
Hanfpalme (*Trachycarpus fortunei*)	150 bis 250 cm	Nur bei älteren Pflanzen	Attraktive, bis −5 °C frostharte Palme, die sehr langsam wächst
Hibiskus (*Hibiscus rosa-sinensis*)	150 bis 250 cm	Spektakuläre, große Blüten in Gelb-, Orange- und Rot-Tönen	Wärme liebender, verholzender Strauch mit tropischem Flair
Jasminblütiger Nachtschatten (*Solanum jasminoides*)	200 cm	In Rispen stehende weiße Blüten	Robuste Kletterpflanze, die fast den ganzen Sommer lang blüht
Kamelie (*Camellia japonica, C. sasanqua*)	100 bis 300 cm	Je nach Sorte weiß, rosa, rot oder zweifarbige Blüten	Immergrüne, im Frühjahr (*C. sasanqua*: Herbst) spektakulär blühende Pflanze, die saure Erde braucht
Lorbeer (*Laurus nobilis*)	150 bis 250 cm	Unscheinbar, cremeweiß	Wegen des immergrünen, duftenden Laubes geschätzte, robuste Pflanze
Oleander (*Nerium oleander*)	150 bis 250 cm	In Büscheln stehende Blüten in Weiß, Rosa, Rot	Immergrüner, robuster Strauch, der viel Sonne braucht; giftig!
Olivenbaum (*Olea europaea*)	200 cm	Unscheinbar cremeweiß; Früchte nur bei mindestens zwei zueinanderpassenden Exemplaren	Immergrüner, dekorativer Kleinbaum, der für mediterranes Flair auf der Terrasse sorgt
Paradiesvogelblume (*Strelitzia reginae*)	150 cm	Auffällige, an Vögel erinnernde Blüten in Orange und Violett	Große, an Bananenstauden erinnernde Blätter
Passionsblume (*Passiflora spec.*)	200 bis 1200 cm	Je nach Sorte Weiß, Blau, Rot oder mehrfarbig	Kletternde, rasch wachsende Pflanzen mit ausgefallenen Blüten
Prinzessinnenblume (*Tibouchina urvilleana*)	200 cm	Große, blauviolett leuchtende Blüten	Ausgefallener Strauch mit samtig behaarten Blättern
Schmetterlingsstrauch (*Clerodendrum ugandese*)	250 cm	Zahlreiche kleine, lilablaue, an Schmetterlinge erinnernde Blüten	Strauchartig wachsende Rarität
Schwarzäugige Susanne (*Thunbergia alata*)	200 cm	Orange mit dunklem Auge	Reich blühende Kletterpflanze
Teufelstrompete (*Datura metel*)	50 bis 150 cm	Je nach Sorte gelbe oder violett-weiße, trompetenförmige, gefüllte Blüten	Stark wachsende, imposante Kübelpflanze; giftig!
Wandelröschen (*Lantana-Camara*-Hybriden)	150 cm	In Büscheln stehende, kleine Blüten, die ihre Farbe wechseln	Anspruchsloser Dauerblüher, kann auch als Hochstämmchen gezogen werden
Zitrone (*Citrus limon*)	100 bis 250 cm	Weiße, stark duftende Blüten, auf die essbare Früchte folgen	Immergrüne, Sonne und Wärme liebende Nutzpflanze; braucht Spezialerde

Für mediterranes Flair auf der Terrasse sorgt ein Oleander *(Nerium oleander)*, doch Vorsicht: Die Blätter können bei Berührung auf empfindlicher Haut Allergien hervorrufen.

Die prächtigsten Kübelpflanzen

Oben: Wenn man Verblühtes von Margeritenbäumchen regelmäßig entfernt, blühen sie ausdauernd und treiben ständig nach.

Unten: Die Schwarzäugige Susanne *(Thunbergia alata)* ist eine einjährige, dekorative Schlingpflanze. Sie möchte einen sonnigen Standort und blüht von Juni bis Oktober.

Buntnesseln *(Coleus-Blumei-Hybriden)* bestechen durch eine atemberaubende Vielfalt an Blattformen und -farben.

Die prächtigsten Kübelpflanzen

Unten: Birnenmelonen, hier die Sorte 'Pepino Gold', lassen sich als Ampelpflanzen ziehen. Ihre Kultur ist der der Tomate ähnlich, die Früchte schmecken honigmelonenartig.

Rechts: Orangenbäumchen (Citrus-Arten) brauchen einen vollsonnigen, warmen und vor Wind und Regen geschützen Platz. Möglichst nur kalkarmes Wasser verwenden!

Unten: Engelstrompeten (Brugmansia-Arten und Hybriden) haben beeindruckend große Blüten, die abends intensiv duften. Sie brauchen viel Wasser, daher gut gießen.

Die exotische Paradiesvogelblume (Strelizia reginae) darf nur mäßig feucht gehalten werden. Nässe verträgt sie überhaupt nicht!

Die urtümlichen Baumfarne (Dicksonia antarctica) sind in den tropischen Gebieten Australiens beheimatet. Bei uns gedeihen sie am besten im Wintergarten.

Pflanzen-schutz
im Garten

Ich halte stets unter Verschluss,
die Mittel, die ich haben muss.

PFLANZEN APOTHEKE
SCHUTZ-

Das Thema Pflanzenschutz ist nicht nur ein wichtiges, sondern auch ein nahezu unüberschaubares Kapitel für den Gartenfreund. Viele Schädlinge und Erkrankungen habe ich daher nur für die Pflanzen beschrieben, an denen sie am häufigsten auftreten. Es ist unmöglich, alle Schadorganismen und Symptome zu nennen, denn oft ähneln sich die Schadbilder, oder die Krankheiten und Schädlinge treten so selten auf, dass sie nur von Spezialisten bestimmt werden können.

Wichtigste Vorbeugung gegen alle Krankheiten und Schädlinge ist, die Beete immer sauber zu halten und kranke oder befallene Pflanzen sofort zu entsorgen, aber nicht auf den Kompost zu bringen. Pflanzenschutz heißt also auch, krankes Pflanzenmaterial so zu beseitigen, dass es nicht zum Ausgangspunkt für neuen Befall werden kann. Am sichersten ist Verbrennen, wo immer das möglich ist.

Bekämpfung von Wildkräutern

Rechts: Wo Wildkräuter auftreten, können sie sich optimal entwickeln und vermehren, was aber wie in diesem Fall sehr attraktiv aussehen kann.

„Unkräuter" werden sie noch immer genannt, Wildkräuter, die sich in unseren Gärten einfinden, ohne dass sie ausgesät wurden. Dabei sind sie alles andere als „Un-Kräuter". Es trifft auch nicht ganz zu, dass sie den Kulturpflanzen nur Nahrung und Wasser wegnehmen. Früher habe ich immer gesagt: Unkraut braucht unser Wasser nicht! Heute gehe ich noch weiter: Viele dieser Wildkräuter helfen Mensch und Tier, haben heilsame Kräfte oder sind lebensnotwendige Wirtspflanzen von Schmetterlingen und anderen Insekten. Einige der Wildkräuter helfen uns sogar, im Garten Schädlinge und Krankheiten zu bekämpfen, wie zum Beispiel Ackerschachtelhalm, Brennnessel, Kamille oder Rainfarn. Deshalb sage ich aus voller Überzeugung: „Wildpflanzen sind keine Unkräuter, aber Konkurrenten unserer Gemüse- und Blumenarten." Der Begriff Unkraut ist deshalb nach unseren heutigen Erkenntnissen nicht mehr so zutreffend. Ich möchte wohl meinen, er wird sogar leichtfertig verwendet.

Pro und Kontra

Wildkräuter, die sich von allein und ungebeten in unseren Gärten einfinden, sind meistens bei uns heimisch oder als sogenannte Kulturfolger schon viele Jahre bei uns vertreten und optimal an die hier herrschenden Lebensbedingungen angepasst. Boden und Klima bieten ihnen die idealen Voraussetzungen, weshalb sie sich auch sehr stark vermehren. Unseren ausgesäten oder liebevoll gepflanzten Blumen- und Gemüsearten sind sie deswegen auch im Wachstum weit überlegen. Und genau hier liegt das Problem: Sie unterdrücken die Kulturpflanzen und nehmen ihnen Licht, Luft, Wasser und Nährstoffe. Aus diesem Grund müssen Wildkräuter überall dort, wo sie in Konkurrenz zu unseren Gartenpflanzen treten,

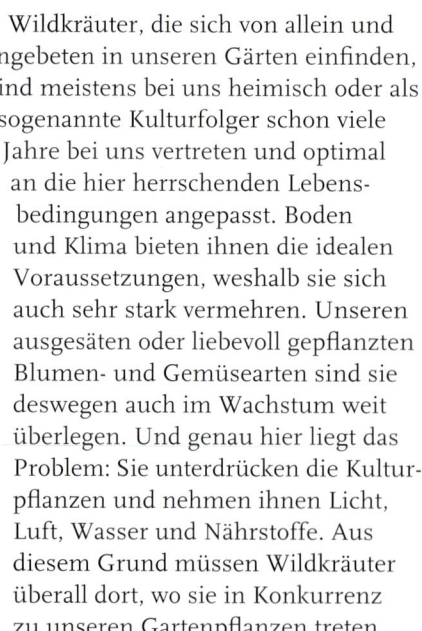

Der kultivierte Löwenzahn hat's Vegetariern angetan.

entfernt werden. Wissenschaftler haben errechnet, dass Wildkraut mit einer Trockenmasse von 50 kg während eines Sommers allein 20.000 bis 25.000 Liter Wasser aus dem Boden aufgenommen und verdunstet hat. Dieses Wasser steht unseren Kulturpflanzen nicht mehr zur Verfügung!

Außerhalb der normalen Anbauflächen bieten „verwilderte" Ecken aber vielen Kleintieren und Insekten Futter und Unterschlupf. Überhaupt sind wir alle aufgerufen, einen Beitrag zum Schutz und Erhalt unserer Umwelt zu leisten. Am einfachsten geht dies, indem wir wild lebenden Tieren und Pflanzen in unseren Gärten neuen Lebensraum schaffen, der im Zuge von Flurbereinigung, Flächenversiegelung und Bebauung immer mehr abgenommen hat. Das gilt besonders für viele unscheinbare Tiere wie Insekten, die wiederum Lebensgrundlage für etliche Vogelarten sind. Auch für unsere Singvögel müssen wir Nistplätze schaffen. Mehr dazu findest du auf Seite 251.

Trotz alledem heißt die Parole nicht: „Ich ernte nur das, was Schädlinge, Krankheiten und Wildkräuter übrig lassen." Alles müssen wir uns nicht gefallen lassen. Aber was tun?

Wildkräuter wachsen meist sehr schnell, schneller als Kulturpflanzen. Also müssen wir vor allem bei Aussaaten früh mit dem

Hacken und Jäten anfangen. Hilfreich und Verwechslungen vorbeugend ist die Reihensaat im Freiland: Markiersaat hilft dabei, die Reihen sicher wiederzufinden (siehe Seite 158). Es ist ganz entscheidend, dass Aussaaten von Anfang an wildkrautfrei gehalten werden, völlig aus dem Garten verbannen lassen Wildkräuter sich ja doch nicht. Der Wind trägt Samen über weite Strecken ein, und auch Vögel schleppen immer wieder Wildsamen ein. Dieser keimt schnell und die Pflanzen wachsen stark. Es ist ein Naturgesetz, dass jedes Lebewesen zur Arterhaltung beiträgt. Eine einzige Hederichpflanze produziert beispielsweise 10.000 Samenkörner, eine Distel 15.000 und Klatschmohn sogar 50.000 Samen!

ein Zwischenlager. Wer sichergehen will, muss die Erde sieben und jedes Stück sorgfältig auslesen – mühsam, aber auf Dauer Erfolg versprechend.

Manche Wildkräuter sind übrigens nicht nur Nährstoffkonkurrenten unserer Kulturpflanzen, sondern auch Wirtspflanzen für eine große Zahl von Schädlingen und Krankheiten. Ein Beispiel ist das Hirtentäschelkraut, das den Erreger der Kohlhernie überträgt. Lässt man solche zwischen den Kulturpflanzen stehen, wird er auch sehr schnell darauf zu finden sein.

Wer rechtzeitig jätet und hackt, spart sich später viel Zeit und Arbeit: die jungen Kulturpflanzen erleiden außerdem keinen Schaden.

Regelmäßiges Hacken und Entfernen der Wildpflanzen bevor sie Samen angesetzt haben ist langfristig die Methode der Wahl zur Eindämmung.

Der richtige Zeitpunkt?

Ist erst einmal eine Aussaat im Unkraut untergegangen, wird es sehr mühevoll, die wüchsigen Wildkräuter zwischen den zarten Keimlingen der Kulturpflanzen zu entfernen. Die Kulturjungpflanzen leiden meist, da ihre Wurzeln beim Herausziehen der Wildkräuter verletzt werden: Viele junge Pflanzen gehen dabei zugrunde. Ich empfehle deshalb, nach dem Jäten immer sofort zu gießen, damit die feinen, nun locker im Boden hängenden Wurzeln wieder Bodenschluss bekommen. Erst danach rate ich zu hacken. Die oberste, gelockerte Bodenschicht kann dabei einfach liegen bleiben, was auch eine zu schnelle Austrocknung der Krume verhindert (siehe Seite 96). Bei der Bekämpfung von Wildkräutern helfen uns auch spezielle Geräte wie Jätmesser, Ziehhacke, Gartenkrallen und einige Spezialhacken.

Manche Wildkräuter vermehren sich durch Wurzelstücke, die im Boden geblieben sind. Besonders beim Graben mit einem Spaten teilen wir die Pflanzenwurzeln in viele kleine Einzelstücke, von denen jedes einzelne wieder neu austreibt. So mancher Gärtner kann ein Lied davon singen, wie schwer es beispielsweise ist, einmal eingeschleppten Giersch wieder aus dem Garten zu verbannen. Deshalb beim Graben im Herbst oder Frühjahr jedes Wurzelstück einsammeln und in den Biomüll werfen, keinesfalls auf den Kompost, der wäre nur

Links: Wildpflanzen solltest du entfernen, bevor sie Samen bilden.

Geht es nicht leichter, Wildkräuter zu entfernen?

Immer wieder werde ich nach Mitteln gefragt, die das mühsame Hacken und Jäten im Garten überflüssig machen. Leider gibt es ein solches Wundermittel nicht, es wäre auch zu schön. Sicher wird es ein Wunschtraum des Gärtners bleiben, denn chemische Pflanzenschutzmittel (Herbizide) sind nur ganz beschränkt im Garten einsatzfähig, da sie nämlich nicht zwischen Kulturpflanzen und Wildkräutern unterscheiden. Leider gibt es keine anderen chemischen Mittel, die nur unerwünschte Pflanzen bekämpfen helfen. Deshalb werden in der Landwirtschaft diese Herbizide nur für Monokulturen eingesetzt. Dort können sie keinen so großen Schaden anrichten wie auf den kleinen Gartenflächen

Eine Schicht Strohmulch unterdrückt hier das Wachstum von Wildkraut.

Weil Queckenwurzeln meterlang, zieh ich sie raus mit Tatendrang.

mit vielen verschiedenen Kulturpflanzen. Es bleibt also für das Beet im Garten nur fleißiges Jäten und Hacken: Dies kostet kein zusätzliches Geld, und die Gartenarbeit hilft, den Körper fit zu halten. Außerdem bringen wir so nicht noch zusätzliche chemische Stoffe in den Boden, von der Belastung unserer Nahrung einmal ganz abgesehen.

Etwas anderes ist die Vorbehandlung von brachliegenden Flächen mit sogenannten Totalherbiziden. Die töten alle getroffenen Pflanzen, auch Wurzelunkräuter ab. Das kann bei Neuanlagen durchaus sinnvoll sein.

Tipps zum Jäten

Die Bekämpfung von Wildkräutern im Garten ist eine wahre Sisyphusarbeit und will schier kein Ende nehmen. Einige bewährte Tipps und Hinweise sollen helfen, dir die Arbeit zur erleichtern und eine zu große Ausbreitung der Wildkräuter zu verhindern.

Besonders wichtig: Jäte rechtzeitig, solange die Wildpflanzen noch klein sind und sich gut herausziehen lassen. Dies ist der einfachste und sicher erfolgreichste Weg der Wildkrautbekämpfung im Garten. Ziehst du die Wildkräuter als junge Pflanzen, dann haben sie erst geringe Mengen Nährstoffe und Wasser aus dem Boden verbraucht. Auch stören die kleinen Wurzelballen beim Herausziehen nicht die umgebenden Kulturpflanzen. Jeder weiß, dass sich Wildkräuter bei feuchtem Boden leichter und einfacher entfernen lassen, als auf trockenem Boden. Warte daher einen Regenschauer ab oder wässere den Boden vor dem Jäten.

Wurzelwildkräuter sind mitsamt dem oft stark verzweigten Wurzelballen zu entfernen. Da die Wurzeln häufig bis in die tieferen Schichten reichen, müssen dort sämtliche auch noch so kleine Wurzelstücke entfernt werden. Beim Umgraben sind sie sorgfältig einzusammeln. Wer nicht hartnäckig genug hinter diesen Plagegeistern her ist, wird schnell unangenehme Überraschungen mit ihnen erleben. Besonders an Stauden, die schon mehrere Jahre an einer Stelle stehen, wachsen z.B. Quecke, Ackerwinde, Geißblatt und Löwenzahn prächtig und nisten sich mit ihren Wurzeln in deren Wurzelballen ein. Das gilt auch für Ziersträucher, Obstbäume und Obststräucher. Insbesondere die Randstreifen des Rasens sind Ausgangsort für die Ausbreitung auf den Beeten.

Tricks, die die Arbeit erleichtern

Eine vorbeugende und sehr wichtige Maßnahme ist das Mulchen, auch und besonders auf den Beeten. Mulchen dämmt Wildwuchs ein und erhält die Bodenfeuchtigkeit und -beschaffenheit. Zum Mulchen muss der Boden feucht und warm sein, trockene Böden werden vorher gewässert. Gemulcht wird zu Beginn der Wachstumsperiode, dann sind die einjährigen und flach wurzelnden Unkräuter bis zum Herbst eingegangen. Tief wurzelnde Unkräuter wie Winde, Ampfer und Löwenzahn sind hartnäckiger. Hier kann mehr als ein Jahr vergehen, bis du die Plagegeister los bist. Zum Mulchen eignen sich spezielle Folien, Kompost, Gras und Heu (Vorsicht, schnell sind neue Samen eingeschleppt), Stroh, Rinden verschiedener Bäume oder gehäckselte Schnittabfälle.

Ein weiterer Trick ist das frühzeitige Saatbeet. Dazu deckst du die Beetfläche mit Glas oder Folie ab. Die nun wachsenden einjährigen Wildkräuter jätest du nach zwei Wochen, danach kannst du aussäen. Damit ist die Konkurrenz erst einmal ausgeschaltet.

Methoden zur Eindämmung von Wildkräutern

Wie gepflegt ein Garten sein soll, bleibt jedem Gartenbesitzer selbst überlassen. Ein wenig Wildwuchs schadet mit Sicherheit nicht, und es gibt genügend Methoden, die, richtig angewendet, den Einsatz von Herbiziden im Garten überflüssig machen.

Unverzichtbar ist die Vorbeugung. Das bedeutet zum einen regelmäßige Gartenpflege. Vor allem müssen die Blüten von Unkräutern entfernt werden, bevor es zur Samenbildung kommt. Auch die Gartenanlage selbst kann vieles verhindern helfen. Zäune und Hecken halten viele eingewehte Samen fern, Barrieren aus im Boden eingelassenen Schieferplatten können kriechende Wurzeln, Rhizome oder Ausläufer an der Ausbreitung hindern.

Mechanische Verfahren

Jäten

Jäten ist sicherlich das mühsamste Verfahren zur Entfernung von Wildwuchs, aber mit Abstand das schonendste und unverzichtbarste. Keine andere Methode ist so gründlich und genau. Besonders zwischen jungen Staudenpflanzungen und im Gemüsebeet ist dieses Vorgehen sehr zu empfehlen. Arbeitserleichternd sind gut erreichbar angelegte Beete und lockerer Boden. Ein Knieschoner erleichtert das Knien, Hochbeete ersparen sogar die gebückte Haltung.

Flammenjäten und Wasserdampf

Flammenjäten ist eine schonendere Methode, als man zunächst glauben mag. Besonders auf Wegen und Zufahrten, rund um das Haus und auf der Terrasse, aber auch zwischen Gemüsepflanzungen ist der Flammenjäter einsetzbar. Die Pflanzen werden dabei nicht vollständig verbrannt, sondern nur kurz der Flamme ausgesetzt. Dabei zerplatzen die Zellwände, die Pflanze geht ein. Ausdauernde Kräuter müssen unter Umständen mehrfach behandelt werden, da die Wurzeln nicht beschädigt werden.
Nach dem gleichen Prinzip arbeiten Geräte mit heißem Wasserdampf. Für sie ist jedoch ein Stromanschluss notwendig.

Hacken

Hacken schont den Boden und erhält dessen Struktur. Aber auch das Hacken darf man nicht übertreiben, denn zu häufiges Auflockern des Bodens lässt diesen schneller austrocknen. Beim Hacken mit einer Zieh-, Stoß- oder Pendelhacke werden unliebsame Pflanzen entfernt und der Boden gleichzeitig gelockert. Auch lästige Wurzelunkräuter kannst du durch regelmäßiges Hacken auf Dauer in Schach halten. Der Erfolg ist bei sonnigem Wetter am größten, die ausgehackten Pflanzen bleiben, wenn sie noch keine Samenstände angesetzt haben, einfach liegen und vertrocknen. Gehackt wird, solange die Pflanzen noch klein sind. Beim Hacken ausdauernder Pflanzen ist der richtige Zeitpunkt von Bedeutung. Bei zu frühzeitigem Hacken wächst die Pflanze neu; ihre Nahrungsreserven erschöpfen sich erst in der Blütezeit.

Methoden biologischer Pflanzenkontrolle

Kompostieren

Wildkräuter lassen sich als Ganzes kompostieren. Wegen der ausgewogenen Nährstoffzusammensetzung stellen sie eine ideale Grundlage für die Gartenpflanzen dar. Um Samen zu zerstören, muss sich der Kompost ausreichend erhitzen. Voraussetzung hierfür ist ein genügend großer und gut belüfteter Komposthaufen. Alle Zutaten werden gut zerkleinert und vermischt, der Kompost abgedeckt oder isoliert, damit die Wärme nicht entweichen kann. Hartnäckige Pflanzen und Wurzelunkräuter sollte man in schwarze Kunststofftüten packen. Die so entstehende Silage wird erst ein Jahr später dem Kompost zugefügt.

Mulchen

Mulchen dämmt Wildwuchs ein und erhält die Bodenfeuchtigkeit und -beschaffenheit. Zum Mulchen muss der Boden feucht und warm sein, trockene Böden werden vorher gewässert. Gemulcht wird zu Beginn der Wachstumsperiode. Wird im Frühjahr gemulcht, sind die einjährigen und flach wurzelnden Unkräuter bis zum Herbst eingegangen. Tief wurzelnde Unkräuter wie Winde, Ampfer und Löwenzahn sind hartnäckiger. Hier kann mehr als ein Jahr vergehen, bis du die Plagegeister los bist. Zum Mulchen eignen sich spezielle Folien, Kompost, Gras und Heu (Vorsicht schnell sind neue Samen eingeschleppt), Stroh, Rinden verschiedener Bäume oder gehäckselte Schnittabfälle.

Bodenbearbeitung

Durch eine geschickte Bodenbearbeitung bekommt man viele Wildpflanzen unter Kontrolle. Ein Trick ist das frühzeitige Saatbeet. Dazu wird im zeitigen Frühjahr die vorgesehene Fläche mit Glas oder Folie abgedeckt. Die nun wachsenden einjährigen Wildkräuter jätest du nach zwei Wochen, danach säst du aus. Damit ist die Konkurrenz erst einmal ausgeschaltet. Studien haben gezeigt, dass durch eine nächtliche Bodenbearbeitung die Zahl bestimmter Wildkräuter wie Klettenlabkraut, Vogelmiere, Wilde Kamille und Kriechendes Leinkraut beträchtlich reduziert werden kann, da viele Samen auf Licht reagieren.
Auch durch gezieltes Verändern der Bodenverhältnisse entzieht man den Wildpflanzen die Lebensgrundlage. In der Folge stellen sich dann aber oft andere Pflanzen ein.

Eine Wildkrautbekämpfung mit chemischen Mitteln im Garten soll nur stattfinden, wenn alle anderen Methoden versagen. Bei der Anwendung von Herbiziden musst du dich streng an die Vorschriften des Herstellers halten. Auch beim Sprühen ist Vorsicht geboten: Schon leichter Wind treibt feine Tropfen auf Flächen, die mit Nutzpflanzen bestellt sind und dann ebenfalls eingehen.

Ganz gleich, wie wir das Zeug jetzt nennen, von diesem Kraut muss man sich trennen.

Mein Vorschlag: Verzichte wenn möglich auf die Anwendung von chemischen „Hacken", denn mit der Chemie bringst du auch wieder neue unnötige Schadstoffe in die Erde. Nicht fachmännische Anwendung kann mehr Schaden als Nutzen bringen.

Was Wildkräuter uns verraten

Viele Wildkräuter sind sogenannte Zeigerpflanzen und verraten uns nur durch ihre Anwesenheit, ob wir es mit guten oder minderen Böden zu tun haben. Dort, wo zum Beispiel der Ackerschachtelhalm, die Gelbe Wucherblume, Wilde Stiefmütterchen oder der Kleine Sauerampfer gut wachsen, haben wir es mit kalkarmen Böden zu tun. Nährstoffarme und meist trockene Böden werden von Mauerpfeffer, Ehrenpreis, Thymian und Hungerblümchen bevölkert. Dagegen verraten Brennnessel, Distel, Huflattich und Hederich einen guten Boden. Wo sie wachsen, da gibt es Saft und Kraft! Besonders die Brennnessel ist ein echter Feinschmecker, sie signalisiert besten, herrlichen Humusboden. Viel Huflattich verrät, dass der Boden gut durchlüftet ist.

Wurzelunkräuter sind hartnäckig. Sie können nur durch vorsichtiges Ausgraben der gesamten Wurzel bekämpft werden.

Dagegen wachsen Heidekraut und Wolfsmilch nur auf sandigem Gelände. Schaumkraut und Sumpfdotterblume bevorzugen nasse, also saure Böden, sie können uns aber auch auf eine Quelle hinweisen. Wollgras ist eine Pflanze nasser Standorte, deshalb findet sie sich auch bevorzugt in Moorgegenden und auf sauren Wiesen. Auf kalkreichen Böden mit einem tonhaltigen Untergrund gedeihen Ackerröte und Ackersenf.

Die wichtigsten Wildkräuter im Porträt

Ackerdistel
Cirsum arvense

Korbblütler
Höhe: bis 120 cm
Blüte: purpurrot
Blütezeit:
Juli – August

Die Ackerdistel ist ein unangenehmes Wildkraut. Die Wurzeln wachsen tief in die Erde und treiben von dort immer wieder neu aus. Lässt man sie einfach wachsen, so wird sie bis zu einem Meter hoch und ist dann nur noch schwer zu bekämpfen. Das geht nur durch Hacken und Ziehen der Triebe, sobald sie aus der Erde treiben. Allerdings hat man nur eine Chance, wenn dies regelmäßig erfolgt. Ackerdisteln zeigen lehmigen, gut und tief gelockerten Boden an.

Ackerschachtelhalm
Equisetum arvense

Schachtelhalme
Höhe: bis 30 cm
Blüte: –
ab April
auftretend

Ackerschachtelhalm wächst hauptsächlich auf sauren Böden, die kalkarm, steinig und meist auch nass sind. Auch hier ist die Bekämpfung sehr schwierig. Wie bei der Ackerdistel wird man ihn am ehesten los, wenn laufend gehackt wird, so dass erst gar keine oberirdischen Triebe wachsen können. Hier hilft auch eine Kalkdüngung und eine Drainage des Bodens.

Ackerschachtelhalm hat aber auch gute Seiten. Er zählt zu den Heilmitteln für den Hausgebrauch. Tee hilft bei Erkrankungen von Niere und Blase. Als Bad wirkt er lindernd bei Schwellungen sowie Frostbeulen und fördert die Durchblutung.

Ackerschachtelhalm ist auch ein bekannter Gartenhelfer – die Brühe dient als Bekämpfungsmittel z.B. bei Schorf, Mehltau oder Rost und wehrt Spinnmilben ab. Allgemein stärkt Ackerschachtelhalmbrühe Pflanzen gegen Schädlinge und Krankheiten.

Von oben nach unten: Ackerschachtelhalm, Ackersenf und Ackerstiefmütterchen.

Ackersenf
Sinapis arvensis

Kreuzblütler
Höhe: bis 60 cm
Blüte: gelb
Blütezeit:
Mai – Juni

Ackersenf zeigt kalkhaltige neutrale Böden an. Er ist leicht zu jäten. Wichtig ist nur, ihn regelmäßig auszureißen, solange er noch ganz klein ist. Es ist schon deshalb wichtig, ihn ständig zu jäten, weil er die gefürchtete Kohlhernie verbreitet, eine Krankheit, die Kohlpflanzen und einigen Blumenarten sehr schaden kann.

Ackerstiefmütterchen
Viola arvensis

Veilchengewächse
Höhe: bis 30 cm
Blüte: blauviolett
Blütezeit:
April – Juni

Das Ackerstiefmütterchen ist leicht zu jäten. Es kommt auf sandigen, leichten und kalkarmen Böden vor. In der Volksheilkunde wird der Tee bei Erkrankungen der Atemwege und auch bei Harnbeschwerden empfohlen. Teeumschläge sind hilfreich bei Ekzemen.

Gegenüberliegende Seite: Ackerdistel

Ackerwinde
Convolvulus arvensis

Windengewächse
Höhe: bis 3m
Blüte: weiß/rosa
Blütezeit:
Juni – September

Die Ackerwinde gehört zu den lästigsten Wildkräutern im Garten. Sie liebt guten, nährstoffreichen neutralen Boden und lässt sich nur schwer bekämpfen. Die tief gehenden und weit aufgefächerten Wurzeln kann man kaum fassen und ausziehen, Ausläufer sorgen für eine schnelle Verbreitung. Sie windet sich an Kulturpflanzen hoch und kann diese völlig ersticken. Nur durch regelmäßiges Hacken und Absammeln der Wurzelstücke lässt sich die Ackerwinde klein halten. Wenn sie sich erst in Staudenpflanzungen eingenistet hat, hilft es nur noch, alle Staudenpflanzen aufzunehmen, die Wurzeln der Winde sorgfältig herauszuziehen und die Stauden wieder neu auf windenfreies Land zu pflanzen. Schon kleine Wurzelstücke reichen zum Wiederaustrieb. In der Heilkunde spielt sie keine Rolle.

Ampfer
Rumex obtusifolius

Knöterichgewächse
Höhe: bis 120 cm
Blüte: unscheinbar
Blütezeit:
Juli – August

Ampfer gedeiht meist auf stickstoffreichen, schlecht gelüfteten und auch verdichteten Böden. Die Wurzeln gehen sehr tief, er ist daher schwer zu jäten. Bestes Hilfsmittel ist die Grabegabel. Wer seinen Boden laufend lockert und hackt, wird selten Ampfer im Garten finden. Eine gute Bodenbearbeitung ist also die beste Bekämpfung!

Breitwegerich
Plantago major

Wegerichgewächse
Höhe: bis 30 cm
Blüte: unscheinbar
Blütezeit:
Juni – Oktober

Verdichtete, nährstoffarme Böden wie Trampelpfade, Fahrspuren oder Weiden bieten die idealen Voraussetzungen. Nur selten findet man ihn auf lockeren Gartenböden, dort gedeiht dagegen sein „Bruder", der Spitzwegerich.

Breitwegerichtee wird in der Volksheilkunde, wie der schmalblättrige Spitzwegerich übrigens auch, als schleimlösendes Mittel angewendet. Besonders bei Husten entfaltet er seine heilsame Wirkung. Bäder helfen gegen Entzündungen.

Große Brennnessel
Urtica dioica

Brennnesselgew.
Höhe: bis 120 cm
Blüte: unscheinbar
Blütezeit:
Juni – September

Die Brennnessel ist eine wichtige Zeigerpflanze für nährstoffreiche, feuchte, aber auch lockere und hochwertige Gartenböden. Sie wächst ebenso gut auf Schutt und Geröll. Brennnesseln vermehren sich stark durch unterirdische Ausläufer und müssen daher noch als Jungpflanze gejätet werden. Die ausgewachsenen Pflanzen streuen ihren Samen weit über den Garten, dies ist unbedingt zu vermeiden. Die Ausläufer liegen flach unterhalb der Bodenoberfläche und lassen sich gut mit der Grabegabel aufheben.

Die Brennnessel, sowohl die groß- wie auch die kleinblättrige Art, hat eine vielfältige Heilkraft und ist seit alters her in

Oben:
Ackerwinde
Unten:
Brennnessel

Lass es dir erläutern:
Besser schmeckt's mit Kräutern.

Wirkung gegen Schadinsekten: sie stärkt die Abwehrkräfte der Pflanzen. Die Brennnessel ist auch eine wichtige Wirtspflanze für die Raupen bestimmter Schmetterlinge.

Links oben:
Ampfer
Links unten:
Breitwegerich
Rechts oben:
Feldehrenpreis

Feldehrenpreis
Veronica arvensis

Rachenblütler
Höhe: bis 20 cm
Blüte: weiß-blau
Blütezeit:
März – September

Feldehrenpreis liebt lockere und leichte Böden mit guter Stickstoffdüngung. Er ist leicht zu jäten, aber wie fast allen Wildkräutern ist ihm am besten im jungen Entwicklungsstadium beizukommen. Treibt stark oberirdische Ausläufer und vermehrt sich schnell.

Franzosenkraut
Galinsoga parviflora

Korbblütler
Höhe: bis 70 cm
Blüte: weiß
Blütezeit:
Juni – Oktober

Franzosenkraut ist auf nährstoffreichen, kalkhaltigen und sandigen Lehmböden zuhauf zu finden, wenn nicht rigoros gejätet wird. Vor allem auf abgeernteten Beeten vermehrt es sich schnell und stark. Es blüht schon nach kurzer Entwicklungszeit an kleinen Pflanzen, und jeder Blütenstand streut Tausende von Samen aus, die alle entweder sofort oder spätestens im kommenden Frühjahr keimen. So breitet sich das Franzosenkraut schnell über den ganzen Garten aus. Einzige Hilfe ist, alle Pflanzen schnell zu jäten, solange sie noch

der Volksheilkunde für ihre wassertreibende Wirkung bekannt. Der Tee aus getrockneten Blättern und Wurzeln wirkt entwässernd und soll bei Prostatabeschwerden helfen. Eine gute Wirkung soll die Brennnessel ebenfalls gegen Gicht und Rheumatismus zeigen. Äußerlich wird der Tee für Spülungen und Bäder sowie zur Pflege der Kopfhaut verwendet. Gegen Rheuma wurde frische Brennnessel früher wegen der hautreizenden Wirkung auf betroffene Stellen gerieben.

Aber Brennnesseln können noch mehr: Die jungen Blätter ergeben geschmort ein hervorragendes Gemüse, das im Geschmack stark Spinat ähnelt. Aus den Stängeln kann man grobe Fasern gewinnen, die früher zu Nesselstoffen verarbeitet wurden. Wurzeln und Blätter können zum Färben von Wolle genutzt werden. Biogärtner schwören auf Brennnesseljauche und deren abwehrende

Links oben:
Franzosenkraut
Rechts oben:
Gänseblümchen
Unten:
Giersch

> Das Kräuterweib – es gibt's nicht mehr:
> Von Pötschke kommt der Samen her.

klein sind. Keinesfalls blühende Pflanzen auf den Kompost bringen, dort überdauern die Samen die Zersetzungszeit und lassen sich im folgenden Jahr gern mit der Komposterde wieder breit im Garten verteilen. Franzosenkraut hat als Sämling und Jungpflanze viel Ähnlichkeit mit einigen Sommerblumen. Vor allem werden sie leicht mit *Salvia* und *Ageratum* verwechselt. Das passiert selbst Fachleuten, wenn die Sämlinge noch sehr klein sind.

In der Volksheilkunde werden die Tees von getrockneten Blütenköpfchen zum Lösen von Husten und bei Bronchitis verwendet. Blätter und Blüten sind zudem essbar und runden jeden Salat ab, sollten aber nur in Maßen genossen werden.

Gänseblümchen
Bellis perennis

Korbblütler
Höhe: bis 15 cm
Blüte: weiß
Blütezeit:
Feb. – November

Das Gänseblümchen zeigt humosen, nahrhaften Boden an und wächst vorwiegend auf Wiesen und Rasenflächen. Es vermehrt sich schnell, wenn man es nicht regelmäßig entfernt und die Rasenflächen pflegt. Ich finde Gänseblümchen im Rasen schön und lasse sie auch wachsen, sie sind nach dem Mähen schnell wieder in Blüte und wirken auf den streng geschnittenen Rasenflächen ganz hübsch. Sie müssen allerdings regelmäßig in kurzen Abständen gemäht werden, sonst vermehren sie sich rapide!

Giersch
Aegopodium podagraria
und verwandte Arten

Doldenblütler
Höhe: bis 80 cm
Blüte: weiß
Blütezeit:
Mai – August

Der Giersch ist eines der hartnäckigsten Wildkräuter, das ich kenne. Er vermehrt sich sowohl über Wurzelausläufer als auch über Samen. Nur mit regelmäßigem Jäten ist ihm beizukommen. Du musst damit beginnen, sobald im Frühjahr die ersten Blätter erscheinen. Auch Mulchen und das frühzeitige Saatbeet können helfen.

Hahnenfuß
Ranunculus acris
und verwandte Arten

Hahnenfußgew.
Höhe: bis 30 cm
Blüte: gelb
Blütezeit:
Mai – September

Hahnenfuß tritt auf
lockeren, feuchten,
stickstoffreichen und
frischen Böden auf.
Niemals darf man ihn
einfach wachsen lassen, die Ausläufer trei-
benden Wurzelwerke wachsen sehr schnell.
Deshalb ist er ein sehr lästiges Wildkraut.
Er bevorzugt halbschattige und schattige
Standorte und wächst infolgedessen gern
unter Sträuchern und Bäumen. Ganz wichtig
ist es, ihn nicht ungestört wuchern zu lassen,
weil er auch von dort aus in Beete und in
Rabatten hineinwächst. Ich empfehle, freie
Flächen sauber zu jäten und mit der Grabegabel die Ausläufer auszugraben.

Hederich
Raphanus raphanistrum

Kreuzblütler
Höhe: bis 60 cm
Blüte: weiß
Blütezeit:
Mai – Juni

Hederich wächst
vorwiegend auf
kalkarmen Lehm-
und Sandböden.
Er ist ein ausge-
sprochen hartnäckiges
Wildkraut, das im Jugendstadium aber
noch verhältnismäßig leicht zu jäten ist.
Besonders wichtig ist es, dass Hederich
sich auf abgeernteten Beeten nicht breit-
machen und dort seine Samen ausstreuen
kann. Da er auch zu den Überträgern der
gefürchteten Kohlhernie-Krankheit zählt,
hat er im Garten nichts zu suchen und
muss sorgfältig laufend gejätet werden,
um diesem vorzubeugen.

Oben:
Hahnenfuß
Mitte:
Hirtentäschelkraut
Unten:
Hederich

Hirtentäschelkraut
Capsella bursa-pastoris

Kreuzblütler
Höhe: bis 30 cm
Blüte: weiß
Blütezeit:
März – Juni

Hirtentäschelkraut tritt auf
fast allen Böden auf, egal ob
sie trocken und mager oder
feucht und nährstoffreich
sind, überall findet man dieses Wildkraut.
Es vermehrt sich ausschließlich über Samen
und ist leicht zu jäten. Dies muss aber
rechtzeitig vor der Blütenbildung erfolgen.
Schon an den kleinsten Pflanzen können
sich die übervollen Samenschoten bilden,
reifen und ausfallen. Hirtentäschel wirkt als
Tee äußerlich blutstillend und wird auch bei
Harn- und Blasenleiden empfohlen.

Huflattich
Tussilago farfara

Korbblütler
Höhe: bis 20 cm
Blüte: gelb
Blütezeit:
Februar – April

Die charakteristischen, gelben Blüten des Huflattichs erscheinen im zeitigen Frühjahr vor den Blättern, die sich erst nach der Blüte entwickeln. Er tritt überwiegend an kalkhaltigen und lehmigen Standorten auf und besiedelt Wegränder, auch Bahndämme sowie Böschungen. Im Garten ist er lästig und lässt sich nur schlecht bekämpfen. Das weit verzweigte Wurzelwerk kann nur im Jugendstadium aus der Erde gezogen werden. Ansonsten hilft lediglich ständiges Hacken, um die Entwicklung der Blüten und Blätter zu unterbinden.

Huflattich ist eine bekannte Heilpflanze. Sowohl Blüten als auch Blätter zeigen eine heilsame Wirkung. Die hustenmildernden und schleimlösenden Eigenschaften sind schon lange in der Volksheilkunde bekannt. Allerdings können sich auch unerwünschte Nebenwirkungen zeigen, deshalb vor einer Anwendung erst Fachleute wie Ärzte und Apotheker befragen.

Oben:
Huflattich
Unten:
Echte Kamille

Kamille, Echte
Matricaria recutita

Korbblütler
Höhe: bis 35 cm
Blüte: weiß/gelb
Blütezeit:
Mai – Juli

Die Kamille zeigt sandige, kalkarme Böden an. Sie wird in Gärten selten als lästiges Wildkraut zu finden sein, weil sie viel lieber auf unbebauten Flächen, auf Ödland und an Wegesrändern wächst.

Die echte Kamille ist eine wichtige Heilpflanze: sie unterscheidet sich von der wertlosen Hundskamille durch einen Hohlraum im Blütenköpfchen. Als Teeaufguss hilft sie bei Unterleibsbeschwerden, beruhigt den Magen und in Kamillentee getauchte Umschläge lindern Wunden und Entzündungen. Schon meine Großmutter wusste sehr genau von der vielseitigen Wirkung und hat mich damit oft „verarztet".

Du siehst mich unters Handtuch schlupfen: Kamillendampf ist gut bei Schnupfen.

Kamille, Römische
Chamaemelum nobile

Korbblütler
Höhe: bis 30 cm
Blüte: weiß/gelb
Blütezeit:
Juni – Oktober

Sie wächst vorwiegend auf armen und sandigen Böden. Auch ihre Blütenköpfe werden in der Heilpflanzenkunde viel verwendet. Die Römische Kamille wirkt aber nicht so stark wie die Echte Kamille. Römische Kamille dient auch zum Waschen und Aufhellen von blonden Haaren.

Labkraut, Echtes
Galium verum

Rötegewächse
Höhe: bis 100 cm
Blüte: weiß
Blütezeit:
Juni – September

Labkraut ist ein leicht zu bekämpfendes Wildkraut, das vorwiegend an Wiesen- und Waldrändern wächst. Es weht von dort vor allem in nahe liegende Gärten, die nicht in geschlossenen Ortschaften liegen. Labkraut ist ein Verwandter vom Waldmeister.

Oben links:
Römische Kamille
Oben rechts:
Klatschmohn
Mitte:
Labkraut
Unten:
Löwenzahn

Klatschmohn
Papaver rhoeas

Als Wildkraut ist
Klatschmohn kaum
im Garten zu finden.
Während der Blütezeit
wirkt er sehr schön und
farbenfroh, ist aber ein
nicht gern gesehenes Ackerwildkraut. Auch
Halden und karge Plätze bevölkert er gern.

> Mohngewächse
> Höhe: bis 80 cm
> Blüte: rot
> Blütezeit:
> Mai – Oktober

Kornblume
Centaurea cyanus

Leider sind die prächtigen
Blüten der wilden Korn-
blume heute kaum noch
auf Feldern zu sehen, auch

> Korbblütler
> Höhe: bis 80 cm
> Blüte: blau
> Blütezeit:
> Juni – Oktober

Löwenzahn
Taraxacum officinale

> Korbblütler
> Höhe: bis 30 cm
> Blüte: gelb
> Blütezeit:
> April – Mai

Löwenzahn zeigt uns einen
tiefgründigen Boden mit viel
Stickstoff an. Er dringt mit
seinen langen kräftigen Wurzeln
tief in die Erde und ist nur schwer
herauszuziehen. Am besten sticht man diese
mit einem Messer aus. Junge Blätter werden
im Frühjahr gern als Salat gegessen.

Auch in der Heilkunde hat Löwenzahn
einen festen Platz. Die ganzen Pflanzen
werden im Frühsommer vor Beginn der
Blüte samt Knospen, Blättern sowie Wurzeln
gesammelt und getrocknet. Er hat eine gute,
blutreinigende Wirkung, hilft bei einer
Reihe von Leiden innerer Organe und
mildert Krankheiten. Löwenzahn ist daher
fester Bestandteil einer Frühjahrskur.

im Garten sind sie nur selten anzutreffen. Die Kornblume ist aber fester Bestandteil von Wildblumenwiesen, und die Gartenform wird von Samenzüchtern in großen Mengen angebaut. Wegen der kräftig blauen Blütenfarbe wird sie oft zur Verschönerung Teemischungen beigemischt. Eine Heilwirkung hat sie aber nicht.

Unten:
Kornblume

Auch wenn man es nicht glauben mag – die getrocknete Queckenwurzel ist in der Volksheilkunde als harntreibender Tee mit blutreinigender Wirkung bekannt. Meist wird sie entsprechenden Teemischungen zugesetzt. Auch bei Galle-, Milz- und Lebererkrankungen hat sie eine mildernde Wirkung, außerdem soll sie bei Husten helfen. Wer hätte diesem „Bösewicht" so viele gute Eigenschaften zugetraut?

Rainfarn
Chrysanthemum vulgare

Korbblütler
Höhe: bis 120 cm
Blüte: gelb
Blütezeit: Juli – September

Rainfarn wächst auf trockenen und sauren Böden und tritt selten im Garten auf. Obwohl er Rainfarn heißt, gehört er keinesfalls zu den Farnen, sondern zur Familie der Korbblütler. Rainfarn bildet schnell Ausläufer und sollte dort, wo er auftritt, rigoros bekämpft werden.

Rainfarnbrühe wird gern zur Schädlingsbekämpfung verwendet, vor allem gegen Schädlinge am Beerenobst.

In der Heilkunde ist Rainfarn bekannt als Wurmkraut. Der Name rührt daher, dass er früher zur Wurmbekämpfung bei Mensch und Vieh verwendet wurde. Heute wird Rainfarn jedoch nicht mehr eingesetzt, da er häufig Vergiftungen verursacht hat.

Quecke
Agropyron repens

Süßgräser
Höhe: bis 120 cm
Blüte: unscheinbar
Blütezeit: Juni – August

Die Quecke ist mit das widerstandsfähigste Wildkraut, das wir im Garten finden. Sie gehört zu den lästigsten und am schwierigsten zu bekämpfenden Wildkräutern, vor allem, wenn sie sich zwischen Stauden oder Gehölzwurzelballen eingenistet hat. Das einzige Mittel, das ich kenne, ist regelmäßiges Hacken. Sobald sich neue Blatttriebe aus dem Boden schieben, diese Prozedur wiederholen. Dann verschwindet auf Dauer auch die kräftigste Quecke. Beim Hacken, Jäten und vor allem beim Graben muss jedes auch noch so kleine Wurzelstück aufgelesen und entsorgt werden. Nicht auf den Kompost bringen, denn Quecken sind Überlebenskünstler!

Wiesensauerampfer
Rumex acetosa

Knöterichgewächse
Höhe: bis 60 cm
Blüte: hellrot
Blütezeit: Mai – Juni

Jeder kennt ihn: Wiesensauerampfer wächst vorwiegend auf feuchten, sehr nährstoffreichen, aber auch sauer reagierenden Böden. Vor allem auf Wiesen und Weiden ist er sehr verbreitet. Im Garten tritt Sauerampfer selten auf, und wenn, dann müssen die sehr tief gehenden Wurzeln alle mit ausgegraben werden.

Junge Blätter werden als Salat gegessen oder als Gemüse und für Suppen zum Würzen verwendet. In der Heilkunde ist die gute Wirkung bei Galle- und Leberbeschwerden bekannt. Doch darf er nur in Maßen als Tee oder frisch verwendet werden, er hat auch negative Wirkungen. Gicht- und

Rheumakranke sollten ihn meiden, da Wiesensauerampfer einen hohen Gehalt an Oxalsäure aufweist.

Spitzwegerich
Plantago lanceolata

Wegerichgewächse
Höhe: bis 40 cm
Blüte: unscheinbar
Blütezeit:
Mai – September

Spitzwegerich wächst fast überall, bevorzugt aber feste, leicht sauer reagierende Böden. Ihn und auch seinen breitblättrigen Verwandten findet man selten im Garten. Wenn er sich ausbreitet, hilft fleißiges Jäten, um ihn im Zaum zu halten. Spitzwegerich und Breitwegerich sind bekannte Heilpflanzen. Teezubereitungen werden als schleimlösende Mittel bei Husten und Halserkrankungen, aber auch für eine ganze Reihe anderer Beschwerden empfohlen.

Links von oben nach unten:
Quecke, Rainfarn und Wiesensauerampfer
Rechts:
Spitzwegerich

Ein Sträußchen möchte schnell ich pflücken und damit meine Frau beglücken.

Taubnessel
Lamium album

Lippenblütler
Höhe: bis 50 cm
Blüte: weiß
Blütezeit:
April – Oktober

Die Taubnessel braucht wie die Brennnessel sehr nährstoffreiche, vor allem stickstoffreiche Böden, die gut und tief gelockert sind. Jäten und Ausgraben der ganzen Pflanze mit möglichst allen Wurzelstücken ist das beste Mittel, um sie aus dem Garten wieder zu vertreiben.

Als Heilpflanze ist die Taubnessel vielseitig verwendbar. Aus den weißen, getrockneten Blüten wird ein Tee zubereitet, der bei Störungen im Verdauungstrakt hilft.

Oben:
Taubnessel
Unten links:
Vogelmiere
Unten rechts:
Wegwarte

andere trockene Standort reicht für ihre Entwicklung. Besonders gut gedeiht sie auf abgeernteten Beeten. Sie fällt dann in großen Mengen an und kann als Salat zubereitet werden. Sebastian Kneipp empfahl den Tee mit Honig gegen Bronchitis und bei Lungenkrankheiten.

Wegwarte
Cichorium intybus

Korbblütler
Höhe: bis 150 cm
Blüte: blassblau
Blütezeit:
Juli – Oktober

Die Wegwarte wächst überwiegend auf verfestigten Böden mit guten Nährstoffvorräten. Sie tritt sehr häufig an Wegrändern auf, daher der Name. Im Garten ist sie einfach durch regelmäßiges Jäten und Hacken zu bekämpfen. In der Heilkunde wird sie zur Linderung von Leber- und Gallenerkrankungen verwendet.

Vogelmiere
Stellaria media

Nelkengewächse
Höhe: bis 30 cm
Blüte: weiß
Blütezeit:
ganzjährig

Die Vogelmiere ist ein kriechendes, sehr unangenehmes Wildkraut im Garten. Sie samt sich schnell aus und überzieht große Flächen. Jäten und Hacken sind die besten Möglichkeiten, sie wieder loszuwerden. Schon winzige Pflanzen blühen und produzieren Samen. Sie wächst bevorzugt auf ausreichend feuchten, nährstoffreichen und guten Gartenböden. Aber auch jeder

Die Gartenpolizei greift ein

Zur „Gartenpolizei" zähle ich eine große Zahl von Tieren, die natürliche Feinde von Schädlingen an unseren Pflanzen sind. Deshalb tue ich alles, damit sich diese Nützlinge in meinem Garten wohlfühlen. Sie helfen fleißig mit, dass Obst und Gemüse nicht schon vor der Ernte von Schädlingen aufgefressen werden. Ich möchte nur ein Beispiel nennen, was diese Gartenpolizei leisten kann: Jeder besetzte Nistkasten, so schätze ich, rettet einen halben bis einen Zentner Obst. Denn Nistkästen sind die Quartiere für einen Teil unserer Singvögel, die von frühmorgens bis spätabends unterwegs sind, um im Garten schädliche Plagegeister zu finden und aufzufressen. Auf ihren Kontrollgängen werden alle Bäume, Sträucher und Pflanzen nach fressbaren Insekten abgesucht. So sorgen die emsigen Vogeleltern dafür, dass sich Schädlinge gar nicht erst übermäßig im Garten vermehren können.

Wildtiere im Garten

Die Gartenpolizei besteht aus Igeln, Maulwürfen, Kröten, Blindschleichen, Meisen, Grasmücken, Rotschwänzchen und Rotkehlchen, aber auch die kleinen Marienkäfer und Larven der Florfliege spielen eine große Rolle beim Vertilgen von z.B. Blattläusen.

Igel

Der Igel vertilgt Schnecken, Würmer und Insekten sowie junge Mäuse und ist ständig im Garten unterwegs. Er ist ein schutzwürdiges, ausgesprochen nützliches Tier und leicht an den Garten zu gewöhnen. In Reisig- und Laubhaufen bezieht er gern ein Quartier. Fauliges Fallobst lockt ihn an: Lass also etwas für den fleißigen Helfer liegen.

Diese Tiere, müsst ihr wissen, möcht' ich nicht im Garten missen.

NÜTZLINGE

Maulwürfe

Maulwürfe sind im Garten zwar unangenehme Zeitgenossen und ärgern uns, weil sie ihre Erdhügel mitten auf frisch bestellten Beeten oder Rasenflächen auftürmen. Vor allem im Frühling sind sie sehr aktiv. Frisch gesäte Samen werden dabei verschüttet und nährstoffärmere Erde aus den unteren Erdschichten über die gute Humuserde geschoben. Dazu kommen noch die Gänge, die Pflaster- oder Plattenwege zum Absacken bringen können.

Der Maulwurf ist aber ein sehr wichtiger Nützling im Boden und steht unter Naturschutz. Er vertilgt schädliche Insektenlarven, Schnecken, Spinnen und Engerlinge.

Der grüne Tipp®

Lass die Natur für dich arbeiten, so kannst du auch die Umwelt schonen, vorausgesetzt, Nützlinge fühlen sich in deinem Garten wohl und finden hier optimale Lebensbedingungen vor.

Igel im Garten sind nützliche Helfer bei der Bekämpfung von Schnecken.

Maulwürfe dürfen nicht getötet werden, denn sie vertilgen unter anderem schädliche Insektenlarven.

Kröten lieben feuchte Ecken und fressen dort 'ne Menge Schnecken.

Oben: Bei genauerer Betrachtung sind die hilfreichen Erdkröten alles andere als hässlich.
Rechts: Meisen sind äußerst effektiv bei der Bekämpfung von Schadinsekten.

Hobbygärtner dürfen Maulwürfe weder fangen noch töten. Wer sich nicht mit ihnen arrangieren kann, muss sie also vertreiben. Hierfür sind einige Mittel bekannt. Die meisten zielen auf das empfindliche Gehör und den Geruchssinn. Laute Geräusche und unangenehme Gerüche sind ihnen zuwider. Vergrämungsmittel und Geräte, die unterirdisch Töne erzeugen und so die Maulwürfe in die Flucht schlagen, erhältst du über meinen Gartenkatalog.

Kröten

Die Kröten vertilgen mit Vorliebe Nacktschnecken, Asseln und Erdraupen sowie andere Schädlinge. Sie jagen nachts. Früher gab es in ländlichen Gegenden oft Hauskröten, sie wurden im Keller geduldet und gern gesehen. Es ist in jedem Fall falsch, sie als giftige Tiere zu bekämpfen. Kröten lieben Laub- oder Steinhaufen.

Vögel

Alle Singvögel sind nützliche Helfer im Garten und haben sich teilweise schon sehr an das Leben im Hausgarten gewöhnt. Wir können sie aber zusätzlich unterstützen, indem wir Nistkästen aufhängen und Wildhecken pflanzen, die ihnen Schutz und

Nahrung bieten. Geeignete Pflanzen sind zum Beispiel Feuerdorn und Weißdorn, auch Haselnuss und dicht wachsende Koniferen sind als Wohnung für einige Singvogelarten geeignet.

Ohne unsere Singvögel wäre es um uns herum beängstigend still. Wer einmal den ersten Ausflug gerade flügge gewordener Zaunkönige oder Meisen erleben durfte, der freut sich sein Leben lang daran. Deshalb pflanze ich besonders Früchte tragende Gehölze, um die „Beerensammler" unter den Vögeln mit Futter zu versorgen, das bis in den Winter hinein reicht.

Das nützt Vögeln

Hänge an einem Ast Nistkästen auf, deren Einflugloch nach Süden oder Südosten ausgerichtet ist. Die Kästen im Herbst reinigen!

Vogeltränken

Lasse Falllaub liegen: Hier leben Kleinlebewesen und Insekten, die eine wichtige Futterquelle für Vögel sind.

Früchte tragende Sträucher bieten Nahrung, Schutz und Nistgelegenheit. Vogelfreundliche Sträucher sind beispielsweise Brombeere, Eibe, Feldahorn, Haselnuss, Holunder, Schwarz- und Weißdorn, Schneeball oder Wacholder.

Was können wir noch für unsere Singvögel tun? Vögel leben teilweise von Kleininsekten wie Blattläusen und anderen Schädlingen in Bäumen, Sträuchern und Beetpflanzen. Verzichten wir daher besser auf das Verspritzen von chemischen Pflanzenschutzmitteln. Die Vögel danken es uns damit, dass sie eifrig die Schädlinge vertilgen – und das ganz ohne Nebenwirkungen.

Hilfreiche Insekten

Auch die Marienkäfer vertilgen in großen Mengen Blatt-, Blut-, und Schildläuse, sie sind deshalb sehr, sehr nützlich. Vor allem sind es die gefräßigen Marienkäferlarven, die Unmengen von Blattläusen fressen. Nicht umsonst heißen die Larven im Volksmund auch Blattlauslöwen.

Schlupfwespen sind unsere besten Bundesgenossen im Kampf gegen den Kohlweißling und einige andere Schädlinge. Die Schlupfwespe legt bekanntlich ihre Eier in den Leib der Kohlweißlingsraupen, die dann

von den ausschlüpfenden Larven von innen ausgefressen werden. Der Gärtner kennt mehrere Gattungen solcher Nützlinge, die im Gewächshaus eingesetzt werden. Natürlich kann die Bekämpfung von Schädlingen

durch Nützlinge in Gewächshäusern nur funktionieren, wenn diese nicht wegfliegen können oder durch Pflanzenschutzmittel vernichtet werden.

Pflanzen als Gartenhelfer

Auch Pflanzen können als Gartenpolizei aktiv sein. Es gibt viele Möglichkeiten, durch das Zusammenpflanzen bestimmter Arten einige Schädlinge und Krankheiten gar nicht erst an die Pflanzen herankommen zu lassen.

So meiden Kohlweißlinge ihre Wirtspflanze, den Kohl, wenn Salbei dazwischengepflanzt wird. Läuse und Ameisen weichen Gewürzkräutern wie Ysop, Lavendel oder Thymian aus. Zwischen Rosen oder Gemüse gepflanzt, halten sie die Lästlinge fern. Dasselbe soll Bohnenkraut bei Bohnen bewirken. Kohlfliegen und Erdflöhe nehmen dagegen bei Wermut oder Pfefferminze Reißaus. Andere wiederum finden Salbei, Senf und Studentenblume abstoßend, und Mäuse können den Geruch von Knoblauch nicht ertragen. Auch Steinklee und Wolfsmilch auf Gemüsebeeten helfen gegen Mäuse.

Wenn du auf chemische Pflanzenschutzmittel nicht verzichten willst, so achte peinlichst darauf, dass nur Schädlinge oder Krankheiten bekämpft werden, nicht aber die tierischen Nützlinge.

Links oben: Die Larven des als Glücksbringer gern gesehenen Marienkäfers sind eifrige Blattlausvertilger. **Links unten:** Schlupfwespen bei der Paarung. **Unten:** Manche Schädlinge meiden den stark aromatischen Duft des Lavendels.

Krankheiten und Schädlinge

Ein alter Spruch besagt, dass wir nicht ernten, was wir säen und pflegen, sondern nur das, was uns Schädlinge und Krankheiten übrig lassen. Das hat heute noch genauso Gültigkeit wie vor hundert Jahren. Doch heutzutage wissen wir mehr über Krankheiten und Schädlinge und es steht eine Vielzahl von Mitteln zur Verfügung, diese zu bekämpfen. Aber oft erweisen sich Schadorganismen als sehr widerstandsfähig gegen diese meist synthetisch hergestellten Mittel. Und wer spritzt schon gern auf seine Pflanzen chemische Mittel, die dann auch noch in den Boden gelangen und gespeichert werden. Ich möchte daher an dieser Stelle auf Verfahren hinweisen, die ebenfalls zum Erfolg führen und unsere Umwelt schonen.

Vorbeugung ist die beste Bekämpfung!

Bevor ich auf die am häufigsten auftretenden Krankheiten und Schädlinge näher eingehe, möchte ich ein paar wichtige Hinweise zum vorbeugenden Pflanzenschutz vorab sagen. Die Vorbeugung beginnt bereits bei der Auswahl der Pflanzen. Sei wählerisch. Jede Pflanzenart stellt an Licht, Wärme, Bewässerung und die vorhandenen Nährstoffe, aber auch an ihren Standort und an das Klima spezielle Ansprüche. Je mehr diese erfüllt sind, umso wohler fühlt sich die Art und umso besser ist auch ihre Entwicklung.

Damit sind die Pflanzen weniger anfällig gegenüber Krankheiten und Schädlingen. Manche sind dabei robuster und vertragen stärkere Schwankungen als andere. Bevorzuge also robuste Sorten. Diese haben im Garten die größten Chancen auf eine gute Entwicklung, ohne dass sie dafür besondere Hilfe benötigen. Und wenn du von vornherein Sorten pflanzt, die resistent gegen die häufigsten Pilzerkrankungen sind, kommst du gar nicht erst in Verlegenheit, teure Spritzmittel einsetzen zu müssen – das schont nicht nur deinen Geldbeutel, sondern auch die Umwelt.

Ein mit Naturextrakten behandeltes Korn wurde mit dem sogenannten Inkrustsaat-Verfahren veredelt. Dies fördert die Keimung, kräftigt die Jungpflanzen und hemmt ebenfalls den Pilzbefall. Die auf diese Weise gekennzeichneten Sorten sind ausgesucht nach gesundem Wuchs, hohem Ertrag, gutem Geschmack sowie wertvollen Inhaltsstoffen.

Rechts: Gepflanzt werden sollte so, dass genügend Luftraum zwischen den Pflanzen bleibt und diese abtrocknen können.

Wildkräuter als Wirtspflanzen

Schädling	Wirtspflanze	Befallene Pflanzen
Rote Spinne Weiße Fliege	Vogelmiere	Gewächshauspflanzen
Blattlaus	Gänsefuß, Ampfer	zahlreiche Zier- und Gemüsepflanzen
Minierfliege	Gänsedistel	Chrysanthemen
Stängel- und Wurzelälchen	Ehrenpreis	Blumenzwiebeln
Brand	Kreuzkraut	Greiskraut
Gurkenmosaikvirus	Vogelmiere, Kreuzkraut	Kürbisse, Tomaten, Gurken
BWY (Virus)	Hirtentäschel, Kreuzkraut, Weißer Gänsefuß, Schaumkraut	Salat
Blumenkohlmosaikvirus	Hirtentäschel, Kreuzblütler	Kohlgewächse

Worauf es noch ankommt

Eine weitere vorbeugende Maßnahme ist es, nicht wiederholt die gleiche Pflanzenart am selben Standort zu säen oder zu pflanzen. Ein Flächenwechsel ist wichtig, da viele Schädlinge im Boden überwintern und im folgenden Frühjahr oder Sommer sofort wieder die jungen Pflanzen befallen!

Sehr wichtig sind auch die richtigen Pflanzabstände. Auf zu eng gesetzten Pflanzen, oder wenn bei zu dicht gekeimten Ausaaten nicht genug ausgedünnt wurde, finden z.B. Mehltau und Läuse bessere Lebensbedingungen vor, als in Kulturen mit weiten Pflanzabständen. Letztere sind besser belüftet und damit weniger anfällig.

Wildkräuter im Beet sind bisweilen Wirtspflanzen für Krankheiten und Schädlinge, die schnell auf die Kulturpflanzen übergreifen. Hier hilft häufiges Hacken und das rigorose Entfernen der Wildkräuter.

Auch mit Stickstoff überdüngte, weiche Pflanzen locken Schädlinge an. Sie laden geradezu zum Befall ein, da sie eine einfache und schnelle Beute sind. Deshalb Vorsicht mit Stickstoff, während Kalium vorteilhaft wirkt und die Pflanzen stärkt.

Vor allem der richtige Standort im Garten schützt Pflanzen vor Schädlingen. Windgeschützte, warme Plätze begünstigen beispielsweise einen Befall. Sorge also immer dafür, dass genügend Luft an die Pflanzen kommt und dass sie einen Standort erhalten, der möglichst alle ihre Ansprüche erfüllt. Denn nur gesunde, richtig ernährte Pflanzen sind widerstandsfähig gegen Krankheiten und Schädlinge.

Ursache für abgestorbene oder vertrocknete Pflanzen ist oft falsche Pflege.

Schäden durch Umwelteinflüsse

Umweltschäden sind keine Erkrankungen, sie entstehen durch ungünstige Einflüsse oder durch falsche Pflege. So können verwelkte Pflanzen an Wassermangel leiden, während ein Zuviel an Wasser die Wurzeln faulen lässt. Auch dann vertrocknen Blätter und Blüten langsam.

Die Nachbarin fragt grade an, wie man die beiden retten kann.

Einige Topfpflanzen werfen Blätter und Blüten ab, sobald Nährstoffe oder Wasser nicht ausreichend vorhanden sind oder der Standort nicht stimmt. Auch Obstbäume werfen viele kleine Früchte ab, wenn im Wurzelbereich zu wenig Wasser zur Verfügung steht.

Zu viel Wasser lässt Böden dagegen versauern. Sie werden so für eine gute Pflanzenentwicklung unbrauchbar, jedenfalls für die meisten Arten.

Luftfeuchtigkeit und Temperatur

Nicht nur Wasser im Boden, sondern auch zu viel oder zu wenig Feuchtigkeit in der Luft kann irreparable Schäden verursachen. Trockene, warme Luft führt zu Welke, die Blätter vertrocknen, Knospen werden abgeworfen. Zu feuchte Luft leistet dagegen dem Befall mit Pilzkrankheiten wie Grauschimmel Vorschub.

Auch plötzliche auftretende Temperaturschwankungen können zu Schäden führen. Bei zu hohen Temperaturen und starker Sonnenbestrahlung können auch Pflanzen einen „Sonnenbrand" bekommen.

Eine besondere Rolle bei der Keimung spielt die Temperatur. So keimen Bohnen in manchen Jahren sehr schlecht, weil die Mindestbodentemperatur nicht erreicht wird oder Regen in der Keimzeit den Boden abkühlt. Auch Zuckererbsen und Markerbsen sowie die meisten Blumenarten reagieren empfindlich auf zu niedrige Temperaturen. Andererseits sind auch zu hohe Temperaturen der Keimung nicht zuträglich. Stiefmütterchen beispielsweise können bei einer Bodentemperatur über 14 °C nicht richtig keimen, die Folge ist eine reduzierte Keimungsrate.

Zusammenfassend kann man also sagen, dass jede Pflanze einen für die Keimung und das Wachstum idealen Temperaturbereich hat. Weichen die Bodentemperaturen stark von diesem ab, wird das Keimergebnis oft empfindlich verschlechtert.

Natürlich ist der Pflanzenstandort genauso wichtig für eine gute Entwicklung. Stellen wir die Sonnenkinder in den Vollschatten, werden sie nur schwerlich gedeihen, auf der anderen Seite kämpfen Schattenpflanzen auf vollsonnigen Plätzen ebenso erfolglos ums Überleben. Sonnenkinder benötigen Wärme und Licht. In kühlen, regnerischen Jahren werden sie auch bei bester Pflege nicht gedeihen.

Mangelerscheinungen

Nährstoff-Mangelerscheinungen treten sichtbar auf, sind aber nicht so leicht zu beschreiben. Ich empfehle daher, eine Bodenprobe zu nehmen, wenn die Pflanzen kümmern und ein Befall mit Krankheiten und Schädlingen nicht sichtbar ist. Vielleicht fehlt es wirklich an einem oder auch an mehreren Nährstoffen (siehe auch Seite 85).

Industrie- und natürlich auch andere Abgase können sich sehr schädlich auf die Pflanzenentwicklung auswirken. Hier hilft nur nach robusten, rauchharten Sorten zu suchen, die dagegen gefeit sind.

Naturgewalten

Hagel, starker Regen und aber auch Wind setzen ebenfalls vielen Pflanzen zu. Windempfindliche Arten kann man durch einen entsprechenden Standort schützen, Regen und Hagel hingegen sind Naturgewalten, die man hinnehmen muss.

Sturmschäden bei Gehölzen und Obstbäumen in Form abgeknickter Zweige öffnen Krankheitserregern Tür und Tor. Schneide abgebrochene Zweige sauber ab und versorge die Schnittstellen mit Wundschutzmittel.

Durch Windbruch geknickte Äste müssen mit einer scharfen Schere abgetrennt werden, der glatte Schnitt reduziert das Risiko einer Infektion.

Im Herbst die bösen Stürme brausen. Hier siehst du mich nach meinem Hute sausen.

Viren und Bakterien

Alle von mir bislang beschriebenen Schäden sind von Einflüssen der Natur oder durch eine unsachgemäße Behandlung verursacht. In den allermeisten Fällen lassen sich die Schäden durch Behebung der Ursachen abschwächen oder abstellen. Viel schlimmer und schwerwiegender sind jedoch Schäden an den Pflanzen, die auf Krankheiten und Schädlinge zurückzuführen sind. Mehrbändige Bücher sind darüber schon geschrieben worden, ich möchte mich an dieser Stelle daher nur auf Hinweise beschränken.

Spezielle, als Kleinpackung für den Haus- oder Kleingarten zugelassene Pflanzenschutzmittel findest du in meinem Katalog oder auch im Fachhandel. Damit diese sicher und wirksam angewendet werden, verwende grundsätzlich nur zugelassene Pflanzenschutzmittel und beachte stets die Gebrauchsanweisung. Auskunft und Beratung erhältst du bei mir, beim Pflanzenschutzamt oder beim Fachpersonal in Gartencentern und Gärtnereien.

Wenn du eine Beratung in Anspruch nimmst, musst du auch sehr genau die Krankheitserscheinungen beschreiben können. Ich empfehle in jedem Fall, mir von kranken Pflanzen typische Befallsteile zur Beratung zu schicken oder mitzunehmen. Das erleichtert eine genaue Diagnose enorm.

Meine Beschreibung der Schadbilder ist kurz und aufgeteilt nach ihrer Ursache. Wichtig ist die genaue Beobachtung der Pflanzen, denn auch verschiedene Schadorganismen können ein und das gleiche Schadbild verursachen, wobei die dann notwendigen Bekämpfungsmaßnahmen ganz unterschiedlich sind. Mehrere Krankheiten und Schädlinge auf einer Pflanzengruppe können natürlich auch unterschiedliche Schadbilder verursachen. In diesem Fall musst du alle separat bekämpfen.

Schäden durch Viren

Viren leben in Pflanzenzellen und werden meist über den Zellsaft durch saugende Insekten wie Blattläuse und andere Schädlinge übertragen. Auch Zellsaft am Messer, mit dem du viruskranke Pflanzenteile abgeschnitten hast, kann Erkrankungen auf gesunde Pflanzen übertragen. Die Übertragung von Viren ist ebenso durch Gartengeräte möglich, die mit dem Zellsaft kranker Pflanzen in Berührung gekommen sind. Deshalb empfehle ich z. B. beim Ausgeizen von Tomaten oder beim Abnehmen von Stecklingen, diese niemals mit dem Messer zu schneiden, sondern abzubrechen und später glatt zu schneiden. Natürlich kann auch über die Hände Zellsaft von kranken auf gesunde Pflanzen übertragen werden. Hier hilft nur penible Sauberkeit.

Alle saugenden Schadinsekten kannst du schon bekämpfen, bevor sie überhaupt Gelegenheit hatten, eine Krankheit übertragen zu können. Das Vermeiden von Wunden und Verletzungen an Pflanzen beugt einer Infektion ebenso vor.

Der grüne Tipp

Von Viren befallene Pflanzen solltest du sofort herausreißen und möglichst verbrennen, sobald die ersten Symptome einer Infektion sichtbar werden.

Mit Viren und Bakterien infizierte Pflanzen gehören keinesfalls auf den Kompost. Die sicherste Methode ist es, sie zu verbrennen.

Typische Schadbilder

Typisch für Virosen sind weißliche bis gelbliche Mosaikflecken auf Blüten und Blättern. Auch hell werdende Blattadern weisen auf eine Viruserkrankung hin. Es sind also meist Farbveränderungen an Blättern oder Blüten. Streifige Farbfehler deuten ebenfalls auf eine Infektion hin.

Bleibt es bei Veränderungen der Farbe, handelt es sich meist um harmlose Viruserkrankungen. Es gibt aber auch Viren, die Triebspitzen und andere Teile der Pflanzen vertrocknen lassen und ganze Pflanzen oder Pflanzengruppen zum Absterben bringen. Auch Kümmerwuchs und auffällig verformte Pflanzen deuten auf eine Viruserkrankung hin. Treten diese typischen Schadbilder auf, dann hilft nur noch, die befallenen Pflanzen schnellstmöglich zu vernichten. Eine Bekämpfung von Viruserkrankungen mit Pflanzenschutzmitteln ist nicht möglich.

Unten: Von einem Virus befallene Himbeerpflanze.
Rechts: Typisches Schadbild für einen bakteriellen Wurzelkropf.

Oftmals sind sie Gott sei Dank, nur „vergossen" und nicht krank!

Betroffene Pflanzen

Weitverbreitete Viruserkrankungen finden sich bei einigen Gemüsearten. Beispiele sind der Gurkenmosaikvirus, der Tomatenmosaikvirus oder der Bronzefleckenvirus bei Tomaten. Bei Chrysanthemen, Dahlien, Lilien, Pelargonien, Petunien oder Rosen verursachen Viren fleckige Blätter oder, wie bei Hortensien, Pelargonien und Tulpen, werden die Blätter gelb, kräuseln sich und rollen sich auf.

Auch im Obstbau treten zahlreiche Viruskrankheiten auf, so die Gummiholzkrankheit beim Apfel und die Triebsucht oder der Apfelmosaikvirus. Chlorotische Ringfleckenkrankheiten bei Kirschen und Pflaumen zählen mit zu den am meisten gefürchteten Viruskrankheiten an Obstgehölzen.

Bakterielle Infektionen

Bakterien sind winzig kleine Lebewesen, die sich nur in Flüssigkeit bewegen können. Sie leben vorwiegend in den Leitungsbahnen der Pflanzen und lassen sich deshalb auch kaum bekämpfen.

Die Bakterien dringen über die Spaltöffnungen an den Blattunterseiten und durch Wunden in die Pflanzen ein. Die einzige Möglichkeit, einen Befall einzuschränken, ist, die Übertragungskette zu unterbrechen. So können beim Gießen und Beregnen die Bakterien von kranken Pflanzen auf gesunde übertragen werden oder im Erdreich überdauernde Stadien durch Spritzwasser Pflanzen infizieren. Auch Wind und Insekten – und natürlich der Mensch – übertragen Bakterien von den erkrankten Pflanzen auf gesunde.

Typische Symptome

Befallene Pflanzen sind meist an wässerigen und weichen Faulstellen an Stängeln und auf Blättern, aber auch an unterschiedlich ausgeformten Wucherungen und Krebsgeschwülsten an verschiedenen Stellen der Pflanze zu erkennen. Unterirdische, krebsartige Wurzelverdickungen lassen ebenfalls auf eine Bakterienerkrankung schließen.

An den infizierten Stellen abgesonderte wässerige Flüssigkeiten gelangen leicht von Pflanze zu Pflanze und übertragen so die Krankheit.

Bakterien verstopfen in den befallenen Pflanzen die Leitungsbahnen, so dass alle befallenen Pflanzenteile, die oberhalb der Befallstellen liegen, welken und später absterben. Das Krankheitsbild kann also sehr verschieden sein. Treten Bakterienkrankheiten auf, sind die befallenen Pflanzen sofort zu entfernen und zu vernichten. Aber nicht auf den Kompost geben, sie befallen von dort aus wieder gesunde Pflanzen!

Bakterien leben in Pflanzen, deshalb können äußerlich gesund aussehende Stecklinge bereits erkrankt sein und die Krankheit wird später unweigerlich ausbrechen.

Betroffene Pflanzen

Bekannte, durch Bakterien verursachte Krankheiten sind die Ölfleckenkrankheit, die Welke bei Pelargonien, Bakterienkrebs an Oleander und verschiedenen Obstarten, Rosen, Liguster oder Geißblatt, aber auch an Weiden und Pappeln. Insbesondere Zierpflanzen können an bakterieller Nass- und Trockenfäule erkranken. Du findest solche bei Dahlien, Rizinus, Kapuzinerkresse und Studentenblumen, die bakterielle Tomatenwelke zählt ebenfalls zu ihnen. Auch der Wurzelkropf bei Kernobst ist eine Bakterienerkrankung. Viele bakterielle Infektionen sind nur schwer zu diagnostizieren, weil es eine Reihe von Pilzkrankheiten gibt, die ganz ähnlich aussehen.

Pilzinfektionen

Krankheitserregende Pilze sehen unter dem Mikroskop aus wie kleine farblose Fäden. Manche leben auf den Pflanzen und entziehen ihnen mit ihren Saugfüßen, die in die Pflanzen hineinwachsen, die notwendige Nahrung. Andere befallen die Leitungsbahnen der Pflanzen und verstopfen diese. Sie dringen dabei durch die Spaltöffnungen in die Pflanzen ein, aber genauso durch offene Wunden. Einige Pilze können sogar direkt das gesunde Pflanzengewebe befallen.

Pilze vermehren sich durch sehr kleine Sporen, die in den meist auffällig gefärbten

Sporenlagern gebildet werden, die außen auf den Pflanzen sitzen. An diesen erkennst du am sichersten, um welche Pilzerkrankung es sich handelt. Die Sporen können sofort gesunde Pflanzen befallen, indem sie auf ihnen keimen.

Unter bestimmten Bedingungen bilden Pilze Dauersporen aus, die über mehrere Jahre hinweg keimfähig bleiben und erst dann auskeimen, wenn die Witterung passt und entsprechende Pflanzenarten auch zur Verfügung stehen. Dauersporen überwintern im Boden oder im Falllaub.

Pilzinfektionen sind übrigens die allerhäufigsten Erkrankungen unserer Gartenpflanzen. Im Folgenden möchte ich daher Pilzkrankheiten, die auf verschiedenen Wirtspflanzenarten auftreten können, ausführlicher beschreiben.

Durch Pilze verursachte Erkrankungen

Pilzinfektionen sind sehr unterschiedlich. Typische Erkennungsmerkmale sind Flecken in charakteristischen Formen und Farben, aber auch die kräftigen Farben der Sporenbehälter. Eine ganze Reihe von Pilzkrank-

Mit Pilzen befallene Pflanzen gehören nicht auf den Kompost, denn die Dauersporen können lange überleben und auch noch nach Jahren wieder Pflanzen befallen.

Oben: Früchte werden ebenfalls von Bakterien und Pilzen befallen.

heiten kann man mit Pflanzenschutzmitteln, den Fungiziden, bekämpfen. Wichtig ist nur, dass dies sehr frühzeitig erfolgt, um eine Ausbreitung schnellstmöglich zu stoppen. Befallene Pflanzen müssen sofort aus den Beeten entfernt und beseitigt werden.

Vermehrungskrankheiten

Rechts: Welkekrankheit an einer Aster. **Unten:** Die Schwarzbeinigkeit ist eine Pilzerkrankung.

Diese Krankheit wird als Schwarzbeinigkeit oder Umfall- bzw. Vermehrungskrankheit bezeichnet. Auslöser für Vermehrungskrankheiten sind Pilze, die keimenden Samen und frisch gesteckte Stecklinge befallen. Die Stängel der infizierten Sämlinge faulen dicht über dem Boden und verfärben sich braun bis schwarz: sie fallen in der Folge um und sterben ab. Zu kaltes, feuchtes Wetter während der Keimung, aber auch ein zu dichter Stand fördern die Krankheit.

Vorbeugung: Robuste Sorten sind meist weniger anfällig. Besonders wertvolles Saatgut sät man am besten in Handkisten, die mit gekaufter Aussaaterde gefüllt sind. Es darf nicht zu dicht gesät werden und die Aussaatkisten sollten bei zu kaltem, feuchtem Wetter möglichst nicht im Freien stehen.

Bekämpfung: Tritt diese Krankheit auf, wendet man entsprechende Pflanzenschutzmittel an: allerdings ist es immer besser, vorbeugende Maßnahmen zu ergreifen. Befallene Pflanzen sofort entsorgen!

Welkekrankheiten

Welkekrankheiten treten ebenfalls bei zahlreichen Pflanzenarten auf. Man erkennt eine Infektion meist an der Verfärbung der Blätter, die zunächst gelblich und später braun werden, und dann abfallen. Am Ende vertrocknet die ganze Pflanze.

Die Infektion erfolgt über den Boden, die Erreger dringen hier in die Wurzeln ein und wachsen im Innern der Pflanze in den Leitungsbahnen weiter. Dadurch verstopfen sie, so dass am Ende die Pflanze verwelkt. Du kannst Welkekrankheiten in quer geschnittenen Trieben daran erkennen, dass bei befallenen Pflanzen die Leitungsbahnen braun verfärbt sind, während diese bei gesunden Pflanzen weiß sind.

Die bekannteste Welkekrankheit ist die an Sommerblumen. Sie wird durch verschiedene Pilzarten verursacht und tritt besonders bei Astern, Nelken, Sonnenblumen, Strohblumen, Fleißigem Lieschen, Pelargonien und Salvien auf. Viele andere Blumenarten, auch Rosen und Flieder, leiden ebenfalls unter dieser Erkrankung, während sie bei Gemüse und Obst nicht ganz so sehr verbreitet ist.

Vorbeugung: Greife beim Kauf von Saatgut, besonders bei Sommerastern, auf resistente Sorten zurück. Erfahrungsgemäß werden direkt an Ort und Stelle ausgesäte Sommerastern weniger befallen, weil es beim Umpflanzen aus dem Saatbeet im Wurzelbereich Wunden gibt, die den

Erregern einen Eingang in die Pflanzen verschaffen. Dies gilt auch für alle übrigen Pflanzen. Befallene Pflanzen sind sofort zu entfernen und zu vernichten.

Bekämpfung: Eine Erfolg versprechende Behandlung von befallenen Pflanzen ist nicht möglich.

Fäulnis an Stängeln, Wurzeln und Früchten

Du erkennst Fußkrankheiten, das sind Pilzinfektionen im unteren Stängel- und Wurzelbereich, an schwachem Wuchs und kümmernden Pflanzen, die zunächst welken und dann absterben. Die Wurzeln infizierter Pflanzen sind überwiegend bräunlich und nur teilweise gesund und weiß. Typisch sind weichfaulige bis bräunliche, trockene Stellen am Stängelgrund, also direkt über dem Wurzelansatz. Die Pflanzen knicken an diesen Stellen oft um. Da die Erreger dieser Krankheiten lange im Boden oder in Blumenerde überleben können, befallen sie von dort aus die Pflanzen neu.

Besonders betroffen sind einjährige Sommerblumen und Topfpflanzen. So sind sie unter vielen anderen auch bei Leberbalsam, Alpenveilchen, Pantoffelblumen, Goldlack, Nelken, Rudbeckien und Zinnien anzutreffen. Auch bei Blumenzwiebeln tritt diese Pilzkrankheit als Trocken- und Zwiebelfäule auf. Die Tomatenstängelfäule und die Monilia-Krankheit beim Steinobst gehören ebenfalls zu dieser Gruppe von Pilzerkrankungen. Du findest sie auch am Flieder.

Die genaue Diagnose und Identifizierung des Erregers kann man nur beim Pflanzenschutzamt bekommen, da die Vielzahl der Pilzarten, die zu dieser Gruppe zählen, nur sehr schwer zu unterscheiden sind. Das Pflanzenschutzamt kann nach Prüfung auch entsprechende Maßnahmen empfehlen.

Ein echtes Schreckgespenst für alle Tomatenfreunde ist die Kraut- und Braunfäule. Die Fäulnis greift von den Stängeln und Blättern rasch auf die Früchte über. Das beste Gegenmittel ist hier die Auswahl resistenter Sorten oder die Kultur in großen Pflanzkübeln mit gekaufter Blumenerde, da der Pilz im Boden überdauert.

Vorbeugung: Auch in diesem Fall lassen sich vorbeugende Maßnahmen nur in einigen Fällen durchführen. Der Grund ist, dass wir es mit einer größeren Zahl unterschiedlicher Erreger zu tun haben, die mit verschiedenen Pflanzenschutzmitteln behandelt werden müssen.

Behandlung: Aus oben genannten Gründen bleibt also nur, befallene Pflanzen sofort zu entfernen und zu vernichten. An Monilia erkrankte Triebe sind weit unterhalb der Befallstelle abzuschneiden und sofort zu verbrennen.

Blattfleckenkrankheiten

Blattfleckenpilze befallen fast alle Blumen- und Zierpflanzen. Typische Symptome sind verstreut erscheinende Flecken auf den Blättern, die gelblich, braun, grau, rötlich oder schwärzlich sein können. Bisweilen sieht man auf diesen Flecken kleine schwarze Pünktchen, dies sind die Sporenbehälter der Pilze.

Die Flecken können sich vom Rand her zur Blattmitte ausbreiten, die Blätter sterben dabei langsam ab oder werden frühzeitig abgeworfen. Sie können sich ebenfalls, wenn auch seltener, auf den Stängeln ausbreiten.

Wir finden Blattfleckenkrankheiten z.B. an Sommerblumen wie Phlox, Ringelblumen, Cosmeen und Nelken, bei Sonnenblumen, Männertreu, Mohn und vielen anderen.

Ein hohler Ton, der zeigt dir an, dass drinn' nur Wasser fehlen kann.

Die Flecken auf diesem Mangoldblatt sind durch eine Pilzinfektion verursacht.

Auch Topfpflanzen haben darunter zu leiden: so tritt die Blattfleckenkrankheit bei Alpenveilchen, Flamingoblumen *(Anthurium)*, Azaleen, Topfbegonien und Primeln auf. Bei Schnittblumen und Knollenpflanzen ist sie besonders bei Gladiolen, Freesien und Narzissen verbreitet, aber auch Wicken und Rosen sind betroffen.

Die Pilzerkrankung tritt auch bei Gemüse auf, so an Mangold und Sellerie. Als Weißfleckenkrankheit ist sie bei Birnen bekannt.

Vorbeugung: Bei Zimmerpflanzen kann man der Krankheit vorbeugen, indem man die Blätter beim Gießen trocken hält. Pflanzen im Freien stets so gießen, dass sie bis zum Einbruch der Nacht wieder vollständig abgetrocknet sind.

Behandlung: Erkrankte Pflanzen und Pflanzenteile sind sofort zu entfernen oder es muss großzügig in die gesunden Triebe zurückgeschnitten werden. Es gibt einige Spritzmittel, die aber nur wirken, wenn sofort beim Erscheinen der Krankheit gespritzt wird. Die jeweilige Gebrauchsanweisung ist stets genau einzuhalten!

Grauschimmel vorzubeugen geht am besten über ausreichende Pflanzabstände und gute Lüftung.

Grauschimmel

Grauschimmel ist eine der am weitesten verbreiteten Pilzkrankheiten im Hausgarten und auf Zimmerpflanzen. Er tritt häufig auf bei zu dicht stehenden und kümmerlich wachsenden Pflanzen. An Pflanzen, die sich an lichtarmen Standorten entwickeln, ist er ebenso zu finden. In allen Fällen sind die Pflanzen geschwächt und haben nur eine geringe Widerstandskraft gegen Grauschimmel. Gesunde und gut genährte Pflanzen am richtigen Standort mit genügend Abstand gepflanzt, sind dagegen weniger anfällig.

Grauschimmel erkennst du an faulenden Stellen und Flecken auf Blättern und an Stängeln, die mit einem grauen Schimmelrasen überzogen sind. Auch Blüten können befallen werden, diese sind dann unregelmäßig gesprenkelt.

Fast alle Blumen und Zierpflanzen sind vom Grauschimmel bedroht, aber auch bei Rosen und Erdbeeren tritt er auf. Im Gemüsegarten findest du ihn vor allem an Bohnen, Gurken, Paprika und Salat. Er überlebt auf faulenden und abgestorbenen Pflanzenteilen und bildet Dauersporen, die im Gartenboden überdauern und im nächsten Jahr wieder junge geschwächte Pflanzen befallen.

Vorbeugung: Grauschimmel vorbeugen heißt, die Pflanzen weit genug voneinander entfernt zu pflanzen, gut zu pflegen und nicht zu einseitig mit Stickstoff zu überdüngen. Wenn du die Pflanzen möglichst trocken durch die Nacht bringst, dann hat Grauschimmel kaum noch eine Chance.

Hat er es trotzdem geschafft, dann helfen nur noch Pflanzenschutzmittel, die aber schnellstens zum Einsatz kommen müssen. Ich verwende auch nur sehr ungern Chemie im Garten, aber in diesem Fall ist bei einer schnellen Behandlung zumindest eine gute Erfolgschance drin.

Echter Mehltau

Es gibt drei verschiedene Mehltaupilzarten mit jeweils charakteristischen Erscheinungsbildern. Als Echten Mehltau bezeichnet man den sich auf Stängeln, Blattober- und Blattunterseiten sowie Blüten entwickelnden weißen, mehlartigen Pilzrasen. Typisch für den Echten Mehltau ist, dass er sich von den Pflanzenteilen abwischen lässt. Der Echte Mehltau sitzt auf der Pflanze und schädigt sie durch in sie eindringende Saugfortsätze. Kann er sich unbehandelt gut und schnell ausbreiten, dann verbräunen die befallenen Pflanzenteile und sterben ab. Die Krankheit verbreitet sich durch Sporen, die aus dem weißen Pilzrasen stammen.

Echter Mehltau tritt besonders im Spätsommer auf, wenn es noch warm ist und die Nächte für reichlich Tau sorgen. Er befällt fast alle unsere Gartenpflanzen, besonders gern ist er auf Sommerblumen zu Hause – Löwenmaul, Begonien, Knollenbegonien, Wicken, Phlox, Verbenen, Vergissmeinnicht und Stiefmütterchen, aber auch Rosen, Nelken und Erbsen, Gurken, Pfirsiche, Erdbeeren sowie Stachelbeeren sind gute Wirte. Unter den Bäumen sind Eichen und Ahorn, beim Obst vor allem Apfelsorten gefährdet.

Im Herbst werden winterfeste Dauersporen entwickelt, die im Frühjahr für neuen Befall sorgen. Der Pilz überwintert in Trieben und Knospen.

Vorbeugung: Wichtigste Vorbeugung ist die Einhaltung richtiger Pflanzabstände und eine sparsame Stickstoffdüngung. Rosen zur besseren Durchlüftung regelmäßig auslichten. Feuchtigkeit auf Laub und Trieben ist ein guter Nährboden für den Echten Mehltau. Bei vielen Gemüse- und auch Rosenarten gibt es resistente Sorten. Achte beim Kauf darauf!

Bekämpfung: Mehltau lässt sich gut bekämpfen, allerdings muss dies sofort beim Auftreten der ersten Symptome erfolgen. Befallene Pflanzen und Pflanzenteile sind zu entsorgen. Nicht auf den Kompost bringen, denn von dort aus können Wintersporen wieder auf die Beete gelangen.

Falscher Mehltau

Falscher Mehltau gehört zu einer völlig anderen Pilzgruppe als der Echte Mehltau. Seinen Namen hat er deswegen, weil er im Anfangsstadium ebenfalls ein weißliches bis hellbraunes Geflecht bildet, aber bevorzugt an der Blattunterseite, da er durch die Spaltöffnungen wächst und von hier aus seine Sporen auf die Nachbarpflanzen verstreut. Befallene Blätter verbräunen und sterben ab. Im Innern der Pflanzen bildet der Falsche Mehltau Dauersporen, die überwintern und im Frühjahr wieder aktiv werden. Sie können aber erst nach dem Verfaulen der Pflanzenteile andere Pflanzen befallen. Die Sporen werden mit dem Wind verbreitet.

Besonders stark befallen werden Löwenmaul, Goldlack, Godetien, Strohblumen und Levkojen, aber auch Pantoffelblumen, Cinerarien, Gladiolen, Vergissmeinnicht,

Der grüne Tipp

Echter Mehltau lässt sich von den befallenen Pflanzenteilen abwischen; der Falsche Mehltau bildet auf den Blattunterseiten ein weißliches bis hellbraunes Geflecht.

Links: Echter Mehltau lässt sich im Frühstadium gut bekämpfen, bei starkem Befall müssen die betroffenen Pflanzen entsorgt werden.
Rechts: Falscher Mehltau erscheint an den Blattunterseiten.

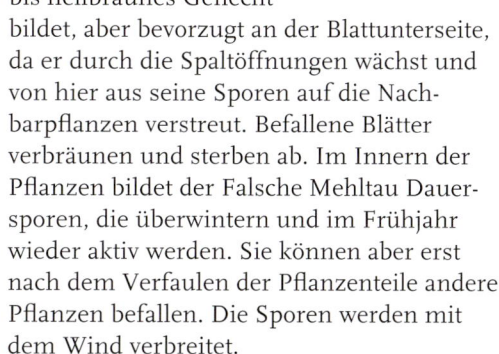

Auch von unten spritz die Brühe, dann erst lohnt sich deine Mühe.

Primeln und Rosen. Beim Gemüse sind es Gurken, Erbsen, verschiedene Kohlarten, Radieschen, Spinat, Kopfsalat, Tomaten, Porree und Zwiebeln. Bei Beeren-, Stein- und Kernobst tritt er nur an wenigen Arten auf. Am häufigsten noch bei Stachelbeeren, von denen es aber resistente Sorten gibt.

Vorbeugung: Die beste Vorbeugung ist das rigorose Entfernen befallener Pflanzen. Lasse keine Blätter oder befallenen Pflanzenteile auf dem Boden liegen, sondern verbrenne nach Möglichkeit alles sofort. Sofern möglich, wähle resistente und widerstandsfähige Sorten, durchlüfte die Beete gut und halte sie trocken, auch die Fruchtfolgen sind einzuhalten. Gehe sparsam mit Stickstoffdünger um!

Bekämpfung: Beim ersten Auftreten geeignete Fungizide einsetzen. Kranke Pflanzen sofort entfernen.

> **Hol Helfer dir in deinen Garten, die dort auf ihren Einsatz warten.**

Rostkrankheiten sind eine Form der Pilzinfektion und besonders an Obstbäumen gefürchtet. Befallene Pflanzenteile gründlich entsorgen oder verbrennen.

Der grüne Tipp®

In meinem Gartenkatalog und im Fachhandel findest du auch Spritzmittel zur Bekämpfung von Rostkrankheiten, die aber nur in frühem Befallstadium erfolgreich wirken.

Rostkrankheiten

Rostkrankheiten sind an den gelblichen bis braunen, auf der ganzen Blattfläche verteilten Flecken zu erkennen. Ihren Namen verdanken sie der rostbraunen Farbe ihrer Sporenlager. Der Pilz wächst in der Pflanze. Bei starkem Befall welken und sterben zuerst die einzelnen befallenen Blätter ab, am Ende geht die ganze Pflanze ein.

Rostpilze bilden verschiedene Sporenformen. In den pustelförmigen Sporenlagern unterhalb der Blatthaut auf der Blattoberseite entwickeln sich gelblich braune Pulversporen, die nach dem Aufplatzen der Pusteln sofort andere Pflanzen befallen. Ebenfalls unter der Oberhaut der Blätter werden dickwandige braune bis schwarzbraune Dauersporen gebildet, die überwintern und im Frühjahr keimen. Es gibt auch noch andere Sporenformen, die dasselbe Krankheitsbild zeigen.

Einige Rostkrankheiten wechseln die Wirtspflanzen, in diesem Fall ist auf beide Pflanzenarten zu achten. Der Zwischenwirt kann auch ein Wildkraut innerhalb oder außerhalb des Gartens sein!

Rostkrankheiten findet man sehr oft an Stock- und Preismalven, Bechermalven, Löwenmäulchen, Gartennelken, Cinerarien, Azaleen, Eriken, Fuchsien, Narzissen und Rosen, aber auch bei Busch- und Stangenbohnen, an Petersilie, Erbsen und Schwarzwurzeln sowie Spargel, gelegentlich auch an Porree. Die gefürchteten Rostkrankheiten im Obstbau sind der Birnengitterrost und der Becherrost bei Johannisbeeren sowie Stachelbeeren. Auch an Weiden, Pappeln, Kiefern, Fichten, Lärchen, Wacholder und Berberitzen tritt er häufig auf.

Vorbeugung: Auch hier sind der richtige Pflanzenbestand und gut belüftete Beete sowie eine ausgeglichene Düngung die beste Vorbeugung. Inzwischen gibt es äußerst resistente Sorten, z.B. bei den Busch- und Stangenbohnen. Säe diese bevorzugt. Beim

Gießen sollten die Blätter empfindlicher Blumen- und Gemüsearten möglichst trocken bleiben. Übermäßiges Gießen solltest du in jedem Fall vermeiden. Ist erst einmal Rost aufgetreten, so empfehle ich, an dieser Stelle die betroffenen Arten für einige Jahre nicht mehr anzubauen.

Bekämpfung: Wie bei den meisten Pilzinfektionen ist eine Bekämpfung nur im Anfangsstadium erfolgreich. Tritt Rost auf, müssen sofort alle befallenen Teile entfernt und vernichtet werden. Im Herbst sollten die Beete, auf denen Rost aufgetreten ist, sehr sorgfältig abgeräumt und von allen befallenen Pflanzenteilen gesäubert werden, damit keine Wintersporen in den Boden gelangen. Auch hier gilt: Keine Pflanzenteile von befallenen und gesunden Pflanzen auf den Kompost bringen. Verbrennen oder anderweitig entsorgen ist die einzige Möglichkeit, einen neuen Befall im folgenden Jahr einzudämmen.

Rußtaupilze

Rußtau ist nur dort anzutreffen, wo sich Blattläuse fleißig vermehrt haben und nicht bekämpft wurden. Denn die Erkrankung ist eine Folgeerkrankung des Blattlausbefalles. Der Honigtau, also der Blattlauskot, den Ameisen von Blattläusen auch „melken", fällt auf die darunterliegenden Blätter. Auf diesen siedelt sich dann der Rußtaupilz an, ein schwarzer, dicklicher Belag, der Blätter und auch die Früchte überzieht.

Durch frühzeitige Bekämpfung der Blattläuse kann der Befall verhindert werden (siehe auch Seite 242).

Oben: Rosen leiden besonders unter Rußtaupilzen.
Links: Gezielt auf den Wurzelbereich gießen ist ebenfalls eine Methode zur Vorbeugung von Pilz- und Bakterieninfektionen bei Pflanzen.

Tierische Schadorganismen

Tierische Schädlinge sind mit die weitaus häufigsten Verursacher von Problemen in unseren Gärten. Sie treten an nahezu allen Nutz- und Zierpflanzen auf: das gilt gleichermaßen für Ziersträucher sowie Nadel- und

Laubbäume. Beobachte aus diesem Grund auch grundsätzlich Zierhecken und Wildpflanzen außerhalb deines Gartens.

Man unterscheidet zwei große Gruppen von tierischen Schädlingen. Die einen leben im Boden und schädigen die Wurzeln und den Wurzelhals, die anderen befallen überwiegend die oberirdischen Pflanzenteile. Grundsätzlich kann man sagen, dass die im Boden lebenden Schädlinge sich leichter vermehren und wesentlich schwieriger zu bekämpfen sind.

Im Boden lebende Schädlinge

Unterirdisch aktive Schadorganismen erkennst du in der Regel erst, wenn es schon zu spät ist und bereits Schaden angerichtet wurde. Oft sind einige dieser Schädlinge schuld daran, dass Pflanzen nur langsam und kümmerlich wachsen, andere fressen in Windeseile den ganzen Wurzelbereich ab, dann verwelken die Pflanzen sehr schnell und gehen ein.

Wurzelälchen oder Nematoden

Nematoden sind winzig kleine, farblose Fadenwürmer, die in gallenartigen, knotigen Wurzelschwellungen und -auswüchsen leben und sich dort auch vermehren. Die Größe dieser Anschwellungen reicht von Sesamkorn- bis Erbsengröße. Die Weibchen sind keulenförmig dick und etwa 0,5 bis 1,4 mm lang. Das Männchen dagegen ist 1,2 bis 1,5 mm lang und fadenförmig. In reifen Nematodenweibchen finden sich bis zu 500 und mehr Eier, die Weibchen sterben nach der Ausreifung ab. Die schlüpfenden Älchen bleiben in den Wurzelgallen bis diese zerfallen, erst dann wandern sie in den Boden zurück und suchen gesunde, noch nicht befallene Wurzeln, in die sie sich hineinfressen und dadurch die Pflanzen zur Gallenbildung veranlassen. Die befallenen Pflanzen

Rechts oben: Wurzelläuse leben unterirdisch und sind nur schwer zu bekämpfen.
Rechts unten: Ein Nematodenbefall zeigt sich an den knotigen Schwellungen im Wurzelbereich von Pflanzen. Sie können mehrere Jahre im Boden überdauern.

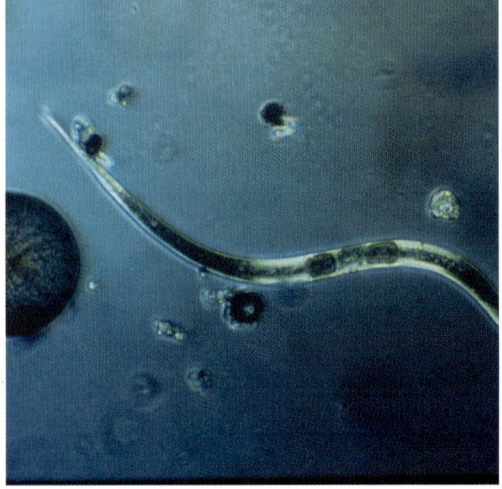

kränkeln und gehen bei stärkerem Befall auch ein. In ihren Ruhestadien oder als Zyste können Nematoden mehrere Jahre im Boden oder in der Pflanze überdauern.

Besonders häufig treten sie bei Primeln, Nelken, Wicken, Rosen und Stiefmütterchen auf. Auch Gurken, Möhren, Salat und Tomaten sind betroffen.

Vorbeugung: Vermeide alles, was zum Verschleppen der Nematoden von einem Beet ins andere beiträgt. Hast du einmal Älchen im Boden, dann säubere Schuhe, Hände und Handwerkszeug, bevor du neue Beete bearbeitest. Nematoden sind in fast allen Böden vertreten, allein ihre Häufigkeit ist für das Ausmaß des Schadens von Bedeutung.

Bekämpfung: Befallene Pflanzen sind möglichst mit ganzem Wurzelballen zu entfernen und zu verbrennen. Achte darauf,

Ins Beet gepflanzt, kann Tagetes Nematodenbesatz deutlich verringern. Für den Einsatz im Garten gibt es keine empfehlenswerten chemischen Pflanzenschutzmittel.

dass keine Wurzelgallen im Boden zurück-bleiben. Anfällige oder gefährdete Pflanzen baust du auf anderen Beeten an.

Nematoden lassen sich auch erfolgreich mit Gelbsenf, großblumigen Studenten-blumen *(Tagetes erecta)* und speziellen Gründüngungsmischungen vertreiben.

Wurzelläuse

Wurzelläuse leben ständig oder auch nur zeitweise unter der Erde und gehören zu den Blattläusen. Einige unterirdisch lebende Schildlausarten werden ebenfalls zu den Wurzelläusen gerechnet. Befallene Pflanzen kränkeln, die Blätter werden gelb und die Pflanzen sterben ab. Die Wurzeln und der Wurzelhals sind weißlich, die Wurzelläuse selbst sind an ihrer graublau gepuderten Farbe zu erkennen.

Sie treten bei Farnen, Kakteen, Primeln und Tulpen, aber auch bei einigen Gemüsearten als Schädling in Erscheinung.

Bekämpfung: Eine Bekämpfung ist möglich, doch sehr schwierig. Deshalb befrage erst den Fachmann, der dir auch geeignete Pflanzenschutzmittel empfehlen kann. Eine Bekämpfung lohnt sich aber nur bei massenhaftem Auftreten von Wurzelläusen.

Drahtwürmer

Drahtwürmer haben eine harte Haut, sind etwa 1,5 bis 2 cm lang, dünn und rund im Durchmesser. Der Name Drahtwürmer beschreibt eigentlich ihre drahtartige Gestalt. Es handelt sich um die Larven von Schnellkäferarten. Diese dunkel gefärbten Käfer verdanken ihren Namen der Fähigkeit, sich aus der Rückenlage emporschnellen zu können. Du kannst sie im Sommer an Blumen und auf Sträuchern, aber auch an Knollengemüse finden. Eier werden in oder auf der Erde abgelegt.

Die Larven brauchen bis zu drei Jahre, um sich verpuppen zu können. Während dieser Zeit richten sie großen Schaden an, da sie an Knollen, Zwiebeln und Wurzeln fressen. Sie bohren sich auch in die Pflanzenteile und in

den Stängelansatz. In der Folge welken und kränkeln betroffene Pflanzen, sie können auch absterben.

Ziehst du befallene Pflanzen aus dem Boden, lassen sich die Fraßstellen leicht entdecken. Oft findest du sogar bei genauer Kontrolle in der wurzelnahen Erde die Draht-würmer selbst. Deshalb die Pflanzen lieber gleich samt der umgebenden Erde mit einem Spaten herausheben und die Drahtwürmer sorgfältig heraussuchen.

Drahtwürmer treten an allen Pflanzen mit weichen Wurzeln, Knollen oder Zwiebeln auf. Spezielle Arten sind deshalb nicht zu nennen. Auch in Blumentöpfen können sie auftreten, wenn die Umtopferde mit Draht-würmern verseucht war.

Vorbeugung: Die einzige Möglichkeit der Vorbeugung ist, den Boden beim Umgraben sorgfältig abzusuchen. Will man vor dem Einsetzen neuer Pflanzen wissen,

> Der Drahtwurm gern Kartoffeln frisst, was beim Zählen hilfreich ist.

Die Larven der Schnellkäfer werden aufgrund ihrer harten Haut auch als Draht-würmer bezeichnet.

ob Drahtwürmer im Boden vorhanden sind, empfehle ich, halbierte Kartoffeln, Rüben oder Möhrenstückchen 5 bis 10 cm tief zu vergraben. Ich kennzeichne die Stellen mit Stäben und grabe sie dann nach einigen Tagen wieder aus. An der Zahl der daran sitzenden Drahtwürmer kann ich die Befallsdichte im Boden abschätzen.

Auch junge Salatpflanzen dienen als Lockpflanzen für die gefräßigen Drahtwürmer, sie werden schnell und sehr gern von ihnen befallen. Am Ergebnis dieses Salattests kannst du sehen, wie es hier angebauten Pflanzen ergehen würde.

Drahtwürmer können mit Laub und Nadeln aus dem Wald eingeschleppt werden, Grassoden sind ideale Lebensräume für sie: diese also nie direkt auf die Beete bringen, sondern erst kompostieren und den Kompost möglichst vor dem Aufbringen sieben.

Bekämpfung: Im Fachhandel gibt es chemische Mittel zur Bekämpfung, meist Streumittel mit lang anhaltender Wirkung. Ich empfehle aber dem Befall vorzubeugen bzw. die Larven sorgfältig zu entfernen.

Erdraupen

Aus Erdraupen schlüpfen die verschiedenen Erdeulenfalterarten. Die Raupen sind bis zu 5 cm lang, dick, walzenförmig und grau-erdfarben. Sie sind sehr gefräßig und können in kurzer Zeit mehrere Pflanzen vernichten. Man findet sie über Tag zusammengerollt in der obersten Bodenschicht in der Nähe der geschädigten Pflanzen. Dort ruhen sie, denn sie fressen nur nachts und an trüben Tagen, an denen sie gelegentlich aus der Erde kommen und an den unteren Blättern der Pflanzen fressen. Die Raupen erscheinen im Spätsommer, weil die nacht-aktiven Falter erst im Frühsommer und Sommer fliegen. Die Weibchen legen die Eier an den unteren Blättern der Pflanzen ab. Dort bleiben die jungen dunkelgrauen Räupchen die ersten Wochen nach ihrem Schlüpfen, später gehen sie tagsüber in die obere Bodenschicht, um dort während des Tages zu ruhen. Erdraupen überwintern im Boden und verpuppen sich erst im Frühjahr.

Du kannst sie an allen Blumen und Zierpflanzen finden, aber auch an Gemüse, denn Erdraupen sind keine Kostverächter und fressen alles, was ihnen über den Weg läuft.

Vorbeugung: Durch eine häufige Bodenbearbeitung werden die Tiere gestört oder abgetötet. Pflege daher deine Rasenflächen gut und erhöhe die Widerstandskraft der Gräser. Nachts können die auffälligen Raupen abgesammelt werden.

Bekämpfung: Beim Graben und Harken die Raupen aus dem Boden auflesen. Du findest sie in der Nähe befallener Pflanzen in der oberen Erdschicht. Für die biologische Abwehr gibt es einige parasitäre Nematoden.

Engerlinge

Als Engerlinge bezeichnet man die Larven verschiedener Blatthornkäfer, zu denen auch unser Maikäfer zählt. Es sind dicke, fette und weiche Larven, die meist gekrümmt und schmutzigweiß sind. Sie können je nach Käferart bis zu 4 cm lang sein. Die Engerlinge der Maikäfer leben 3 bis 4 Jahre im Boden. In manchen Jahren gibt es deshalb viele, in anderen kaum Maikäfer.

Die Pflanzen reagieren auf die gefräßigen Engerlinge wie bei Drahtwurmbefall, sie welken und sterben zum Teil schnell ab.

Vorbeugung: Engerlinge findest du beim Herausnehmen befallener Pflanzen in der pflanzennahen Erde. Sie sind während des Umgrabens sorgfältig aufzusammeln. Auf umgegrabenen Flächen gibt es während der Winterzeit eine sehr erfolgreiche Methode, viele Engerlinge zu fangen. Man lockt sie

Erdraupen kommen in der Nacht an die Erdoberfläche und können dann abgesammelt werden.

einfach in eine Falle. Dafür werden im Herbst einen halben bis einen Meter tiefe Löcher mit kleinem Durchmesser in den Boden gestochen. Diese Löcher füllst du halb mit Kompost, die andere Hälfte mit Pferdemist auf und deckst sie wieder mit einer dünnen Schicht Erde ab. Ein in die Erde gesteckter Stab kennzeichnet die Fallen. Im zeitigen Frühjahr werden diese Fallen ausgeräumt, rechtzeitig bevor die Engerlinge wieder in die Umgebung ausschwärmen und neue Pflanzenwurzeln anfressen.

Bekämpfung: Für die Bekämpfung gilt dasselbe, was ich schon bei den Drahtwürmern erläutert habe.

und gehen ein. Die schlüpfenden Larven gehen gleich auf die Suche nach Nahrung. Sie fressen besonders gern an Blumen und Zierpflanzen, auch Ziersträucher werden nicht verschont. Du findest sie in Blumentöpfen, im Freiland an Azaleen, Primeln, Knollenbegonien, Rhododendren, Taxus, Kirschlorbeer, Clematis sowie an Rosen und Farnen. Am Gemüse oder an Obstbäumen kommen sie dagegen viel seltener vor.

Dickmaulrüssler halten sich gern im Kompost auf. Meide daher verseuchte Komposterde und untersuche diese immer auf Erdlarven: am besten durchsieben.

Links: Die Larven der Maikäfer, auch Engerlinge, leben mehrere Jahre im Boden und fressen dort an Pflanzenwurzeln.
Rechts: Die Larven der Dickmaulrüssler zählen zu den gefräßigsten Schädlingen und richten großen Schaden an.

Dickmaulrüssler

Dickmaulrüssler sind kleine, etwa 1 cm große, schwarze Käfer, die nachts aus ihren Verstecken hervorkommen und an den Pflanzen fressen. Ihre Larven zählen zu den gefräßigsten Schädlingen und können Pflanzen an Wurzeln und Knollen großen Schaden zufügen. Sie sind insgesamt kleiner als Erdraupen und Engerlinge, weißlich und dick, besitzen keine Fußansätze und haben eine braune Kopfkapsel, an der du sie gut erkennen kannst. Im Frühjahr verpuppen sich die Larven, die erwachsenen Käfer schlüpfen im Juni. Die Eigelege findest du am Pflanzengrund oder in der Erde, auch in Komposterde, mit der dann die jungen Larven auf die Beete gelangen. Nach einem Befall wachsen die Pflanzen kaum noch

Vorbeugung: Vorbeugend kannst du versuchen, die Käfer während der Flugzeit in künstliche Schlupfwinkel zu locken und sie frühmorgens abzusammeln. Dafür legst du um die gefährdeten Pflanzen Holzwolle, Heu oder auch Brettchen aus, unter denen sich die Käfer über Tag verstecken.

Bekämpfung: Eine Bekämpfung ist schwierig. Bewährt hat sich jedoch die biologische Bekämpfung mit Nematoden, die in die Larven eindringen und diese abtöten – eine einfache und sichere Methode, Dickmaulrüssler ohne Nebenwirkungen für Natur und Mensch unschädlich zu machen. Untersuche kränkelnde Pflanzen auf Larven und sammle die Käfer zur Flugzeit ab.

So manche Krankheit, manche Laus, macht ich mit meinem Guckglas aus!

Wühlmäuse und Feldmäuse

Wühlmäuse im Garten können jeden Pflanzenfreund zur Verzweiflung treiben. In manchen Jahren vermehren sie sich massenartig und nagen dann alles kurz und klein, was ihnen zwischen die Zähne gerät. Besonders gern fressen sie an den Wurzeln junger Gemüsepflanzen, an Rosen, Beetpflanzen und Knollen aller Art. Ihre Leibspeise ist Topinambur. In den Garten gepflanzt, zieht er Wühlmäuse magisch an.

Mit dieser guten Wühlmausfalle fängst du die Plagegeister alle.

NOCH NIE ETWAS VON BEDROHTER TIERWELT GEHÖRT?

Der grüne Tipp®

Ich empfehle, verlassene Maulwurfgänge zu zerstören, da diese gern von Wühlmäusen besiedelt werden.

Vorbeugung: Eine sehr empfehlenswerte Vorbeugungsmethode ist es, die Pflanzen in Drahtkörbe zu setzen. Solche lassen sich ganz leicht selbst aus feinmaschigem Hasendraht selbst anfertigen, sind

Gänge von Wühlmäusen sind dagegen im Querschnitt hoch oval und der Gang mündet am seitlichen Rand des Erdhaufens.

Der Geruch verschiedener Pflanzen wie beispielsweise der der Kaiserkrone soll Wühlmäuse vertreiben. Aber auch auf Geräusche reagieren sie empfindlich. In einem Garten, in dem viel und regelmäßig gewirtschaftet wird, werden sie also kein Problem darstellen.

Wühlmäuse meiden offene Flächen. Dicke Mulchschichten bieten ihnen Unterschlupf. Natürliche Feinde sind Igel, Greifvögel, Katzen und Schlingnattern.

Bekämpfung: Fast jeder Gartenfreund hat einen Geheimtipp zur Bekämpfung dieser Plagegeister parat. In die Gänge gesteckte Geräte, die unterirdisch Schallwellen erzeugen, vertreiben die Tiere genauso wie in die Gänge gebrachter Knoblauch oder andere stark riechende Pflanzen und Substanzen. Der Erfolg ist dann aber nur vorübergehend, die Tiere kehren nach einiger Zeit zurück. Am empfehlenswertesten sind spezielle Fallen. Befolge aber genau die Anleitungen, du musst nämlich erst herausfinden, ob ein Gang überhaupt bewohnt ist, bevor du eine Falle installierst. Dazu öffnest du den Gang an einer oder an mehreren Stellen. Bewohnte Gänge werden von den Tieren in der Regel innerhalb weniger Stunden wieder verschlossen. Giftköder und Begasungspatronen gegen Wühlmäuse sind, nach Anweisung angewendet, ebenfalls gut wirksam.

Die Wühlmaus hat schon manchen Gärtner zu Verzweiflungstaten getrieben.

aber ebenfalls im Fachhandel erhältlich. Für Blumenzwiebeln gibt es auch spezielle Pflanzschalen aus Kunststoff. Pflanze Obstbäume im Frühjahr, so können sie genügend Wurzeln bilden, bevor die Wühlmäuse im Winter einfallen.

Halte den Boden locker und zerstöre die Gänge. Aber Vorsicht: Verwechsle diese nicht mit Maulwurfsgängen! Letztere sind im Querschnitt längs oval und der Gang mündet in der Mitte der Erdhaufen. Die

Auch Maulwürfe verursachen durch ihre Gänge Schaden im Garten, doch sie fressen keine Wurzeln oder Pflanzenteile, sondern schädliche Insekten und deren Larven. Sie stehen auf der Liste der geschützten Tiere.

Schädlinge an ober-irdischen Pflanzenteilen

Oberirdisch aktive Insekten lassen sich nach der Art ihrer Nahrungsaufnahme in zwei große Gruppen unterteilen: saugen-de und mit Mundwerkzeugen fressende Schädlinge. Sind Pflanzensauger am Werk, verraten sich diese durch Einstichstellen und auch durch typische Verfärbungen an Stängeln und Blättern.

Innerhalb der Gruppe der saugenden Schädlinge gibt es solche, die in der Pflanze leben, und andere, die die Pflanzen von außen anstechen, um so an den begehrten Pflanzensaft heranzukommen.

Minierfliegenlarven

Minierfliegenlarven fressen im Blatt zwi-schen der Ober- und Unterhaut: typisches Kennzeichen sind die schlängeligen, hell aussehenden Gangminen. Bei starkem Befall können auch ganze Blattflächen ausgefressen sein, die Blätter verfärben sich später braun. Die Larven verpuppen sich in den Blättern.

Minierfliegen befallen gern alle Arten von Chrysanthemen, aber auch Begonien und andere Blumenarten. Viel umfang-reicher ist die Zahl der gefährdeten Gemüse-arten. Inzwischen weiß man, dass Minier-fliegen auf mehr als 100 Pflanzenarten zu finden sind. Bei Gemüse sind Bohnen, Erbsen, verschiedene Kohlarten, Radieschen und Rettich, aber auch Feldsalat, Salat und Spinat gefährdet. Du findest die typischen Minengänge auch in den Blättern einiger Obstbäume, z.B. bei Kirschen, aber auch an Laubgehölzen.

Bekämpfung: Bei nur geringem Befall die Larven in den Blättern suchen und zer-quetschen. Befallene Blätter ansonsten sofort entfernen und verbrennen.

Blattälchen

Blattälchen ähneln in ihrer Entwicklung und in der Lebensweise stark den Wurzelälchen, mit dem Unterschied, dass sie im Blatt-gewebe der Pflanzen leben. Es handelt sich um ca. 1 mm lange, farblose Fadenwürmer.

Blattälchen befallen ausschließlich Blätter. Ein erster Hinweis auf einen Befall sind wässrige, gelbliche, von Blattadern scharf begrenzte Flecken, die später braunschwarz werden. Die Symptome treten meist zuerst auf den unteren Blättern auf, weil die Blatt-älchen durch hochspritzende Regentropfen oder bei zu schwungvollem Wässern auf die Blätter gelangen; sie können aber auch vom Boden aus auf die feuchte Pflanze kriechen. Am Blatt angekommen, schlüpfen sie schnell durch Blattöffnungen oder Wunden in die Pflanze und befressen das Gewebe, was zu der typischen Färbung der Blätter führt. Die Eier werden innerhalb, aber auch außerhalb

Oben: Die farb-losen Blattälchen sind winzige Fadenwürmer, die im Blattgewebe von Pflanzen leben. Typisches Schad-bild sind scharf begrenzte Flecken. **Links unten:** Sehr charakteristisch für einen Befall mit Minierfliegen sind die hellen Gang-minen der Larven.

der Pflanzen abgelegt. Schon zwei bis drei Wochen nach der Eiablage schlüpfen die Älchen. In feuchten Jahren kann es deshalb auch zu einer Massenvermehrung kommen, wenn du nicht rechtzeitig einschreitest.

Befallen werden bevorzugt Chrysanthemen, Dahlien, Astern, Rittersporn und Rudbeckien, aber auch Begonien sowie einige Wildkräuter wie z.B. Leberblümchen. An Gemüse, Bäumen und Sträuchern findet man Älchen kaum.

Vorbeugung: Vorbeugende Maßnahmen beschränken sich in aller Regel darauf, die Pflanzen so trocken wie möglich zu halten und beim Gießen darauf zu achten, dass nur der Boden und nicht die Pflanzen nass werden. Auch spielen ausreichende Pflanzabstände eine wichtige Rolle, nur so können die Kulturen richtig abtrocknen.

Bekämpfung: Bei den ersten Anzeichen eines Befalls sind die betroffenen Pflanzen sofort zu entfernen und zu verbrennen. Niemals auf den Kompost bringen, denn von dort werden die Älchen wieder in den Garten eingeschleppt. Bei stark verseuchten Böden kann tiefes Umgraben die Älchen in tiefe Erdschichten befördern, von wo aus sie nicht so schnell wieder an die Erdoberfläche gelangen können.

> **Ob Pilz, ob Laus, ob roter Spinner, beginnst du früh, bist du Gewinner.**

Stängelälchen

Stängelälchen ähneln in ihrem Verhalten und in der Lebensweise sehr den Blattälchen. Sie befallen jedoch die Pflanzenstängel, aber auch in Blättern, Knollen und Zwiebeln sind sie anzutreffen. Typisches Anzeichen eines Befalles sind verkürzte, dickliche und gedrehte Stängel, die Blätter sind wellig gekräuselt und verkrüppelt.

Sie zeigen dann ebenfalls die typischen gelben bis braunen Flecken. Bei befallenen Zwiebeln werden durch den Befall Verdickungen sichtbar, die braun gefärbt sind und auch faulen können. Man nennt diese Krankheit bei Blumenzwiebeln auch Ringelkrankheit.

Stängelälchen sind weitverbreitet und auf ihrer Speisekarte stehen viele Blumenarten, wie Phlox, Nelken, Rittersporn, Hortensien, Primeln, Tulpen, Hyazinthen und Narzissen.

Gelegentlich findest du an den Wurzeln von Topfpflanzen auch Zystenälchen. Es handelt sich dabei um stecknadelkopfgroße Zysten, die anfangs weiß sind und sich später gelb oder braun färben. Die befallenen Pflanzen wachsen schwächer.

Vorbeugung: Für vorbeugende Maßnahmen gilt das Gleiche wie bereits für die Blattälchen beschriebene. Auch hier ist es wichtig, genau auf einen Befall zu achten und sofort die betroffenen Pflanzen zu entfernen.

Bekämpfung: Eine direkte Bekämpfung ist bei Stängelälchen noch schwieriger als bei Blattälchen. Entferne befallene Pflanzen und verbrenne diese. Vorsicht bei der Bodenbearbeitung, damit keine verseuchte Erde verschleppt wird.

Spinnmilben

Spinnmilben, auch als Rote Spinne bekannt, sind kleine, meist nur 0,5 mm große, gelblich bis rötlich gefärbte eiförmige Milben. Sie leben bevorzugt in dichten Gespinsten auf den Blattunterseiten. Dort stechen sie das Blattgewebe an, um aus dem Innern Pflanzensaft absaugen zu können. Das typische Schadbild sind gelblich weiß gesprenkelte Flecken auf der Blattoberseite.

Die blassgelben bis rötlichen und kugelrunden Eier werden ab März an der Blattunterseite abgelegt, hier schlüpfen auch die Larven. Spinnmilben lieben trockenes, warmes Wetter, dann treten sie in Massen auf, weil sich etwa alle drei bis vier Wochen eine neue, geschlechtsreife Generation entwickeln kann. Für die Pflanzen bedeutet dies Wachstumsstockungen bis hin zum völligen Vertrocknen.

Befallen werden bevorzugt Zimmerpflanzen an warmen, sonnigen Plätzen auf dem Fensterbrett. Gefährdet sind vor allem Gummibäume, Kakteen, Hortensien, aber auch viele Freilandpflanzen wie Rosen, Nelken, Chrysanthemen oder Veilchen. Bei Gemüse sind es Bohnen und Gurken: gefährdet sind aber auch Johannisbeeren, Zwergmispeln, Zwetschgen, Apfel- und Pfirsichbäume. Auch an wild wachsenden Bäumen und Sträuchern treten sie auf. Dort überwintern sie. Die Zahl der Wirtspflanzen der Roten Spinne ist aber noch wesentlich größer.

Oben: Die gelb-orangen Weibchen der Spinnmilbe überwintern bevorzugt an abgestorbenen Blättern oder Seitentrieben.
Links: Spinnmilben überziehen befallene Pflanzen mit einem feinen Gespinst.

Weichhautmilben

Den Weichhautmilben ist nur schwer beizukommen. Du kannst sie ohne Vergrößerungsglas kaum sehen, denn sie sind weißlich durchscheinend und nur 0,3 mm groß. Ihre Eier sind oval und hell gefärbt.

Weichhautmilben saugen an jungen Pflanzenteilen und leben sehr versteckt in zarten Blütenspitzen, Knospen oder unter Blättern. Sie breiten sich von Pflanze zu Pflanze aus, bei hoher Luftfeuchtigkeit und mäßigen Temperaturen oft sehr rasch. Die angestochenen und ausgesaugten Pflanzenteile, vor allem junge Blüten, Knospen und Triebspitzen, verkrüppeln schnell, die befallenen Blätter kräuseln sich. Im weiteren Verlauf des Befalls treten an den Triebspitzen typische, klein gebliebene Blättchen auf. Weitere Merkmale sind Korkbildungen an der Blattunterseite, Braunfärbungen und das Absterben der Blüten und Triebspitzen.

Weichhautmilben sind an vielen Pflanzenarten zu finden, sowohl an Zimmerpflanzen als auch im Garten. So sind sie schlimme Feinde für Azaleen, Begonien, Alpenveilchen, Efeu, Fuchsien, Gloxinien, Pelargonien und Zinnien. Sie treten dagegen kaum an Obst und Gemüse auf.

Vorbeugung: Wichtigste Maßnahme ist, den Befall sofort zu erkennen und die Pflanzenteile zu entfernen. Stärker befallene Pflanzen ganz entfernen und vernichten.

Bekämpfung: Lass dich vom Fachmann beraten, es gibt auch umweltverträgliche Mittel.

Vorbeugung: Eine sehr wirkungsvolle Vorbeugung ist besonders in trockenen Sommern das Versprühen von Wasser, um die Luftfeuchtigkeit zu erhöhen. Im Garten beugen feuchte Böden einem Befall vor, auch Mulchen ist hilfreich. Manche schwören auch auf den Anbau von Zwiebeln, Knoblauch und Lauch in Mischkultur, was einem Befall vorbeugen soll.

Bekämpfung: Der Fachmann berät dich gern über den Einsatz neuester, auch umweltverträglicher Mittel. Für die biologische Bekämpfung im Freiland werden Raubmilben eingesetzt, die im Fachhandel bezogen werden können.

Thripse

Blasenfüße oder Thripse sind höchstens
1 mm lange, gelbliche bis braunschwarze,
kleine geflügelte Insekten. Typisch, und mit
Vergrößerungsglas gut sichtbar, sind die
Haftblasen an den sechs Beinen sowie die
charakteristischen vier gefransten Flügel.

**Thripse befallen
besonders gerne
Zimmerpflanzen.**

Aus den Eiern schlüpfen die flügellosen
Larven, und schon nach 20 bis 30 Tagen
legen diese Blasenfüße neue Eier. Also eine
sehr schnelle Vermehrung!

Blasenfüße sind sehr schädlich, sie saugen
aus Blättern und Blüten Pflanzensaft und
hinterlassen gelbliche bis silbrig glänzende
Flecke und kleine schwarze Punkte, ihren
Kot. Die Einstichstellen verkorken, bei
starkem Befall sterben Blüten und Blätter
ab. Vor allem lässt die Wüchsigkeit nach.
Thripse sind Überträger von Viruskrankheiten, deshalb solltest du die Pflanzen regelmäßig auf Befall kontrollieren. Das ist die
einzige Möglichkeit, sie in Schach zu halten.

Thripse finden in der Pflanzenwelt einen
reich gedeckten Tisch. Sie befallen gern
Zimmerpflanzen: du triffst sie an Begonien,
Alpenveilchen, Chrysanthemen und Gerbera
genauso wie an Orchideen, Palmen und
Zierspargel. Im Freiland mögen sie gern
Nelken, Gladiolen, Lilien und Rosen. Auch
Gemüsepflanzen verschmähen sie nicht,
so z. B. Gurken, Kohl und Zwiebeln.

Vorbeugung: Frühe oder relativ späte
Aussaaten beugen einem Befall vor. Achte
darauf, den Boden durch Hacken und
Mulchen feucht zu halten. Pflanzen, die
von Thripsen gemieden werden, sind
Weinkraut, Bohnenkraut und Ysop.

Bekämpfung: Thripsbefall an Zimmerpflanzen und Blumen im Freien kannst du
etwas eindämmen, indem du die Pflanzen
mehrmals mit lauwarmem Wasser abbraust.
Dabei besonders die Blattunterseiten gut ab-
duschen. An Zimmerpflanzen kannst du sie
auch mit einem feuchten Tuch abwischen.

In der Wohnung können Klebe-
fallen Thripse anlocken und
aus dem Verkehr ziehen.

**Meine Mittel musst du wählen,
dann wirst du zu den Siegern zählen.**

Amerikanischer Blütenthrips

Der Amerikanische Blütenthrips ist ein
besonders gefährlicher Schädling. Im Herbst
1985 hat man ihn in Deutschland erstmals
nachgewiesen. Wahrscheinlich wurde er
mit Schnittblumen aus Nordamerika eingeschleppt. Er ist etwa 1,3 bis knapp 2 mm
lang und bräunlich gelb gefärbt. Die gelben
Larven sitzen an den Blattunterseiten.

Der Blütenthrips ist wärmeliebend, deshalb tritt er nur im Sommer im Freien auf,
ist aber ganzjährig in Wohnungen und
Gewächshäusern anzutreffen. Die Schäden

an den Pflanzen ähneln denen der normalen Thripse, mit dem Unterschied, dass der amerikanische Blütenthrips die Blüten von Sommerblumen und Topfpflanzen befällt und hier großen Schaden anrichtet. Verstreuter Blütenstaub auf den Blütenblättern ist der typische Hinweis, dass Blütenthripse am Werk sind. Das ist besonders häufig bei Weihnachtssternen, Gloxinien, Begonien, Alpenveilchen und Usambaraveilchen der Fall, aber auch im Innern von gefüllten Blüten ist er anzutreffen, wie bei Topfrosen, Chrysanthemen und vielen anderen. Im Gemüseanbau kann er in Gewächshäusern, in Frühbeetkästen und unter Folienzelten massenhaft auftreten. Im Freiland ist er oft in Bohnen-, Gurken-, Melonen-, Kürbis- und Zucchiniblüten aber auch in Tomaten- und Paprikablüten zu finden. Der Hauptschaden besteht darin, dass kaum Früchte angesetzt werden, diese helle Flecken aufweisen und vorzeitig abfallen. Oft finden sich mehr als zehn Blütenthripse in einer Blüte.

Wenn die Temperatur im Sommer über 25 °C steigt, vermehrt sich der Blütenthrips sehr schnell, vom Ei bis zum fruchtbaren Weibchen vergehen dann nur 14 Tage.

Vorbeugung: Vorbeugend kannst du nur wenig machen, bestenfalls die Pflanzen gut mit Nährstoffen versorgen und genügend wässern. Sorge in der Wohnung für feuchte Luft und lüfte gut, das hilft etwas. Das Abbrausen der Pflanzen hilft nur bedingt.

Bekämpfung: Für die Überwachung des Erstbefalles gibt es kleine, blaue Leimtafeln, die fliegende Tiere anziehen. Damit lässt sich ein Befall nachweisen und die Vermehrung von Anfang an vermindern. Vollsystemische, also von innen wirkende Insektizide mit Wirkung gegen Thripse gibt es bei mir und im Fachhandel.

An Pflanzen saugende Schädlinge

Läuse setzen unseren Pflanzen in vielerlei Form zu. Oft sind sie sehr spezialisiert und befallen nur ganz bestimmte Pflanzenarten. Andere holen sich ihr Futter dort, wo es am bequemsten ist. Es gibt viele verschiedene Arten: Blattläuse, Schildläuse, Schmier- oder Wollläuse und Mottenschildläuse, die bekannteste ist die weiße Fliege, auch eine Mottenschildlausart. Sie sind eigentlich alle gut zu identifizieren, aber unterschiedlich schwer zu bekämpfen.

Blattläuse

Blattläuse sind am schnellsten und am sichersten zu identifizieren, obwohl es auch hier die unterschiedlichsten Arten gibt. Auffälligster und sicherster Hinweis auf einen Blattlausbefall ist der Honigtau, ein

Rosenblattläuse befallen junge Rosenknospen und hinterlassen verkümmerte Knospen, Blätter und Triebe.

zuckerartiger, klebriger Film auf den Blättern, der später vom Rußtaupilz besiedelt werden kann. Dieser entwickelt dann einen schwarzen Pilzbelag auf den Blättern.

Auch Ameisen auf den Pflanzen zeigen einen Befall an, denn diese lieben die zuckerhaltigen Ausscheidungen der Blattläuse und halten bisweilen Blattläuse wie Kuhherden, die regelmäßig „gemolken" werden. Im Gegenzug schützen Ameisen die Blattläuse.

Mit Blattläusen befallene Pflanzen sind leicht zu erkennen. Blätter und Triebspitzen kräuseln und krümmen sich, bevor sie verkümmern. Untersuchst du die Unterseite der betroffenen Blätter, findest du dort schnell die etwa 1 bis 3 mm großen Blattläuse, manchmal mit Flügeln, meist aber flügellos.

Die verbreitetste Art ist die Grüne Blattlaus, sie befällt praktisch alles, was Nahrung verspricht. Daneben gibt es aber auch gelb-

liche, rötliche und schwarze Blattlausformen. Alle Blattläuse schädigen die Pflanzen durch Saugen von Zellsaft aus dem Innern der Blätter oder junger Triebe. Blattläuse überwintern im Freien als Wintereier, aus denen im Frühjahr weibliche Tiere schlüpfen, die während des Sommers ständig und in großer Zahl Jungtiere gebären. Die Entwicklung geht vom Ei bis zum erwachsenen Tier sehr schnell, so dass sich in recht kurzer Zeit große Populationen entwickeln können.

Rechts: Die grüne Apfelblattlaus ist eine von mehreren Blattlausarten, die Obstbäume befallen. **Unten:** In der Natur helfen nützliche Insekten, den Befall von Blattläusen einzudämmen.

Wenn zu viele Läuse an einer Pflanze sitzen und Nahrung knapp wird, entwickeln sich geflügelte Blattläuse. Diese fliegen dann auf andere Pflanzen, befallen diese und gebären hier weiter fleißig junge Blattläuse. Zum Herbst hin treten Männchen und Weibchen auf, die sich paaren. Das Weibchen legt dann im Herbst eine große Zahl der kleinen, erst hellen und später glänzend schwarz werdenden, sehr harten Wintereier ab.

Großmutters Hausmittel gegen Blattlausbefall

Methode	Anmerkung
Abbrausen mit warmem Wasser oder einem scharfen Wasserstrahl	Bei leichtem bis mittlerem Befall, regelmäßig wiederholen. Erde abdecken.
Abstreifen der Läuse mit einem Küchentuch	Bei leichtem Befall, ständig beobachten!
Anwendung von Schmierseifelösung (20 g Seife auf 1 l Wasser). Alternativ mit Spülmittel und Spiritus.	Pflanze gründlich besprühen oder mit Pinsel auftupfen, vor allem die Blattunterseiten. Alle 14 Tage wiederholen.
Die befallenen Pflanze kopfüber ca. eine Stunde in lauwarmes Wasser mit einem Tropfen Spülmittel tauchen.	Vorsorglich die Prozedur nach ca. 1 bis 2 Wochen wiederholen. Alufolie und über den Eimerrand quer gelegte Stäbe verhindern, dass der Erdballen aus dem Topf rutscht.

Viele Blattlausarten haben sich auf eine Pflanzenart spezialisiert, andere können auch auf verwandte Arten ausweichen. Es gibt auch Blattlausarten, die an keine Wirtspflanzenart gebunden sind und eine breite Palette von Pflanzen befallen können.

Hoch spezialisierte Arten sind zum Beispiel die Sitkafichtenlaus, die grüne Johannisbeerblattlaus, die schwarz gefleckte Pfirsichlaus, die grüne Erbsenblattlaus, die Möhrenblattlaus oder die schwarze Bohnenlaus. Solche Spezialisten gibt es reichlich, andere leben im Sommer auf einer Pflanzenart und im Winter auf einer anderen. Alle Übergänge sind möglich.

Vorbeugung: Frühes Bekämpfen ist die beste Vorbeugung. Ausreichende Pflanzenabstände erschweren die Ausbreitung der Läuse. Setze besonders gefährdete Pflanzen in windoffene Lagen.

Pflanze Sommer- und Winterwirte getrennt und fördere natürliche Feinde wie Marienkäfer, Florfliegen, Schlupfwespen und Vögel.

Bekämpfung: Am besten erwischst du Blattläuse bei Rosen, Sträuchern und Bäumen, wenn du diese noch vor dem Austrieb mit entsprechenden Mitteln spritzt. Es gibt eine Reihe von Pflanzenschutzmitteln, aber auch Hausmitteln, die gegen die Plage wirksam helfen. Wichtig ist nur, beim ersten Anzeichen eines Befalls einzugreifen. Das heißt die Pflanzen laufend zu untersuchen, denn Blattlausbefall hemmt das Pflanzenwachstum und beeinträchtigt die Ernteerträge. Für Topf- und Zimmerpflanzen haben sich auch Stäbchen mit Pflanzenschutzmittel und Dünger bewährt.

Schildläuse

Schildläuse sind an vielen Pflanzenarten, vor allem bei Blumen- und Zierpflanzen anzutreffen. Sie tragen ein Schild auf der Körperoberseite, der sich bei den fest sitzenden Tieren leicht abheben lässt. Deshalb nennt man diese Gruppe auch Deckelschildläuse. Im Gegensatz dazu haben Napfschildläuse eine stark gewölbte, schalenartige und verhärtete Rückenhaut, die sich nicht von den Tieren lösen lässt. Ausgewachsene Tiere bleiben unbeweglich an der Pflanze sitzen.

Deckelschildläuse sind durch ihren Panzer bestens geschützt und daher auch nur schwer zu bekämpfen.

Ist das Blattwerk stark verschmutzt, wird's mit Wasser abgeputzt.

Die kleinen, höckerartigen, bräunlichen bis blauen Schuppen an verholzten Pflanzenteilen sind gut zu erkennen und lassen sich leicht abkratzen. Schildläuse bevorzugen Pflanzen mit derben Blättern, aus denen sie den Pflanzensaft saugen. Gern sitzen sie an Trieben, auf denen sie sich auch schneller ausbreiten können. Befallene Blätter und Triebe sind mit dem filmartigen Honigtau überzogen, der später vom Rußtaupilz besiedelt wird (siehe auch Seite 231). Die von Schildläusen befallenen Pflanzen haben an grünen Teilen helle gelbliche Flecke, bei starkem Befall kümmern sie und kränkeln.

Schildläuse legen ihre Eier unter schildförmige Schuppen, aus denen dann die beweglichen Larven ausschwärmen und neue Pflanzenteile oder Nachbarpflanzen, vor allem wenn diese sich berühren, befallen.

Die Schildläuse finden sich oftmals an Blumen- und Zierpflanzen, aber auch an Obstbäumen, Ziersträuchern und Bäumen. Sehr häufig sind Zimmerpflanzen betroffen, besonders Gummibäume, Myrten, Lorbeer, Oleander, Palmen, Croton, Kamelien und

Gegen Schildläuse an Obstbäumen hilft meist eine entsprechende Winterspritzung mit einem ölhaltigen Austriebsspritzmittel.

verschiedene Orchideenarten. Im Freien befallen sie gern Rosen, Weiden oder Erlen. Im Obstbau sind es rote und gelbe Obstbauschildläuse, die Birn-, Pflaumen- und Pfirsichbäume befallen. Auch die gemeine Schildlaus und die Kommaschildlaus sind häufige Schädlinge an Obstbäumen. Schildläuse treffen wir aber auch an Laub- und Nadelgehölzen an – so an Eiben, Thuja, Wacholder und Kiefern.

Ein besonders gefährlicher Obstschädling ist die San-José-Schildlaus. Sie verursacht schwere Schäden an Beerenobststräuchern und jungem Kern- und Steinobst. Der Schädling ist den oben beschriebenen Obstschildläusen sehr ähnlich und kann nur vom Fachmann bestimmt werden. Deshalb so früh wie möglich alles, was nach Schildläusen aussieht, mit aller Macht bekämpfen. San-José-Schildläuse sitzen an Früchten und werden so sehr schnell verbreitet.

Vorbeugung: Pflanzen sollten nicht zu eng stehen und gut belüftet sein.

Bekämpfung: Die Bekämpfung mit Spritzmitteln ist schwierig, da die Schilder die daruntersitzenden Schildläuse recht gut schützen. Befallene Zimmerpflanzen wenn möglich isolieren und die Blätter mit einem in Alkohol getränktem Tuch abreiben. Es gibt ölhaltige Mittel, welche die gesamten Schildläuse einhüllen. Die Larven kannst du durch Besprizen mit einem starken Wasser-

Die wattebausch-artigen Wollläuse breiten sich schnell aus.

strahl von den Pflanzen entfernen. Im Obstbau erreicht man durch Zurückschneiden der befallenen Triebe eine Reduzierung des Befalls. Das Ablesen der erwachsenen Läuse hilft aber nur vorübergehend. Für Obstbäume ist diese Methode außerdem höchst unpraktikabel. Die wirksamsten Insektizide sind vollsystemische Mittel.

Schmier- und Wollläuse

Wollläuse sind mit den Schildläusen verwandt. Im Gegensatz zu diesen sind Wollläuse beweglich und breiten sich deshalb wesentlich schneller auf den Pflanzen aus als die im erwachsenen Stadium fest sitzenden Schildläuse. Statt eines harten Schuppenschilds sind sie auf der Oberseite mit einem mehlig aussehenden, feinen Wachswollgespinst bedeckt. Sehr typisch sind die am Rande und am hinteren Ende gut sichtbaren, langen weißen Wachsanhänge. Wollläuse an Pflanzen sehen aus wie kleine Wattebäusche, was ihnen ihren Namen eingebracht hat.

Neben Zimmerpflanzen befallen Schmier- und Wollläuse aber auch Laubgehölze wie Buchen, Ulmen, Ahorn und natürlich auch viele Blumen- und Zierpflanzen.

Vorbeugung: Helle und kühle Fensterplätze vermindern den Schmierlausbefall bei Zimmerpflanzen.

Bekämpfung: Hier ist genauso zu verfahren, wie ich es bei den Schildläusen beschrieben habe. Trockene, warme Luft und sonnige Standorte fördern den Befall von Schmierläusen und ihre Ausbreitung.

Mottenschildläuse

Mottenschildläuse sind Verwandte der Schildläuse, besitzen aber keinen Schild. Sie sind gelblich grün und weiß gepudert und werden wegen der weißen Flügel auch als „Weiße Fliegen" bezeichnet. Die Länge beträgt etwa 1,5 mm. Klopfst du an befallene Pflanzen, fliegen die Läuse sofort von den Blättern auf, die Larven sind flügellos und bleiben sitzen. Sie halten sich bevorzugt an der Blattunterseite auf. Befallene Pflanzen zeigen vergilbte, gesprenkelte Blätter, die bei starkem Befall absterben. Weiße Fliegen

legen ihre Eier an den Blattunterseiten ab. Befallen werden fast alle Zimmerpflanzen, vor allem dort, wo es warm und trocken ist. Mottenschildläuse bevorzugen Topfazaleen, Edelpelargonien, Farne, Fuchsien, Primeln, Leberbalsam, Vanilleblumen sowie verschiedene Gemüse wie einige Kohlarten, Gurken, Kürbis und Melonen. Im Sommer findest du sie im Freiland an meist weichblättrigen Wildkräutern wie der Vogelmiere. An Beeren- und Baumobstarten ist sie eher selten anzutreffen. Gelegentlich befällt sie Rhododendren. Weiße Fliegen können auch Viruskrankheiten übertragen!

Blattwanzen

Zur Gruppe der Blattwanzen gehört eine ganze Reihe von Insekten, die an fast allen Kulturpflanzen zu finden sind. Zu ihnen zählen auch die so genannten Raubwanzen, die in Gewächshäusern eingesetzt werden und mithelfen, als natürliche Fressfeinde verschiedene Schädlinge zu dezimieren. Raubwanzen sind gezielt nur in Wintergärten und Gewächshäusern einsetzbar, im Freien bekämpfen sie Schädlinge bei weitem nicht so effektiv wie in geschlossenen Räumen.

Links: Mottenschildläuse werden auch als Weiße Fliegen bezeichnet.
Rechts: Blattwanzen führen ein Leben im Verborgenen. Sie saugen an Pflanzen und übertragen daher auch Viren.

An Stängeln und Blattunterseiten dort kontrollieren wir beizeiten.

Vorbeugung: Vorbeugen kannst du vor allem bei Pflanzen, die in Wohnräumen stehen. Gutes Lüften und eine hohe Luftfeuchtigkeit hält die Weiße Fliege in Schach. Durch regelmäßiges Absammeln der Larven und Zerquetschen der Insekten an den Pflanzen kannst du den Schaden in Grenzen halten. Windige Standorte im Freiland unterdrücken einen starken Befall. Ringelblumen sollen abwehrend wirken.

Bekämpfung: Zur Bekämpfung sind im Fachhandel verschiedene Spritzmittel erhältlich. Beim Ausbringen musst du darauf achten, dass vor allem die Blattunterseiten gut benetzt werden. Wiederhole die Behandlung nach Anleitung, damit auch die später schlüpfenden Larven abgetötet werden. Die Bekämpfung ist aber schwierig, da ihre Wachsausscheidungen die Tiere schützen. Gelbtafeln eignen sich lediglich zur Bekämpfung im Frühstadium.

Die schädlichen Blattwanzen sind etwa 5 bis 10 mm lang, grünlich, grau oder bräunlich gefärbt. Der typische Wanzenkörper ist flach und mit seinen Flügeln sehr beweglich. Die Eiablage erfolgt an der Blattoberseite. Die Eier überstehen den Winter, im Frühjahr schlüpfen aus ihnen die jungen Larven. Es gibt auch Arten, bei denen die erwachsenen Wanzen überwintern.

Leider kann man Blattwanzen tagsüber kaum an den Pflanzen sehen, da sie gut versteckt sind und sich bei Gefahr zu Boden fallen lassen. Am besten entdeckst du sie frühmorgens, wenn sie von der kühlen

Nacht noch starr und unbeweglich sind.
Bei höheren Temperaturen und Sonnenschein sind es dagegen sehr lebhafte Insekten, die sich schnell ausbreiten und großen Schaden anrichten können. Du erkennst den Befall an den kleinen gelblichen Saugstellen: später verfärben sich diese braun. Die Pflanzen verkrüppeln und die Blütenansätze werden dabei mitvernichtet. Einige Wanzenarten haben in ihrem Speichel Giftstoffe, die den Pflanzen sehr schaden. Blattwanzen können auch Viren übertragen.

Sie lieben warme und trockene Jahre sowie möglichst windgeschützte Stellen. Sie können auch von benachbarten Wiesen und Weiden in die Hausgärten einwandern.

Blattwanzen kommen an Blumen, aber auch an Gemüse, Obst und Beerenobst vor. Einige Wanzenarten haben sich auf eine Pflanzenart spezialisiert, andere wechseln häufig die Wirtspflanze. Befallen werden Sommerastern, Dahlien, Chrysanthemen und Strohblumen, aber auch Rosen und Hortensien. Du findest sie an Apfelbäumen, Stachel- und Johannisbeerpflanzen. Selbstverständlich bleiben auch unsere Gemüsearten nicht ungeschoren: Blumenkohl und Sellerie sind bei Wanzen sehr beliebt.

Vorbeugung: Vorbeugend kannst du kaum etwas tun, da die Tiere aus der weiteren Umgebung einwandern.

Bekämpfung: Wichtig ist, die Pflanzen genau zu beobachten und bei einem Befall sofort Gegenmaßnahmen zu ergreifen. Wer auf Spritzmittel verzichten möchte, kann sich darauf beschränken, die Tiere frühmorgens einzusammeln. Weitere Maßnahmen sind in der Regel nicht notwendig.

Rechts: Springschwänze sind sehr urtümliche Insekten. Sie bevorzugen Feuchtigkeit, ihre Larven fressen an Pflanzen.

Ob Blattlaus, Milbe, Käfer, Floh, wirst du sie los, dann bist du froh!

An Pflanzen fressende Schädlinge

Unzählige Insekten und deren Larven fressen an Blättern, Blüten und Stängeln unserer Pflanzen. Der Schaden ist meist schnell zu erkennen und an den Fraßspuren lässt sich in der Regel auch auf den Urheber schließen. Im Rahmen dieses Buches kann ich nur einen Teil dieser „Mitesser" vorstellen.

Springschwänze

Springschwänze sind kleine, bis zu 6 mm große, flügellose graue, weiße oder schwarze Bodenbewohner. Sie sind an der Sprunggabel am Hinterende des Körpers gut zu erkennen, die in Ruhestellung eingeklappt wird. Mithilfe dieser Sprunggabel können sie sehr weit springen und neue Pflanzen erreichen.

Im Freiland befallen Springschwänze meist Sämlinge und junge Pflanzen, sie ernähren sich aber auch von Pflanzenresten, Pilzen, Algen und anderen organischen Stoffen. Damit sind sie eher nützliche Tiere, da sie einen Beitrag zur Humusbildung leisten. Lediglich bei zu großem Befall kann es zu Schäden kommen. Dann sind auch Keimblätter, Wurzeln, Zwiebeln, Knollen und sogar Blätter nicht sicher vor den gefräßigen Insekten.

Auch in gut feuchten Blumentöpfen und Saatkistchen treten sie häufig auf. Springschwänze legen ihre Eier im Boden ab. Die daraus schlüpfenden Larven ernähren sich ebenfalls von Pflanzenteilen, unter und über der Erde.

Springschwänze treten häufig an Nelken und Orchideen auf, sie lieben aber auch die Knollen und Zwiebeln von Lilien und Tulpen. An Radieschen, Rettichen und anderen Gemüsesämlingen kannst du sie ebenfalls finden.

Vorbeugung: Springschwänze bevorzugen Feuchtigkeit, Staunässe begünstigt ihr Auftreten. Halte daher die Pflanzen trocken und gieße bei Zimmerpflanzen überschüssiges Wasser stets ab. Lasse die Ballen zwischendurch immer wieder einmal an-, aber nicht völlig austrocknen.

Bekämpfung: Bei nur geringem Befall schaden Springschwänze nicht. Köder aus Kartoffelscheiben, Möhren oder Sellerie locken die Tiere an, doch ist es schwierig, sie zu fangen, da sie bei der leisesten Bewegung wegspringen. Treten sie in Massen auf, bleibt fast nur der Griff zum Spritzmittel.

Erdflöhe

Kleine runde Löcher in Blättern deuten auf die Aktivitäten von Erdflöhen hin. Der Name ist irreführend, da es sich nicht um Flöhe, sondern um etwa 2 bis 4 mm große, schwarze oder gelb gestreifte Käfer handelt. Ihren Namen verdanken sie ihren kräftigen Sprungbeinen, mit denen sie sich flohartig hüpfend fortbewegen.

Die Käfer fressen an der Blattoberfläche, das Resultat ist der typische Fensterfraß. Im Frühjahr treten auch Fraßschäden an Samen und Keimblättern auf. Die Larvenentwicklung und Verpuppung erfolgt unter der Erde. Die Jungkäfer schlüpfen von Juli bis August: Wurzelschäden durch die Larven fallen eher gering aus.

Erdflöhe sind keine Kostverächter, sie fressen das, was sie finden. Besonders weich und zart lieben sie es – also junge Blätter in Bodennähe. Stark betroffen sind Levkojen, Goldlack, Malven und Fuchsien. Natürlich verschmähen sie auch die verschiedenen Gemüsearten nicht, wie etwa Kohl, Radieschen und Rettich – um nur einige zu nennen. Wie gesagt, Erdflöhe fressen das, was sie gerade vorfinden.

Vorbeugung: Erdflöhe treten besonders bei trockenem, warmem Wetter auf und befallen dann vor allem Sämlinge. Häufiges Gießen und Sprühen beugt vor. Eine frühe Aussaat in gleichmäßig feuchtem Boden sowie Mischkultur helfen ebenfalls, der Plage Herr zu werden. Helfe den Sämlingen durch eine optimale Pflege wie Düngen und Hacken, so dass sie schnell über die kritische Befallzeit hinauswachsen.

Bekämpfung: Mittel gegen Erdflohbefall gibt es im Handel, aber es muss nicht immer gleich die chemische Keule sein: Wenn du die oben genannten Maßnahmen beachtest, erreichst du meist genauso viel.

Der grüne Tipp

Die beste Vorbeugung gegen Schädlinge ist eine große Pflanzenvielfalt im Garten. Besonders in Monokulturen können sich spezialisierte Insekten massenhaft vermehren. Vielfalt schützt – und auch der Gärtner profitiert davon.

Schnecken

Schnecken sind sicherlich die erklärten Lieblingsfeinde des Gärtners. Sie fressen über Nacht ganze Beete kahl. In so genannten Schneckenjahren treten sie massenhaft auf und haben schon manchen Gartenfreund dazu gebracht, die Flinte ins Korn zu werfen. Trotzdem, es gibt Mittel und Wege, den schleimigen Gesellen beizukommen.

Schnecken besitzen eine reibeisenähnliche Zunge, mit deren Hilfe sie die Oberfläche von Blättern, bevorzugt von jungen zarten Blättern und Trieben,

Die beste Methode zur Eindämmung der Schneckenplage ist das geduldige Absammeln.

Der Gartenfeind
Nummer Eins
ist zweifelsfrei
die Wegschnecke.

Bei der Verwendung von Schneckenkorn
ist darauf zu achten, wetterfeste Präparate
auszubringen.

abraspeln. Das Resultat sind oft durchscheinende Fenster auf der ansonsten intakten Blattfläche, ein typisches Anzeichen für Schneckenfraß. Ein anderer sicherer Hinweis auf die Anwesenheit von Schnecken ist die Schleimspur, welche die Tiere auf Pflanzen und Erde hinterlassen. Besonders gern leben sie in Frühbeetkästen und Gewächshäusern.

Schnecken fühlen sich an feuchten Stellen und bei hoher Luftfeuchtigkeit wohl. In feuchten, kühlen Jahren treten sie stärker auf als in sehr trockenen.

Schädlinge im Garten sind vor allem Nacktschnecken, also Arten, die kein Schneckenhaus besitzen. Sie sind überall im Garten zu finden und fressen sowohl an Blumen als auch an Gemüse und Kübelpflanzen: sogar an Agaven und weichen Kakteen kannst du ihre Fraßspuren finden.

Schnecken, Freunde, glaubt es mir, trinken liebend gerne Bier.

Darüber hinaus zählen sämtliche Gemüsepflanzen zu ihren Futterpflanzen, vor allem Jungpflanzen sind stark gefährdet, weil sie schnell kahl gefressen sind.

Vorbeugung: Die besten Methoden zur Vorbeugung ergeben sich aus der Kenntnis der Lebensweise der Schnecken. Tagsüber halten sie sich gern an feuchten Stellen in der Erde oder unter Steinen versteckt auf und verlassen diese Verstecke nur im Schutz der Dunkelheit. Schaffe solche Versteckmöglichkeiten und sammle die Tiere dort ab.

Trockenes Stroh zwischen Erdbeerreihen, Sand, Asche, Ruß oder trockene Sägespäne zwischen Pflanzenreihen mögen Schnecken nicht, da sie sich auf trockenen Oberflächen nur schlecht fortbewegen können. Diese Schutzstreifen müssen daher nach einem Regen wieder neu gestreut werden!

Schnecken lassen sich mit Bierfallen, Kartoffelscheiben und künstlichen Schlafstellen ködern. Biete ihnen im Herbst alte Holzbretter als Eiablagestellen an. Die Eigelege kannst du dann bequem absammeln.

Einige Pflanzen wie Rosmarin, Lavendel, Oregano oder Thymian schrecken Schnecken ab. Das gilt aber nicht für die Spanische Wegschnecke, einen Einwanderer aus dem Süden, der sich rasant ausgebreitet hat und vielerorts schon zur Plage geworden ist.

Schneckenzäune halten Schnecken ebenfalls ab, aber natürlich nicht innerhalb der Umzäunung im Boden versteckte Ackerschnecken. Hilfreich sind auch Kunststoffflaschen mit abgeschnittenem Boden, die du mit der Flaschenöffnung nach oben über die jungen Pflanzen stülpst.

Bekämpfung: Absammeln frühmorgens oder in der Abenddämmerung ist immer noch die sicherste Methode, die Schneckenplage einzudämmen. Dabei helfen Schneckenfallen und Schneckenköder. Hohl liegende, mit Schweineschmalz oder ranziger Butter bestrichene Brettchen oder Dachziegel üben dabei einen besonderen Reiz auf Schnecken aus. Sehr erfolgreich als Fallen sind auch feuchte Tücher und frisch geschnittene Kartoffelscheiben. Allerdings musst du diese Schneckenfallen täglich einmal kontrollieren und die Schnecken absammeln. Im Handel erhältliche Schneckenköder sind ebenfalls sehr wirkungsvoll, da sie die Schnecken anlocken und gleichzeitig abtöten.

Raupen, Larven, Maden,

Die Jugendstadien mancher Insekten sind recht gefräßige Gesellen im Blumen- und Gemüsegarten, aber auch der Obstgarten und Ziergehölze bleiben nicht verschont. Besonders gefräßig sind die Raupen der Schmetterlinge, insbesondere die Jugendstadien von Eulenfaltern, Wicklern und Motten. Schmetterlingsraupen sind grünlich, bräunlich oder bunt gefärbt und besitzen 2 bis 5 Bauchbeinpaare. Sie sind manchmal nur schwer von Afterraupen, den Larven der Hautflügler, oder Käferlarven zu unterscheiden. Eines haben aber alle gemeinsam: einen großen Appetit auf unsere Beetpflanzen.

Die Liste dieser Schädlinge im Obst- und Gartenbau ist ellenlang. Die Zahl der an Gartenpflanzen fressenden Arten schier unübersehbar. Befallen werden alle Pflanzenteile: Blätter, Triebe und Knospen. Nur Pflanzenschutzämter können eine sichere Bestimmung vornehmen und entsprechende Empfehlungen geben.

Vorbeugung: Im Idealfall werden die Eigelege vor dem Schlüpfen der Raupen entfernt. Spätestens nach dem Schlüpfen sollten die jungen Raupenkolonien abgesammelt werden.

Bei der Bekämpfung vieler Raupen sind Vögel unschätzbare Helfer. Versuche daher, diesen im Garten die optimalen Lebensbedingungen zu bieten.

Bekämpfung: Über meinen Gartenkatalog und im Fachhandel sind wirksame Mittel zur Bekämpfung erhältlich, allerdings musst du sofort nach dem Auftreten der ersten Fraßstellen spritzen. Raupen und ihre Verwandten räumen rasend schnell Blätter und Triebe von Pflanzen ab und hinterlassen nur noch Pflanzengerippe. Unternehme nichts, ohne dich vorher gut informiert zu haben.

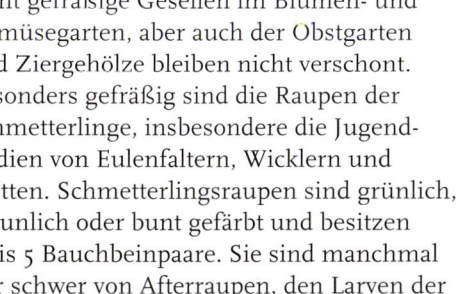

Ohrwürmer

Ohrwürmer verzehren als Allesfresser Moose, Blattläuse, Eigelege, Insekteneier, Larven, schädliche Pilze, Blüten und Früchte, aber auch ebenso gern frische zarte Pflanzenteile. Die Ränder der Fraßstellen sind fein gezackt.

Ohrwürmer sind markante, 1,5 bis 2 cm lange, urtümlich wirkende Insekten. Jeder erkennt sie an der großen Zange am Hinterleib. Sie gehen nur nachts auf Futtersuche und verstecken sich tagsüber unter Steinen

Links oben: Die auffälligen Raupen des Großen Kohlweißlings fressen in Gruppen an Kohlgewächsen.
Links unten: Die bizarren Raupen des Tagpfauenauges zählen nicht zu den Schädlingen im Garten, sie ernähren sich ausschließlich von Brennnesseln.
Rechts: Ohrwürmer vertilgen schädliche Insekten und deren Eigelege.

im Laub, in Ritzen und Spalten oder in hohlen Stängeln. Ohrwürmer überwintern als ausgewachsene Tiere und legen im Frühjahr ihre Eier ab.

Aufgrund seines breiten Nahrungsspektrums, zu dem auch Insektenlarven und -eier gehören, ist der Ohrwurm auch als Nützling zu bezeichnen. Fraßschäden an Zierpflanzen fallen kaum ins Gewicht.

Ohrwürmer lieben im Garten besonders Dahlien, Chrysanthemen, Nelken und Rosen. Harte Gehölze und Strünke von Gemüse sind weniger als Futter, sondern vielmehr als Unterschlupf begehrt. Ob du die Gartenflächen davon säubern musst, hängt vom Befall des vergangenen Sommers ab: je stärker dieser war, umso wichtiger ist es, Unterschlupfmöglichkeiten für die Überwinterung abzuräumen und zu verbrennen. Bitte nicht auf den Kompost, denn dann werden die Überwinterungsplätze nur verlagert, und im Frühjahr geht der Befall von vorn los.

Vorbeugung: Eine Vorbeugung ist nicht möglich, aber Ohrwürmer lassen sich in umgekehrt aufgehängten Blumentöpfen, die mit Stroh, Holzwolle oder Moos gefüllt sind, fangen, wenn unter dem Rand Einschlupfstellen vorhanden sind.

Unten: Ameisen sind allgegenwärtig. Je früher du etwas gegen sie unternimmst, umso besser.

> Ameisen sind recht ärgerlich, hiermit noch jedes Tier verblich!

Bekämpfung: Ohrwürmer sollten nicht bekämpft werden. In einem naturnahen Garten finden sie genügend Ausgleichskost, so dass es kaum zu nennenswerten Schäden kommt.

Asseln

Wohl jeder kennt Kellerasseln. Sie sind etwa 2 cm lang und haben einen grauen oder braunen gewölbten, ovalen Körper, rollen sich bei Gefahr sofort zusammen und bleiben dann wie leblos liegen. Asseln sind keine Insekten, sondern gehören zu den Krebstieren. Sie atmen mit Kiemen und sind auf eine hohe Luftfeuchtigkeit angewiesen. Über Tag halten sie sich versteckt und nur nachts sind sie aktiv. Dann fressen sie junge Pflanzenwurzeln oder frische Blätter und Triebe an, ernähren sich aber überwiegend von abgestorbenen Pflanzenresten. Damit zählen sie zu den Humusbildern und sind in erster Linie recht nützliche Organismen im Garten, die du nicht bekämpfen solltest.

Vorbeugung: Wenn Asseln in großer Menge auftreten oder du dich vor den Tieren ekelst, ist das Fangen in künstlich angelegten Unterschlupfen erfolgreich. Das kann feuchte Holzwolle ebenso sein, wie ein umgestülpter Blumentopf mit hineingelegten halbierten Möhren oder ausgehöhlten Kartoffeln. Achte darauf, dass Einschlupfmöglichkeiten vorhanden sind. Wichtig ist, dass du diese Fallen jeden Morgen absammelst. Kröten, Igel und

Laubfrösche sind die natürlichen Feinde der Asseln, da sie erhebliche Mengen von ihnen vertilgen.

Ameisen

Die allgegenwärtigen Ameisen können im Garten durchaus Schaden anrichten, vor allem wenn sie massenhaft auftreten und mit ihren unterirdischen Gängen und Nestern Wege und Terrassen unterhöhlen. Auch Wurzeln werden dadurch freigelegt und trocknen ab. Besonders in trockenen Jahren findest du Gurken, die von Ameisen teilweise ausgehöhlt worden sind. Auch Möhren, saftige junge Triebe und Blütenknospen werden von Ameisen angefressen. Ameisen schützen und pflegen Blattlauskolonien und verteidigen sie gegen natürliche Fressfeinde wie den Marienkäfer. Als Gegenleistung melken sie die süßen Ausscheidungen der Blattläuse, den Honigtau.

Bekämpfung: Ameisen bekämpfst du, sobald du ihre Nester entdeckt hast. Eine unfeine, aber wirkungsvolle Methode ist es, frühmorgens oder spätabends, wenn alle Tiere im Bau sind, kochend heißes Wasser in die Gänge zu gießen. Achtung, dass die in der Nachbarschaft stehenden Pflanzen nicht mitgeschädigt werden! Kräuterjauchen aus Wermut oder Rainfarn sollen Ameisen vertreiben; auch Algenkalk verfehlt seine Wirkung nicht. Als Lockmittel dient eine Mischung aus Frischhefe und Honig. Bei starkem Befall sind Ameisenmittel durchaus sinnvoll.

Vögel

Vögel sind nicht nur nützliche Gartenhelfer, manche können auch zur Plage werden. Vor allem bei der Aussaat holen sich Dohlen, Amseln, Tauben, Krähen und Sperlinge diejenigen Samen, die nicht in die Erde gekommen sind. Einige Vögel scharren sogar entlang der Reihen und picken die Samen aus den Rillen. Noch schlimmer sind die Schäden, wenn Vögel Sämlinge auszupfen, die gerade die Erde durchstoßen haben. Da kann ein Saatbeet in wenigen Stunden abgeräumt sein.

Beerenobstanbauer und Erdbeerfreunde kennen Vogelschäden zur Genüge, und natürlich werden Kirschen, Johannisbeeren und Blaubeeren auch gern beerntet. Es gibt nur wenig Möglichkeiten, etwas dagegen zu tun. Vogelscheuchen und flatternde, blinkende Streifen sollen helfen. Aber selten halten diese Abwehrmittel die Vögel und das Wild auch auf Dauer davon ab, sich an den frischen jungen Pflanzen oder an den Beerenobststräuchern und Obstbäumen satt zu fressen. Meine Großmutter hat in etwa 10 cm Höhe über frische Aussaaten an eingesteckte Stäbe kreuz und quer schwarzen Zwirn gezogen. Das mache ich noch heute so, und es hilft sicher etwas, aber auch nicht 100%, dazu sind die Vögel viel zu klug und gewöhnen sich schnell an neue Situationen. Allerdings schützt diese Methode schnell keimende Aussaaten ganz gut.

Gegenüberliegende Seite oben. Asseln sind keine Insekten, sie gehören zu den Krebstieren und sind auf Feuchtigkeit angewiesen.

Willst du deine Früchte selber ernten und nicht den Vögeln überlassen, hilft am sichersten ein darüber gespanntes Schutznetz.

Der grüne Tipp®

Ein wirkungsvoller Schutz vor Vogelfraß sind spezielle Netze, die über Kulturen und Bäume gespannt werden, bevor Vögel eine Chance haben, sich an den Früchten zu vergreifen.

Gärtner Pötschkes

Garten-kalender

Von Gartendingen allerhand –
sagt mein Kalender an der Wand.

AUGUST

1

Nicht mehr
düngen!

Dieses Kapitel soll dir ein
Begleiter durch das Gartenjahr
sein. Monat für Monat findest
du die jeweils anfallenden
Gartenarbeiten aufgelistet und kurz erläutert.
Hinweise zu Aussaaten und Ernteterminen
helfen dir bei der Planung. Auch die wichtigsten
Bauernregeln erwähne ich kurz. Sie sind das
Resultat von vielen hundert Jahren Beobachtung des Wettergeschehens und sie haben an
ihrer Gültigkeit nichts verloren.

Aus Platzgründen kann ich hier natürlich nicht
noch einmal komplexe Themen ausführlich
darstellen; das alles findest du in den vorangegangenen Kapiteln.

Manche Gartenarbeiten, wie das Pflanzen oder
der Schnitt der Gehölze, lassen sich sowohl
im Herbst als auch im Frühjahr durchführen.
Die Vor- und Nachteile findest du auch in den
jeweiligen Kapiteln erläutert.

Natürlich werden alle Gartenarbeiten durch
das Wetter und die Witterung beeinflusst, und
von Jahr zu Jahr ergeben sich Verschiebungen,
die du mit einplanen musst.

Mit Gärtner Pötschke durch das Gartenjahr

Wenn wir mit offenen Augen durch den Garten gehen, sehen wir in der Regel sofort, welche Arbeiten anstehen. Doch nicht immer wird auf den ersten Blick offenbar, was wann dringend getan werden muss. So ist es zum Beispiel für die Krankheits- und Schädlingsprophylaxe meist zu spät, wenn sich die ersten Blattlauskolonien angesiedelt haben und die Rosen von Mehltau überpudert sind. Andere Arbeiten wie das Mulchen oder rechtzeitiges Wässern der immergrünen Gehölze vor dem Einsetzen von Winterfrösten werden manchmal einfach vergessen, weil andere Arbeiten wichtiger erscheinen. Deshalb ist

es gut, auch hin und wieder einen Blick in den Arbeitskalender zu werfen, der uns an wichtige Termine erinnert oder auch zu Arbeiten anregt, die den Fruchtertrag und Blütenreichtum und damit die Freude am Garten noch steigern können.

Gartentagebuch

Weil das Wetter und der Verlauf der Jahreszeiten in jeder Region etwas unterschiedlich sind, empfehle ich, ein eigenes Gartentagebuch anzulegen, in dem du deine Beobachtungen notieren kannst. Das Aufblühen der ersten Schneeglöckchen zum Beispiel, den Zeitpunkt der Apfelbaumblüte, die ersten reifen Kirschen oder die erste frostige Herbstnacht sind Ereignisse, die deinen Erfahrungsschatz bereichern und hilfreiche Hinweise für kommende Gartenjahre geben können. Wenn wir uns bei der Aussaat die genauen Termine notieren und danach dokumentieren, wie die Jungpflanzen sich in der Folgezeit entwickeln, können wir im kommenden Jahr noch mehr Erfolge bei der Anzucht der neuen Pflanzengeneration verbuchen.

Lostage und Bauernregeln

Bauernregeln, die sich an den Heiligen des christlichen Kalenders orientieren, kennt heute noch fast jeder, der einen Bezug zur Natur und zu seinem Garten hat. Die bekannteste Bauernregel ist wohl die von den Eisheiligen: „Pankrazi (12. Mai),

Ein Weißanstrich schützt Bäume vor Schäden durch Frostrisse. Das passiert, wenn die Nächte kalt sind und die Sonne die Rinde tagsüber zu schnell aufheizt.

An Baum und Strauch wird jetzt gerüttelt, und zuviel Schneelast abgeschüttelt.

Was im Januar zu tun ist

Januar, Jänner oder Hartung, erster Monat des Jahres, benannt nach Janus, dem doppelgesichtigen römischen Gott der Eingänge und Torbögen, der später auch als Gott des Anfangs verehrt wurde. Mit dem neuen Jahr beginnt auch der Hochwinter, der kälteste Abschnitt des Winters mit strengen Frösten, die über längere Zeit anhalten können. Für den Gärtner bedeutet der Januar einen Neuanfang, eine Zeit der Planung und Vorbereitung auf das kommende Gartenjahr.

Links: Die Winterfütterung hilft unseren Vögeln, muss aber vor Beginn der Brutzeit eingestellt werden.

Januar

Lostage

20. Januar:
An Fabian und Sebastian
fängt der rechte Winter an.
22. Januar:
Wenn Agnes und Vincentis kommen,
wird neuer Saft im Baum vernommen.
30. Januar:
Bringt Martina Sonnenschein,
hofft man auf viel Korn und Wein.

Bauernregeln

Werden die Tage länger,
so wird die Kälte strenger.
Januarsonne hat weder Kraft noch Wonne.
Januar muss krachen, soll der Frühling lachen.

Servazi (13. Mai), Bonifazi (14. Mai) sind drei frostige Bazi, und zum Schluss fehlt nie die kalte Sophie (15. Mai)."

Die Bedeutung der Lostage ist dagegen schon fast aus dem allgemeinen Bewusstsein verschwunden. Seit alters her nennt man Tage, die nach der Erfahrung der Bauern als wichtig für den weiteren Witterungsablauf sowie für die Arbeiten im Garten und auf den Feldern gelten, Lostage. Früher dienten Bauernregeln und Lostage allen auf dem Land arbeitenden Menschen zur Wettervorhersage. Heute verlassen wir uns besser auf den amtlichen Wetterbericht. Dennoch können die überlieferten Regeln hilfreiche Tendenzen aufzeigen. Deshalb werden für jeden Monat einige wichtige Lostage und Bauernregeln genannt.

Allgemeine Gartenarbeiten

≫ Während die meisten Gartenarbeiten ruhen, ist genügend Zeit, die Planung für das kommende Gartenjahr durchzuführen: Was soll wohin verpflanzt werden, was möchtest du neu pflanzen?

≫ Anlegen eines Gartentagebuches mit Wetterkalender.

≫ Jetzt muss auch das Saatgut gesichtet werden. Eine Keimprobe bei gelagertem Saatgut gibt dir Aufschluss darüber, ob eine Aussaat lohnt oder neues Saatgut beschafft werden muss.

≫ Kataloge anfordern und durchsehen, um rechtzeitig zu bestellen.

≫ Saatgut aus dem reichhaltigen Angebot meines Gartenkataloges bestellen.

≫ Winterschutz im Nutz- und Ziergarten muss immer wieder überprüft werden: Hält die Isolierung stand, kann die Feuchtigkeit verdunsten? Funktioniert die Notheizung im Gewächshaus?

≫ Das Gewächshaus zusätzlich mit Noppenfolie isolieren.

≫ Werkzeug kann jetzt gereinigt und, wenn nötig, repariert werden. Alle Metallteile reibst du mit einem geölten Lappen ab, um ein Verrosten zu verhindern.

≫ Die Singvögel brauchen bei strengem Frost und Schnee unsere Hilfe. Der Futterplatz sollte katzensicher und möglichst überdacht sein. Regelmäßiges Säubern hält Krankheiten fern.

Gemüse- und Kräuter-garten

›› Plane jetzt die Belegung der Beete – dabei an den Fruchtwechsel denken und Mischkulturen berücksichtigen.

›› Eingelagertes Gemüse in Mieten auf Mäusefraß und Fäulnis oder Schimmel kontrollieren.

›› Unter Glas können die ersten Aussaaten gemacht werden: Pflück- und Schnitt-salat, Kopfkohlsorten, Kohlrabi, Sommer-lauch (Porree) und Saatzwiebeln.

›› Wintergemüse, das auf dem Beet bleibt (z. B. Rosenkohl, Winterlauch, Feldsalat und Grünkohl), mit Folien oder Vlies vor dem Einschneien und tiefen Minusgraden schützen.

›› Keimsprossen als Vitaminspender im Zimmer heranziehen.

›› Chicoree- und Löwenzahn-wurzeln antreiben.

Ein Kunststoff-Frühbeet tut es auch, meist reicht es für den Hausgebrauch.

Obstgarten

›› Baumstämme jetzt mit einem Weißanstrich versehen.

Idealen Winterschutz bieten Fichtenreiser.

›› Bäume vor Wildverbiss schützen.

›› Pfirsich- und Aprikosenbäume vor dem Anschwellen der Knospen mit einem zugelassenen Fungizid oder Pflanzen-stärkungsmittel gegen die Kräuselkrank-heit spritzen.

›› Beerensträucher auslichten, vorjährige, abgeerntete Himbeerruten bodeneben zurückschneiden, falls noch nicht ge-schehen.

›› An Südwänden gezogenes Spalierobst bei starker Sonneneinstrahlung und frostigen Nächten mit Vlies oder Jute schützen.

›› Eingelagertes Obst auf Schädlingsbefall und Fäulnis kontrollieren und die Lager an frostfreien Tagen lüften.

Ziergarten

›› Die Bepflanzung der Sommerblumen-beete planen und rechtzeitig Saatgut bestellen.

›› Frostkeimer in Schalen aussäen, die ins Freiland gestellt werden.

›› Die ersten Sommerblumen wie z. B. Pelargonien unter Glas aussäen.

›› Knollen- und Zwiebelblumen wie z. B. Hyazinthen und Tazett-Narzissen kannst du jetzt im Zimmer vortreiben und zu früher Blüte anregen.

›› Wenn es schneit, schwere Schneelasten von den Zweigen schütteln, damit diese nicht abbrechen.

›› Eingelagerte Knollen und Zwiebeln von Dahlien, Gladiolen und anderen nicht winterharten Zierpflanzen auf Fäulnis, Schimmel und Schädlingsbefall kontrollieren. Befallene Exemplare entfernen.

›› Kübelpflanzen auch im Winterquartier gelegentlich gießen, damit sie nicht vertrocknen. Auf Schädlinge (Schild- und Blattläuse!), Fäulnis oder Schimmel kontrollieren und gegebenenfalls Bekämpfungsmaßnahmen ergreifen.

›› Immergrüne Gehölze wässern, wenn der Boden frostfrei ist.

›› Bei Sonnenschein und anhaltendem Frost immergrüne Stauden und Gehölze schattieren.

›› Sommergrüne Hecken schneiden.

Februar

Lostage

2. Februar:
Ist Lichtmess hell und rein,
wird's ein langer Winter sein,
wenn es aber stürmt und schneit,
ist der Frühling nicht mehr weit.

5. und 6. Februar:
Agatha und Dorothee sind reich an Schnee.

24. Februar:
Nach Sankt Mattheis geht kein Fuchs
mehr übers Eis.

Bauernregeln

Lässt der Februar Wasser fallen,
so lässt's der März gefrieren.

Der Hornung ist ein eigener Kautz,
wenn's nicht gefroren ist, so taut's.

Im Februar Schnee und Eis
macht den Sommer heiß.

Was im Februar zu tun ist

Im Volksmund auch als Hornung oder Tau-
monat bezeichnet. Der Name Februar geht
auf das lateinische „februare" (= reinigen)
zurück, das die Römer als Fest der Sühne
und der Reinigung feierten. Bei ihnen war
der Februar der letzte Monat des Jahres, bei
uns ist es der zweite. Er hat nur 28, in Schalt-
jahren 29 Tage. War der Januar kalt, folgt
oft auch ein besonders kalter Februar. Dabei
solltest du dich von ein paar milderen Tagen
zu Monatsbeginn nicht täuschen lassen.

Allgemeine Gartenarbeiten

>> Freifläche im Gewächshaus schaffen,
damit ausreichend Platz für die anstehenden Aussaaten zur Verfügung steht.

>> Aussaaten in Kistchen und Schalen auf
dem Fensterbrett, im Kalten Kasten,
Frühbeet oder Gewächshaus vorbereiten.
Eine beheizbare Unterlage beschleunigt
die Keimung.

>> Nistkästen reinigen und katzensicher
an Bäumen installieren. Solange Schnee
und strenger Frost herrschen, sind
unsere Vögel für eine Fütterung dankbar. Bei milderem Wetter ist es besser,
die Fütterung einzustellen.

>> Bei milder Witterung und offenem
Boden kannst du die Beete vorbereiten.

>> Den Boden im Gewächshaus für erste
Aussaaten (z. B. Radieschen) und Pflanzungen vorbereiten.

>> Baumstämme abbürsten, rissige Rinde
entfernen.

>> Bei anhaltend milder Witterung kann
der Winterschutz nach und nach entfernt werden. Man hält ihn dennoch in
Reserve, falls später noch Frost droht.

>> Stößt du beim Aufräumen im Garten auf
Schneckengelege, entfernst du diese.

>> Du kannst „Gärtner Pötschkes Kalkstick-
stoff" zur Entseuchung des Gartenbodens ausbringen.

>> Schnittgut mit dem Häcksler zerkleinern
und als Mulchmaterial verwenden oder
kompostieren.

Links: Das gute
alte Mistbeet hilft,
die Gartensaison
zu verlängern.
Rechts: Meisen-
knödel werden von
den Vögeln dankbar
angenommen.

Gemüse- und Kräutergarten

>> Höchste Zeit, das Mistbeet zu packen! Ein warmes Frühbeet erlaubt bereits die Aussaat von Radieschen, Schnitt- und Pflücksalat sowie Gartenkresse.

>> Unter Glas können jetzt Endivien, Sommerlauch (Porree), Blumenkohl, Brokkoli und Kohlrabi vorgezogen werden. Gegen Ende des Monats auch Paprika, Tomaten und Auberginen.

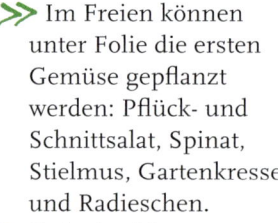

Licht und Luft vor allen Dingen soll'n durch den Schnitt nach innen dringen.

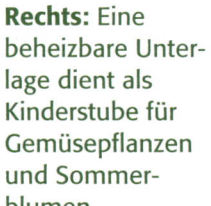

>> Im Freien können unter Folie die ersten Gemüse gepflanzt werden: Pflück- und Schnittsalat, Spinat, Stielmus, Gartenkresse und Radieschen.

>> Ende des Monats sollten die Beete von allen Wintergemüsen wie Grün- und Rosenkohl sowie Lauch und Feldsalat geräumt werden.

Obstgarten

>> Spalierobst an exponierten Südwänden muss bei Sonnenschein schattiert werden.

>> Winterschnitt von Kiwipflanzen: Alte Fruchttriebe entfernen und neue Leitäste nachziehen.

>> Triebe der Schwarzen Johannisbeeren auf Gallmilbenbefall kontrollieren. Aufgedunsene Knospen ausschneiden und entsorgen.

>> Die Triebe von Johannis- und Stachelbeeren können zur Mehltauprophylaxe um 5 cm eingekürzt werden. Fruchtmumien an Bäumen und Sträuchern entfernen.

>> Weinreben zurückschneiden. An frostfreien Tagen kannst du Obstbäume schneiden.

>> Bei milder Witterung können robuste Obstbäume wie Apfel, Zwetschge oder Birne gepflanzt werden.

>> Erdbeeren zur Ernteverfrühung mit Folientunnel überdecken.

Ziergarten

>> Fichten auf einen Befall der Sitka-Fichtenlaus kontrollieren. Die etwa einen Millimeter großen, ungeflügelten Tiere fallen beim Abklopfen der Äste in Stammnähe auf ein daruntergehaltenes Blatt Papier. Gegebenenfalls Bekämpfungsmaßnahmen ergreifen.

>> Nadelnde Koniferen mit magnesiumhaltigem Dünger (zum Beispiel „Gärtner Pötschkes Bittersalz") versorgen.

>> In trockenen, frostfreien Perioden immergrüne Gehölze gießen.

>> Sommerblumen mit langer Vorkultur und Stauden aussäen.

>> Bei offenem Boden die ersten zweijährigen Frühjahrsblüher und Stauden auspflanzen.

>> Spät blühende Clematis zurückschneiden.

Rechts: Eine beheizbare Unterlage dient als Kinderstube für Gemüsepflanzen und Sommerblumen.

Was im März zu tun ist

Lenz- oder Frühlingsmonat, benannt nach dem römischen Gott Mars, dem Gott der Krieger, der aber auch als Schützer der Fluren und des Wachstums verehrt wurde. Der Anfang des Monats gehört noch zum Winter, doch der Frühling schickt bereits seine Vorboten. Dennoch sollten wir uns von einigen milden Tagen nicht täuschen lassen, der sogenannte „Märzwinter" kann noch einmal einen frostigen Kälteeinbruch bringen. Erst gegen Ende des Monats treten oft längere Schönwetterperioden auf. Die Temperaturunterschiede zwischen Tag und Nacht sind wegen der intensiveren Sonneneinstrahlung beträchtlich und können empfindlichen Pflanzen gefährlich werden.

Links: Jetzt ist es Zeit für den Schnitt von Bäumen und Sträuchern. Wichtig: eine scharfe Gartenschere.
Unten: Knollen und Zwiebeln im Winterlager regelmäßig auf Krankheiten und Fäulnis kontrollieren!

März

Lostage

3. März:
Kunigund macht warm von unt'.

17. März:
Ist Gertrud sonnig, wird's dem Gärtner wonnig.

25. März:
Wenn Maria sich verkündet,
Storch und Schwalbe heimwärts findet.

Bauernregeln

Märzenschein lässt noch nichts gedeihn.

Säst Du im März zu früh,
ist's oft vergebene Müh.

Maulwurfhaufen, im Märzen zerstreut,
lohnen sich zur Erntezeit.

>> An frostfreien Tagen werden sommer- und herbstblühende Gehölze geschnitten. Bei frühjahrsblühenden Gehölzen wartest du mit dem Schnitt bis nach der Blüte.

>> In frostfreien Perioden können Gehölze verpflanzt werden. Nach dem Umpflanzen gut angießen, damit Hohlräume im Erdreich geschlossen werden und kein Frost eindringen kann.

>> Untergestellte Kübelpflanzen ab und zu gießen und auf Befall mit Schädlingen oder Krankheiten kontrollieren.

>> Eingelagerte Knollen und Zwiebeln nicht frosthartrer Zierpflanzen auf Schädlinge und Fäulnis oder Schimmel kontrollieren. Befallene Exemplare sofort entsorgen, damit sich die Infektion nicht ausbreiten kann.

Allgemeine Gartenarbeiten

>> Wenn die oberste Mutterbodenschicht abgetrocknet ist und die Erde sich leicht krümeln lässt, kannst du mit der Bodenbearbeitung beginnen.

>> Beim Anlegen der Beete ausreichend breite Wege einplanen. Das erleichtert später die Pflege.

>> Mulchschichten, die über Winter die Beete geschützt haben, müssen jetzt entfernt werden, damit der Boden sich rasch erwärmen kann.

>> Die Schnecken verlassen ihr Winterquartier. Rechtzeitiges Absammeln, das Ausbringen von umweltverträglichem Schneckenkorn oder das Aufstellen eines Schneckenzaunes schützen Aussaaten und die jungen Triebe.

>> Die Aussaaten unter Glas sind anfällig für Pilzbefall. Deshalb bei milder Witterung gut lüften und bei starkem Sonnenschein schattieren.

>> Sobald es wärmer wird, das Futterhäuschen der Vögel räumen und aufgehängte Meisenringe und -knödel entfernen und entsorgen, damit sich keine Krankheiten und Schädlinge ansiedeln können.

>> Im Winter geschnittene und in Sand eingeschlagene Steckreiser von Obst- und Ziergehölzen feucht halten, damit sie gut anwachsen.

>> Bodenanalyse durchführen, damit ein Nährstoffmängel erkannt und beim Düngen berücksichtigt werden können.

Gemüse- und Kräutergarten

>> Im Frühjahr wird, auch wenn dies im Herbst unterblieben ist, nicht mehr tief umgegraben. Lockere die Erde 10 bis 15 cm tief mit einem Grubber oder einer Bodenfräse. Auch die Grabegabel kann zum schonenden Lockern des Bodens benutzt werden.

>> Organischen Dünger, zum Beispiel „Gärtner Pötschkes pelletierten Rinderdung" oder „Gärtner Pötschkes Hornspäne" einarbeiten.

>> Nach dem Lockern des Bodens werden die Beete mit einer Harke abgerecht, eingeebnet und so zur Aussaat und Bepflanzung vorbereitet.

>> Gründüngerpflanzen wie Schmetterlingsblütler, Bienenfreund oder auch Gartensenf können als Zwischenkultur eingesät werden.

Oben: Ein spezieller Schneckenzaun hält die gefräßigen Plagegeister von jungen Trieben fern.
Rechts: Ein heller, kühler Raum ist der ideale Ort zur Überwinterung von empfindlichen Kübelpflanzen.

- Erste Aussaaten im Freiland müssen regelmäßig von Wildkräutern befreit werden, damit die jungen Sämlinge nicht ersticken.
- Gründüngung in den Boden einarbeiten.
- Vorkultur unter Glas von Endivien, Knollen- und Bleichsellerie, Blumenkohl, Brokkoli, Kohlrabi, Tomaten, Paprika, Auberginen sowie Basilikum.
- Unter Folie können Kopf- und Pflücksalat, Eissalat, Radieschen, Rettich, Mairübchen, Rote Bete (Randen), Lauch (Porree), Kopfkohlsorten, Rosenkohl und Kohlrabi gesät werden.
- Bei milder Witterung können jetzt im Freiland schon Spinat, Mangold, Rauke (Rucola), Löwenzahn, Gartenkresse, Petersilie, Möhren, Pastinaken, Schwarzwurzeln, Steckzwiebeln, Knoblauch, Radieschen, Palerbsen, Zuckererbsen und Puffbohnen gesät bzw. gepflanzt werden.
- Bei milder Witterung können Rhabarber und Meerrettich gepflanzt werden.
- Antreiben von Rhabarber: Stülpe einen Eimer oder eine Kiste über die Pflanze und decke eine schwarze Folie darüber. Gelegentliches Lüften verhindert Fäulnis. Auf Schneckenfraß achten!
- Gewächshaus und Frühbeet bei milden Temperaturen lüften und bei Sonnenschein schattieren.
- Frühkartoffeln im Haus bei 15 °C vorkeimen.

Am Stamm von Obstbäumen angebrachte Leimringe schützen vor einem Befall mit Frostspannern.

- Edelreiser zum Pfropfen und Veredeln können noch bis Ende des Monats geschnitten und verarbeitet werden.
- Leimringe gegen Frostspanner an den Stämmen von Obstbäumen anbringen.
- Wintermulch in die oberste Bodenschicht einarbeiten, dabei die Wurzeln der Gehölze nicht verletzen.
- Beerensträucher mit einer Schicht reifen Komposts mulchen.
- Baumscheiben mit Kompost abdecken.
- Obstbäume brauchen jetzt „Gärtner Pötschkes Pflanzenfutter für Obstgehölze".
- An trockenen Tagen Obstbäume und Beerensträucher mit Pflanzenstärkungsmitteln (Schachtelhalmbrühe, Wermutauszug) spritzen.

Was unter der Veredlung treibt, niemals an der Rose bleibt.

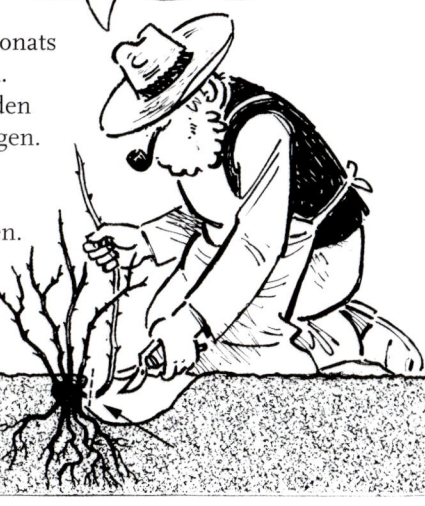

Obstgarten

- Nicht alle Obstbaumsorten sind selbstfruchtbar. Achte deshalb bei der Sortenwahl auf geeignete Befruchtersorten.
- Im März ist noch Zeit für die Pflanzung von Obstbäumen und Beerensträuchern, besonders von empfindlichen Arten. Nach dem Pflanzen gründlich angießen, damit sich die Hohlräume im Boden schließen und die Pflanze gut anwächst.
- Letzte Möglichkeit für den Obstbaumschnitt. Nur Aprikose und Pfirsich können noch bis kurz vor der Blüte geschnitten werden. Auf Befall mit Rotpusteln, Baumkrebs und Kragenfäule achten.

Ziergarten

- Stauden und Sträucher können jetzt geteilt werden.
- Jetzt ist auch die beste Zeit für das Pflanzen von Gehölzen und Stauden.
- Sommer- und herbstblühende Ziergehölze können noch geschnitten werden. Frühjahrsblühende Gehölze schneidest du erst nach der Blüte.
- Wenn auf den Beeten jetzt schon die ersten Wildkräuter gejätet werden, haben sie keine Chance, sich weiter auszubreiten.

>> Robuste Sommerblumen wie Ringelblumen, Trichtermalven und Kornblumen können jetzt direkt ins Freiland oder in Vorkultur ausgesät werden.

>> Der Winterschutz kann nach und nach entfernt werden. Dies geschieht am besten bei bedecktem Himmel, damit die über Winter gebleichten Pflanzen nicht verbrennen.

>> Angehäufelte und mit Reisig geschützte Rosen können ab Mitte bis Ende des Monats ausgepackt werden. Erfrorene, trockene Triebe werden ausgeschnitten. Beetrosen scharf zurückschneiden.

>> Bei Strauch- und Kletterrosen wird der Winterschutz entfernt und nur Erfrorenes ausgeschnitten.

>> Junge Hochstammrosen, deren Stämme noch biegbar sind, wieder ausgraben, aufbinden und in Form schneiden.

>> Im Staudenbeet werden alle trockenen, welken und abgestorbenen Teile ausgeschnitten und kompostiert.

>> Früh austreibende Stauden wie Tränendes Herz müssen durch Hauben oder Vlies vor Nachfrösten geschützt werden. Empfindliche Lilienarten können jetzt gepflanzt werden.

>> Verfilzte Rasenflächen vertikutieren oder belüften. Bei schweren, feuchten Böden empfiehlt sich ein Aufsanden. Der Sand kann nach dem Belüften mit einem Rechen eingearbeitet werden.

>> Kübelpflanzen im Winterquartier heller stellen, vermehrt gießen und vorsichtig düngen. Falls nötig, umtopfen. Robuste Arten wie Oleander, Lorbeer und Olivenbäumchen können ab Mitte bis Ende des Monats bereits wieder ins Freie umziehen. Vor der Sonne schützen, bis sie abgehärtet sind.

>> Überwinterte Pelargonien und Fuchsien zurückschneiden, um einen buschigeren Austrieb zu erzielen. Heller stellen und vermehrt gießen.

>> Nicht winterharte Knollenpflanzen wie Dahlien, Indisches Blumenrohr und Knollenbegonien in Kisten oder Töpfen im Haus vortreiben. Ausreichend hell stellen, damit die Pflanzen nicht vergeilen, d.h. Wildtriebe bilden.

>> Immergrüne Hecken vor dem Austrieb schneiden. Auf Vogelnester achten!

Rechts: Schichte den Kompost vom Vorjahr jetzt um und richte eine neue Kompostmiete ein.

Was im April zu tun ist

Mit dem auch Grasmonat genannten April beginnt das Frühjahr. Darauf verweist der Ursprung des Namens: das lateinische „aperire" (= öffnen). Tatsächlich öffnen sich jetzt mit steigenden Temperaturen viele Blüten. Große Luftdruckunterschiede können aber abrupte Wetterwechsel verursachen, so dass wir mitunter blühende Löwenzahnwiesen in einem Schneesturm versinken sehen können. Einen Tag später lockt die Sonne dann schon wieder die ersten Bienen hervor. Frostkalte Nächte können sich mit milden, sonnigen Tagen abwechseln und für die Obstblüte gefährlich werden. Weil das Wetter im April solche Kapriolen schlägt, wird der Monat im Volksmund auch oft „Launing" genannt.

Allgemeine Gartenarbeiten

>> Gartenmöbel ausräumen, reinigen und eventuell mit einem neuen Anstrich versehen. Unlackierte Holzmöbel mit entsprechendem Holzöl aus dem Fachhandel imprägnieren.

April

Lostage

14. April:
Tiburtius kommt mit Sang und Schall,
bringt Kuckuck mit und Nachtigall.

23. April:
Auf Sankt Georgs Güte
stehen alle Bäume in Blüte.

24. April:
Wenn's friert an Sankt Fidel,
bleibt's 15 Tag noch kalt und hell.

Bauernregeln

April, April, der macht, was er will.

Der April macht die Blum'
und der Mai hat den Ruhm.

Nasser April verspricht der Früchte viel.

>> Rasenmäher und andere Gartengeräte aus dem Winterquartier holen und wieder funktionsbereit machen (Akkus aufladen oder betanken, Dichtungen prüfen, Ölwechsel vornehmen).

>> Wasserleitungen, Hähne, Pumpen und Brunnen im Garten wieder in Betrieb nehmen, Regentonnen aufstellen.

>> Töpfe und Kübel für Terrasse und Balkon jetzt reinigen.

>> Den Kompost vom letzten Herbst umschichten und eine neue Kompostmiete für anfallende Gartenabfälle errichten.

>> Wildkräuter jäten, wo sie auftreten. Bei Wurzelunkräutern wie Giersch und Zaunwinde dürfen die Wurzeln nicht auf den Kompost. Trocknen, verbrennen oder verjauchen.

>> Im gesamten Garten nach dem Jäten der Wildkräuter und einer eventuellen Bodenlockerung die Mulchdecken erneuern.

>> Zwiebelpflanzen, alle Neupflanzungen und Aussaaten bei Trockenheit gießen.

>> Auf Blattläuse achten. Gegen Ende des Monats können die ersten Exemplare an Rosen auftreten.

>> Aussaaten, Jungpflanzen und blühende Zwiebelpflanzen vor Schneckenfraß schützen.

>> Unter Glas gezogene Jungpflanzen vorsichtig abhärten.

>> Aussaaten durch Netze, Vlies und Vogelscheuchen vor Vogelfraß schützen.

>> Die Vogeltränke regelmäßig säubern und mit frischem Wasser füllen. Dies verhindert die Ausbreitung von Krankheiten. Auf eine katzensichere Aufstellung achten!

Links: Im April kommt der Rasenmäher wieder zum Einsatz.

Fällt mal 'ne Spargelpflanze aus,
dann zieh nicht gleich die Stirne kraus.
Die Stelle wird ganz ungeniert
Für die Nachpflanzung markiert.

Gemüse- und Kräutergarten

>> Vorkultur von empfindlichen Gemüsearten wie Tomaten, Paprika, Zuckermais, Auberginen und empfindlichen Kräutern wie Basilikum unter Glas.

>> Rechtzeitiges Pikieren der vorgezogenen Pflanzen nicht versäumen!

>> Mitte bis Ende des Monats Aussaat von Zuckermais, Melonen, Gurken, Zucchini, Kürbis und Basilikum unter Glas.

>> Unter Folie können jetzt Salat, Kohlrabi, Blumenkohl, Bleich- und Knollensellerie kultiviert werden.

>> Im Freien können Spinat, Mangold, Erbsen, Rettich, Radieschen, Lauch (Porree), Zwiebeln, Möhren, Pastinaken, Rote Bete (Randen), Kopfkohlsorten und robuste Kräuter kultiviert werden.

>> Auf brach liegenden Beeten Gründüngungspflanzen aussäen.

>> Überwinterte Gründüngungspflanzen in den Boden einarbeiten. Mit dem Bepflanzen des Beetes warten, bis die Pflanzenreste verrottet sind.

>> Frühkartoffeln im Haus bei 15 °C vorkeimen lassen. Ist die Witterung gegen Ende des Monats mild, können sie ausgepflanzt werden.

>> Grünspargel kann bis Mitte des Monats gepflanzt werden.

>> Baumscheiben nicht bepflanzen, sondern mit einer Mulchschicht aus organischem Material bedecken.

>> Beerensträucher können jetzt durch Absenker vermehrt werden.

>> Bei Brombeeren erfrorene Triebe und altes Holz ausschneiden, Seitentriebe auf zwei Augen einkürzen und Bodentriebe am Spalier festhaken.

>> Auf „blutende" Obstbäume achten und Wunden, aus denen Harz austritt, nach dem Säubern mit Baumpflegemittel verschließen.

>> Auf Schädlinge wie Frostspanner, Blutläuse und Spinnmilben achten. Leimringe an den Obstbaumstämmen kontrollieren.

>> Erdbeeren von welken Blättern befreien und mit Holzwolle oder Stroh unterlegen. Folientunnel schützen vor späten Frösten.

Folientunnel schützen unsere Gemüsepflanzen und ermöglichen eine Vorkultur im Freiland.

Obstgarten

>> Pflanzzeit für Beerensträucher, Weinreben und Monatserdbeeren.

>> Beim Pflanzen von Kiwis auf einhäusige Sorten achten oder, bei zweihäusigen Sorten, eine männliche und eine weibliche Pflanze setzen. Für ein ausreichend starkes Kletterspalier sorgen.

>> Bei kompakteren Bäumen fällt die Ernte leichter. Stark wachsende Bäume wie z. B. manche Birnen- und Apfelsorten können noch kurz vor der Blüte beschnitten werden, um ihr Wachstum zu bremsen.

>> Selbstfruchtbare Obstbäume müssen während der Blüte vorsichtig geschüttelt werden, damit die Blüten intensiver stäuben.

Ziergarten

>> Sommerblumen können an Ort und Stelle ausgesät oder unter Glas vorkultiviert werden.

>> Stauden können geteilt, verjüngt und neu gepflanzt werden.

>> Gräser und Farne nur im Frühjahr teilen und verpflanzen, im Herbst wachsen sie nicht oder nur schlecht an.

>> Sommer- und herbstblühende Waldreben pflanzen.

>> Gehölze können bis Mitte des Monats gepflanzt werden, gut durchwurzelte Containerware auch noch später.

>> Robuste Zwiebel- und Knollenpflanzen wie Ranunkel, Kronenanemone und Inkalilien ab Monatsanfang pflanzen.

>> Dahlien, Begonien und Gladiolen können ab Ende des Monats gepflanzt werden. Drohen späte Nachtfröste, stülpst du einen Eimer oder eine Kiste über die jungen Austriebe.

>> Sobald der Rasen zu wachsen beginnt, muss gemäht werden. Fehlstellen, die sich im Winter durch Frost und Schneeschimmel gebildet haben, können durch Nachsaat oder Rasensoden ausgebessert werden.

>> Die Saatzeit für Rasen beginnt jetzt.

Mai

Lostage

1. Mai:
Regnet's am ersten Maientag,
viel Früchte man erwarten mag.

12. bis 15. Mai:
Pankrazi, Servazi, Bonifazi
sind drei frostige Bazi,
und zum Schluss fehlt nie
die kalte Sophie.

25. Mai:
Sankt Urban gibt den Rest,
wenn Servaz was übrig lässt.

Bauernregeln

Erst Mitte Mai
ist der Winter vorbei.

Ist der Mai recht heiß und trocken,
kriegt der Bauer kleine Brocken.
Ist er aber feucht und kühl,
gibt er Frücht' und Futter viel.

Mairegen auf die Saaten
ist wie Dukaten.

Was im Mai zu tun ist

Der volkstümliche Name „Wonnemonat"
weist darauf hin, dass jetzt die Freude über
das Ende des Winters und die neu ergrünte
Natur ihre Berechtigung hat. Die römische
Wachstumsgöttin Maia ist Namenspatronin
des Monats Mai. Auch wenn die warmen
Tage jetzt schon häufiger werden, dürfen
wir nicht vergessen, dass es bis Mitte Mai zu
Kälteeinbrüchen mit Nachtfrösten kommen
kann. Darum sollten wir erst nach den „Eisheiligen" (12. bis 15. Mai) die empfindlichen
Balkon- und Kübelpflanzen ins Freie
bringen. Danach dürfen wir uns auf
ein frühsommerliches Wetter und
ein Blütenmeer im Garten freuen!

Links: Ab Mitte
Mai kommen auch
empfindlichere
Gemüse und Salate
ins Freiland. Jetzt
kann die Saison
beginnen!

Allgemeine Gartenarbeiten

>> Aussaaten und Jungpflanzen
vor Schneckenfraß schützen.
>> Bei Trockenheit gießen.
>> Auf Blattläuse an Zier- und
Nutzpflanzen achten. Bei
starkem Befall bekämpfen.
>> Komposthaufen bei anhaltend
trockener Witterung gießen
und Kompoststarter zusetzen,
um die Rotte zu beschleunigen.
>> Mückenbrut in Teichen und
Regentonnen bekämpfen.
>> Frühbeet und Gewächshaus lüften.

Maiglöckchen blühn,
ganz einwandfrei,
um diese Zeit – es ist doch Mai!

>> Jetzt ist die beste Zeit für den Teichbau.
>> Auf Wühlmausaktivitäten achten.
Gefährdete Pflanzen notfalls in Draht-
körbchen in die Erde setzen.
>> Bei Lilien auf einen Befall mit Lilien-
hähnchen achten. Die roten Käfer lassen
sich bei Störung abrupt fallen.
>> Robuste Kübelpflanzen können ins Freie
geräumt werden. Langsam abhärten und
vor starker Sonne schützen.
>> Rosen jetzt in Form schneiden und mit
„Gärtner Pötschkes Pflanzenfutter für
Rosen" düngen.

Gemüse- und Kräuter-garten

>> Frühkartoffeln anhäufeln.
>> Tomaten, Paprika, Kürbisse, Melonen,
Auberginen, Gurken und Zucchini unter
Glas vorziehen.
>> Stangenbohnen in Töpfchen unter Glas
vorziehen. Im Freiland Stützstangen für
die Bohnen aufrichten.
>> Gurken, Kürbisse und Zucchini können
ab Mitte des Monats direkt im Freiland
ausgesät werden. Melonen kultivierst du
am besten unter Glas.

Ab Mitte Mai dürfen die Kübelpflanzen wieder ins Freie. Die Terrassensaison ist nun eröffnet!

» Ins Freiland ausgesät werden jetzt Möhren, Pastinaken, Spinat, Mangold, Blattsalate, Rauke (Rucola), Rote Bete (Randen), Radieschen, Rettiche, Busch- und Stangenbohnen, Schwarzwurzeln, Brokkoli, Kräuter wie Petersilie, Schnittlauch und Basilikum.

» Auspflanzen vorkultivierter Gemüsepflanzen, z.B. Blumenkohl, Rosenkohl, Kopfkohlarten und Kohlrabi.

» Kohlpflanzen (auch Radieschen und Rettich) nach dem Auflaufen mit Netzen vor Kohlfliegen schützen.

» Möhren mit feinmaschigen Netzen gegen Möhrenfliegen schützen.

» Ab Mitte des Monats können alle unter Glas vorgezogenen Gemüsearten wie Tomaten, Paprika, Gurken, Zuckermais, Bohnen, Sellerie und Kürbisse ausgepflanzt werden.

» Tomaten mit „Gärtner Pötschkes Langzeit-Düngekegel" für Tomaten versorgen.

» Rhabarberblüte vorsichtig entfernen. Regelmäßig zwischen den Kulturen hacken, damit der Boden nicht verkrustet und keine Wildkräuter sprießen.

» Düngen zehn Tage (mineralische Dünger) bzw. drei Wochen (organische Dünger) vor der Ernte einstellen.

Obstgarten

» Baumscheiben mulchen.

» Beerensträucher düngen. Kompost auf den Baumscheiben verteilen.

» Kapuzinerkresse als Fangpflanze für die Läuse auf den Baumscheiben aussäen – das hält die Läuse von den Bäumen fern.

» Bei Pfirsich- und Aprikosenbäumen auf Kräuselkrankheit achten. Befallenes Laub entfernen.

» Monatserdbeeren pflanzen.

» Erdbeeren von welkem Laub befreien, mit Holzwolle oder Stroh unterlegen.

>> Bei starkem Fruchtansatz mit „Gärtner Pötschkes Pflanzenfutter für Obstgehölze" versorgen und bei Trockenheit gießen.

>> Im letzten Herbst oder im Frühjahr gepflanzte Obstbäume sollen noch keine Früchte tragen – Fruchtansätze daher entfernen.

Ziergarten

>> Balkonkästen mit Sommerblumen bepflanzen.

>> Sommerblühende Zwiebel- und Knollengewächse auspflanzen.

>> Zwiebelblumen nach der Blüte mit „Gärtner Pötschkes Pflanzenfutter für Blumenzwiebeln" versorgen.

>> Die letzten Kübelpflanzen können das Winterquartier verlassen. Vor intensiver Sonnenbestrahlung schützen, bis sie abgehärtet sind.

>> Polsterstauden jetzt noch teilen und danach neu pflanzen.

>> Kletterrosentriebe aufbinden, Strauchrosen stützen und Beetrosen entspitzen.

>> Bei Rosen auf Mehltau, Rosenrost und Sternrußtau achten und gegebenenfalls mit einem Rosenspritzmittel bekämpfen.

>> Das Laub verblühter Zwiebelpflanzen darfst du erst dann abschneiden, wenn es welk wird.

>> Rasen mähen und eine erste Düngung mit „Gärtner Pötschkes Rasendünger mit Langzeitwirkung" vornehmen.

>> Verfilzte Rasenflächen vertikutieren oder aerifizieren.

>> Jetzt ist die beste Zeit für eine Rasenneuanlage.

>> Balkon und Kübelpflanzen regelmäßig mit „Gärtner Pötschkes Pflanzenfutter flüssig" oder „Gärtner Pötschkes Blütenwunder" düngen bzw. einen Langzeitdünger verabreichen.

>> Vorgezogene Sommerblumen langsam abhärten und dann auspflanzen.

>> Direkt nach der Blüte können Forsythien, Flieder und andere frühjahrsblühende Ziergehölze geschnitten werden.

>> Rhododendronarten und Kamelien mit „Gärtner Pötschkes Pflanzenfutter für Rhododendron und Moorbeetpflanzen" versorgen. Kamelien können nach der Blüte umgetopft werden.

>> Jetzt beginnt die Pflanzzeit für Sumpf- und Wasserpflanzen wie Seerosen, Blumenbinse oder Rohrkolben.

>> Übermäßige Algenvermehrung im Gartenteich durch rechtzeitiges Abfischen verhindern.

Stroh- oder Grasmulch zwischen den Erdbeeren schützt vor Fäulnis und unterdrückt Wildwuchs.

Manch Schädlings-Eiablagen stören Erdbeeren, Zwiebeln und auch Möhren.

Allgemeine Gartenarbeiten

» Gehölze für die Herbstpflanzung auswählen und bestellen bzw. kaufen.

» Nur bei länger anhaltender Trockenheit gießen.

» Wildkräuter jäten.

» Komposthaufen umsetzen und Platz für einen neuen Haufen schaffen, bevor das herbstliche Aufräumen im Garten beginnt.

» Schnecken jetzt ködern und fangen, bevor sie zur Eiablage kommen. Das verhindert wirksam eine Schneckenplage im kommenden Frühjahr.

» Keinen Dünger mehr im Garten ausbringen, er wird vor dem Winter nicht mehr verwertet und belastet den Boden unnötig.

Äpfel müssen knackig sein, drum lag're ich sie sorgsam ein.

Gemüse- und Kräutergarten

» Nach dem Abernten der Beete können Gründüngerpflanzen wie Phacelie, Senf oder spezielle Mischungen als Zwischenkultur eingesät werden.

» Im Freien können noch Spinat und Feldsalat gesät werden.

» Pflanzen von Endivien, Radicchio und Zuckerhutsalat.

» Wintersteckzwiebeln und Knoblauch pflanzen.

» Meerrettich-Fechser können gepflanzt werden.

» Unter Folie können Blattsalate, Endivien und Radieschen gesät werden.

» Tomaten mit Folienhauben vor kalten Nächten schützen.

» Rhabarber pflanzen.

» Mehrjährige Gewürzkräuter wie Schnittlauch, Knolau, Melisse und Pfefferminze teilen und verjüngen.

» Lauch (Porree) anhäufeln, um lange zarte Stangen zu erzielen.

» Kartoffellaub nach der Ernte verbrennen oder vernichten, um Pilzkrankheiten (Braunfäule) vorzubeugen.

» Gemüselager im Haus und Erdmiete im Garten vorbereiten.

» Die letzten Würz- und Heilkräuter auf den Beeten sammeln und trocknen oder einfrieren, bevor sie der kaltfeuchten Witterung zum Opfer fallen.

» Empfindliche Kräuter wie Basilikum oder Zitronengras rechtzeitig ins Zimmer holen, um sie dort weiter zu kultivieren.

>> Bei starkem Fruchtansatz mit „Gärtner Pötschkes Pflanzenfutter für Obstgehölze" versorgen und bei Trockenheit gießen.

>> Im letzten Herbst oder im Frühjahr gepflanzte Obstbäume sollen noch keine Früchte tragen – Fruchtansätze daher entfernen.

Ziergarten

>> Balkonkästen mit Sommerblumen bepflanzen.

>> Sommerblühende Zwiebel- und Knollengewächse auspflanzen.

>> Zwiebelblumen nach der Blüte mit „Gärtner Pötschkes Pflanzenfutter für Blumenzwiebeln" versorgen.

>> Die letzten Kübelpflanzen können das Winterquartier verlassen. Vor intensiver Sonnenbestrahlung schützen, bis sie abgehärtet sind.

>> Polsterstauden jetzt noch teilen und danach neu pflanzen.

>> Kletterrosentriebe aufbinden, Strauchrosen stützen und Beetrosen entspitzen.

>> Bei Rosen auf Mehltau, Rosenrost und Sternrußtau achten und gegebenenfalls mit einem Rosenspritzmittel bekämpfen.

>> Das Laub verblühter Zwiebelpflanzen darfst du erst dann abschneiden, wenn es welk wird.

>> Rasen mähen und eine erste Düngung mit „Gärtner Pötschkes Rasendünger mit Langzeitwirkung" vornehmen.

>> Verfilzte Rasenflächen vertikutieren oder aerifizieren.

>> Jetzt ist die beste Zeit für eine Rasenneuanlage.

>> Balkon und Kübelpflanzen regelmäßig mit „Gärtner Pötschkes Pflanzenfutter flüssig" oder „Gärtner Pötschkes Blütenwunder" düngen bzw. einen Langzeitdünger verabreichen.

>> Vorgezogene Sommerblumen langsam abhärten und dann auspflanzen.

>> Direkt nach der Blüte können Forsythien, Flieder und andere frühjahrsblühende Ziergehölze geschnitten werden.

>> Rhododendronarten und Kamelien mit „Gärtner Pötschkes Pflanzenfutter für Rhododendron und Moorbeetpflanzen" versorgen. Kamelien können nach der Blüte umgetopft werden.

>> Jetzt beginnt die Pflanzzeit für Sumpf- und Wasserpflanzen wie Seerosen, Blumenbinse oder Rohrkolben.

>> Übermäßige Algenvermehrung im Gartenteich durch rechtzeitiges Abfischen verhindern.

Stroh- oder Grasmulch zwischen den Erdbeeren schützt vor Fäulnis und unterdrückt Wildwuchs.

Manch Schädlings-Eiablagen stören Erdbeeren, Zwiebeln und auch Möhren.

Was im Juni zu tun ist

Im Altdeutschen wird der Juni auch Brachmond genannt. Der Name geht auf Juno zurück, die als bedeutendste römische Göttin die jugendliche Kraft der Frau symbolisierte. Und voller Kraft steckt auch dieser Monat, den die Gärtner Rosenmonat nennen. In der Tat blühen jetzt die Rosen mit vielen anderen Blütenpflanzen um die Wette. Schönwetterperioden wechseln sich noch mit Kälteeinbrüchen ab, die aber selten ernste Schäden anrichten. Berüchtigt ist die Schafskälte Mitte Juni – benannt nach den um diese Zeit frisch geschorenen Schafen, die dann unter der kalten Witterung leiden. Dennoch können jetzt endlich unbesorgt auch das empfindlichste Gemüse ausgesät und vorgezogene Jungpflanzen ausgepflanzt werden.

Bevor du schneidest, stell erst fest, ob irgendwo ein Vogelnest.

Allgemeine Gartenarbeiten

>> Mulchen, um die Feuchtigkeit im Boden zu halten.

>> Auf Schnecken achten. Nach Regen oder am Abend gefährdete Pflanzen kontrollieren und Schnecken absammeln oder Schneckenkorn streuen.

>> Wildkräuter jäten.

>> Bei Trockenheit gießen. Lieber seltener, dafür durchdringend.

>> Komposthaufen bei lang anhaltender Trockenheit gießen und „Gärtner Pötschkes Kompost-Aktiv" zusetzen.

>> Blattläuse an Rosen und anderen Pflanzen bekämpfen.

>> Gewächshaus mit Matten oder durch Anstrich mit Schattierfarbe schattieren.

>> Mückenbrut in Teichen, Tümpeln und Regentonnen bekämpfen.

Gemüse- und Kräutergarten

>> Im Freien können noch alle Blattsalate, Spinat, Mangold, Rauke (Rucola), Rote Bete (Randen), Radieschen, Rettiche, Kohlrabi, Möhren, Busch- und Stangenbohnen, Grünkohl und Blumenkohl ausgesät werden.

Frische Kräuter aus dem eigenen Garten: Du kannst sie auch schonend und luftig trocknen.

Juni

Lostage

8. Juni:
Regen am Medardustag,
verdirbt den ganzen Heuertrag.
24. Juni:
Johannisregen bringt keinen Segen.
27. Juni:
Regnet's am Siebenschläfertag,
es noch sieben Wochen regnen mag.

Bauernregeln

Auf den Juni kommt es an,
ob die Ernte soll bestahn.

Juni feucht und warm
macht den Bauern arm.

Soll Feld und Garten wohl gedeihn,
dann braucht's im Juni Sonnenschein.

Im Juni viel Donner,
bringt fruchtbaren Sommer.

>> Anfang des Monats können noch Zucchini, Gurken, Kürbis und Basilikum ausgesät werden.

>> Vorgezogene Gemüse wie Knollen- und Bleichsellerie, Kopfkohlsorten, Tomaten, Paprika, Auberginen, Gurken, Zucchini und Kürbisse können ausgepflanzt werden.

>> Kopfdüngung mit „Gärtner Pötschkes Naturdünger" rein organisch für stark wachsende und zehrende Gemüsearten.

>> Kohlpflanzen mit „Gärtner Pötschkes Pflanzenfutter für Kohlgemüse" versorgen.

>> Spargel braucht nach der Ernte (ab Monatsende) Düngergaben.

>> Kartoffeln anhäufeln.

>> Tomaten an Stützen anbinden, Geiztriebe an den Blattachseln ausbrechen, aber die Blüten nicht beschädigen.

>> Zwischen den Kulturen hacken, um ein Verkrusten des Bodens und das Sprießen von Wildkräutern zu verhindern.

>> Rhabarber und Spargel darf ab der zweiten Monatshälfte nicht mehr geerntet werden, damit die Pflanzen sich regenerieren können.

>> Würz- und Heilkräuter sammeln und trocknen oder einfrieren.

>> Düngen zehn Tage (mineralische Dünger) bzw. drei Wochen (organische Dünger) vor der Ernte einstellen.

Links: Im Sommer müssen Gewächshäuser schattiert werden.

Obstgarten

>> Für größere Früchte Fruchtbehang ausdünnen. Bruchgefährdete Äste stützen.

>> Stark tragende Bäume zusätzlich mit „Gärtner Pötschkes Pflanzenfutter für Obstgehölze" versorgen und bei Trockenheit gießen.

>> Absenker von Beerensträuchern machen.

>> Sommerschnitt der Weinreben nach der Blüte; Geiztriebe ausbrechen.

>> Himbeeren auf etwa zehn Ruten pro Meter auslichten, anschließend düngen.

>> Bei Obstbäumen auf einen Befall mit Spitzendürre (Monilia) achten, befallene Zweige scharf zurückschneiden und verbrennen oder vernichten.

>> Reifende Kirschen mit Netzen vor Vogelfraß schützen.

>> Fallobst auflesen und entsorgen, um Krankheitserreger und Schädlinge zu vernichten.

Ziergarten

>> Zweijährige wie Stiefmütterchen, Bartnelken, Fingerhut oder Stockrosen in Kisten oder Schalen aussäen.

>> Stauden pflanzen.

>> Bei frühjahrsblühenden Stauden regelmäßig welke Blüten entfernen.

>> Regelmäßig welke Rosenblüten ausschneiden, um Nachblüte anzuregen.

>> Triebe von Kletterrosen aufbinden, Strauchrosen stützen.

>> Bei Rosen auf Mehltau, Rosenrost und Sternrußtau achten und bei Befall mit Rosenspritzmittel bekämpfen.

>> Auf die Rosen-Blattrollwespe achten. Betroffene (eingerollte) Blätter abpflücken und über den Restmüll entsorgen.

>> Welkes Laub verblühter Zwiebel- und Knollenpflanzen abschneiden.

>> Rasen mähen und bei Trockenheit bewässern.

>> Gegen Ende des Monats Blumenwiesen zum ersten Mal mähen.

>> Frühjahrsblühende Gehölze auslichten und zurückschneiden. Stecklinge in Anzuchttöpfchen heranziehen.

>> Hohe Stauden stützen.

>> Bei allen Liliengewächsen auf Lilienhähnchen achten. Die roten Käfer und deren Larven vorsichtig absammeln.

>> Balkon- und Kübelpflanzen regelmäßig mit „Gärtner Pötschkes Pflanzenfutter flüssig" oder „Gärtner Pötschkes Blütenwunder" düngen.

>> Rhododendronarten und Kamelien mit „Gärtner Pötschkes Pflanzenfutter für Rhododendron und Moorbeetpflanzen" versorgen.

>> Sommergrüne Hecken schneiden, sobald die Vogelbrut flügge ist.

>> Zimmerpflanzen können im Sommer in den Garten umziehen. Das Ausräumen erfolgt am besten an Tagen mit bedecktem Himmel. Ein Untersetzer verhindert, dass Regenwürmer, Asseln oder Ameisen in die Töpfe einwandern. Dürre und Staunässe während des Sommers vermeiden!

Was im Juli zu tun ist

Kein Geringerer als Julius Cäsar, der den julianischen Kalender einführte, stand Pate für diesen Monatsnamen. Seit Karl dem Großen nennt man den siebten Monat des Jahres auch Heumond oder Heuert, weil jetzt der Heuvorrat für den Winter eingefahren wird. Die Sonne hat ihren höchsten Stand schon überschritten, aber die Tage werden immer noch wärmer. Ende des Monats, mit dem Aufgang von Sirius (dem Hundsstern), beginnen die Hundstage, also die heißeste Zeit des Jahres. Doch der Juli ist in der Regel nicht nur der heißeste Monat, er ist meist auch der niederschlagsreichste des ganzen Jahres. Die größten Regenmengen bescheren uns die oft heftigen Sommergewitter. Wassermassen und Hagel können Feldfrüchte und Wein zerstören, sorgen aber auch für Fruchtbarkeit und Wachstum in Feld und Garten.

Allgemeine Gartenarbeiten

>> Mulchen, um die Feuchtigkeit im Boden zu halten.

>> Auf Schnecken achten. Nach Regen oder am Abend gefährdete Pflanzen kontrollieren und Schnecken absammeln oder Schneckenkorn streuen.

>> Wildkräuter jäten.

>> Bei Trockenheit gießen. Für eine ausreichende Bewässerung in Urlaubszeiten sorgen – notfalls mit automatischen Bewässerungssystemen.

>> Komposthaufen bei anhaltender Trockenheit gießen, „Gärtner Pötschkes Kompost-Aktiv" zusetzen.

>> Blattläuse bekämpfen. Meist hilft ein starker Wasserstrahl.

Elektrische Heckenscheren erleichtern die Arbeit und ermöglichen einen präzisen Schnitt.

Juli

Lostage

4. Juli:
Wenn's am Ulrichstag donnert,
fallen die Nüsse vom Baum.

10. Juli:
Wie es die sieben Brüder treiben,
so soll es sieben Wochen bleiben.

22. Juli:
Magdalena weint um ihren Herrn,
drum fällt an ihrem Tag der Regen gern.

Bauernregeln

Juli heiß lohnt Müh und Schweiß.

Was im Herbste soll geraten,
das muss die Julisonne braten.

Wenn Donner kommt im Julius,
viel Regen man erwarten muss.

>> Gewächshaus mit Matten oder durch einen Anstrich mit Schattierfarbe schattieren. Häufig lüften.

>> Mückenbrut in Teichen, Tümpeln und Regentonnen bekämpfen.

Gemüse- und Kräutergarten

>> Im Freiland können Blattsalate, Endivien, Zuckerhut, Radicchio, Spinat, Mangold, Chinakohl, Pak-Choi, Rote Bete (Randen), Herbstrüben, Rettiche und Radieschen gesät werden.

>> Mitte des Monats ist der letzte Termin für die Aussaat von Buschbohnen.

>> Bei Gewächshausgurken die Seitentriebe nach dem ersten Fruchtansatz kappen.

>> Zwischen den Kulturen hacken, um ein Verkrusten des Bodens und das Sprießen von Wildkräutern zu verhindern.

>> Tomaten an Stützen anbinden und Geiztriebe ausbrechen. Tomaten-Reifehauben über die Pflanzen stülpen.

>> Bei feuchter Witterung ab Mitte des Monats bei Tomaten, Kartoffeln und Paprika auf einen Befall mit Krautfäule achten. Befallenes Laub über den Restmüll sofort entfernen.

>> Auf Kartoffelkäfer und deren Larven achten.

>> Kohlpflanzen und Möhren mit Netzen vor Kohl- und Möhrenfliege schützen.

>> Rhabarber nach Ende der Ernte mit reichlich Dünger (verrotteter Stallmist, Kompost) versorgen.

>> Würz- und Heilkräuter sammeln und trocknen oder einfrieren.

>> Düngen zehn Tage (mineralische Dünger) bzw. drei Wochen (organische Dünger) vor der Ernte einstellen.

Links: Frischer Salat den ganzen Sommer über – jetzt kann noch gesät werden.

Obstgarten

>> Von den abgeernteten Erdbeerpflanzen Absenker machen und zur Nachzucht verwenden oder neue Erdbeerpflanzen kaufen. Mit „Gärtner Pötschkes Pflanzenfutter für Beerenobst" versorgen.

>> Neue Erdbeeren ab Mitte des Monats pflanzen.

>> Äste mit starkem Fruchtbehang abstützen.

>> Bei Steinobst (Kirschen) nach der Ernte einen Pflegeschnitt durchführen.

>> Bei Kernobst (Äpfel, Birnen) können den ganzen Sommer über die senkrecht wachsenden Wassertriebe entfernt werden.

>> Abgeerntete Himbeerruten bodeneben zurückschneiden.

>> Bei Brombeeren die Geiztriebe auf zwei bis vier Augen zurückschneiden.

>> Beerensträucher können nach der Ernte ausgelichtet werden.

Der Sommer hat so seine Tücken: man sieht's, es tanzen hier die Mücken.

Ziergarten

>> Zweijährige pikieren.

>> Bartiris teilen und verjüngen.

>> Im Staudenbeet alles Verblühte ausschneiden.

>> Remontierende Stauden wie Spornblume, Rittersporn, Steppensalbei und Lupinen bodeneben zurückschneiden.

>> Rasen mähen und bei Trockenheit bewässern. Zum zweiten Mal mit „Gärtner Pötschkes Rasendünger" mit Langzeitwirkung versorgen. In Hitzeperioden den Rasen nicht zu kurz abmähen.

>> Immergrüne Hecken schneiden.

>> Als Formschnitt gezogenen Buchsbaum schneiden.

>> Fadenalgen und abgestorbene Pflanzenteile aus dem Teich fischen.

Rechts: Senkrecht wachsende Wasserschosse müssen entfernt werden.

Oben: Wenn deine Rosen wie hier prächtig gedeihen sollen, musst du regelmäßig auf Krankheitsanzeichen achten und rechtzeitig eingreifen.

Weil ich doch so ein Teichfreund bin, sieht man mich heute mittendrin!

>> Rosen können durch Okulation veredelt werden.

>> Bei Rosen auf Mehltau, Rosenrost und Sternrußtau achten und bei Befall mit Rosenspritzmittel bekämpfen. Pflanzen mit Spezial-Rosendünger stärken.

>> Wildtriebe bei Edelrosen am Ansatz im Boden entfernen.

>> Bei allen Liliengewächsen auf Lilienhähnchen achten. Die roten Käfer und deren Larven vorsichtig absammeln.

>> Balkon- und Kübelpflanzen regelmäßig mit „Gärtner Pötschkes Pflanzenfutter flüssig" oder „Gärtner Pötschkes Blütenwunder" düngen.

>> Blumenzwiebelkataloge besorgen und nach Neuheiten durchforschen.

>> Zwiebeln von Herbstblühern bestellen. Ab Mitte des Monats können sie gepflanzt werden.

>> Blühfaule Seerosen können jetzt ausgelichtet werden. Man entfernt einen Teil der ältesten Rhizome mit einem scharfen Messer.

>> Nach einer plötzlichen Algenblüte im Gartenteich klärt sich das Wasser meist nach einigen Tagen von selbst wieder.

Was im August zu tun ist

Benannt nach Gaius Octavianus, dem Adoptivsohn und Erben Julius Cäsars, der unter dem Titel Augustus („Der Erhabene") als erster Kaiser das römische Weltreich regierte. Der Volksmund nennt den August auch Ernte-, Ähren- oder Hitzemonat. Auf den Feldern beginnt die Getreideernte und in unseren Gärten reift jetzt, was wir im Frühsommer hoffnungsvoll gesät und gepflanzt haben. Zwar sind im August heftige Sommergewitter, vor allem gegen Abend, keine Seltenheit. Mit etwas Glück bleibt die Ernte aber vom Hagelschlag verschont. Der August beginnt meist mit schönem Wetter, auf das Mitte des Monats oft eine wechselhafte Witterung folgt, bis sich gegen Ende des Monats wieder ruhigeres, manchmal schon frühherbstliches Wetter einstellt.

Allgemeine Gartenarbeiten

>> Bei Trockenheit gießen. Für ausreichende Bewässerung in Urlaubszeiten sorgen – notfalls mit automatischen Bewässerungssystemen.

>> Mulchschicht erneuern, wo nötig.
>> Wildkräuter jäten.
>> Pflanzen auf Schädlinge und Krankheiten kontrollieren und wo nötig diese bekämpfen.
>> Mückenbrut in Teichen, Tümpeln und Regentonnen bekämpfen.

Gemüse- und Kräutergarten

>> Brachliegende Beete mit Gründüngung einsäen.
>> Im Freien letzte Aussaat von Blattsalaten, Radicchio, Spinat, Radieschen, Rettichen und Saatzwiebeln.
>> Schwarzwurzeln jetzt in gut vorbereitete, tiefgründig gelockerte Beete aussäen.
>> Ende des Monats Aussaat von Feldsalat.
>> Wirsing, Chinakohl, Pak Choi, Spitzkohl und Endivien nur noch pflanzen, nicht mehr aussäen.
>> Auf Raupen von Kohlweißlingen und Kohleulen an Kohlgewächsen achten.
>> Geiztriebe bei Tomaten ausbrechen, Pflanzen über dem fünften Fruchtstand kappen.
>> Bei feuchter Witterung Kartoffeln, Tomaten und Paprika auf einen Befall mit Krautfäule kontrollieren.

Auf brachliegenden Beeten kannst du jetzt Gründüngerpflanzen aussäen.

>> Folienhauben fördern die Fruchtreife bei Tomaten und schützen vor einem Befall mit Krautfäule.

>> Würzkräuter ernten und trocknen oder einfrieren.

>> Düngen zehn Tage (mineralische Dünger) bzw. drei Wochen (organische Dünger) vor der Ernte einstellen.

Obstgarten

>> Neue Erdbeeren pflanzen, vorjährige Kulturen mit „Gärtner Pötschkes Pflanzenfutter für Beerenobst" düngen.

>> Nach der Ernte Pfirsich- und Aprikosenbäume auslichten.

>> Beerensträucher direkt nach der Ernte auslichten und verjüngen.

>> Bei Spalierobst die Seitentriebe zurückschneiden.

>> Senkrechte Wassertriebe bei Kernobst entfernen.

>> Abgeerntete Himbeerruten möglichst gleich zurückschneiden, um der Rutenkrankheit vorzubeugen.

>> Sauerkirschen nach der Ernte schneiden.

>> Fallobst regelmäßig aufsammeln und vernichten.

Ziergarten

>> Verblühtes im Staudenbeet regelmäßig entfernen. Samenstände nur dann stehen lassen, wenn eine Selbstaussaat erwünscht ist.

>> Knollen von Ranunkeln und Kronenanemonen nach dem Welken der Blätter ausgraben, abtrocknen und bis zum nächsten Frühjahr frostsicher in Torfkistchen aufbewahren.

>> Fuchsien, Pelargonien, Wandelröschen und Vanilleblumen durch Stecklinge vermehren.

>> Immergrüne Hecken schneiden.

>> Vorgezogene Zweijährige auspflanzen.

>> Herbstblühende Zwiebelgewächse wie Herbstkrokusse und Herbstzeitlose pflanzen.

Oben: Erdbeeren jetzt düngen, pflanzen und mulchen. **Rechts:** Folienhauben schützen die empfindlichen Tomaten vor Krautfäule.

Obst gibt es jetzt im Überfluss, ich ess' es gern und mit Genuss.

>> Fadenalgen und abgestorbene Wasserpflanzen aus dem Teich fischen.

>> Bei Rosen auf Mehltau, Rosenrost und Sternrußtau achten und bei Befall mit Rosenspritzmittel bekämpfen.

>> Balkonpflanzen regelmäßig mit „Gärtner Pötschkes Pflanzenfutter flüssig" oder „Gärtner Pötschkes Blütenwunder" düngen.

>> Düngung im Freiland einstellen, damit die jungen Triebe der Pflanzen bis zum Winter ausreifen können.

>> Kübelpflanzen Ende des Monats zum letzten Mal mit „Gärtner Pötschkes Pflanzenfutter flüssig" oder „Gärtner Pötschkes Blütenwunder" düngen, damit die Triebe ausreifen können.

>> Höchste Zeit, Kataloge für die Bestellung von Zwiebelblumen zu besorgen. Bestellung rechtzeitig aufgeben.

Links: Denke daran, besonders in der Urlaubszeit für eine ausreichende Bewässerung im Garten zu sorgen. Der Nachbar hilft sicher!

August

Lostage

10. August:
Laurentius heiter und gut
einen schönen Herbst verheißen tut.

15. August:
Wer Rüben will recht gut und zart,
sät sie an Mariä Himmelfahrt.

24. August:
Wie Bartholomäitag sich hält,
so ist der ganze Herbst bestellt.

Bauernregeln

Was der August nicht kocht,
das kann der September nicht braten.

Augustsonne, die früh schon brennt,
nimmt nachmittags kein gutes End.

Was im Juli an einem Tag wächst,
braucht im August eine Woche und
im September den ganzen Monat.

>> Halb verholzte Stecklinge von Kübelpflanzen, Laubgehölzen und Halbsträuchern wie Lavendel schneiden und direkt ins Beet oder in Töpfchen stecken.

>> Madonnenlilien, Kaiserkronen und Steppenkerzen jetzt oder im September pflanzen.

>> Rasen mähen und bei Trockenheit bewässern. Beim ersten Schnitt nach dem Urlaub den Mäher nicht zu tief einstellen. Jetzt ist auch eine gute Zeit für die Neuanlage eines Rasens.

>> Sommergrüne Hecken wie Hainbuche oder Rotbuche können jetzt zum zweiten Mal geschnitten werden.

Was im September zu tun ist

Ursprünglich der siebte (lat. „septem" = sieben) Monat im alten römischen Kalender. Der September heißt bei uns auch Herbstmond oder Scheiding, weil der Sommer und die Sonne scheiden und gegen Ende des Monats der kalendarische Herbst beginnt. Der alte Name Holzmonat verweist darauf, dass man früher in diesem Monat mit dem Holzfällen begann. Er gilt als der zuverlässigste Schönwettermonat und im letzten Monatsdrittel setzt meistens der Altweibersommer ein, der in manchen Jahren über einen verregneten Sommer hinwegtrösten kann. Mit etwas Glück setzt sich der Birgitten- oder Theresiensommer, wie der Altweibersommer auch genannt wird, bis in den Oktober hinein fort, so dass wir Äpfel und Birnen im milden Schein der Herbstsonne ernten können. Man sollte jetzt jeden Tag genießen, an dem man noch ohne Schal und Mütze im Garten arbeiten kann!

Allgemeine Gartenarbeiten

>> Gehölze für die Herbstpflanzung auswählen und bestellen bzw. kaufen.

>> Nur bei länger anhaltender Trockenheit gießen.

>> Wildkräuter jäten.

>> Komposthaufen umsetzen und Platz für einen neuen Haufen schaffen, bevor das herbstliche Aufräumen im Garten beginnt.

>> Schnecken jetzt ködern und fangen, bevor sie zur Eiablage kommen. Das verhindert wirksam eine Schneckenplage im kommenden Frühjahr.

>> Keinen Dünger mehr im Garten ausbringen, er wird vor dem Winter nicht mehr verwertet und belastet den Boden unnötig.

Äpfel müssen knackig sein, drum lag're ich sie sorgsam ein.

Gemüse- und Kräutergarten

>> Nach dem Abernten der Beete können Gründüngerpflanzen wie Phacelie, Senf oder spezielle Mischungen als Zwischenkultur eingesät werden.

>> Im Freien können noch Spinat und Feldsalat gesät werden.

>> Pflanzen von Endivien, Radicchio und Zuckerhutsalat.

>> Wintersteckzwiebeln und Knoblauch pflanzen.

>> Meerrettich-Fechser können gepflanzt werden.

>> Unter Folie können Blattsalate, Endivien und Radieschen gesät werden.

>> Tomaten mit Folienhauben vor kalten Nächten schützen.

>> Rhabarber pflanzen.

>> Mehrjährige Gewürzkräuter wie Schnittlauch, Knolau, Melisse und Pfefferminze teilen und verjüngen.

>> Lauch (Porree) anhäufeln, um lange zarte Stangen zu erzielen.

>> Kartoffellaub nach der Ernte verbrennen oder vernichten, um Pilzkrankheiten (Braunfäule) vorzubeugen.

>> Gemüselager im Haus und Erdmiete im Garten vorbereiten.

>> Die letzten Würz- und Heilkräuter auf den Beeten sammeln und trocknen oder einfrieren, bevor sie der kaltfeuchten Witterung zum Opfer fallen.

>> Empfindliche Kräuter wie Basilikum oder Zitronengras rechtzeitig ins Zimmer holen, um sie dort weiter zu kultivieren.

September

Lostage

1. September:
Ist's an Sankt Ägidi rein,
wird's so bis Michaeli (29. September) sein.

7. September:
Ist Regine warm und wonnig,
bleibt das Wetter lange sonnig.

29. September:
Kommt Michael heiter und schön,
wird's noch vier Wochen so gehn.

Bauernregeln

Septemberregen – des Bauern Segen,
dem Winzer Gift, wenn er ihn trifft.

Sind im September noch viel Fliegen an der
Wand, so hält die Sonne dem Froste stand.

Soll der September den Gärtner erfreun,
so muss er gleich dem Märzen sein.

Obstgarten

>> Beerensträucher pflanzen.
>> Steckhölzer von Johannisbeeren
schneiden.
>> Nach der Ernte Pflaumen-, Mirabellen-
und Reneklodenbäume auslichten.
>> Beerensträucher schneiden.
>> Leimringe an den Stämmen der Obst-
bäume anbringen.
>> Fallobst aufsammeln und beseitigen,
um die Ausbreitung von Krankheiten
und Schädlingen zu verhindern.
>> Baumscheiben mulchen.
>> Das Obstregal reinigen und für die Ein-
lagerung von Früchten vorbereiten.

Ziergarten

>> Herbststauden aufbinden.
>> Pflanzzeit für Stauden, robuste immer-
grüne Laubgehölze und Nadelgehölze
beginnt.
>> Jetzt frühjahrsblühende Clematis
pflanzen.
>> Ältere Frühsommer- und Sommer-
stauden können jetzt geteilt und
verjüngt werden.
>> Zwiebelblumen wie Narzissen, Tulpen,
Schneeglöckchen, Lilien, Krokusse und
andere pflanzen.
>> Verwelkte Gladiolen und andere nicht
winterharte Zwiebel- und Knollenpflanzen (außer Dahlien und Blumenrohr,
die später folgen) werden ausgegraben.
Man lässt sie gut abtrocknen, bevor sie
frostfrei überwintert werden.
>> Rasen mähen, mit Rasen-Herbstdünger
versorgen. Verfilzte Rasenflächen vertikutieren oder aerifizieren. Schwere,
nasse Böden aufsanden.
>> Immergrüne Hecken schneiden.
>> Von Immergrünen und Nadelgehölzen
halb verholzte Stecklinge schneiden und
bewurzeln.
>> Blumenwiese zum zweiten und letzten
Mal mähen.

Links: Beim Auf-
schichten eines
Komposthaufens
kann Gesteins-
mehl, Kalk oder
Rottebeschleuniger
hinzugefügt werden.
Rechts: Im Septem-
ber ist die Zeit für
die zweite Maad
der Blumenwiese.

**Gegenüber-
liegende Seite:**
Der Mühe Lohn –
reiche Ernte aus
dem eigenen
Garten.

≫ Im Freien übersommerte Zimmerpflanzen müssen wieder ins Haus.

≫ In rauen Regionen müssen die empfindlicheren Kübelpflanzen wie Hibiskus und Enzianstrauch jetzt geschützt oder eingeräumt werden.

Äpfel sind für kurze Zeit gut im Kellerregal aufgehoben.

> Tagsüber Sonne, Frost bei Nacht,
> hat manchen Baum kaputt gemacht.
> Drum ist bei Kälte und wenn's schneit,
> ein Weißanstrich von Wichtigkeit.

mit klaren kalten Nächten ab. Fehlt eine schützende Wolkendecke, kann es jedoch bereits zu starken Nachtfrösten kommen, und auf den Bergen fällt gegen Ende des Monats oft schon der erste Schnee.

Allgemeine Gartenarbeiten

≫ Laub vom Rasen und von den Wegen kehren, als Mulchschicht auf den Beeten und unter Gehölzen verteilen oder kompostieren.

≫ Schnecken legen jetzt ihre Eier in Verstecken ab, z. B. unter Steinen oder im Kompost. Wenn du die Gelege aus kleinen, runden, weißlichen Eiern findest, vernichtest du sie oder legst sie für die Vögel als Futter aus.

≫ Isoliermaterial für den Winterschutz von Pflanzen bereithalten.

≫ Winterquartiere für Igel, Blindschleichen und andere Nützlinge jetzt anlegen. Laub-, Totholz- und Reisighaufen sind dafür ideal geeignet.

≫ Gartenmöbel reinigen, abtrocknen und einräumen.

Gemüse- und Kräutergarten

≫ In der ersten Monatshälfte noch Aussaat von Feldsalat und Spinat unter Folie.

≫ Unter Glas Aussaat von Blattsalaten, Endivien und Radieschen.

≫ Abernten der Beete; Pflanzenreste und Kohlstrünke abharken und entfernen.

≫ Herbstgemüse mit Vlies oder Folie vor Kälte schützen.

≫ Frühbeet mit transparenter Noppenfolie vor Nachtfrösten schützen.

≫ Unbeheizte Gewächshäuser von innen mit transparenter Noppenfolie isolieren.

≫ Wurzelgemüse in Erdmieten oder Vorratsräumen im Haus einlagern.

Obstgarten

≫ Lagerobst kühl und luftfeucht einlagern. Nur gesunde, unverletzte Früchte auswählen.

Was im Oktober zu tun ist

Die Jäger nennen ihn Dachsmond, die Bauern und Gärtner Weinmonat oder Gilbhart, weil jetzt die Weinlese beginnt und das Laub sich goldgelb färbt, bevor es gegen Ende des Monats abfällt. Im altrömischen Kalender war dies der achte Monat, was ihm auch seinen Namen gab (lat. „octo" = acht). Im julianischen, gregorianischen und dem neuzeitlichen Kalender ist es der zehnte Monat, der den Spätsommer mit den ersten Herbststürmen austreibt. Mit etwas Glück verhilft uns eine ausgedehnte Hochdruckzone in der Monatsmitte zu dem, was wir als „Goldenen Oktober" bezeichnen: Sonnige milde Tage, in denen das Herbstlaub in allen Farben leuchtet, wechseln sich

Oktober

Lostage

2. Oktober:
Laubfall an Sankt Leodegar
kündet an ein fruchtbar Jahr.

17. Oktober:
Wenn auf Sankt Gallus Regen fällt,
das Schlechtwetter sich bis Weihnacht hält.

23. Oktober:
Wenn's Sankt Severin gefällt,
bringt er mit die erste Kält.

Bauernregeln

Siehst Wildgänse du im Oktober südwärts fliehn,
so wird der Winter schon bald einziehn.

Oktoberhimmel voller Sterne
hat warme Öfen gerne.

Nichts kann mehr vor Raupen schützen
als Oktoberfrost in Pfützen.

➤➤ Empfindliche Knollen- und Zwiebel-pflanzen wie Dahlien und Blumenrohr werden spätestens Ende des Monats ausgegraben und nach dem Abtrocknen frostfrei eingelagert.

➤➤ Balkonkästen leeren, reinigen und frost-sicher verstauen.

➤➤ Beetrosen werden zurückgeschnitten und zum Schutz vor Frost einige Zentimeter hoch mit Erde angehäufelt. Um die Rosenstöcke gestecktes Reisig schützt die Pflanzen zusätzlich.

➤➤ Hochstammrosen müssen gut vor Frost geschützt werden. In milden Lagen reicht ein dicker Mantel aus Jutegewebe um den Stamm, in rauen Lagen legt man das Stämmchen am besten vorsichtig um, hakt es am Boden fest und bedeckt es mit Reisig und einer Erdschicht.

➤➤ Kleine Zwiebelpflanzen wie Frühlings-krokusse, Blausternchen, Schneeglöck-chen und andere können noch bis Ende des Monats gepflanzt werden. Ebenso Wildarten und robuste Sorten von Lilien.

➤➤ Antreiben von Hyazinthen und Tazett-Narzissen im Haus.

➤➤ Rasen mähen, solange noch ein Zuwachs zu sehen ist.

➤➤ Sommergrüne Ziergehölze und Rosen jetzt pflanzen. Immergrüne Gehölze möglichst nicht mehr pflanzen.

➤➤ Immergrüne Hecken schneiden.

➤➤ Falllaub aus dem Teich fischen oder ein Netz über das Wasser spannen.

➤➤ Nicht winterharte Wasserpflanzen frost-frei überwintern.

Links oben: Der Rechen ist im Herbst ein unentbehrlicher Gartenhelfer.
Unten: Gitter oder gespannte Netze verhindern, dass Falllaub in den Gartenteich gerät.

➤➤ Pflege- und Auslichtungsschnitt im Obstgarten durchführen. Vom Obst-baumkrebs und Spitzendürre (Monilia) befallene Bereiche ausschneiden und verbrennen.

➤➤ Leimringe spätestens bis Monatsende anbringen.

➤➤ Fruchtmumien entfernen.

Ziergarten

➤➤ Kübelpflanzen ins Winterquartier ein-räumen. Zuvor auf Schädlinge kontrol-lieren und eventuell die Triebe etwas einkürzen.

Was im November zu tun ist

Im altrömischen Kalender war es der neunte Monat (lat. „novem" = neun), seit der julianischen Kalenderreform ist es der elfte und vorletzte Monat des Jahres. Die altdeutschen Namen Windmonat, Nebelmond und Nebelung sagen unmissverständlich, wie das Wetter sich jetzt zeigt: Grau und feucht kann sich der Nebel, besonders in der Monatsmitte, tagelang halten. In Tälern und Senken sowie im Flachland dringt dann kein Sonnenstrahl durch die Nebelschleier, während es auf den Bergen oft klar und sonnig ist. Gegen Ende des Monats kann es dann recht windig, regenreich und mild werden. Gut, wenn wir jetzt die meisten Gartenarbeiten schon erledigt haben, denn die Erde ist feucht und lässt sich nur noch schwer bearbeiten.

Stauden teilst du am besten mit einem scharfen Spaten und verhinderst so ein Verkahlen von innen.

Allgemeine Gartenarbeiten

>> Nach dem Abernten und Räumen der Beete im Nutz- und Ziergarten kann umgegraben werden. In verwilderten Gärten und auf Brachland kann man durch Rigolen oder Holländern die Unkrautnarbe versenken und dauerhaft unterdrücken.

>> Mulchschichten als Frostschutz um empfindliche Pflanzen herum ausbringen.

>> Wasser abstellen, Wasserleitungen und Schläuche entleeren, Regentonnen ausleeren, säubern und kopfüber aufstellen.

>> Laub vom Rasen und von den Wegen kehren und als Mulchmaterial in Beeten und unter Gehölzen verwenden oder kompostieren.

>> Die reichlich anfallenden Gartenabfälle können zur Anlage eines Hügelbeetes verwendet werden.

>> Bei empfindlichen Pflanzen Winterschutz anlegen.

>> Alle Sämereien, Behälter mit Flüssigkeiten und andere frostempfindliche Dinge aus dem Gartenhaus oder Schuppen ins Warme bringen.

>> Rasenmäher und andere Geräte einwintern. Benzintanks entleeren und die Geräte trocken aufbewahren. Akkus nur voll aufgeladen überwintern.

>> Werkzeuge reinigen, reparieren und Metallteile mit einem geölten Lappen abreiben.

>> Wühlmäuse können jetzt besonders erfolgreich bekämpft werden.

>> Nicht vergessen, meinen neuen Gartenkatalog zu bestellen.

Gemüse- und Kräutergarten

>> Beete mit Folie abdecken, um die späten Gemüsekulturen vor Nachtfrösten zu schützen.

>> Unter Glas können Blattsalate und Radieschen gesät werden.

>> Chicoree, Wurzelpetersilie und Löwenzahn vorsichtig ausgraben und zum späteren Antreiben einlagern.

>> Endiviensalat ausgraben und im Frühbeet einschlagen.

>> Frühbeet und unbeheiztes Gewächshaus mit transparenter Noppenfolie isolieren.

>> Gemüselager (Erdmieten) auf Schimmel oder Fäulnis sowie Mäuse und andere Schädlinge kontrollieren.

>> Nach dem ersten Frost die Gründüngerpflanzen untergraben.

November

Lostage

1. November:
Ist's zu Allerheiligen rein,
tritt Altweibersommer ein.

11. November:
Ist Martini trüb und feucht,
wird gewiss der Winter leicht.

19. November:
Sankt Elisabeth sagt's an,
was der Winter für ein Mann.

Bauernregeln

Im November viel Regen und Frost,
die Saat das meist das Leben kost'.

Novemberschnee tut der Saat nicht weh.

Novembermorgenrot mit langem
Regenwetter droht.

>> Stallmist als Dünger untergraben, damit
er bis zum Frühjahr verrottet.

>> Patentkali ausbringen und einarbeiten.

Obstgarten

>> Steckhölzer von Beerenobst schneiden,
wenn alles Laub gefallen ist.

>> Robuste Obstbäume und Beerensträucher
sowie Haselnüsse können jetzt gepflanzt
werden. Auf geeignete Befruchtersorten
achten.

>> Baumscheiben mulchen.

>> Die Stämme der Obstbäume mit einer
Bürste abschrubben, um Eigelege von
Blattläusen und Spinnmilben zu ent-
fernen.

>> Rinde der Obstbäume mit Weißanstrich
gegen Frostrisse schützen.

>> Nach dem Laubfall Beginn des Winter-
schnitts bei Kernobst.

>> Obstlager auf Fäulnis und Vorrats-
schädlinge kontrollieren.

Ziergarten

>> Pflanzzeit für Rosen und sommergrüne
Gehölze. Nach dem Pflanzen gründlich
wässern, damit Bodenschluss entsteht
und Hohlräume geschlossen werden.

>> Herbststauden teilen und verjüngen.

>> Staudenbeete mit einer 2 cm dicken
Schicht reifen, gesiebten
Kompost bestreuen.

>> Gräser erst im Früh-
jahr zurückschneiden.
Bei empfindlichen
Arten den Horst
zusammenbinden, um das
Herz der Pflanze zu schützen.

>> Beetrosen mit Erde anhäufeln. Nur
lange Triebe einkürzen und Totholz ausschneiden, der eigentliche Rückschnitt
erfolgt im Frühjahr. Mit Reisighauben
zusätzlich schützen.

>> Hochstammrosen einwintern.
Dazu entweder mit Isoliermaterial
(keine Plastikfolie!) einwickeln
oder die Rose, falls sie noch jung
ist, vorsichtig umlegen, am Boden
festhaken und mit Reisig und einer
Erdschicht bedecken.

Links: Anhäufeln
schützt die empfind-
liche Veredelungs-
stelle vor Frost.
Rechts: Noch ist
Zeit, Rosen zu
pflanzen. Vergiss
nicht, sie vorher
gut zu wässern.

**Nicht lange mehr,
dann ist's soweit,
dann braucht die Ros'
ein Winterkleid.**

>> Die letzten Kübelpflanzen einräumen. Besonders robust sind Oleander, Oliven und Lorbeer, die kurzfristig schwachen Frost vertragen.

>> Kübelpflanzen im Winterquartier wenig gießen, aber nicht vertrocknen lassen, nicht düngen und regelmäßig auf Schädlinge und Fäulnis kontrollieren.

Oben: Winterliche Beete bieten einen schönen Anblick – und liefern Futter für die heimische Vogelwelt.
Oben links: Folien schützen späte Gemüsekulturen vor Frost.

>> Eingelagerte Knollen von Dahlien, Blumenrohr und Begonien leicht feucht halten, z. B. in Kistchen mit Torf oder Sand. Gladiolen sehr trocken lagern.

>> Letzte Möglichkeit, Zwiebelpflanzen zu setzen, solange der Boden noch offen ist.

>> Nach längeren Trockenperioden neu gepflanzte Sträucher und immergrüne Gewächse an frostfreien Tagen gießen.

das sogenannte „Weihnachtstauwetter" ein. Wer es bis jetzt nicht geschafft hat, kann die milde Witterung zwischen Weihnachten und Neujahr nutzen und noch die letzten Handgriffe erledigen, um den Garten endgültig winterfest zu machen.

Allgemeine Gartenarbeiten

>> Gartentagebuch auswerten und Pläne für das kommende Jahr machen.

>> Das Futterhaus für die Vogelfütterung vorbereiten und katzensicher aufstellen. Erst beim Einsetzen von frostiger Kälte und bei Schneefall füttern. Um die Ausbreitung von Krankheiten zu vermeiden, Futterstellen regelmäßig säubern.

Was im Dezember zu tun ist

Karl der Große schlug den Namen „Heilmond" für den letzten Monat des Jahres vor. Später nannte man ihn auch Christmonat. Im altrömischen Kalender war es der zehnte Monat (lat. „decem" = zehn), im neuzeitlichen Kalender ist er der zwölfte und letzte Monat des Jahres. Er beginnt meist trüb und feucht, gefolgt von einer kalten, trockenen Witterung um die Monatsmitte, die jedoch nicht lange anhält. Um die Weihnachtsfeiertage setzt mit großer Wahrscheinlichkeit

Gemüse- und Kräutergarten

>> Beete mit Folie abdecken, um späte Gemüsekulturen vor Frost zu schützen. Bei geschlossener Schneedecke kann Feldsalat dank rechtzeitiger Folienabdeckung dennoch geerntet werden.

>> Im Winter auf den Beeten bleibende Gemüse wie Lauch (Porree), Rosen- und Grünkohl mit Folien vor scharfem Frost und Schnee schützen. Ernten, bevor die Temperaturen unter − 10 °C fallen.

>> Chicoree, Wurzelpetersilie und Löwenzahn zum Treiben aufstellen.

Dezember

Lostage

6. Dezember:
Regnet's an Sankt Nikolaus,
wird der Winter streng und graus.

21. Dezember:
Wenn Sankt Thomas dunkel war,
gibt's ein schönes neues Jahr.

25. Dezember:
Weihnacht im Klee,
Ostern im Schnee.

Bauernregeln

Die Erde muss ihr Bettuch haben,
soll sie der Winterschlummer laben.

Dezember veränderlich und lind,
der ganze Winter ein Kind.

Wenn es nicht vorwintert,
so wintert es nach.

>> Ein rechtzeitig ausgebreitetes Vlies oder eine Folie ermöglichen auch bei geschlossener Schneedecke die Ernte von Feldsalat.

>> Gemüselager (Erdmiete) auf Schimmel, Fäulnis und Vorratsschädlinge regelmäßig kontrollieren.

Obstgarten

>> Leimringe überprüfen.

>> Edelreiser können ab jetzt bis zum März geschnitten werden. Man schlägt sie an einer schattigen, windgeschützten Stelle im Boden ein, damit sie bis zur Veredelung nicht austrocknen.

>> Empfindliche Obstsorten wie Kiwi, Pfirsich, Aprikose und Wein sollten in rauen Regionen einen Winterschutz er halten.

>> Obstlager auf Fäulnis und Schädlinge (Mäuse, Kellerasseln) regelmäßig kontrollieren. An milden Tagen lüften.

Ziergarten

>> Bei starkem Schneefall muss die weiße Pracht von den Zweigen der Gehölze geschüttelt werden, damit diese unter der Last nicht abbrechen. Im Teich einen Eisfreihalter einsetzen.

>> Ein Bündel ins Wasser gestellter Schilfrohre ermöglicht einen Gasaustausch und verhindert, dass die unter Wasser ruhenden Teichbewohner ersticken.

Dies Bild zeigt, was dem Gartenmann zu Weihnachten man schenken kann.

>> Schnee von der Eisdecke des Teiches kehren, damit Licht zu den immergrünen Unterwasserpflanzen vordringen kann.

>> Kübelpflanzen wenig gießen, aber nicht austrocknen lassen, nicht düngen, auf Schädlinge und Fäulnis kontrollieren.

>> Nach längeren Trockenperioden Neupflanzungen und immergrüne Gewächse an frostfreien Tagen gießen.

>> Frostkeimer können ab jetzt (bis Ende Januar) ausgesät werden.

Oben: Auch im Winter kannst du noch Grünkohl ernten.
Links: Eisfreihalter verhindern ein komplettes Zufrieren des Gartenteichs.

Nachwort

Ich hoffe, dass dieses Buch dir geholfen hat, deine eigenen Vorstellungen umzusetzen und dein ganz persönliches Gartenparadies zu realisieren. Nun darfst du aber nach all der Arbeit eines nicht vergessen: deinen Garten zu genießen – alleine, mit der Familie und mit Freunden. Und solltest du dann später denken: Hier könnte ich noch etwas ändern oder dort noch etwas schöner machen, dann empfehle ich dir die geplanten, nachfolgenden Bände zu Einzelthemen wie z.B. Sommerblumen, Ziergehölzen, Stauden und Obst. Hier hast du die Möglichkeit, dich über spezielle Themen ausführlich und umfassend zu informieren und dein persönliches Steckenpferd zu finden.

Besonders schön wäre es, wenn du mich an deinem Glück teilhaben lässt. Denn ich freue mich immer ganz besonders über Post – bitte schicke mir also deine Bilder und Berichte über deine Gartenerfahrungen ebenso wie Tipps und Anregungen. Die schönsten Einsendungen veröffentliche ich unter www.poetschke.de oder aber in meinen Katalogen, z.B. im „Grünen GartenTipp" oder in der „Wundervollen BlumenWelt" – schau doch einfach mal 'rein!

Bildnachweis

Alle Abbildungen Archiv Gärtner Pötschke bis auf: Dorothea Baumjohann: Seite 107 unten, 210 links, 244, 245 links; **Wolfgang Funke:** Seite 90 links unten und rechts oben, 91 links oben; **Frank Hecker:** Seite 90 rechts unten, 91 rechts oben und unten, 91 links Mitte, 206, 207 oben und unten, 209 links unten und rechts, 211 rechts oben und unten, 212 oben, 213 links oben und unten, 215 rechts, 216 links unten, 217 unten, 219 unten links, 231 unten, 236, 242, 247, 249 alle, 250 unten; **Klaus Kuttig:** Seite 108 beide, 224 beide, 226 beide, 227, 229 rechts, 232 oben, 233, 234, 235 beide, 237 beide, 239 beide, 240, 241, 242 oben, 243; **LfULG Sachsen:** Seite 73 links unten und rechts oben; **Dr. F. Sauer/F. Hecker:** Seite 208 oben, 211 links, 215 links unten, 245 rechts, 246, 250 unten; **BKN Strobel:** Seite 72 links oben und rechts oben, 73 rechts unten